阪大の物理

20カ年［第8版］

山田裕之 編著

JN046036

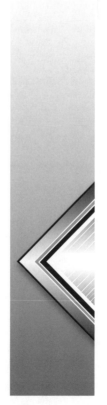

教学社

はじめに

　本書は大阪大学の物理の入試問題について，2003 年度から 2022 年度までの前期日程 66 題の問題・解答・解説を収録した問題集です。同じ難関校過去問シリーズの『阪大の英語』『阪大の理系数学』『阪大の化学』と並んで，この『阪大の物理』も，受験生の皆さんの力強い味方になるものと思います。

　大阪大学を含め，難関大学といわれる大学の物理の入試問題には，複雑な設定の物理現象を扱った難度の高いものが多く，これらを解答できなければ合格への道は拓かれません。では，これらの問題を解答するためには，何が必要となるのでしょうか。それは，物理法則についての本質的な理解と，その上に成り立つ物理現象を考察するための柔軟で深い思考力なのです。

　本書は，阪大の物理を解答するために必要な，前述の本質的な理解と柔軟で深い思考力を養うことを目標として，過去の赤本の解説をベースに編集しなおしたものです。全問題を「力学」「熱力学」「波動」「電磁気」「原子」の 5 分野に大別し，さらに共通する単元・題材を軸に細かく分類することによって，阪大の物理の学習に系統立てて取り組めるよう工夫をしています。また，重要な問題には「テーマ」を設けて，その問題を解くための基礎となる物理法則や問題の物理的背景の詳しい説明を入れ，さらに，解答・解説中には「参考」や「別解」を加えて，問題を解く手助けとなるようにしています。

　本書に取り組む際の学習方法としては，すぐに解答を見るのではなく，まず自分でじっくりと問題を考えてから解答を見るようにしてください。そして，解答を見て理解ができれば，さらにもう一度自分の力で問題を解いてみてください。また，一つの解法に固執することなく，解答を参考にいろいろな解法の習得にも努めてください。このような学習の積み重ねによって，理解が深まり思考力が養われます。本書を通じた丁寧な学習によって，阪大の物理を解答するために必要な力が必ず養成できるものと確信しています。さらには，大阪大学以外の大学受験を考えている皆さんの実力養成にも役立つことでしょう。もし，本書で問題を解いていて苦手な分野・単元を発見したときには，同じく教学社から出版されている『体系物理』（下妻 清著）を利用して，その分野・単元の復習に取り組むことも併せてお勧めします。

　大学受験もスポーツも同じなのですが，「合格したい」「勝ちたい」という思いの強い者が必ず成功を収めます。それは，その強い思いに見合った努力をするからなのです。大阪大学合格を目指す皆さんは，是非強い思いをもって，努力を積み重ねてください。その努力が確固たる自信を生み，そして高い学力を育成して，「大学合格」という素晴らしい結果を皆さんにもたらすことでしょう。受験生の皆さん，心より健闘を祈っています。

「根性・気合・努力」

山田 裕之

目次

（編集部注）本書に掲載されている入試問題の解答・解説は，出題校が公表したものではありません。

阪大の物理　傾向と対策

🔍 傾向　①阪大物理の特徴

■ 読解力

　単純な設定の物理現象を扱った問題は少なく，比較的長い問題文を読んで，複雑な設定の物理現象を正確に把握しなければならない問題が多く出題されている。また，思考力が問われる難度の高い設問では，丁寧な誘導がなされているが，その題意をくみとる力が要求される。したがって，問題文から物理現象を把握し，さらには題意をくみとる読解力が不可欠である。

■ 思考力

　公式を適用するだけで解けるような問題はあまりなく，ほとんどが物理現象や法則についての本質的な理解を問う，思考力を要する問題である。特に，各大問の後半では，物理現象を掘り下げて考察する力や数学的な力が問われる，難度の高い設問が多い。したがって，これらに対応できる深い思考力の養成に努めておかなければならない。また，設問数に対する解答時間は，問題の難度を考慮すると決して十分なものとはいえない。各大問の前半の比較的簡単な設問をより速く正確に解き，後半の難度の高い設問に対処する十分な時間を確保できるような，時間配分の工夫も必要である。

■ 描図・論述

　グラフなどを描図する問題や，過去には理由を論述する問題が出題されている。このとき，大問の後半において，前問までの物理現象の推移や結果を考察し，描図・論述しなければならないものが多い。したがって，描図・論述問題に対処する力をつけておくことが大切である。

🔍 傾向　②阪大物理の近年

■ 出題形式

　出題数は大問3題。試験時間は理科2科目で150分であるが，医学部保健学科看護学専攻は理科1科目で75分である。設問形式は，小問形式が中心であるが，空欄補充形式の場合もある。解答形式は，以前は解法や計算過程を記す形式が中心であったが，近年は結果のみを記す形式となっている。一部に，語句や式，グラフなどを選択する形式が含まれる場合もある。また，描図問題が頻繁に出題されており，論述問題の出題もみられる。

■　出題内容

◆　出題範囲

2005年度までは，いわゆる高校物理5分野（力学，熱力学，波動，電磁気，原子）のすべてが出題範囲であったが，2006年度から2014年度までは，原子分野を除く高校物理4分野が出題範囲であった。2015年度からの教育課程での入試においては，「物理基礎」「物理」のすべてが出題範囲となっている。したがって，原子分野が再び出題範囲に含まれることになり，高校物理5分野が出題範囲となっている。

◆　頻出項目

力学と電磁気は，毎年出題されている。力学と電磁気以外でみると，近年では熱力学の出題が目立つが，波動からの出題もみられる。原子は，出題範囲であった2005年度までよく出題されており，再び出題範囲となった2015年度以降でも出題されている。また，2017年度以降は，3つの大問のうちの1題が2つの中問から構成された出題となっており，その2つの中問が熱力学，波動，原子から出題されている。

◆　問題内容

力学の応用や電磁気，熱力学からの出題が多いが，力学の基礎や波動，原子からも適宜出題されている。また，複数の分野を融合した総合問題の出題もみられるが，この場合は力学分野と他分野とを融合した問題が比較的多い。

各分野からの出題内容には，若干の比重の違いはあるものの大きな偏りはなく，いろいろな単元から出題されている。主題となる物理事項に加え，その他の様々な物理事項についても理解を問う問題構成となっている。また，過去問と同じ内容を扱った問題が出題されることもあるので注意しておきたい。

描図問題では，グラフを描くものが比較的多く出題されているが，過去には電気回路図などを描くものもみられた。論述問題では，簡潔に理由を述べるものがほとんどである。語句や式，グラフなどを選択する問題では，その大問のまとめとなるような内容を問われることが多い。また，計算力を要する問題，および式やグラフの数学的な処理を要する問題も出題されている。

■　難易度

標準的なレベルの問題も含まれているが，難度の高い問題が中心となっている。特に，各大問の後半部分に難度の高い設問が多い。また，平素見慣れない複雑な設定の物理現象を題材として扱った問題，および思考力や数学的な力を要する問題の出題が目立つ。

年度別の難度は，概ね高いレベルで推移している。一部にやや易しい年度もみられるが，その合間では難化を繰り返しており，総じてみると難度は高い。

近年は問題文が長くなる傾向にあり，物理現象を十分に理解した上で題意をくみとりながら考察を進めなければならないような問題や，解答に時間を要する問題が増え

ている。

 対策　①全般的な対策

☐ **本質的な理解に努める**

　表面的な理解による公式の適用だけでは対処できない，難度の高い問題が出題されている。したがって，教科書を中心に物理法則や公式を導く過程を系統立てて学習し，これらを本質的に理解しておきたい。さらに，レベルの高い参考書などに目を通し，より多くの実験例などにふれることにより，いろいろな物理現象で成り立つ物理法則について，理解の整理にも努めておきたい。その上で，本書などを通じて，阪大特有の複雑な設定の物理現象を扱った問題に取り組んでおきたい。物理現象や法則について本質的な理解ができているかどうかが，合否のカギの一つとなっているといえる。

☐ **読解力と思考力を養う**

　比較的長い問題文で説明された，複雑な設定の物理現象を扱う問題が多いので，その問題文から状況を把握し，題意をくみとることのできる，深い読解力を身につけてほしい。そのためには，本書などの実戦的な入試問題集に取り組み，そのような類の問題に数多く当たっておかなければならない。その際，単に結果を求めるだけではなく，問題で扱われている物理現象の背景や計算結果のもつ意味を考察するなどして，もう一歩踏み込んで理解を掘り下げておきたい。また，1つの解法に固執せず，いろいろな解法を考えてみることも大切である。このような学習により，複雑な設定の物理現象を扱う問題について考察を進めていくために必要な，柔軟で深い思考力が養われる。

 対策　②平素の取り組み

☐ **数学的な力を養う**

　阪大の物理では計算力を要する問題や，式やグラフの数学的処理を要する問題がよくみられる。また，計算過程を記す設問もみられた。したがって，平素の問題演習において，計算過程を示しながら，自分の力で計算を行う訓練を積んでおきたい。このような取り組みから，より迅速でより正確な計算力や，要点のまとめられた計算過程を記す力が養われる。また，数学的な処理を要する式やグラフに関する問題に対処するために，物理の解答に役立つような数学的知識を用いる力もつけておきたい。以下に，物理の解答によく使う数学の知識を挙げておくので，参考にしてほしい。

連立方程式・三角関数・指数・対数・数列・漸化式・ベクトル・無限級数・近似計算

□　描図・論述形式に慣れる

　描図・論述形式で解答する問題に対処するためには，平素の問題演習時から，単に答えを導くだけではなく，その導出過程を論述も含めて論理立てて記したり，問題の題材となっている物理現象やその推移について，図やグラフを描いてまとめておくなどして，これらに慣れておかなければならない。また，過去問などを通じて，この類の問題にも取り組んでおきたい。なお，短時間で正確に描図したり，簡潔に論述したりすることは難しいので，解答時間を意識して取り組んでおくことも大切である。

□　時間配分の訓練を積む

　阪大の物理の基本的な解答時間は 75 分と考えてよい。しかし，阪大レベルの大問3題を，75 分ですべて解答することはかなり厳しい。したがって，平素の問題演習時から解答時間を意識して取り組み，時間内に解答を終える訓練を積んでおかなければならない。また，大問の後半部分での，難度の高い設問の出来具合が合否のカギを握るといえるので，前半部分の標準的な設問を迅速かつ正確に解答し，後半部分の設問にじっくりと考えて取り組める時間を残しておきたい。このための，解答時間のペース配分をつかんでおくことも大切である。さらに，解答しやすい問題を見定めて取りかかれるような力も養っておきたい。

✎ 対策　③問題の研究

　出題される問題内容は多岐にわたるが，過去問をよく研究すると，同じ内容を扱った問題などもあり，阪大の傾向がつかめる。以下に挙げた，阪大での各分野における頻出問題の単元を参考に，本書を活用して問題傾向の研究を行い，それを基に十分な演習を積んでおきたい。「傾向」で述べた解答形式や難易度なども含めて，阪大特有の問題傾向を見極めた対策を行うことも，阪大の問題を解答するために必要な実力を養成する上で大切なことである。

◆　力学
　力と運動・仕事とエネルギー・運動量と力積・単振動・万有引力

◆　熱力学
　気体の状態変化

◆　波動
　ドップラー効果・光の干渉

◆　電磁気
　コンデンサー・直流回路・電磁誘導・交流・荷電粒子の運動

◆　原子
　原子と原子核

第1章 力 学

第1章　力　学

節	番号	内　　　容	年　　度
力と運動 仕事とエネルギー	1	円運動や放物運動をして分裂する小物体の運動	2020 年度〔1〕
	2	落下する小物体に抵抗力がはたらく場合の運動	2019 年度〔1〕
	3	塀を飛び越える車の放物運動	2018 年度〔1〕
	4	等加速度直線運動や等速直線運動する電車の運動	2017 年度〔1〕
	5	台に対して円運動し飛び出す小物体と台の相対運動	2014 年度〔1〕
	6	円弧状のすべり面を持つ台車上での2物体の運動	2011 年度〔1〕
	7	台に立てかけた剛体棒のつり合い	2007 年度〔1〕
	8	車の荷台に立てかけた剛体棒のつり合い	2004 年度〔1〕
運動量と力積 衝突	9	落下する複数の小球と床との逐次衝突によるはね上がり	2012 年度〔1〕
単振動	10	水平に動くことのできる物体からつり下げられた振り子の運動	2022 年度〔1〕
	11	摩擦のある台上での小物体の運動	2016 年度〔1〕
	12	放物線状の床上での小球の単振動と衝突	2015 年度〔1〕
	13	ばねと板からなる緩衝器による物体の水平面上での単振動	2013 年度〔1〕
	14	鉛直方向での単振動と等加速度直線運動による円板の運動	2010 年度〔1〕
	15	鉛直方向に単振動する小球の床との衝突による運動	2009 年度〔1〕
	16	単振動する三角台の斜面上での小物体の運動	2008 年度〔1〕
	17	動摩擦力がはたらく回転ベルト上での物体の単振動	2006 年度〔1〕
	18	鉛直に振動するばねの上端に取り付けられた小物体の単振動	2005 年度〔1〕
	19	動摩擦力のはたらくばね振り子の運動	2003 年度〔1〕
万有引力	20	静止衛星と軌道エレベーター	2021 年度〔1〕

対策　①頻出項目

□　力と運動

　物体の運動についての問題では，力と運動を中心として，種々の力学の物理法則に

ついての理解が問われる。また，2物体の運動の相対的な関係を問う，いわゆる相対運動に関する問題が多いので，相対運動についての理解も深めておく必要がある。

□　運動量保存則，はねかえり係数

　衝突・分裂についての問題では，運動量保存則やはねかえり係数の式を用いることが不可欠である。また，設定によっては，単振動や種々の運動の問題，他分野の問題などでも，運動量保存則は重要になるので，十分な理解に努めておきたい。

□　単振動

　最頻出項目である。単純な単振動を扱った問題は少なく，相対運動としての単振動や，摩擦力がはたらいて振動の中心や振幅が変化する単振動を扱った問題，単振動と他の運動との組み合わせによる周期運動を扱った問題など，複雑で難度の高い問題が出題される傾向にある。したがって，単振動を扱った問題では，単振動の式を用いるだけでは解答できず，力学の種々の法則に対する理解と物理現象を正確に把握し考察を進める思考力とが問われることになる。この類の問題に数多く取り組み，力を養っておきたい。

□　円運動

　等速円運動では，円運動の中心方向について，慣性系の立場から向心力を用いて運動方程式を立てるか，非慣性系の立場から遠心力を用いて力のつり合いの式を立てて解答を進めればよい。いずれの立場からでも，問題を解けるようにしておかなければならない。また，鉛直面内などでの不等速な円運動では，これに力学的エネルギー保存則を交えて考察すればよい。この際，糸がたるまないための条件，円筒の内壁や外壁から物体が離れないための条件などにも注意したい。

対策　②解答の基礎として重要な項目

□　力学の基礎

　力学の基礎である，相対速度，等加速度直線運動，力のつり合い，運動方程式，摩擦力，仕事，力学的エネルギー保存則，エネルギーの原理，剛体などの項目については，これらを主題として「物理基礎」の範囲が中心となった問題も出題されているが，主に頻出項目の問題を解答するときの重要な基礎知識として用いることが多い。また，他分野との関係も深く，他分野の問題を解答するときの重要な基礎知識ともなるので必修である。

□ 慣性力

　力学的な物理現象では，非慣性系の立場から慣性力を考慮して考察を進めると，その現象が理解しやすいことが多い。慣性系の立場から考察を進める場合と区別し，問題の設定に応じて，物理現象を非慣性系の立場からも考察できるようになっておこう。

1　力と運動・仕事とエネルギー

1 円運動や放物運動をして分裂する小物体の運動

（2020 年度　第 1 問）

　図1のような，斜面と半径 R の円周，および水平な面からなるトラック（運動の経路）がある。このトラック上の小物体（質量 m とする）の一連の運動を考えよう。点Aから円周を経由して点Eまでトラックは滑らかであり，摩擦は無視できる。点Eから右側の水平面上では摩擦力が働き，小物体と水平面の間の動摩擦係数を μ とする。重力加速度を g とし，空気抵抗は無視できるとする。

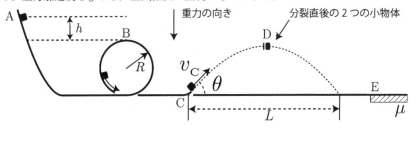

図　1

Ⅰ．小物体を点Aから静かに放したところ，小物体はトラックに沿って運動し，円周内側から離れずに点Bを通過して，点Cまで運動した。点Bは円周の最高点であり，点Aとの高さの差を h（$h>0$）とする。

　問1　点Bでの小物体の速度の大きさ v_B を，g，h を用いて表せ。
　問2　小物体が円周から離れることなく円周に沿って運動するために必要な h の最小値 h_0 を，R を用いて表せ。

Ⅱ．図1のように，小物体は点Cで滑らかに運動の向きを変え，速度の大きさ v_C，角度 θ（$0<\theta<90°$）で飛び出した。図1の点Cからの点線は，小物体がこのまま運動をつづけた場合の軌跡であり，この軌跡が水平面と再び交わる点の点Cからの距離を L とする。

　小物体が最高点Dに達したとき，内部に仕込まれていたバネによって，小物体は突然2つの小物体に瞬時に分裂した。分裂後の小物体の質量は，それぞれ $\dfrac{1}{4}m$ と

$\dfrac{3}{4}m$ であった。以後，軽い小物体，重い小物体と呼ぶ。軽い小物体の速度は分裂直後に 0 になった。また，分裂前にバネは圧縮されていて，このバネに蓄えられていた力学的エネルギーは，すべて，2 つの小物体の運動エネルギーに変換されたとする。バネの質量と長さは十分に小さく無視できる。

問3　分裂後の 2 つの小物体が，それぞれ水平面に落下するまでの落下時間に関する以下の記述のうち，正しいものを㋐～㋔から 1 つ選んで，解答欄に記入せよ。
　　㋐　落下時間はどちらも等しい。
　　㋑　軽い小物体の落下時間は，重い小物体の落下時間の 3 倍である。
　　㋒　重い小物体の落下時間は，軽い小物体の落下時間の 3 倍である。
　　㋓　軽い小物体の落下時間は，重い小物体の落下時間の $\sqrt{3}$ 倍である。
　　㋔　重い小物体の落下時間は，軽い小物体の落下時間の $\sqrt{3}$ 倍である。

問4　重い小物体の分裂直後の速度の大きさ v_D を，v_C，θ を用いて表せ。

問5　軽い小物体が水平面に落下した点の，点 C からの距離を，L を用いて表せ。

問6　重い小物体が水平面に落下した点の，点 C からの距離を，L を用いて表せ。

Ⅲ. 重い小物体が水平面に落下した直後，その速度の鉛直成分は 0 になり，速度の水平成分は落下直前の値を保った。その後，重い小物体は滑らかな水平面上を運動し，時刻 $t=0$ に点 E を通過し，水平面から摩擦力を受けて減速し，時刻 $t=t_\mathrm{S}$ に静止した。

問7　静止した時刻 t_S を，v_C，θ，μ，g を用いて表せ。

問8　時刻 $t\ (0\leqq t\leqq t_\mathrm{S})$ における，重い小物体の点 E からの距離を x とする。時刻 t を，v_C，θ，μ，g，x を用いて表せ。

Ⅳ. 分裂してできた 2 つの小物体のうち，軽い小物体は水平面に落下後，水平面上で静止した。また重い小物体はⅢに示したような運動をして静止した。

問9　点 A で静かに小物体を放したときから分裂後の 2 つの小物体が両方とも静止するまでに失われた，全ての力学的エネルギーの合計を，m，g，h，R，θ を用いて表せ。

解 答

Ⅰ. ▶**問1.** 点Bの高さを重力による位置エネルギーの基準にとると，力学的エネルギー保存則より

$$mgh = \frac{1}{2}mv_B{}^2 \qquad \therefore \quad v_B = \sqrt{2gh}$$

▶**問2.** 点Bで小物体がトラックから受ける垂直抗力の大きさを N_B とすると，小物体の円運動の運動方程式は

$$m\frac{v_B{}^2}{R} = mg + N_B \qquad \therefore \quad N_B = m\frac{v_B{}^2}{R} - mg = mg\left(\frac{2h}{R} - 1\right)$$

小物体が円周から離れることなく円周に沿って運動するための条件は，$N_B \geqq 0$ なので

$$mg\left(\frac{2h}{R} - 1\right) \geqq 0 \qquad \therefore \quad h \geqq \frac{R}{2}$$

したがって，h の最小値 h_0 は $\qquad h_0 = \dfrac{R}{2}$

> **参考1** 小物体が円周内側に沿って鉛直面内で運動するとき，小物体が円周のある位置で受ける垂直抗力の大きさ N について
> $$N \geqq 0$$
> を満たすとき，小物体はその位置では円周内側から離れない。この N は，円周の最高点で最小となるので，最高点でこの条件を満たしている場合には，小物体は円周から離れることなく円周に沿って運動する。

Ⅱ. ▶**問3.** 分裂後の2つの小物体の鉛直方向の運動に着目すると，どちらの小物体も同じ高さから自由落下と同じ運動をするので，落下時間はどちらも等しい。よって，正解は(あ)。

▶**問4.** 点Cでの小物体の速度の水平成分の大きさは $v_C \cos\theta$ なので，水平方向について運動量保存則より

$$mv_C \cos\theta = \frac{3}{4}mv_D \qquad \therefore \quad v_D = \frac{4}{3}v_C \cos\theta$$

▶**問5.** 点Cから飛び出した小物体が分裂することなく放物運動した場合に水平面に落下する点の点Cからの距離が L なので，最高点Dの点Cからの水平到達距離は $\frac{1}{2}L$ である。実際には，小物体はその最高点Dで分裂し，その直後から軽い小物体は自由落下と同じ運動をするので，軽い小物体が水平面に落下した点の点Cからの距離は $\frac{1}{2}L$ である。

▶**問6.** 小物体が分裂することなく放物運動した場合に水平面に落下する点の最高点Dからの水平到達距離は $\frac{1}{2}L$ である。小物体が最高点Dで分裂するかしないかにか

かわらず，最高点Dから水平面に落下するまでの時間は同じなので，この時間を T とし，分裂しなかった場合の小物体の水平方向の運動に着目すると

$$v_\mathrm{C}\cos\theta \times T = \frac{1}{2}L \qquad \therefore \quad T = \frac{L}{2v_\mathrm{C}\cos\theta}$$

これより，重い小物体が水平面に落下した点の最高点Dからの水平到達距離は，重い小物体の水平方向の運動に着目すると

$$v_\mathrm{D}T = \frac{4}{3}v_\mathrm{C}\cos\theta \times \frac{L}{2v_\mathrm{C}\cos\theta} = \frac{2}{3}L$$

したがって，重い小物体が水平面に落下した点の点Cからの距離は

$$\frac{1}{2}L + \frac{2}{3}L = \frac{7}{6}L$$

Ⅲ.　▶問7.　点Eを通過した重い小物体が，水平面から受ける動摩擦力の大きさは $\frac{3}{4}\mu mg$ なので，加速度の大きさは μg である。したがって，等加速度直線運動の式より

$$0 = v_\mathrm{D} - \mu g t_\mathrm{S} \qquad \therefore \quad t_\mathrm{S} = \frac{v_\mathrm{D}}{\mu g} = \frac{4v_\mathrm{C}\cos\theta}{3\mu g}$$

▶問8.　問7と同様に，等加速度直線運動の式より

$$x = v_\mathrm{D}t - \frac{1}{2}\mu g t^2$$

2次方程式の解の公式より

$$t = \frac{v_\mathrm{D} - \sqrt{v_\mathrm{D}{}^2 - 2\mu g x}}{\mu g} = \frac{v_\mathrm{D}}{\mu g}\left(1 - \sqrt{1 - \frac{2\mu g x}{v_\mathrm{D}{}^2}}\right)$$

$$= \frac{4v_\mathrm{C}\cos\theta}{3\mu g}\left(1 - \sqrt{1 - \frac{9\mu g x}{8v_\mathrm{C}{}^2\cos^2\theta}}\right)$$

$$\left(t = \frac{v_\mathrm{D} + \sqrt{v_\mathrm{D}{}^2 - 2\mu g x}}{\mu g} = \frac{4v_\mathrm{C}\cos\theta}{3\mu g}\left(1 + \sqrt{1 - \frac{9\mu g x}{8v_\mathrm{C}{}^2\cos^2\theta}}\right) \text{ は，} t > t_\mathrm{S} \text{ となり不適}\right)$$

Ⅳ.　▶問9.　点Aで静かに小物体を放したときから分裂後の2つの小物体が両方とも水平面上で静止するまでの間に失われた力学的エネルギーは，水平面を基準とした場合の点Aでの小物体の重力による位置エネルギー U_1 と分裂前の小物体の内部に仕込まれたバネに蓄えられていた弾性エネルギー U_2 である。U_1，U_2 それぞれについて

$$U_1 = mg(h + 2R)$$

$$U_2 = \frac{1}{2}\cdot\frac{3}{4}mv_\mathrm{D}{}^2 - \frac{1}{2}m(v_\mathrm{C}\cos\theta)^2 = \frac{1}{6}mv_\mathrm{C}{}^2\cos^2\theta$$

ここで，力学的エネルギー保存則より

$$mg(h + 2R) = \frac{1}{2}mv_\mathrm{C}{}^2 \qquad \therefore \quad v_\mathrm{C} = \sqrt{2g(h + 2R)}$$

これより

$$U_2 = \frac{1}{3} mg\,(h+2R)\cos^2\theta$$

したがって，失われたすべての力学的エネルギーは

$$U_1 + U_2 = mg\,(h+2R) + \frac{1}{3} mg\,(h+2R)\cos^2\theta$$

$$= mg\,(h+2R)\left(1 + \frac{\cos^2\theta}{3}\right)$$

参考2　分裂前の小物体の内部に仕込まれたバネに蓄えられていた弾性エネルギー U_2 は，分裂後すべて 2 つの小物体の運動エネルギーに変換されたとしている。したがって，分裂の前後において力学的エネルギーが保存されているので

$$\frac{1}{2} m\,(v_\mathrm{C}\cos\theta)^2 + U_2 = \frac{1}{2}\cdot\frac{3}{4} mv_\mathrm{D}^2$$

が成り立つ。

テーマ

　一連の運動を通じて，種々の物理現象に成り立つ物理法則や原理についての理解を問う問題がよく見られる。力学の各項目の基本事項についての理解に努め，その上でそれらの基本事項を組み合わせて考えることのできる思考力も養っておかなければならない。
　本問では，トラック上の小物体の一連の運動を通じて，円運動や放物運動，分裂について考察する。Ⅰでは，鉛直面内での不等速な円運動において，小物体が円周から離れないための条件を考察する。Ⅱでは，放物運動の最高点で分裂する小物体の運動を考察する。分裂するかしないかにかかわらず，落下時間が同じであることを理解していなければならない。Ⅲでは，摩擦力のはたらく水平面上での等加速度直線運動を考察する。2 次方程式の解の公式を用いた計算が必要である。Ⅳでは，Ⅰ〜Ⅲの全行程での力学的エネルギーの損失を考察する。分裂前のバネに蓄えられていた弾性エネルギーに注意しなければならない。

2 落下する小物体に抵抗力がはたらく場合の運動

（2019年度　第1問）

　ヘリコプターなどで物資を空輸し，上空から地上に落下させることがある。着地時の衝撃が大きいと物資は壊れてしまう。物資を小物体とみなして，落下時に小物体が受ける力について考えてみよう。なお小物体の質量を m，位置の座標を x，速度と加速度をそれぞれ v, a とし，鉛直下向きを正の向きとする。運動は鉛直下向きの運動のみであり，パラシュートの質量は無視し，地面は十分に硬いとせよ。重力加速度は鉛直下向きで大きさを g とする。

Ⅰ．小物体は自由落下で着地すると衝撃で壊れることがある。そこで図1のように，パラシュートを用いて落下速度の大きさの増加を抑制する。小物体とパラシュートは一体のものと考えよ。空気抵抗の力は小物体の速度と逆の向きであり，大きさは落下速度の大きさに比例し，その比例定数を $b\,(>0)$ とする。

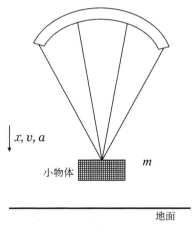

図　1

　問1　小物体についての運動方程式を，a, b, g, m, v のうち必要なものを用いて表せ。

　〔解答欄〕　$ma=$

　問2　小物体を十分高いところから落下させたところ，地面に達する前に重力と空気抵抗の力が釣り合って，一定の終端速度に達した。終端速度の大きさ v_f を，b, g, m を用いて表せ。

Ⅱ．たとえパラシュートを用いても，地面が硬ければ小物体は着地時の衝撃で壊れて
しまう。この衝撃をやわらげるために，二つの方法を考えてみよう。最初の方法は，
小物体の底面にばね定数 k のばねを取り付けて，反発力で減速する方法である（図
2）。終端速度（大きさ v_f）で落下してきた小物体は，ばねの下端が地面に接した
後，重力に加えてばねから鉛直上向きの力を受けて減速し，速度が0になった。こ
の間，ばねは一定のばね定数 k でフックの法則に従って縮んだ。ばねの下端が地面
に接した後は，空気抵抗の力を0とせよ。ばねの質量は無視せよ。

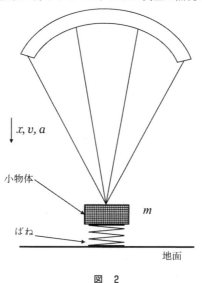

図　2

問3　ばねの下端が地面に接した時の小物体の位置を $x=0$ とする。この時，ばね
　　は自然長であった。その後，ばねが縮んで $x=L_1$ になった時に，小物体の速度
　　が0になった。ばねが縮んでいく間で成り立つ小物体の運動方程式を，a，g，k，
　　m，x のうち必要なものを用いて表せ。

　〔解答欄〕　$ma=$

問4　ばねの下端が地面に接した時と，ばねが縮んで小物体の速度が0になった時
　　とで，小物体とばねの力学的エネルギーの合計が保存されていることを表す式を，
　　g，k，L_1，m，v_f を用いて表せ。

問5　この小物体は下向きの重力に加えてばねから上向きの力を受けるが，その結
　　果として加速度 a の大きさが $15g$（重力加速度の大きさ g の15倍）を超えると，
　　壊れてしまうものであった。小物体が壊れないようにするための，ばね定数 k の
　　上限値を，g，L_1，m を用いて表せ。

問6 これまでの結果を用いて、ばね定数 k を問5で求めた上限値にした場合の L_1 を、g, v_f を用いて表せ。ばねの自然長はこれより長い必要がある。

もう一つの方法は、図3のように、平らな緩衝材を小物体の底面に取り付けるものである。この緩衝材はつぶれていく間、小物体に大きさ F_R で一定の上向きの力を与え続け、緩衝材の厚みが0になる前に小物体は静止した。緩衝材の下端が地面に接した後は、空気抵抗の力を0とせよ。また緩衝材の質量は無視せよ。

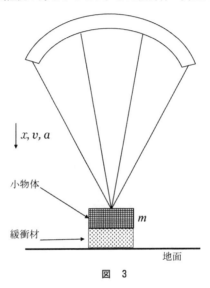

x, v, a

小物体

緩衝材

地面

図 3

問7 緩衝材がつぶれていく間で成り立つ小物体の運動方程式を、a, F_R, g, m のうち必要なものを用いて表せ。

〔解答欄〕 $ma =$

問8 緩衝材の下端が地面に接してから小物体が静止するまでにかかる時間 T を、F_R, g, m, v_f を用いて表せ。

問9 小物体は重力に加えて緩衝材から上向きの力を受ける。これらによる加速度 a の大きさが $15g$ を超えると小物体が壊れるので、加速度の大きさがちょうど $15g$ になるように緩衝材の F_R を決めた。この場合に、小物体が静止するまでに緩衝材が厚み L_2 だけつぶれた。L_2 を、g, v_f を用いて表せ。緩衝材の厚みはこれ以上必要である。

問10 上の問6、問9で求めた L_1, L_2 を比較した以下の文章の空欄に最もふさわしいものを、下の選択肢㋐～㋑からそれぞれ一つずつ選べ。なお、選択肢は複数

回使用してよい。

小物体が壊れないために必要なばねの長さと緩衝材の厚みを比較してみよう。力学的エネルギーの保存則を用いて考える。ばねあるいは緩衝材が地面に接した後，小物体はこれらに力を及ぼしながら下降することで仕事をし，最終的に運動エネルギーがゼロになって静止する（ばねの場合は反発力によって小物体が再上昇するが，一旦静止するまでのみを考える）。小物体が静止するまでに，緩衝材がされる仕事の大きさは，小物体が緩衝材に及ぼす力と (a) の積である。ばねでも緩衝材でも，小物体が壊れない最大の力の大きさは同じである。緩衝材の場合は一定の力を出すことができる。一方，ばねの場合は力の大きさが変化するために，その平均は (b) 値より (c) なる。従って，衝撃をやわらげる方法としては， (d) のほうが (e) より厚みを薄くできる。

選択肢

- ㋐ ばね
- ㋑ 緩衝材
- ㋒ 最大
- ㋓ 最小
- ㋔ ゼロ
- ㋕ 小さく
- ㋖ 大きく
- ㋗ 縮む長さ
- ㋘ 縮む時間

解 答

I．▶問1．題意より，空気抵抗の力の大きさは bv と表される。したがって，小物体にはたらく力は右図のようになるので，小物体の運動方程式は

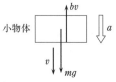

小物体

$$ma = mg - bv$$

▶問2．小物体にはたらく力のつり合いより

$$0 = mg - bv_f$$

$$\therefore \quad v_f = \frac{mg}{b}$$

> 参考1 小物体の速度が一定の終端速度に達するとき，$a=0$ であることからも，問1より
> $$0 = mg - bv_f$$
> であることがわかる。

II．▶問3．ばねが縮んでいく間，小物体にはたらく力は右図のようになるので，小物体の運動方程式は

$$ma = mg - kx$$

▶問4．ばねの下端が地面に接したときの小物体の位置を重力による位置エネルギーの基準面にとると，ばねの下端が地面に接したときとばねが縮んで小物体の速度が 0 になったときとについて，力学的エネルギー保存則より

$$\frac{1}{2}mv_f^2 = \frac{1}{2}kL_1^2 - mgL_1$$

▶問5．問3より

$$a = g - \frac{kx}{m}$$

小物体の速度が 0 になるためには，途中で $a<0$ にならなければならない。したがって，a の大きさが $15g$ を超えないための条件は，$x = L_1$ のときについて

$$|a| = \frac{kL_1}{m} - g \leqq 15g$$

$$\therefore \quad k \leqq \frac{16mg}{L_1}$$

よって，k の上限値は $\dfrac{16mg}{L_1}$ である。

> 参考2 途中で $a<0$ になることから，$x = L_1$ のときについて
> $$g - \frac{kL_1}{m} < 0 \quad \therefore \quad k > \frac{mg}{L_1}$$
> したがって，k の取り得る値は
> $$\frac{mg}{L_1} < k \leqq \frac{16mg}{L_1}$$

である。

▶問6. 問5より，$k = \dfrac{16mg}{L_1}$ のとき，問4より

$$\frac{1}{2}mv_f{}^2 = \frac{1}{2} \cdot \frac{16mg}{L_1} \cdot L_1{}^2 - mgL_1$$

$$\therefore \quad L_1 = \frac{v_f{}^2}{14g}$$

▶問7. 緩衝材がつぶれていく間，小物体にはたらく力は右図のようになるので，小物体の運動方程式は

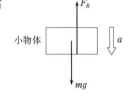

$$ma = mg - F_R$$

▶問8. 問7より

$$a = g - \frac{F_R}{m}$$

緩衝材の下端が地面に接してから小物体が静止するまでの間，この一定の加速度で小物体は等加速度直線運動をする。したがって，等加速度直線運動の式より

$$0 = v_f + \left(g - \frac{F_R}{m}\right)T$$

$$\therefore \quad T = \frac{mv_f}{F_R - mg}$$

▶問9. 小物体の速度が0になるためには，$a < 0$ でなくてはならないので，a の大きさがちょうど $15g$ になるような緩衝材のとき

$$a = -15g$$

したがって，等加速度直線運動の式より

$$0^2 - v_f{}^2 = 2\left(-15g\right)L_2$$

$$\therefore \quad L_2 = \frac{v_f{}^2}{30g}$$

▶問10. (a) 小物体が緩衝材に及ぼす力の向きと緩衝材が縮む向きとが一致しているので，緩衝材が小物体からされる仕事の大きさ，すなわち小物体が緩衝材にする仕事の大きさは，小物体が緩衝材に及ぼす力の大きさと緩衝材が縮む長さとの積で求まる。よって，(a)の正解は(く)。

(b)・(c) ばね・緩衝材が小物体に及ぼす小物体が壊れない最大の力の大きさを F とする。緩衝材が小物体に及ぼす力の大きさは F で一定であるが，ばねが小物体に及ぼす力の大きさは0からばねの縮みに比例して大きくなり F となる。したがって，ばねが小物体に及ぼす力の大きさの平均は $\dfrac{F}{2}$ であり，最大値 F より小さくなる。よって，(b)の正解は(う)，(c)の正解は(か)。なお，小物体がばね・緩衝材に及ぼす力は，この力と作用・反作用の関係にある。

(d)・(e)　小物体の運動エネルギーは，小物体がばね・緩衝材にする仕事の量だけ減少し，小物体が重力からされる仕事の量だけ増加して，$\frac{1}{2}mv_f{}^2$ から 0 に変化する。このとき，小物体が緩衝材に及ぼす力の大きさが F で一定であるのに対して，小物体がばねに及ぼす力の大きさは平均値が $\frac{F}{2}$ なので，緩衝材の方がばねより縮む長さが小さい。よって，(d)の正解は(い)，(e)の正解は(あ)。

> **参考3**　ばね・緩衝材が小物体に及ぼす力の大きさが F のとき，小物体の運動方程式は
> $$m(-15g) = mg - F \quad \therefore \quad F = 16mg$$

> **参考4**　小物体の運動について，運動エネルギーの変化と仕事との関係より，ばねの場合は次式が成り立つ。
> $$0 - \frac{1}{2}mv_f{}^2 = -\frac{F}{2}L_1 + mgL_1$$
> また，緩衝材の場合は次式が成り立つ。
> $$0 - \frac{1}{2}mv_f{}^2 = -FL_2 + mgL_2$$
> ここで，$F = 16mg$ なので
> $$L_1 = \frac{v_f{}^2}{14g}, \quad L_2 = \frac{v_f{}^2}{30g}$$
> これより，問6，問9でそれぞれ求めた L_1，L_2 を確かめることができる。

テーマ

　　力学の問題では，身近でイメージしやすい題材をもとに，物理現象を考察させるものが多い。物理現象に成り立つ種々の法則や原理を的確に捉え，それらを用いて解き進めることで，身近な物理現象を理解できるように工夫されている。

　　本問では，上空から投下した小物体（物資）が着地時の衝撃によって壊れてしまわないように，落下時や着地時に抵抗力がはたらく場合について考察する。Ⅰでは，パラシュートにより空気抵抗を受け，落下時に終端速度に達する過程について，運動方程式などを用いて考察する。Ⅱでは，ばねの弾性力や緩衝材による一定の力を受け，着地時に減速して静止する過程について，力学的エネルギー保存則などを用いて考察する。このとき，ばねと緩衝材から受ける力のはたらき方の違いにより，着地時にばねと緩衝材とで縮む長さが異なることから，着地時の衝撃をやわらげるためにはどちらが適しているのかを導く。

3 塀を飛び越える車の放物運動

(2018 年度　第 1 問)

　図 1 のように，水平な地上をまっすぐに走る車を考える。車の前方には，厚みの無視できる高さ h の塀がある。走ってきた車は，ある時点でジャンプをして地面を離れ，最大の高さ h に達し，塀の最上部すれすれを飛び越えた。この様子について，以下の二種類のジャンプの方法を考え，比較しよう。

　図 1 において，車の初期の進行方向である水平右向きを x 軸の正の向きとし，車の質量を m とする。車の大きさは考えず，質点として取り扱う。また，車は地上を水平方向に通常走行している間は，加速することができ，最大の加速度の大きさは a である。宙を運動している間は加速できない。空気抵抗は無視できるものとする。重力加速度を鉛直下向き，大きさ g とする。

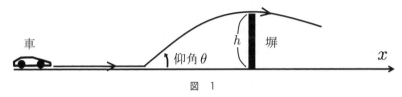

図　1

Ⅰ．ジャンプ台を使って，塀を越えることを考える。x 軸上で塀の手前にジャンプ台を置き，車の速さを変えずに速度の向きだけを仰角 $\theta = 45°$ の方向に変えることができるようにする。ジャンプ台の大きさは無視できるものとし，その地点で車はすぐに方向を変えると仮定する。

　車が，地上を x 軸の正の向きに等速運動してきた。以下の問に答えよ。

問 1　ジャンプ台を通過した瞬間から塀の直上に車が達するまでの時間を，g, h を用いて表せ。

問 2　ジャンプ台に達する前における，車の等速運動の速さを，g, h を用いて表せ。

　次に，等速運動ではない状況を考える。車は静止状態から出発し，ジャンプするまでの間，地上で等加速度運動をした。

問 3　塀を越えるためには，車はある最小距離以上は地上を助走せねばならない。この最小距離を，a, g, h を用いて表せ。

Ⅱ．ジャンプ台を使わずに，塀を飛び越えることを考える。新しい車を用意した。車は圧縮空気を鉛直下向きに解放することで，瞬間的に鉛直上向きの力積を受けることができるジャンプ機構を持っているものとする。車は同じく質量 m の質点として取り扱う。また，車の質量はジャンプ機構の使用により変化しないものとする。

　塀の手前から，地上を x 軸の正の方向に車が等速運動をして走ってきた。塀に近づいたある瞬間にジャンプ機構を用い，車は宙を飛び，塀を飛び越えた。以下の問に答えよ。

問4　ジャンプ機構を用いたときに車が受けた力積の大きさを，m，g，h を用いて表せ。

問5　地上における車の等速運動の速さを v とする。車がジャンプ機構を用いて宙に浮き始めた地点と塀との間の x 軸方向の距離を，v，g，h を用いて表せ。

　次に，等速運動ではない状況を考える。車は静止状態から出発し，等加速度運動をして，ある瞬間にジャンプ機構を用い，塀を越えた。ジャンプの際の車の運動の方向は，仰角が $\theta = 45°$ になるように設定したとする。

問6　塀を越えるためには，車はある最小距離以上は地上を助走せねばならない。この最小距離を，a，g，h を用いて表せ。

Ⅲ．ジャンプ台を使う問3と，ジャンプ機構を使う問6の二つの場合を比較する。

問7　問3の結果に比べ，問6の結果は常に短いことがわかる。すなわち，ジャンプ機構を用いる方が，より短い助走で塀を飛び越えられる。この理由を説明する次の文章中の空欄にふさわしいものを，下の選択肢(あ)〜(え)の中からそれぞれ一つずつ選べ。なお，選択肢は重複して使用してよい。

ジャンプの直前と直後で，　(a)　は，問6の場合は保存しているが問3の場合は減少している。また，　(b)　は，問3の場合は保存しているが問6の場合は増加している。

選択肢
　(あ)　車の位置エネルギー
　(い)　車の力学的エネルギー
　(う)　車の運動量の x 軸方向の成分
　(え)　車の運動量の鉛直上向き方向の成分

問8 車は塀を飛び越えた後，地面に達した。この様子を表す次の文章中の空欄に
ふさわしいものを，下の選択肢(あ)，(い)，(う)の中からそれぞれ一つずつ選べ。なお，
選択肢は重複して使用してよい。

> 問6の場合に塀を越えてから地面に達するまでの時間は，問3の場合と比較し
> て，[　(c)　]。また，問6の場合に塀の位置から車が地面に達した点までのx
> 軸方向の距離は，問3の場合と比較して，[　(d)　]。

選択肢
　(あ) 増加している　　　(い) 減少している　　　(う) 変化していない

解　答

Ⅰ．▶問1．等速運動する車の速さを V とすると，ジャンプ台を通過した瞬間の車の速度の鉛直成分の大きさは

$$V\sin 45° = \frac{\sqrt{2}}{2} V$$

車は最高点で高さ h に達するので，求める時間を t とすると，等加速度直線運動の式より

$$0^2 - \left(\frac{\sqrt{2}}{2} V\right)^2 = 2(-g)h \quad \cdots\cdots ①$$

$$0 = \frac{\sqrt{2}}{2} V + (-g)t \quad \cdots\cdots ②$$

①，②より，V を消去すると

$$t = \sqrt{\frac{2h}{g}} \quad (\because \text{ 負の値は不適})$$

▶問2．問1の①より

$$V = 2\sqrt{gh} \quad (\because \text{ 負の値は不適})$$

▶問3．塀を越えるためには，車の速さがジャンプ台の直前で $V = 2\sqrt{gh}$ になればよい。したがって，求める最小距離を L_0 とすると，最大の加速度の大きさ a を用いて，等加速度直線運動の式より

$$(2\sqrt{gh})^2 - 0^2 = 2aL_0 \quad \therefore \quad L_0 = \frac{2gh}{a}$$

Ⅱ．▶問4．車が最高点で高さ h の塀を飛び越えるためには，ジャンプ機構を用いた直後，車は鉛直方向には上向きに速さ $V\sin 45° = \sqrt{2gh}$ でなければならない。したがって，ジャンプ機構を用いたときに車が受けた力積を I とすると，運動量の変化と力積との関係より

$$I = m\sqrt{2gh} - 0 = m\sqrt{2gh}$$

よって，力積の大きさは $m\sqrt{2gh}$ である。

> **参考**　車は瞬間的に鉛直上向きの力積を受けることができるジャンプ機構をもっているので，そのジャンプ機構を用いると，ジャンプの前後において，車は受けた力積の量だけ鉛直方向の運動量が変化する。したがって，運動量の変化と力積との関係式を用いればよいが，この式を用いるときは，運動量と力積は共に大きさと向きをもつベクトルであることに注意しなければならない。

▶問5．ジャンプ機構を使用してから塀の直上に車が達するまでの時間は，問1と同じ $t = \sqrt{\frac{2h}{g}}$ である。したがって，求める距離を L_1 とすると，等速直線運動の式より

$$L_1 = v\sqrt{\frac{2h}{g}}$$

▶**問6.** ジャンプの際の車の運動の方向の仰角が $\theta = 45°$ になるためには，車は問4より鉛直方向には上向きに速さ $\sqrt{2gh}$ であるから，x 軸方向には正の向きに速さ $\sqrt{2gh}$ でなければならない。したがって，求める最小距離を L_2 とすると，最大の加速度の大きさ a を用いて，等加速度直線運動の式より

$$(\sqrt{2gh})^2 - 0^2 = 2aL_2 \qquad \therefore \quad L_2 = \frac{gh}{a}$$

Ⅲ.　▶**問7.** (a)　ジャンプの直前と直後で車の運動量に着目すると，x 軸方向の成分について，問3の場合では，車は速さを変えずに x 軸方向から向きを変えたことにより減少し，問6の場合では，車は x 軸方向で速さを変えないことから保存している。よって，(a)の正解は(う)。

(b)　ジャンプの直前と直後で車のエネルギーに着目すると，力学的エネルギーについて，問3の場合では，車は速さを変えないことから保存し，問6の場合では，車は x 軸方向で速さを変えずに，さらに鉛直方向の速さが生じることから増加している。よって，(b)の正解は(い)。

▶**問8.** 問3・問6のいずれの場合も，車がジャンプした直後の速度の大きさと向きは同じである。これより，問3・問6のいずれの場合も，車は塀を飛び越えるときに同じ軌跡をたどり，同じ放物運動をする。したがって，塀を越えてから地面に達するまでの時間，塀の位置から車が地面に達した点までの x 軸方向の距離のいずれも，問3の場合と問6の場合を比較して変化していない。よって，(c)・(d)の正解は，いずれも(う)。

テーマ

　水平投射や斜方投射された物体の運動を放物運動といい，運動の軌跡を表す曲線を放物線という。物体の放物運動を考察するときには，その運動を水平方向と鉛直方向とに分解してみるとわかりやすい。このとき，物体は，水平方向には等速度運動をし，鉛直方向には加速度が鉛直下向きに大きさ g の等加速度運動をしている。本問のような，斜め上向きに斜方投射された物体の放物運動の場合では，初速度の大きさを v_0，仰角を θ とすると，物体は，水平方向には速さ $v_0\cos\theta$ の等速度運動をし，鉛直方向には初速度が鉛直上向きに大きさ $v_0\sin\theta$ で加速度が鉛直下向きに大きさ g の等加速度運動をしている。このときの物体の鉛直方向の運動は，鉛直投げ上げされた物体と同じ運動をしている。

　本問では，車がジャンプするときのジャンプ台やジャンプ機構による初速度の条件に注意して，塀を飛び越えるための車の放物運動について考察すればよい。

4 等加速度直線運動や等速直線運動する電車の運動

(2017 年度　第 1 問)

図1に示す電車の運動について考える。電車の車輪はレール上を滑らずに転がり、他の摩擦や電気抵抗によるエネルギー損失も無視できる。特に断りのない場合は、電車は水平な場所に敷設された直線のレールの上を走行する。

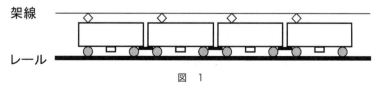

図　1

Ⅰ. 電車全体の長さは 1.0×10^2 m であり、質量は 1.4×10^5 kg である。以下の問では $\sqrt{2} \fallingdotseq 1.4$，$\sqrt{3} \fallingdotseq 1.7$，$\sqrt{5} \fallingdotseq 2.2$ を使ってよい。解答欄に示した単位で有効数字に注意して解答すること。

問1　電車全体で8台のモーターを使用しており、各モーターは半径 4.0×10^{-1} m の車輪を駆動している。1台のモーターが、6.0×10^3 N·m の力のモーメントを発生するとき、電車全体を動かす力を求めよ。　　　　　　（解答欄の単位：N）

問2　電車全体を 1.4×10^5 N の力で動かした場合の加速度を求めよ。

（解答欄の単位：m/s²）

問3　長さ 1.0×10^2 m のホームに電車全体がはみ出さないように停車している。電車全体を 1.4×10^5 N の力で動かし、停車状態から発車して、全体が完全にホームから離れるのに要する時間と、その時点における速さを求めよ。

（解答欄の単位：秒，m/s）

問4　電車全体を 1.0×10^5 N の力で加速させる。停車状態から時速 8.0×10 キロメートルまで加速するために必要なエネルギーを求めよ。　（解答欄の単位：J）

問5　モーターはパンタグラフと架線、車輪とレールを介して電気のやり取りをして回転している。レールに対する架線の電圧は直流 1.5×10^3 V である。モーターにより得られる合計 1.0×10^5 N の力で電車全体を加速させる。速度が時速 5.0×10 キロメートルに達したとき、モーターに電力を供給するために架線に流れている電流の大きさを求めよ。　　　　　　　　　　　（解答欄の単位：A）

問6　図2に示す傾斜角 θ〔rad〕の登り坂を考える。モーターにより得られる力が合計 1.0×10^5 N の場合に、電車が加速も減速もすることのない傾斜角 θ の大きさを求めよ。ここで θ は、$\sin\theta \fallingdotseq \theta$ と近似してよいほど小さい。重力加速度は

9.8m/s² とせよ。 （解答欄の単位：rad）

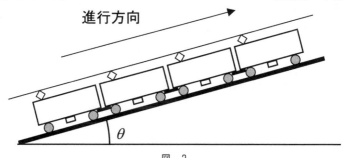

図 2

Ⅱ．停車している駅から，距離 L 離れた隣の駅までの運行について考える。乗客を含めた全体の質量が M の電車を力 F で加速させる。隣の駅に近づくと，加速時と大きさの等しい逆向きの力で減速させ，隣の駅にちょうど速度が 0 となるように到着する。加速している電車の速度が設定速度に達すると加速をやめ，設定速度を維持して走行する。F の大きさは M によって変化しないものとし，設定速度の上限は V_{max} とする。電車とホームの長さは考えなくてよい。

問7 設定速度を V_{max} とする。停車している駅から隣の駅までの運行において，設定速度まで加速することのできる電車全体の質量の最大の大きさを求めよ。また，このときに隣の駅に到着するまでに要する時間 T を求めよ。

問8 電車全体の質量 M が問7の最大の質量より小さく，設定速度を V_{max} とする場合を考える。隣の駅に到着するまでに要する時間を求めよ。

問9 電車全体の質量 M が問7の最大の質量より小さいとき，隣の駅に到着するまでに要する時間を T と等しくするためには，設定速度をいくらにすればよいか。実現可能な設定速度を L，M，F，T のうち必要なものを用いて表せ。

解 答

I. ▶**問1.** 1台のモーターが電車を動かす力の大きさを f〔N〕とし，力のモーメントを考慮すると

$$6.0\times10^3 = f\times4.0\times10^{-1}$$

また，電車全体を動かす力の大きさを F'〔N〕とすると，8台のモーターで電車全体を動かすので

$$F'=8f$$

したがって，2式より

$$F'=8\times\frac{6.0\times10^3}{4.0\times10^{-1}}=1.2\times10^5\,\text{〔N〕}$$

▶**問2.** 加速度の大きさを a〔m/s²〕とすると，運動方程式より

$$1.4\times10^5=1.4\times10^5\times a \quad \therefore \quad a=1.0\,\text{〔m/s²〕}$$

▶**問3.** 電車全体が完全にホームから離れるのは，電車が 1.0×10^2 m だけ進んだときである。これに要する時間を t〔秒〕，その時点における速さを v〔m/s〕とすると，問2の結果と等加速度直線運動の式より

$$1.0\times10^2=\frac{1}{2}\times1.0\times t^2 \quad \therefore \quad t=\sqrt{2}\times10\fallingdotseq1.4\times10\,\text{〔秒〕}$$

$$v^2=2\times1.0\times1.0\times10^2 \quad \therefore \quad v=\sqrt{2}\times10\fallingdotseq1.4\times10\,\text{〔m/s〕}$$

▶**問4.** 速さの単位を変えると

$$8.0\times10\,\text{〔km/h〕}=\frac{8.0\times10\times10^3}{3.6\times10^3}\,\text{〔m/s〕}$$

加速するために必要なエネルギーを E〔J〕とすると，運動エネルギーの変化と仕事との関係より，運動エネルギーの増加分だけエネルギーが必要なので

$$E=\frac{1}{2}\times1.4\times10^5\times\left(\frac{8.0\times10\times10^3}{3.6\times10^3}\right)^2$$

$$=3.45\times10^7\fallingdotseq3.5\times10^7\,\text{〔J〕}$$

参考1 このとき，車輪には回転エネルギーも生じているが，これは無視して考えている。

参考2 電車全体にはたらく大きさ 1.0×10^5 N の力については，解答に必要のない情報である。入試問題では，与えられた情報が解答に必要のあるものかどうかを，見定めなければならない。

▶**問5.** 速さの単位を変えると

$$5.0\times10\,\text{〔km/h〕}=\frac{5.0\times10\times10^3}{3.6\times10^3}\,\text{〔m/s〕}$$

架線に流れている電流の大きさを I〔A〕とすると，モーターの仕事率（＝力×速さ）は供給する電力に等しいので

$$1.5 \times 10^3 \times I = 1.0 \times 10^5 \times \frac{5.0 \times 10 \times 10^3}{3.6 \times 10^3}$$

$$\therefore \quad I = 9.25 \times 10^2 \fallingdotseq \boldsymbol{9.3 \times 10^2 \,(A)}$$

▶**問6.** 電車にはたらく傾斜角 θ〔rad〕の登り坂に平行な方向の力は，モーターにより得られる力と重力の成分である。電車が加速も減速もすることのないとき，これらの力のつり合いより

$$1.0 \times 10^5 = 1.4 \times 10^5 \times 9.8 \times \sin\theta$$

題意より，近似すると

$$\boldsymbol{\theta} \fallingdotseq \sin\theta = 7.28 \times 10^{-2} \fallingdotseq \boldsymbol{7.3 \times 10^{-2} \,(rad)}$$

Ⅱ．▶**問7.** 電車の加速度の大きさを b とすると，電車の運動方程式より

$$Mb = F \qquad \therefore \quad b = \frac{F}{M}$$

b は M に反比例するので，M が大きくなると b が小さくなり，電車の速度が V_{max} になるまで加速するのに要する移動距離と時間とのいずれもが長くなる。これより，V_{max} まで加速することのできる M の最大値を M_{max} とすると，M が M_{max} のとき，電車の速度が V_{max} になるのは，移動距離が $\dfrac{L}{2}$ で，時間が $\dfrac{T}{2}$ だけ経過したときである。したがって，等加速度直線運動の式より

$$V_{max}{}^2 = 2\frac{F}{M_{max}} \cdot \frac{L}{2} \qquad \therefore \quad \boldsymbol{M_{max} = \frac{FL}{V_{max}{}^2}}$$

$$V_{max} = \frac{F}{M_{max}} \cdot \frac{T}{2} \qquad \therefore \quad \boldsymbol{T = \frac{2M_{max}V_{max}}{F} = \frac{2L}{V_{max}}}$$

参考3 このとき，電車の運動の v-t グラフは，次の図のようになる。この図の網かけ部分の面積は，距離 $\dfrac{L}{2}$ を示している。また，このグラフで囲まれた部分の面積は，隣の駅までの距離 L を示している。

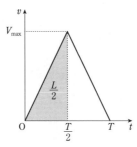

▶問8. M が M_{max} より小さいとき，電車
の運動の v-t グラフは右図のようになる。
このとき，速度が 0 から V_{max} まで加速する
ときと，V_{max} から 0 まで減速するときとで，
等加速度直線運動する時間は等しく，これ
を Δt_1 とし，速度 V_{max} で等速直線運動する
時間を Δt_2 とする。また，隣の駅に到着す
るまでに要する時間を T' とする。これより

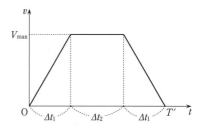

$$T' = 2\Delta t_1 + \Delta t_2$$

このグラフで囲まれた部分の面積が隣の駅までの距離 L を示すので

$$L = V_{max}(\Delta t_1 + \Delta t_2)$$

2式より

$$L = V_{max}(T' - \Delta t_1)$$

また，等加速度直線運動の式より

$$V_{max} = \frac{F}{M}\Delta t_1 \qquad \therefore \quad \Delta t_1 = \frac{MV_{max}}{F}$$

したがって

$$L = V_{max}\left(T' - \frac{MV_{max}}{F}\right) \qquad \therefore \quad T' = \frac{L}{V_{max}} + \frac{MV_{max}}{F}$$

▶問9. 隣の駅に到着するまでに要する時間を T と等しくするための設定速度を V_0
とすると，問8の結果より

$$T = \frac{L}{V_0} + \frac{MV_0}{F}$$

$$\frac{M}{F}V_0{}^2 - TV_0 + L = 0$$

2次方程式の解の公式より，V_0 について解くと

$$V_0 = \frac{FT \pm \sqrt{(FT)^2 - 4MFL}}{2M}$$

ここで，$M < M_{max}$ なので，電車の速度が設定速度に達するまでにかかる時間は $\dfrac{T}{2}$ よ
り短い。したがって，設定速度の条件は，等加速度直線運動の式より

$$V_0 < \frac{F}{M} \cdot \frac{T}{2} = \frac{FT}{2M}$$

これより

$$V_0 = \frac{FT - \sqrt{(FT)^2 - 4MFL}}{2M}$$

参考4 このとき，電車の運動の v-t グラフは，次の図のようになる。この図のグラフで囲まれた部分の面積は，〔参考3〕の図のグラフで囲まれた部分の面積と等しく，隣の駅までの距離 L を示している。

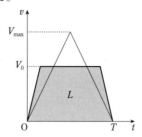

テーマ

　一般に力学の問題では，1つの題材をもとにして，力学の種々の基本事項について問うものがよく見られる。内容的には「物理基礎」または「物理」の，いずれかの範囲を中心にしていることが多い。このような場合には，1つ1つの問題は比較的平易でも，多くの事項について幅広く問われるので，注意が必要である。また，問題が基本的な場合には，数値計算での出題がよく見られる。数値計算の問題では，計算ミスは致命傷となり，誤答の連鎖を招くこともあるので，より正確な計算をするように心がけたい。

　本問では，電車の運動を題材として，力のモーメント，運動方程式，等加速度直線運動，運動エネルギーの変化と仕事，エネルギー保存則，電力，仕事率，力のつり合い，v-t グラフなど，「物理基礎」の力学の範囲を中心に，多岐にわたる物理事項について問われている。

　問題の後半では，与えられた運動の条件を満たす v-t グラフを描き，考察を進めることがポイントである。このように，問題を解く際に図やグラフを描いて考察してみることは，答えを導き出す上での手がかりになる場合がある。

5 台に対して円運動し飛び出す小物体と台の相対運動

(2014年度　第1問)

　図のように，水平面からの傾き 45° の斜面 AB，円弧 BCD，十分に長い水平面 DE からなる台が，水平な床の上におかれている。点Aは円弧の中心Oと同じ高さにあり，OB および OD は鉛直線 OC とそれぞれ左右に 45° の角度をなす。水平面 DE を基準とする，点Oおよび点Aの高さは h であり，したがって円弧 BCD の半径は $\sqrt{2}\,h$ となる。大きさの無視できる質量 m の小物体を点Aから静かにはなしたところ，小物体は斜面と円弧に沿って運動し，点Dで飛び出した後，再び台の上に落下した。小物体は紙面内でのみ運動するものとし，摩擦と空気抵抗は無視する。重力加速度の大きさを g として，以下の問に答えよ。

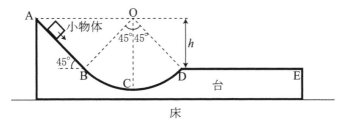

Ⅰ．台が床に固定されている場合について考える。

　問1　点Dにおける小物体の速さ（速度の大きさ）を求めよ。

　問2　点Dにおいて台から飛び出す直前に小物体が受ける垂直抗力の大きさを求めよ。

　問3　台から飛び出した小物体が落下する地点を台上の点Fとするとき，DF 間の距離を求めよ。

Ⅱ．次に，台が床に対してなめらかに動ける場合について考える。台の質量を $3\,m$ とする。はじめ，台は床に対して静止しており，小物体を点Aではなすことによって動き出す。台の運動も紙面内でのみ起こるものとする。

　問4　小物体の点Dにおける台に対する相対速度の大きさを v' とする。このときの小物体の速度の鉛直成分（上向きを正とする）を v' を用いて表せ。

　問5　台と小物体についての運動量保存則を考慮することで，小物体の点Dにおける床に対する速度の水平成分と，このときの床に対する台の速度（ともに右向き

を正とする）のそれぞれを v' を用いて表せ。

問6　v' を m, g, h のうち必要なものを用いて表せ。

問7　台から飛び出した小物体が落下する地点を台上の点 F′ とするとき，DF′ 間の距離を h を用いて表せ。

問8　小物体が点Dにおいて台から飛び出す直前における，床に対する台の加速度（右向きを正とする）を g を用いて表せ。

解　答

I ．▶問1．点Dにおける小物体の速さを v とすると，力学的エネルギー保存則より

$$mgh = \frac{1}{2}mv^2 \quad \therefore \quad v = \sqrt{2gh}$$

▶問2．点Dにおいて台から飛び出す直前に小物体が受ける垂直抗力の大きさを N とすると，小物体の円運動の運動方程式は

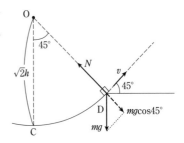

$$m\frac{v^2}{\sqrt{2}h} = N - mg\cos 45°$$

$$\therefore \quad N = m\frac{v^2}{\sqrt{2}h} + mg\cos 45°$$

$$= \frac{3}{\sqrt{2}}mg$$

▶問3．小物体は点Dから仰角 $45°$ で飛び出すので，そのときの速度の水平成分と鉛直成分との大きさは等しく，$v\sin 45° = \sqrt{gh}$ である。小物体が点Dから飛び出してから点Fに落下するまでの時間を t とし，小物体の鉛直方向の運動に着目すると，等加速度直線運動の式より

$$-\sqrt{gh} = \sqrt{gh} - gt \quad \therefore \quad t = 2\sqrt{\frac{h}{g}}$$

したがって，DF 間の距離を L とし，小物体の水平方向の運動に着目すると，等速度運動の式より

$$L = \sqrt{gh}\cdot t = 2h$$

Ⅱ．▶問4．小物体の点Dにおける台に対する相対速度の向きは，仰角 $45°$ の向きである。したがって，この速度の鉛直成分を v'_y とすると

$$v'_y = v'\sin 45° = \frac{1}{\sqrt{2}}v'$$

なお，この v'_y は，小物体の点Dにおける床に対する速度の鉛直成分に一致する。

▶問5．小物体の点Dにおける台に対する相対速度の水平成分（右向きを正とする）を v'_x とすると

$$v'_x = v'\cos 45° = \frac{1}{\sqrt{2}}v'$$

小物体の点Dにおける床に対する速度の水平成分を v_{Dx}，このときの台の床に対する速度を V_D とすると，これらと v'_x との関係より

$$v_{Dx} - V_D = v'_x = \frac{1}{\sqrt{2}}v'$$

水平方向において，台と小物体についての運動量保存則より

$$0 = mv_{Dx} + 3mV_D$$

この2式を連立させて，v_{Dx} と V_D について解くと

$$v_{Dx} = \frac{3}{4\sqrt{2}}v', \quad V_D = -\frac{1}{4\sqrt{2}}v'$$

▶問6．小物体の点Dにおける床に対する速さを v_D とすると

$$v_D = \sqrt{v_{Dx}^2 + v'_y{}^2} = \frac{5}{\sqrt{32}}v'$$

台と小物体についての力学的エネルギー保存則より

$$mgh = \frac{1}{2}mv_D^2 + \frac{1}{2}\cdot3mV_D^2 = \frac{7}{16}mv'^2$$

$$\therefore \quad v' = 4\sqrt{\frac{gh}{7}}$$

▶問7．小物体が点Dから飛び出すときの，小物体の台に対する相対速度の水平成分と鉛直成分との大きさは等しく，$\frac{1}{\sqrt{2}}v' = 2\sqrt{\frac{2gh}{7}}$ である。このとき，小物体の台に対する運動は放物運動なので，小物体が点Dから飛び出してから点F′に落下するまでの時間を t' とし，小物体の鉛直方向の運動に着目すると，等加速度直線運動の式より

$$-2\sqrt{\frac{2gh}{7}} = 2\sqrt{\frac{2gh}{7}} - gt' \quad \therefore \quad t' = 4\sqrt{\frac{2h}{7g}}$$

したがって，DF′ 間の距離を L' とし，小物体の水平方向の運動に着目すると，等速度運動の式より

$$L' = 2\sqrt{\frac{2gh}{7}}\cdot t' = \frac{16}{7}h$$

参考　Ⅱの場合でも，台から飛び出した小物体の台に対する相対運動は，Ⅰの場合と同じ仰角 45° の放物運動である。問3において，v を代入しないで計算すると，$t = \frac{\sqrt{2}v}{g}$ となるので，L は v を用いて，$L = \frac{v^2}{g}$ と表される。したがって，問7では，L' は v' を用いて，$L' = \frac{v'^2}{g}$ と表される。この式に v' を代入しても，L' は求まる。

▶問8．小物体が点Dにおいて台から飛び出す直前における，床に対する台の加速度を a とする。このとき，小物体が受ける垂直抗力の大きさを N' とすると，台から見た小物体の円運動の運動方程式は

$$m\frac{v'^2}{\sqrt{2}h} = N' + ma\cos45° - mg\cos45°$$

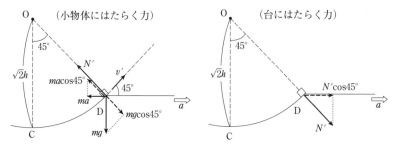

また，床から見た台の運動方程式は

$$3ma = N'\cos 45°$$

この2式より，N' を消去し，問6で求めた v' を代入して a を求めると

$$a = \frac{23}{49}g$$

テーマ

　運動している物体Aから見た物体Bの運動を相対運動という。相対運動では，Aから見たBの変位や速度（相対速度），加速度（相対加速度）に着目して，その運動を考察すればよい。Aが加速度運動している場合には，Aから見たBにはたらく力として，慣性力を考慮しなければならないことに注意する。相対運動の問題では，種々の状況下で2物体が互いに力を及ぼし合って運動している場合について問われることが多い。また，2物体の相対運動では，2物体の重心から見た2物体それぞれの運動を考えると，それらの運動が理解しやすい場合もある。

　本問では，IIの台が動ける場合において，台から見た小物体の相対運動について考察する。小物体と台とが接している間は，互いに力を及ぼし合って台が加速度運動するので，台から見た小物体には慣性力がはたらいて円運動をする。しかし，小物体が台から飛び出すと，互いに力を及ぼし合うことがなくなって台が等速度運動するので，台から見た小物体には慣性力がはたらかなくなり放物運動をする。また，このとき，床から見た小物体も放物運動をしているが，台から見た場合と比較すると，小物体の速度の鉛直成分は同じであるが，水平成分が異なる。したがって，台から見た場合と床から見た場合とでは，仰角の異なる放物運動となる。

6 円弧状のすべり面を持つ台車上での2物体の運動

(2011年度 第1問)

図1のように，円弧状のすべり面を持つすべり台Aを固定した台車が水平な床に置かれている。ただし，台車の上面は床に平行である。すべり台Aの左端と右端の高さはそれぞれ H と h であり，その円弧の半径は $H-h$ で，その表面はなめらかである。このすべり台A上に置かれた質量 m の小物体Pの運動を考えよう。以下の設問では，重力加速度の大きさを g とし，すべての運動は紙面内に限るとする。また，すべり台Aの右端で台車上面の点をOとする。

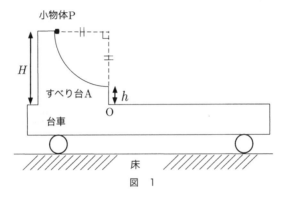

小物体P

H

すべり台A

h

O

台車

床

図 1

Ⅰ．まず，台車が床に固定されている場合について考える。小物体Pをすべり台Aの円弧上，台車から高さ H の点に置き，静かに手をはなすと，小物体Pは摩擦力を受けることなく円弧上をすべり落ち，すべり台Aから水平に飛び出し，台車上に落下した。

問1 すべり台Aから飛び出す瞬間の小物体Pの速さ v_0 を求めよ。

問2 小物体Pが台車上面に落下した点のOからの距離を m, g, H, h の中から必要なものを使って表せ。

Ⅱ. 図2のように，質量 M，長さ l，高さ h の台Bをすべり台Aに接して置く。ただ
し，台Bの上面は水平である。この場合も台車は床に固定されている。台Bの上面
と下面のなめらかさは大きく異なり，台Bの上面と小物体Pとの間の動摩擦係数は
μ_1，台Bの下面と台車との間の動摩擦係数は μ_2 で静止摩擦係数は μ_0 とする。小物
体Pをすべり台Aの円弧上，台車から高さ H の点に置き，静かに手をはなすと，
小物体Pはすべり台A上を摩擦力を受けることなくすべり落ちた後，台B上を摩擦
力を受けながらすべり，台B上の右端から飛び出した。また，台Bも小物体Pとの
間の摩擦力により右に動き出した。

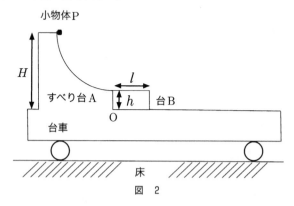

図 2

問3　台Bが動き出すための静止摩擦係数 μ_0 の満たすべき条件，および動き出し
た直後の台Bの加速度 a の大きさを求めよ。

問4　小物体Pが台Bからはなれる瞬間の台Bに対する速さ v_1 を μ_1, g, a, v_0, l
の中から必要なものを使って表せ。ただし，v_0 は問1で求めた速さ v_0 である。

問5　小物体Pが台Bに乗り移ってから台Bをはなれるまでの時間 T を μ_1, g, a,
v_0, l の中から必要なものを使って表せ。

Ⅲ. 次に，図3のように台Bを取りのぞき，台車を右向きに一定の加速度 α で動か
している場合を考える。

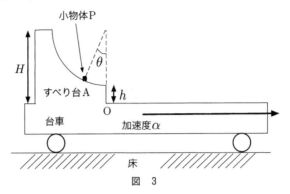

図　3

問6　小物体Pを，すべり台Aの円弧上で鉛直となす角 θ の位置にそっと置いたと
ころ，小物体Pは置かれた位置ですべり台Aに対して静止したままであった。こ
のとき，加速度 α の大きさを求めよ。

問7　小物体Pを，すべり台Aの円弧上で台車からの高さ H の点ですべり台Aに
対して静止するように置いてそっとはなした。すると，小物体Pは円弧上をすべ
り落ちた後，すべり台Aから水平に飛び出した。すべり台Aから飛び出す瞬間の
台車に対する小物体Pの速さ V を m, H, h, g, θ の中から必要なものを使っ
て表せ。

問8　すべり台Aの円弧上のある位置で，小物体Pをすべり台Aに対して静止する
ように置きそっとはなした。すると，小物体Pは円弧上をすべり落ちた後，台車
に対する速さ V_0 ですべり台Aから水平に飛び出した。その後，小物体Pは台車
上面で1回はね，すべり台Aから飛び出した位置に再び戻ってきた。このときの
V_0 と，小物体Pがすべり台A上に戻ってきたときの台車に対する速さ V_1 をそれ
ぞれ m, h, g, α の中から必要なものを使って表せ。ただし，小物体Pと台車
上面との間のはね返り係数は1とする。

解 答

Ⅰ. ▶問1. すべり台Aの右端の高さを重力による位置エネルギーの基準にとると，力学的エネルギー保存則より

$$mg(H-h)=\frac{1}{2}mv_0^2 \qquad \therefore \quad \boldsymbol{v_0=\sqrt{2g(H-h)}}$$

▶問2. すべり台Aの右端から飛び出した小物体Pの運動について，飛び出してから台車上面に落下するまでの時間をt_0とし，鉛直方向の運動に着目すると，等加速度直線運動の式より

$$h=\frac{1}{2}gt_0^2$$

落下した点のOからの距離をdとし，水平方向の運動に着目すると，等速度運動の式より

$$d=v_0t_0$$

この2式と問1より

$$d=v_0\sqrt{\frac{2h}{g}}=\boldsymbol{2\sqrt{h(H-h)}}$$

Ⅱ. ▶問3. 小物体Pにはたらく台Bからの垂直抗力の大きさと，台Bにはたらく台車からの垂直抗力の大きさをそれぞれN_1, N_2とすると，小物体Pと台Bそれぞれにはたらく力の鉛直方向のつり合いより

$$N_1=mg, \quad N_2=(M+m)g$$

台Bにはたらく台車からの摩擦力の大きさをfとすると，小物体Pが台B上をすべっているとき，台Bにはたらく水平方向の力は，右図のように，右向きに大きさμ_1N_1の小物体Pからの動摩擦力と，左向きに大きさfの台車からの摩擦力である。台Bが動き出すための条件は，$f=\mu_0N_2$（最大摩擦力）の場合を考慮して

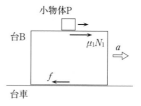

$$\mu_1N_1>\mu_0N_2$$

したがって

$$\mu_1mg>\mu_0(M+m)g \qquad \therefore \quad \mu_0<\frac{m}{M+m}\mu_1$$

動き出した直後の台Bの運動方程式は，$f=\mu_2N_2$（動摩擦力）を考慮して

$$Ma=\mu_1N_1-\mu_2N_2 \quad (\because \quad \mu_1N_1>\mu_0N_2>\mu_2N_2)$$

したがって

$$Ma=\mu_1mg-\mu_2(M+m)g$$

$$\therefore \quad \boldsymbol{a=\frac{\mu_1m-\mu_2(M+m)}{M}g}$$

▶問4．小物体Pを台Bから見た場合について考える。このとき，慣性力を考慮すると，小物体Pにはたらく水平方向の力は，右図のように，左向きに大きさ $\mu_1 N_1$ の台Bからの動摩擦力と，同じく左向きに大きさ ma の慣性力である。台Bから見た小物体Pの右向きの加速度を b とすると，運動方程式は

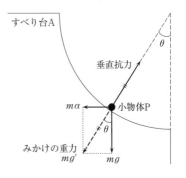

小物体P

$$mb = -ma - \mu_1 mg \qquad \therefore\quad b = -(a + \mu_1 g)$$

したがって，等加速度直線運動の式より

$$v_1{}^2 - v_0{}^2 = 2bl$$

$$\therefore\quad \boldsymbol{v_1 = \sqrt{v_0{}^2 + 2bl} = \sqrt{v_0{}^2 - 2(a + \mu_1 g)\,l}}$$

参考1 慣性力を考慮せず，台車から見た小物体Pの右向きの加速度 b' を運動方程式より求めると，台Bから見た小物体Pの右向きの加速度 b は $b = b' - a$ と求まる。

▶問5．小物体Pを台Bから見た場合について考えると，等加速度直線運動の式と問4より

$$v_1 = v_0 + bT$$

$$\therefore\quad \boldsymbol{T = \dfrac{v_1 - v_0}{b} = \dfrac{v_0 - \sqrt{v_0{}^2 - 2(a + \mu_1 g)\,l}}{a + \mu_1 g}}$$

Ⅲ. ▶問6．小物体Pを台車から見た場合について考える。このとき，慣性力を考慮すると，右図のように，小物体Pにはたらく力はつり合っている。したがって

$$m\alpha = mg\tan\theta$$

$$\therefore\quad \boldsymbol{\alpha = g\tan\theta}$$

▶問7．小物体Pを台車から見た場合について考えると，重力と慣性力の合力がみかけの重力としてはたらく。したがって，みかけの重力加速度の大きさを g' とすると，問6の解説の図より

$$mg' = \dfrac{mg}{\cos\theta} \qquad \therefore\quad g' = \dfrac{g}{\cos\theta}$$

この場合，小物体Pに仕事をする力はみかけの重力だけなので，みかけの重力による位置エネルギーを考慮すると，力学的エネルギー保存則より（次頁の図参照）

$$mg'(H - h)(1 - \sin\theta) = \dfrac{1}{2}mV^2 + mg'(H - h)(1 - \cos\theta)$$

$$\therefore\quad \boldsymbol{V = \sqrt{2g'(H - h)(\cos\theta - \sin\theta)}} \quad (\because\ V > 0)$$

$$= \boldsymbol{\sqrt{2g(H - h)(1 - \tan\theta)}}$$

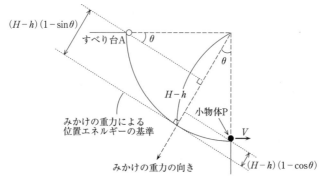

$(H-h)(1-\sin\theta)$

すべり台A　θ

みかけの重力による
位置エネルギーの基準

みかけの重力の向き

$H-h$

θ

小物体P

V

$(H-h)(1-\cos\theta)$

参考2　みかけの重力のした仕事に着目すると，運動エネルギーの変化と仕事の関係より，次式から V を求めることもできる。

$$\frac{1}{2}mV^2 - 0 = mg'(H-h)(\cos\theta - \sin\theta)$$

別解　重力のした仕事は　　　　　$mg(H-h)$

慣性力のした仕事は　　　　　$-m\alpha(H-h)$

垂直抗力のした仕事は　　　　　0

したがって，運動エネルギーの変化と仕事の関係より

$$\frac{1}{2}mV^2 = mg(H-h) - m\alpha(H-h)$$

$$= mg(H-h)(1-\tan\theta)$$

$$\therefore \quad V = \sqrt{2g(H-h)(1-\tan\theta)}$$

▶**問8.** すべり台Aから飛び出した後の小物体Pの運動を，台車から見た場合について考える。

鉛直方向には，台車上面と衝突するまで自由落下と同じ運動をするので，小物体Pがすべり台Aを飛び出してから台車上面と衝突するまでの時間を t とし，この運動に着目すると，等加速度直線運動の式より

$$h = \frac{1}{2}gt^2 \qquad \therefore \quad t = \sqrt{\frac{2h}{g}}$$

また，小物体Pは台車上面と弾性衝突をするので，小物体Pがすべり台Aを飛び出してから再びその高さに戻ってくるまでの時間は $2t$ である。

水平方向には，右向きに初速度が V_0，加速度が $-\alpha$ の等加速度直線運動を始める。この運動に着目すると，小物体Pがすべり台Aを飛び出した位置に再び戻ってくることから，小物体Pは台車上面と衝突するときに水平方向の速度が0となって台車上面と垂直に衝突し，水平方向では衝突の影響を受けないで一連の等加速度直線運動をすることがわかる。このことと，小物体Pがすべり台Aを飛び出した位置に再び戻ってきたときの水平方向の変位が0であることから，等加速度直線運動の式より

$$0 = V_0 \cdot 2t - \frac{1}{2}\alpha(2t)^2 \qquad \therefore \quad V_0 = \alpha t = \alpha\sqrt{\frac{2h}{g}}$$

同様に水平方向の運動に着目すると，小物体Pがすべり台Aを飛び出した位置に再び戻ってきたときの右向きの速度が$-V_1$であることから，等加速度直線運動の式より

$$-V_1 = V_0 - \alpha \cdot 2t \qquad \therefore \quad V_1 = \alpha\sqrt{\frac{2h}{g}}$$

テーマ

　非慣性系の立場にある観測者から物体を見た場合，すなわち加速度$\vec{a}$で運動している観測者から質量mの物体を見た場合，その物体には慣性系の立場にある観測者から見た場合にはたらく力以外に，慣性力$-m\vec{a}$がはたらいていると考える必要がある。非慣性系の立場から見た場合には，この慣性力を考慮することによって，物体に運動の法則が成り立つ。力学に関する物理現象では，このような見方をすることで，その現象を理解しやすくなることがよくある。したがって，慣性系の立場から物体を見る場合と区別して，この考え方にも十分に慣れておきたい。
　本問では，II・IIIで非慣性系の立場から小物体Pの運動を考察すればよい。このとき，IIの問4・問5では，台Bから見た小物体Pの加速度，すなわち台Bに対する小物体Pの相対加速度に着目する。また，IIIの問6・問7では，台車から見た小物体Pにはたらくみかけの重力に着目する。

7 台に立てかけた剛体棒のつり合い

（2007 年度　第 1 問）

　図のように，長さ $8L$，質量 M の細く一様な剛体棒が，水平な床の上に床と角度 $60°$ となるように置かれ，上端から $2L$ の位置で台のカドと接するように立てかけてある。台のカドはなめらかで，棒との間に摩擦力は働かない。床面はあらく，棒との間に摩擦力が働く。棒が床面に接する点を A とし，A において棒が床から受ける垂直抗力の大きさを N_A，摩擦力を F_A とする。また，棒が台のカドと接する点を B とし，棒に垂直な方向に働く B における抗力の大きさを N_B とする。F_A の正の向きは図に示す矢印の向きとする。また，棒と床面の間の静止摩擦係数を μ，重力加速度を g とする。棒の中心には重力 Mg が働く。

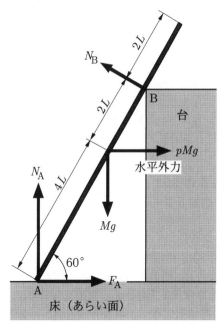

Ⅰ．水平な外力を棒の中心に加えたところ，棒は静止したままであった。ただし，水平外力の大きさは棒の重さの p 倍（pMg）とし，右向きに働くときに $p>0$ とする。

　問1　棒に働く力の，点Aのまわりのモーメントのつりあいより，N_B を，M，L，g，p のうちの必要なものを用いて表せ。

　問2　棒に働く力のつりあいより，N_A を，M，L，g，p のうちの必要なものを用いて表せ。

　問3　棒に働く力のつりあいより，F_A を，M，L，g，p のうちの必要なものを用いて表せ。

　問4　$p=0$ のときに棒が静止しているための μ の範囲を求めよ。

Ⅱ．次に，棒が動かないように手で支えてから，棒の中心に水平外力を加えた。手を棒から離すと，水平外力（pMg）と静止摩擦係数（μ）の大きさに応じて，棒は静止したままか運動を始めるかのいずれかである。棒が静止したままであるためには，次の3つの条件が同時に満たされなければならない。

（条件 a）台のカド（点B）から棒が離れない。

（条件 b）床から棒が離れない。

（条件 c）床に接する棒の端部が左にも右にもすべらない。

今の場合，条件 b は，条件 c が満たされているときには，必ず満たされている。

　問5　左向きの大きな水平外力（$p<0$）を加えたときに，条件 a が破れてしまう。条件 a が満たされるための，p の範囲を求めよ。

　問6　床の静止摩擦係数が小さいときに条件 c が破れてしまう。棒の下端が左にすべらないために μ，N_A，F_A が満たすべき条件式を適当に式変形すると，p と μ の間の関係式として次のように表せる。(1)，(2)，(3)に適当な数を入れよ。

$$\mu p + \boxed{} p + \boxed{} \mu + \boxed{} \leqq 0$$

　問7　同様にして，棒の下端が右にすべらないために p と μ が満たすべき条件は次式で表せる。(4)，(5)，(6)に適当な数を入れよ。

$$\mu p + \boxed{} p + \boxed{} \mu + \boxed{} \leqq 0$$

　問8　条件 a，b，c が同時に満たされて棒が静止したままであるために p と μ が満たすべき領域を，解答用紙のグラフに斜線で示せ。ただし，グラフに記した直線や曲線のうち，必要なものを使うこと。さらに，グラフ中の p_0 の値も答えよ。なお，$\mu p + \alpha p + \beta \mu + \gamma = 0$ なる式は，$\mu = \dfrac{\alpha\beta - \gamma}{p + \beta} - \alpha$ と変形される。この式は $p = -\beta$ と，$\mu = -\alpha$ を漸近線とする双曲線を表す。グラフ中の曲線はいずれも問6，問7の条件に対応する双曲線の一部になっている。

〔解答欄〕

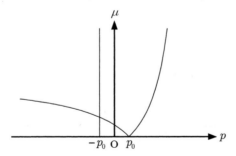

解 答

I. ▶問1. 点Aのまわりの力のモーメントのつりあいより

$$N_\mathrm{B} \times (4L + 2L) - (Mg \times 4L\cos60° + pMg \times 4L\cos30°) = 0$$

$$\therefore \quad N_\mathrm{B} = \frac{1 + \sqrt{3}p}{3}Mg$$

▶問2. 棒にはたらく力の鉛直方向のつりあいより

$$N_\mathrm{A} + N_\mathrm{B}\cos60° - Mg = 0$$

問1で求めたN_Bを代入すると $\quad N_\mathrm{A} = \dfrac{5 - \sqrt{3}p}{6}Mg$

▶問3. 棒にはたらく力の水平方向のつりあいより

$$F_\mathrm{A} + pMg - N_\mathrm{B}\sin60° = 0$$

問1で求めたN_Bを代入すると $\quad F_\mathrm{A} = \dfrac{\sqrt{3} - 3p}{6}Mg$

▶問4. 問2・問3より, $p = 0$ のとき

$$N_\mathrm{A} = \frac{5}{6}Mg \qquad F_\mathrm{A} = \frac{\sqrt{3}}{6}Mg$$

最大摩擦力の大きさをf_0とすると $\quad f_0 = \mu N_\mathrm{A} = \dfrac{5}{6}\mu Mg$

棒が静止しているための条件は$F_\mathrm{A} \leqq f_0$なので

$$\frac{\sqrt{3}}{6}Mg \leqq \frac{5}{6}\mu Mg \qquad \therefore \quad \mu \geqq \frac{\sqrt{3}}{5}$$

II. ▶問5. 条件aが満たされるための条件は $\quad N_\mathrm{B} \geqq 0$
したがって, 問1で求めたN_Bを代入すると

$$\frac{1 + \sqrt{3}p}{3}Mg \geqq 0 \qquad \therefore \quad p \geqq -\frac{1}{\sqrt{3}}$$

また, $p < 0$なので, 求めるpの範囲は $\quad -\dfrac{1}{\sqrt{3}} \leqq p < 0$

▶問6. 棒の下端が左にすべらないための条件は $\quad \mu N_\mathrm{A} \geqq F_\mathrm{A}$
したがって, 問2で求めたN_Aと問3で求めたF_Aを代入すると

$$\mu \times \frac{5 - \sqrt{3}p}{6}Mg \geqq \frac{\sqrt{3} - 3p}{6}Mg$$

$$\mu p - \sqrt{3}p - \frac{5}{\sqrt{3}}\mu + 1 \leqq 0$$

$$\therefore \quad \mu p + (-\sqrt{3})p + \left(-\frac{5}{\sqrt{3}}\right)\mu + 1 \leqq 0 \quad \cdots(1)\cdot(2)\cdot(3)$$

▶問7. 棒の下端が右にすべろうとするとき, 摩擦力は左向きにはたらく。このとき,

$F_A<0$ なので，棒の下端が右にすべらないための条件は

$$\mu N_A \geqq -F_A$$

したがって，問2で求めた N_A と問3で求めた F_A を代入すると

$$\mu \times \frac{5-\sqrt{3}p}{6}Mg \geqq -\frac{\sqrt{3}-3p}{6}Mg$$

$$\mu p + \sqrt{3}p - \frac{5}{\sqrt{3}}\mu - 1 \leqq 0$$

$$\therefore \quad \mu p + \sqrt{3}p + \left(-\frac{5}{\sqrt{3}}\right)\mu + (-1) \leqq 0 \quad \cdots(4)\cdot(5)\cdot(6)$$

▶問8．問6で求めた条件式の不等号を等号に置き換え，題意に合わせて式変形を行うと

$$\mu = \frac{4}{p+\left(-\frac{5}{\sqrt{3}}\right)} - (-\sqrt{3})$$

となり，この式は

$$p = -\left(-\frac{5}{\sqrt{3}}\right) = \frac{5}{\sqrt{3}} \qquad \mu = -(-\sqrt{3}) = \sqrt{3}$$

を漸近線とする双曲線を表すことがわかる。
また，問6で求めた条件式を変形すると

$$\left(p-\frac{5}{\sqrt{3}}\right)(\mu-\sqrt{3}) \leqq 4$$

となる。この条件式を満たす領域を斜線で図示すると，右図のようになる。

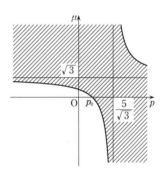

問7で求めた条件式においても同様の処理を行うと

$$\mu = \frac{-4}{p+\left(-\frac{5}{\sqrt{3}}\right)} - \sqrt{3}$$

となり，この式は

$$p = -\left(-\frac{5}{\sqrt{3}}\right) = \frac{5}{\sqrt{3}} \qquad \mu = -\sqrt{3}$$

を漸近線とする双曲線を表すことがわかる。
また，問7で求めた条件式を変形すると

$$\left(p-\frac{5}{\sqrt{3}}\right)(\mu+\sqrt{3}) \leqq -4$$

となる。この条件式を満たす領域を斜線で図示すると右図のようになる。

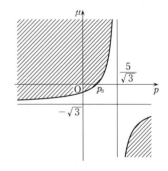

ここで，問6と問7の双曲線の式における $\mu=0$ の

ときの p の値 p_0 は

$$p_0 = \frac{1}{\sqrt{3}}$$

よって，問5から得られる p の範囲

$$p \geqq -\frac{1}{\sqrt{3}} = -p_0$$

と，静止摩擦係数 μ について成り立つ範囲

$$\mu > 0$$

を併せて考えると，求める領域はこれらすべての条件を満たさなければならない。したがって，求める領域は下図のようになる。

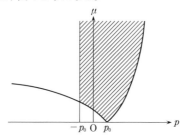

テーマ

　粗い床面上で，固定された台のカドに立てかけた棒のつりあいの条件を考察する。棒（剛体）のつりあいの条件は，次の2式を満たす必要がある。

$$\begin{cases} (\text{力のベクトル和}) = \vec{0} \\ (\text{力のモーメント和}) = 0 \end{cases}$$

また，棒が粗い床面との間で静止しているための静止摩擦力の条件は，次の式を満たす必要がある。

$$(\text{静止摩擦力}) \leqq (\text{最大摩擦力})$$

　本問では，これらの条件から棒の静止条件を表すグラフの領域を描図しなければならないが，その際に不等号の向きと不等式の領域の関係に注意しなければ，グラフは描けていても領域を間違えてしまう。なお，双曲線における不等式の領域は，次の斜線部分のようになる。

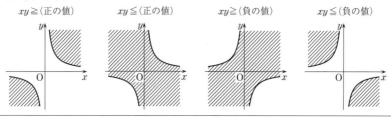

8 車の荷台に立てかけた剛体棒のつり合い

(2004年度 第1問)

　図のように，長さ L，質量 M の細く一様な剛体棒が，トラックの荷台後部の鉛直面に立てかけてある。水平方向に x 軸，鉛直方向に y 軸を，図のようにとる。荷台の鉛直面はなめらかで，棒との間に摩擦力ははたらかない。荷台の水平面はあらく，棒との間に摩擦力がはたらく。棒は xy 平面内にあり，荷台の鉛直面と角度 θ $\left(0<\theta<\dfrac{\pi}{2}\right)$ をなしている。棒が荷台の水平面に接する点をAとし，Aにおいて棒が荷台から受ける垂直抗力の大きさを N_{A}，摩擦力の大きさを F_{A} とする。また，棒が荷台の鉛直面に接する点をBとし，Bにおける垂直抗力の大きさを N_{B} とする。棒と荷台の水平面の間の静止摩擦係数を μ，重力加速度の大きさを g とする。道路は水平として，以下の問いに答えよ。

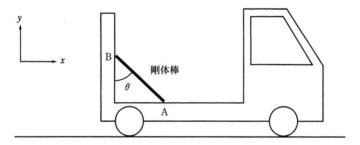

　最初，トラックは道路上に停止していた。このとき，棒は静止していた。

問1　棒にはたらく力のつりあいの式を，水平成分および鉛直成分それぞれについて，F_{A}，N_{A}，N_{B}，M，g のうちの必要なものを用いて表せ。

問2　点Aのまわりの，棒にはたらく力のモーメントのつりあいの式を，N_{B}，θ，L，M，g のうちの必要なものを用いて表せ。

問3　棒が動かないための θ の最大値を θ_{m} とする。$\tan\theta_{\mathrm{m}}$ を，L，M，g，μ のうちの必要なものを用いて表せ。

　次に，停止していたトラックは，一定の大きさ a_1 $(a_1>0)$ の加速度で前方（x 軸の正の向き）に動きだした。このとき，棒は荷台に対して動かなかった。以下の問4から問8では，$0<\theta\leqq\theta_{\mathrm{m}}$ とする。

問4　N_B と F_A を，a_1，θ，L，M，g のうちの必要なものを用いて，それぞれ表せ。

問5　棒が荷台に対して動かないためには，a_1 と $\tan\theta$ の間に，ある関係がなければならない。この関係を，a_1，θ，L，M，g，μ のうちの必要なものを用いて，不等式で表せ。

その後，トラックは一定の加速度で減速を始めた。この加速度の大きさを a_2 $(a_2>0)$ とする。減速中，棒は荷台に対して動かなかった。

問6　N_B と F_A を，a_2，θ，L，M，g のうちの必要なものを用いて，それぞれ表せ。

問7　棒が荷台に対して動かないためには，a_2 と $\tan\theta$ の間に，ある関係がなければならない。この関係を，a_2，θ，L，M，g，μ のうちの必要なものを用いて，不等式で表せ。ただし，いくつかの不等式を用いて表してもよい。結果だけでなく考え方も簡潔に記せ。

問8　問7で求めた，a_2 と $\tan\theta$ の関係を満たす領域を，解答欄のグラフに斜線で描け。

〔解答欄〕

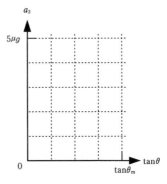

解 答

最初,棒には図1のように力がはたらき,棒は静止している。

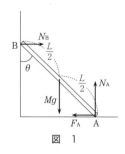

図 1

▶問1.図1より,棒にはたらく力のつりあいの式の水平成分および鉛直成分は,それぞれ次のようになる。

水平成分:$N_B - F_A = 0$ ……①

鉛直成分:$N_A - Mg = 0$ ……②

▶問2.図1より,棒にはたらく力による点Aのまわりの力のモーメントのつりあいの式は,次のようになる。

$$Mg \times \frac{L}{2}\sin\theta - N_B \times L\cos\theta = 0 \quad ……③$$

▶問3.$\theta = \theta_m$ のとき,F_A は最大摩擦力 F_{Am} となるので

$$F_{Am} = \mu N_A = \mu Mg \quad (\because \quad ②より\ N_A = Mg)$$

このとき,①より,N_B も最大値 N_{Bm} となるので

$$N_{Bm} = F_{Am} = \mu Mg$$

また,③より $\qquad \dfrac{\sin\theta}{\cos\theta} = \dfrac{2N_B}{Mg}$

したがって $\qquad \tan\theta_m = \dfrac{\sin\theta_m}{\cos\theta_m} = \dfrac{2N_{Bm}}{Mg} = \dfrac{2\mu Mg}{Mg} = 2\mu$

次に,トラックが一定の大きさ a_1($a_1 > 0$)の加速度で前方に動き出したとき,荷台上から見ると,棒には図2のように力がはたらき,棒は荷台に対して静止している。

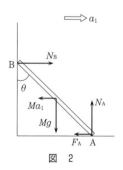

図 2

▶問4.棒にはたらく力のつりあいの式の水平成分は

$$N_B - F_A - Ma_1 = 0$$

棒にはたらく力による点Aのまわりの力のモーメントのつりあいの式は

$$Mg \times \frac{L}{2}\sin\theta + Ma_1 \times \frac{L}{2}\cos\theta - N_B \times L\cos\theta = 0$$

2式を連立させて解くと

$$N_B = \frac{M}{2}(g\tan\theta + a_1) \qquad F_A = \frac{M}{2}(g\tan\theta - a_1)$$

ただし,$a_1 > g\tan\theta$ のとき,F_A は水平方向右向きの力である。このとき,棒にはたらく力のつりあいの式の水平成分は

$$N_B + F_A - Ma_1 = 0$$

となるので

$$F_A = \frac{M}{2}(-g\tan\theta + a_1)$$

したがって，F_A については

$$F_A = \frac{M}{2}|g\tan\theta - a_1|$$

と表すのが適当である。

よって　　　　$N_B = \frac{M}{2}(g\tan\theta + a_1)$

$$F_A = \frac{M}{2}|g\tan\theta - a_1|$$

▶**問5．** $F_A \leqq \mu N_A = \mu Mg$ の条件を満たすとき，棒は荷台に対して動かない。ただし，F_A は左向きにはたらく場合と，右向きにはたらく場合がある。

(i)　F_A が左向きにはたらく場合（$a_1 \leqq g\tan\theta$ のとき）

棒が荷台に対して動かないための条件は，問4より

$$F_A = \frac{M}{2}(g\tan\theta - a_1) \leqq \mu Mg \qquad \therefore \quad a_1 \geqq g(\tan\theta - 2\mu)$$

ここで，問3の結果より

$$\tan\theta \leqq \tan\theta_m = 2\mu \qquad \therefore \quad \tan\theta - 2\mu \leqq 0$$

したがって，F_A が左向きにはたらく場合，すなわち $a_1 \leqq g\tan\theta$ のとき

$$a_1 \geqq g(\tan\theta - 2\mu)$$

が常に成り立ち，棒は荷台に対して動かない。

(ii)　F_A が右向きにはたらく場合（$a_1 > g\tan\theta$ のとき）

棒が荷台に対して動かないための条件は，問4より

$$F_A = \frac{M}{2}(a_1 - g\tan\theta) \leqq \mu Mg$$

$$\therefore \quad a_1 \leqq g(2\mu + \tan\theta)$$

したがって，F_A が右向きにはたらく場合，すなわち $a_1 > g\tan\theta$ のとき，棒が荷台に対して動かないための条件は

$$g\tan\theta < a_1 \leqq g(2\mu + \tan\theta)$$

(i)，(ii)より，棒が荷台に対して動かないための条件は

$$\boldsymbol{a_1 \leqq g(2\mu + \tan\theta)}$$

その後，トラックが一定の大きさ a_2（$a_2 > 0$）の加速度で減速しているとき，荷台上から見ると，棒には図3のように力がはたらき，棒は荷台に対して静止している。

▶**問6．** 棒にはたらく力のつりあいの式の水平成分は

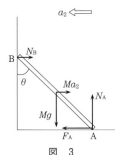

図　3

$$N_B + Ma_2 - F_A = 0$$

棒にはたらく力による点Aのまわりの力のモーメントのつりあいの式は

$$Mg \times \frac{L}{2}\sin\theta - N_B \times L\cos\theta - Ma_2 \times \frac{L}{2}\cos\theta = 0$$

2式を連立させて解くと

$$N_B = \frac{M}{2}(g\tan\theta - a_2)$$

$$F_A = \frac{M}{2}(g\tan\theta + a_2)$$

▶問7. 棒が荷台に対して動かないための条件は，棒が荷台の水平面上ですべらないことと，棒が荷台の鉛直面から離れないことである。

棒が荷台の鉛直面から離れないための条件は，$N_B \geqq 0$ なので

$$\frac{M}{2}(g\tan\theta - a_2) \geqq 0 \qquad \therefore \quad \boldsymbol{a_2 \leqq g\tan\theta}$$

棒が荷台の水平面上ですべらないための条件は，$F_A \leqq \mu Mg$ なので

$$\frac{M}{2}(g\tan\theta + a_2) \leqq \mu Mg \qquad \therefore \quad \boldsymbol{a_2 \leqq g(2\mu - \tan\theta)}$$

▶問8. 問7で求めた2つの不等式をもとにグラフ化すると，a_2 と $\tan\theta$ の関係を満たす領域は次のようになる。このとき，問3の結果より，$\tan\theta_m = 2\mu$ であることに注意すること。

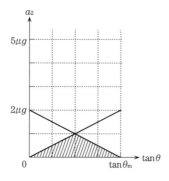

2 運動量と力積・衝突

1つあるいは複数の小球を高さ h から床に落とし，はね上がってくる様子を観察する。小球は，鉛直方向にのみ運動するものとし，速度は鉛直上向きを正にとる。床と小球の衝突の反発係数（はね返り係数）は e，小球同士の衝突の反発係数は1である。重力加速度の大きさを g とし，以下の問に答えよ。小球の大きさは，高さ h に比べて十分小さいので無視してよい。

Ⅰ．まず，図1のように，質量 M_A の小球Aを高さ h から静かに落とした。

問1 この小球が床に衝突し，はね上がった直後の速度を g, e, h, M_A のうち必要なものを使って表せ。

問2 小球がはね上がった後，到達する最高の高さを g, e, h, M_A のうち必要なものを使って表せ。

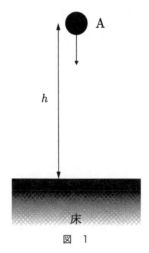

図 1

Ⅱ．次に，図2aのように，質量 M_B の小球BをAの上に中心が鉛直線上にそろうように置き，この2つを高さ h から同時に静かに落とした。AとBの間には，わずかに隙間があり，小球Aは先に床に到達し，はね上がった直後に，図2bのように，

落ちてきた小球Bと正面衝突する。

問3 小球AとBが正面衝突する直前の速度をそれぞれ v_A, v_B, 衝突直後の速度を v_A', v_B' としたとき, v_A', v_B' をそれぞれ, v_A, v_B, M_A, M_B を使って表せ。ただし, 反発係数が1であることから, $1 = -\dfrac{v_A' - v_B'}{v_A - v_B}$ が成り立つ。

問4 M_B が M_A より十分小さい場合 $\left(\dfrac{M_B}{M_A} \doteqdot 0\right)$, 問3の答えはどのように近似できるか。$v_A'$, v_B' をそれぞれ, v_A, v_B のうち必要なものを使って表せ。

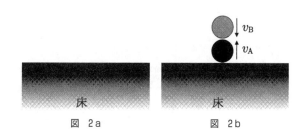

図 2a　　　　　図 2b

　質量が極端に異なる小球同士の衝突問題は, "動いている床"と小球とが弾性衝突する問題とみなせる。そこで, M_B が M_A より十分小さい場合について, 図2での小球Bの速度やはね上がり高さを, 小球Aを"動いている床"とみなす考え方で求めてみよう。

問5 小球Aと衝突してはね上がった直後の小球Bの速度は, Aと一緒に動く観測者から, どう見えるか。g, e, h のうち必要なものを使って表せ。衝突前のAとBの相対速度に注意すること。

問6 前問の小球Bのはね上がり直後の速度は, 床にいる観測者からは, どう見えるか。g, e, h のうち必要なものを使って表せ。

問7 小球Bがはね上がった後, 到達する最高の高さを, e, h を使って表せ。

Ⅲ. さらに図3のように，小球A，Bの上に，もう1つの小球C（質量 M_C）を，中心が鉛直線上にそろうように置いて，3つの小球を高さ h から同時に静かに落とした。ただし，M_B は M_A より十分に小さく，M_C は M_B より十分に小さいとする。$\left(\dfrac{M_B}{M_A} \fallingdotseq 0, \ \dfrac{M_C}{M_B} \fallingdotseq 0 \right)$

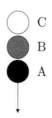

床

図 3

問8 床から見た小球Cのはね上がり直後の速度を，g, e, h のうち必要なものを使って表せ。

問9 小球Cは，h の 36 倍の高さにまではね上がった。このとき，床と小球Aの反発係数 e の値を求めよ。

解 答

Ⅰ．▶問1．小球Aが床と衝突する直前の速度を v_0 とすると，力学的エネルギー保存則より

$$M_A gh = \frac{1}{2} M_A v_0{}^2$$

$$\therefore \quad v_0 = -\sqrt{2gh} \quad (\because \quad v_0 < 0)$$

したがって，はね上がった直後の速度を v とすると，反発係数の式は

$$e = -\frac{v}{v_0}$$

$$\therefore \quad v = -ev_0 = e\sqrt{2gh}$$

▶問2．到達する最高の高さを H とすると，力学的エネルギー保存則より

$$\frac{1}{2} M_A v^2 = M_A gH$$

$$\therefore \quad H = \frac{v^2}{2g} = e^2 h \quad (\because \quad v = e\sqrt{2gh})$$

Ⅱ．▶問3．運動量保存則より

$$M_A v_A + M_B v_B = M_A v_A' + M_B v_B'$$

反発係数の式は，与えられている通り

$$1 = -\frac{v_A' - v_B'}{v_A - v_B}$$

この2式を連立させて解くと

$$v_A' = \frac{M_A - M_B}{M_A + M_B} v_A + \frac{2M_B}{M_A + M_B} v_B$$

$$v_B' = \frac{2M_A}{M_A + M_B} v_A - \frac{M_A - M_B}{M_A + M_B} v_B$$

▶問4．問3の結果に，与えられた近似式を用いると

$$v_A' = \frac{1 - \dfrac{M_B}{M_A}}{1 + \dfrac{M_B}{M_A}} v_A + \frac{2\dfrac{M_B}{M_A}}{1 + \dfrac{M_B}{M_A}} v_B \fallingdotseq v_A$$

$$v_B' = \frac{2}{1 + \dfrac{M_B}{M_A}} v_A - \frac{1 - \dfrac{M_B}{M_A}}{1 + \dfrac{M_B}{M_A}} v_B \fallingdotseq 2v_A - v_B$$

▶問5．v_A と v_B について，問1と同様に考えると

$$v_A = e\sqrt{2gh}$$

$$v_B = -\sqrt{2gh}$$

小球Aと一緒に動く観測者から見た小球Bの速度について，衝突直前をv_{AB}，衝突直後をv_{AB}'とすると，反発係数の式は

$$1 = -\frac{v_{AB}'}{v_{AB}}$$

$$\therefore \quad v_{AB}' = -v_{AB}$$

ここで

$$v_{AB} = v_B - v_A = -(1+e)\sqrt{2gh}$$

したがって

$$v_{AB}' = (1+e)\sqrt{2gh}$$

▶問6．$v_{AB}' = v_B' - v_A' \qquad \therefore \quad v_B' = v_{AB}' + v_A'$

ここで，問4より，$v_A' \fallingdotseq v_A$ なので

$$v_B' \fallingdotseq v_{AB}' + v_A$$
$$= (1+e)\sqrt{2gh} + e\sqrt{2gh}$$
$$= (1+2e)\sqrt{2gh}$$

別解　問4より

$$v_B' \fallingdotseq 2v_A - v_B$$
$$= 2(e\sqrt{2gh}) - (-\sqrt{2gh})$$
$$= (1+2e)\sqrt{2gh}$$

▶問7．小球Bが到達する最高の高さを H_B とすると，力学的エネルギー保存則より

$$\frac{1}{2}M_B v_B'^2 = M_B g H_B$$

$$\therefore \quad H_B = \frac{v_B'^2}{2g} = (1+2e)^2 h \quad (\because \quad v_B' = (1+2e)\sqrt{2gh})$$

Ⅲ．▶問8．小球BとCが衝突する直前の小球Bの速度が v_B' であり，このときの小球Cの速度を v_C とすると，問1と同様に考え

$$v_C = -\sqrt{2gh}$$

小球Bと一緒に動く観測者から見た小球Cの速度について，衝突直前を v_{BC}，衝突直後を v_{BC}' とすると，反発係数の式は

$$1 = -\frac{v_{BC}'}{v_{BC}} \qquad \therefore \quad v_{BC}' = -v_{BC}$$

ここで

$$v_{BC} = v_C - v_B'$$
$$= -\sqrt{2gh} - (1+2e)\sqrt{2gh}$$
$$= -2(1+e)\sqrt{2gh}$$

したがって

$$v_{BC}' = 2(1+e)\sqrt{2gh}$$

衝突した直後の小球BとCの速度をそれぞれ v_B''，v_C' とすると

$$v_{BC}' = v_C' - v_B'' \qquad \therefore \quad v_C' = v_{BC}' + v_B''$$

ここで，問4と同様に考えると，$v_B'' \fallingdotseq v_B'$ なので

$$\begin{aligned} v_C' &\fallingdotseq v_{BC}' + v_B' \\ &= 2(1+e)\sqrt{2gh} + (1+2e)\sqrt{2gh} \\ &= (3+4e)\sqrt{2gh} \end{aligned}$$

別解　問4と同様に考えると

$$\begin{aligned} v_C' &\fallingdotseq 2v_B' - v_C \\ &= 2\{(1+2e)\sqrt{2gh}\} - (-\sqrt{2gh}) \\ &= (3+4e)\sqrt{2gh} \end{aligned}$$

▶**問9.**　小球Cが到達する最高の高さを H_C とすると，力学的エネルギー保存則より

$$\frac{1}{2}M_C v_C'^2 = M_C g H_C$$

$$\therefore \quad H_C = \frac{v_C'^2}{2g} = (3+4e)^2 h \quad (\because \quad v_C' = (3+4e)\sqrt{2gh})$$

したがって，題意より

$$(3+4e)^2 = 36 \qquad \therefore \quad e = \frac{3}{4}$$

テーマ

2物体P，Qが一直線上で衝突する場合，P，Qの質量をそれぞれ m_1，m_2，衝突直前の速度をそれぞれ v_1，v_2，衝突直後の速度をそれぞれ v_1'，v_2' とし，衝突の反発係数を e とすると，次の①，②が成り立つ。

運動量保存則より

$$m_1v_1+m_2v_2=m_1v_1'+m_2v_2' \quad \cdots\cdots①$$

反発係数の式より

$$e=-\frac{v_1'-v_2'}{v_1-v_2} \quad \cdots\cdots②$$

ここで，2つの物体の質量が極端に異なる場合，例えば $m_1\ll m_2$ のとき，物体Qは「動いている床（壁）」とみなすことができ，衝突によるQの速度変化は無視できることになる。すなわち

$$v_2'\fallingdotseq v_2$$

となる。このとき，②は

$$e=-\frac{v_1'-v_2}{v_1-v_2}$$

と表され，$e=1$ の場合には

$$v_1'=2v_2-v_1$$

と表される。

本問では，鉛直方向で衝突する2球の下側の一方をこの「動いている床」とみなすことで，小球のはね上がりを考察する。

3　単振動

　図1のように，水平方向に x 軸，鉛直上向きに y 軸をとった平面内における質量 M の物体Aと質量 m の物体Bの運動を考える。物体Aは，x 軸に平行に固定された棒に沿って滑らかに動くことができる。また，物体Aと物体Bは伸び縮みしない長さ ℓ で質量の無視できる糸でつながっている。糸と鉛直方向とのなす角度 θ〔rad〕を，図1に示すように定義する。物体Aと棒の間の摩擦力は無視でき，また，物体Aおよび物体Bは質点とみなしてよい。重力加速度の大きさを g とする。

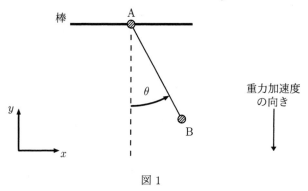

図1

I. まず，物体Aを棒の一点に動かないように固定する。糸がたるまないように物体Bを持ち上げ，静かに離すと物体Bは振動をはじめた。このとき，以下の問に答えよ。

問 1　以下の文中の空欄に入れるべき数式を解答欄に記せ。
　　糸の角度が θ のとき，糸の張力の大きさを S，物体Bの加速度の x 成分および y 成分を，それぞれ，a_x および a_y とするとき，物体Bの運動方程式は，$ma_x = \boxed{\quad\text{(a)}\quad}$ および $ma_y = \boxed{\quad\text{(b)}\quad}$ と表される。

問 2　$|\theta|$ が十分に小さいとき，物体Bは水平方向にのみ運動すると考えてよい。このとき，問1で求めた運動方程式において，$\sin\theta \fallingdotseq \theta$，$\cos\theta \fallingdotseq 1$ と近似し，振動の周期 T を求めよ。

II. 次に，物体 A を棒に沿って動かす。ただし，物体 A の加速度の x 成分が，図 2 に示すように，$\dfrac{T}{2}$ ごとに $\pm\alpha$ $(\alpha > 0)$ で符号が変わるように物体 A を加減速させながら動かす。ここで，T は問 2 で求めた周期である。また，時刻 $t = 0$ で糸は鉛直で，物体はいずれも静止しており，このときの物体の位置の x 座標を 0 とする。なお，物体 B の振動の振幅は十分小さく，$|\theta|$ は十分に小さいとしてよい。このとき，以下の問に答えよ。

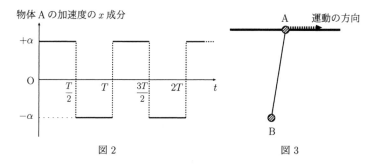

図 2　　　　　　　　　　　　　　図 3

問 3　時刻 $t = nT$（n は自然数）における物体 A の x 座標 x_n を求めよ。

問 4　時刻 t が $0 < t < \dfrac{T}{2}$ の間の運動を考える（図 3）。このとき，以下の文中の空欄に入れるべき数式を解答欄に記せ。

　　物体 A とともに動く非慣性系で物体 B に作用する慣性力の水平成分は，右向きを正として　(c)　であるので，この非慣性系で，物体 B は初期位置から水平方向に右向きを正として，　(d)　だけずれた位置を中心として，周期が T の単振動を半周期だけする。したがって，時刻 $t = \dfrac{T}{2}$ で，糸の角度 θ は　(e)　となり，この非慣性系で物体 B は静止する。ただし，角度 θ は図 1 のように定義する。

問 5　時刻 $t = nT$（n は自然数）における糸の角度 θ_n を求めよ。

問 6　物体 A が図 2 に示す加速度の x 成分をもつためには，物体 A に重力，糸からの張力，棒からの抗力以外に，外力を作用させる必要がある。$t = \dfrac{T}{6}$ におけるこの外力の x 成分を求めよ。

III. 次に，物体 A を水平な棒に沿って自由に動けるようにする。糸が鉛直で，物体 A が静止している状態で，物体 B に x 軸の正の向きに大きさ v_0 の速度を与えたところ，糸はたるまずに，また，糸の角度 θ が $-\dfrac{\pi}{2} < \theta < \dfrac{\pi}{2}$ のある範囲で，物

体 B は振動した。図 4 には，ある時刻における，物体 A および物体 B の運動の
様子を点線で示す。ただし，$|\theta|$ は微小とは限らない。このとき，以下の問に答
えよ。

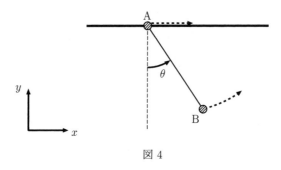

図 4

問 7　物体 B が最高点に達したときの，物体 A の速さを求めよ。

問 8　物体 B の最高点の高さを，物体 B の初期位置を基準として求めよ。

解 答

Ⅰ. ▶問1. (a)・(b) 糸の角度が θ のとき, 物体Bには右図のように力がはたらいている。したがって, 物体Bの x 方向, y 方向の運動方程式は

$$x方向：ma_x = -S\sin\theta$$
$$y方向：ma_y = S\cos\theta - mg$$

▶問2. 物体Bの初期位置を, 平面内に固定された x 軸の原点として考える。問1で求めた物体Bの x 方向, y 方向の運動方程式について, 物体Bが水平方向にのみ運動すると考えてよいことと, 与えられた近似を用いると

$$x方向：ma_x \fallingdotseq -S\frac{x}{l}$$
$$y方向：0 \fallingdotseq S - mg$$

2式より

$$ma_x = -\frac{mg}{l}x \quad \cdots\cdots①$$

一方, この単振動の角振動数を ω とすると, 物体Bの x 方向の運動方程式は

$$ma_x = -m\omega^2 x \quad \cdots\cdots②$$

①, ②より

$$-\frac{mg}{l}x = -m\omega^2 x \quad \therefore \quad \omega = \sqrt{\frac{g}{l}}$$

したがって, 単振動の周期 T は

$$T = \frac{2\pi}{\omega} = 2\pi\sqrt{\frac{l}{g}}$$

なお, 与えられた条件と近似より

$$\sin\theta = \frac{x}{l} \fallingdotseq \theta$$

が成り立っている。

参考1 この単振動の復元力の定数を K とすると, 物体Bの x 方向の運動方程式は

$$ma_x = -Kx$$

この式と①より

$$-\frac{mg}{l}x = -Kx \quad \therefore \quad K = \frac{mg}{l}$$

したがって, 単振動の周期 T は

$$T = 2\pi\sqrt{\frac{m}{K}} = 2\pi\sqrt{\frac{l}{g}}$$

Ⅱ. ▶問3. 物体Aの $0 \leqq t \leqq T$ における運動について，
速度 v と時刻 t との関係を表すグラフは，右図のように
なる。したがって，物体Aの $0 \leqq t \leqq T$ での移動距離を
L とすると，L は図のグラフと t 軸とで囲まれた部分の
面積に等しいので

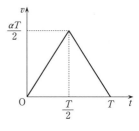

$$L = \frac{1}{2} \cdot T \cdot \frac{\alpha T}{2} = \frac{\alpha T^2}{4}$$

時刻 T 以降，物体Aは時間 T ごとにこの運動を繰り返すので，時刻 $t = nT$ における
物体Aの x 座標 x_n は

$$\boldsymbol{x_n = nL = \frac{n\alpha T^2}{4}}$$

▶問4. 物体Aとともに動く X 軸を水平方向右向きにとり，物体Bの初期位置をこ
の X 軸の原点として考える。

(c) 図3のとき，物体Aとともに動く非慣性系から物体Bを
見た場合，物体Bには右図のように力がはたらいている。
したがって，物体Bに作用する慣性力の水平成分は，右向き
を正として $-m\alpha$ である。

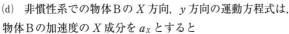

なお，$0 < t < \dfrac{T}{2}$ において，$\theta < 0$，すなわち $\sin\theta < 0$ なので，
S の水平成分の大きさは $-S\sin\theta$ と表される。

(d) 非慣性系での物体Bの X 方向，y 方向の運動方程式は，
物体Bの加速度の X 成分を a_X とすると

　　　X 方向：$ma_X = -S\sin\theta - m\alpha$

　　　y 方向：$ma_y = S\cos\theta - mg$

$|\theta|$ は十分小さいとしてよいので，問2と同様に考えると，2式より

$$ma_X = -\frac{mg}{l}X - m\alpha$$

$$= -\frac{mg}{l}\left(X + \frac{\alpha l}{g}\right) \quad \cdots\cdots③$$

したがって，非慣性系での物体Bは $X_0 = -\dfrac{\alpha l}{g}$，すなわち初期位置から水平方向に右

向きを正として，$-\dfrac{\alpha l}{g}$ だけずれた位置を中心として，周期が T $\Big($角振動数が

$\omega = \sqrt{\dfrac{g}{l}}\Big)$ の単振動を半周期だけする。

なお，与えられた条件と近似より

$$\sin\theta = \frac{X}{l} \fallingdotseq \theta$$

が成り立っている。

参考2　x 軸上を運動する質量 m の物体にはたらく力 F が, 定数 k $(k>0)$, c を用いて

$$F = -kx + c$$

$$= -k\left(x - \frac{c}{k}\right)$$

と表されるとき, この物体は $x = \dfrac{c}{k}$ を振動の中心として, 角振動数 $\omega = \sqrt{\dfrac{k}{m}}$ の単振動,

すなわち周期 $T = 2\pi\sqrt{\dfrac{m}{k}}$ の単振動をしている。

別解　非慣性系での物体Bの $0 < t < \dfrac{T}{2}$ の間の運動について, 物体Bは重力, 慣性力, 糸の張力がつり合う位置を振動の中心として単振動をする。物体Bが振動の中心の位置にあるときの糸の角度を θ_0 とすると, $\theta_0 < 0$ なので, (c)で示した図より

$$\tan\theta_0 = -\frac{\alpha}{g}$$

したがって, 物体Bの単振動において, 振動の中心の位置の X 座標を X_0 とすると

$$X_0 \fallingdotseq l\tan\theta_0 = -\frac{\alpha l}{g}$$

(e)　このときの単振動の振幅を $A_{1/2}$ とすると, (d)より

$$A_{1/2} = 0 - X_0 = \frac{\alpha l}{g}$$

これより, 時刻 $t = \dfrac{T}{2}$ における非慣性系での物体Bの X 座標を $X_{1/2}$ とすると

$$X_{1/2} = X_0 - A_{1/2} = -\frac{2\alpha l}{g}$$

したがって, 時刻 $t = \dfrac{T}{2}$ における糸の角度を $\theta_{1/2}$ とすると

$$\theta_{1/2} = \frac{X_{1/2}}{l} = -\frac{2\alpha}{g}$$

別解　$|\theta_0|$ は十分に小さいので, $\tan\theta_0 \fallingdotseq \theta_0$ と近似できる。したがって, 問 4 (d)の〔別解〕より

$$\theta_0 \fallingdotseq -\frac{\alpha}{g}$$

非慣性系での物体Bは, 時刻 $t = 0$ に $X = 0$ から運動を始めて, 時刻 $t = \dfrac{T}{2}$ までに半周

期の単振動をしているので, 時刻 $t = \dfrac{T}{2}$ のときの糸の角度を $\theta_{1/2}$ とすると

$$\theta_{1/2} = 2\theta_0 = -\frac{2\alpha}{g}$$

▶問 5. 物体Bの $\frac{T}{2} < t < T$ の間の運動について，問 4 と同様に考えると，非慣性系で物体Bに作用する慣性力の水平成分は，右向きを正として $m\alpha$ なので，非慣性系での物体Bの X 方向の運動方程式は

$$ma_X = -\frac{mg}{l}X + m\alpha$$
$$= -\frac{mg}{l}\left(X - \frac{\alpha l}{g}\right)$$

したがって，物体Bは $X_0' = \frac{\alpha l}{g}$ を中心として，周期が T の単振動を半周期だけする。このときの単振動の振幅を A_1 とすると

$$A_1 = X_0' - X_{1/2} = \frac{3\alpha l}{g}$$

これより，時刻 $t = T$ における非慣性系での物体Bの X 座標を X_1 とすると

$$X_1 = X_0' + A_1 = \frac{4\alpha l}{g}$$

これらと同様に考えると，物体Bの $T < t < \frac{3T}{2}$ の間の運動について，非慣性系での半周期（周期 T）の単振動は

振動の中心：$X_0 = -\frac{\alpha l}{g}$

振幅：$A_{3/2} = X_1 - X_0 = \frac{5\alpha l}{g}$

これより，時刻 $t = \frac{3T}{2}$ における非慣性系での物体Bの X 座標を $X_{3/2}$ とすると

$$X_{3/2} = X_0 - A_{3/2} = -\frac{6\alpha l}{g}$$

物体Bの $\frac{3T}{2} < t < 2T$ の間の運動について，非慣性系での半周期（周期 T）の単振動は

振動の中心：$X_0' = \frac{\alpha l}{g}$

振幅：$A_2 = X_0' - X_{3/2} = \frac{7\alpha l}{g}$

これより，時刻 $t = 2T$ における非慣性系での物体Bの X 座標を X_2 とすると

$$X_2 = X_0' + A_2 = \frac{8\alpha l}{g} = 2 \cdot \frac{4\alpha l}{g}$$

以上のように物体Bの運動が続くので，時刻 $t = nT$ における非慣性系での物体Bの X 座標を X_n とすると

$$X_n = n \cdot \frac{4\alpha l}{g} = \frac{4n\alpha l}{g}$$

したがって，時刻 $t = nT$ における糸の角度 θ_n は

$$\theta_n = \frac{X_n}{l} = \frac{4n\alpha}{g}$$

参考3 非慣性系での物体Bの $0 < t < 2T$ の間の運動について，物体Bの X 座標の変化は次図のようになる。

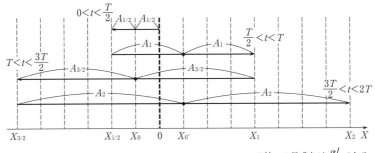

X軸の1目盛りは $\dfrac{\alpha l}{g}$ である。

別解 問4(d)・(e)の〔別解〕と同様に考える。非慣性系での物体Bの $\dfrac{T}{2} < t < T$ の間の運動について，半周期の単振動をする物体Bが振動の中心の位置にあるときの糸の角度を θ_0' とすると

$$\theta_0' \fallingdotseq \frac{\alpha}{g}$$

したがって，時刻 $t = T$ のときの糸の角度を θ_1 とすると

$$\theta_1 = \theta_0' + (\theta_0' - \theta_{1/2}) = \frac{4\alpha}{g}$$

以降同様に，非慣性系での物体Bの $T < t < \dfrac{3T}{2}$ の間の運動について，半周期の単振動をする物体Bが振動の中心の位置にあるときの糸の角度は θ_0 なので，時刻 $t = \dfrac{3T}{2}$ のときの糸の角度を $\theta_{3/2}$ とすると

$$\theta_{3/2} = \theta_0 - (\theta_1 - \theta_0) = -\frac{6\alpha}{g}$$

非慣性系での物体Bの $\dfrac{3T}{2} < t < 2T$ の間の運動について，半周期の単振動をする物体Bが振動の中心の位置にあるときの糸の角度は θ_0' なので，時刻 $t = 2T$ のときの糸の角度を θ_2 とすると

$$\theta_2 = \theta_0' + (\theta_0' - \theta_{3/2}) = \frac{8\alpha}{g} = 2 \cdot \frac{4\alpha}{g}$$

以上のように物体Bの運動が続くので，時刻 $t = nT$ における糸の角度 θ_n は

$$\theta_n = n \cdot \frac{4\alpha}{g} = \frac{4n\alpha}{g}$$

▶問6．問4より，物体Bの $0 < t < \dfrac{T}{2}$ の間の運動について，時刻 t における非慣性系での物体Bの X 座標は

$$X = A_{1/2} \cos 2\pi \frac{t}{T} - A_{1/2}$$

と表されるので，時刻 $t = \dfrac{T}{6}$ における非慣性系での物体Bの X 座標を $X_{1/6}$ とすると

$$X_{1/6} = A_{1/2} \cos 2\pi \frac{\frac{T}{6}}{T} - A_{1/2} = -\frac{1}{2}A_{1/2} = -\frac{\alpha l}{2g}$$

したがって，この X 座標 $X_{1/6}$ における非慣性系での物体Bの X 方向の加速度を $a_{X1/6}$ とすると，③より

$$ma_{X1/6} = -\frac{mg}{l}\left(X_{1/6} + \frac{\alpha l}{g}\right)$$

$$= -\frac{mg}{l}\left\{\left(-\frac{\alpha l}{2g}\right) + \frac{\alpha l}{g}\right\}$$

$$\therefore \quad a_{X1/6} = -\frac{1}{2}\alpha$$

時刻 $t = \dfrac{T}{6}$ において，物体Bにはたらく糸の張力の水平成分の大きさを f とすると，このとき非慣性系での物体Bには右図のように X 方向に力がはたらいている。したがって，非慣性系での物体Bの X 方向の運動方程式は

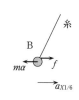

$$ma_{X1/6} = f - ma$$

$$\therefore \quad f = ma_{X1/6} + ma = \frac{1}{2}ma$$

また，物体Aの x 方向について考える。時刻 $t = \dfrac{T}{6}$ において，物体Aにはたらく外力の x 成分を F とすると，このとき物体Aには右図のように x 方向に力がはたらいている。したがって，物体Aの x 方向の運動方程式は

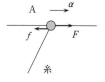

$$M\alpha = F - f$$

$$\therefore \quad F = M\alpha + f = \left(\frac{1}{2}m + M\right)\alpha$$

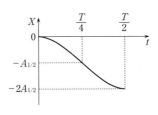

参考4 非慣性系での物体Bの $0 < t < \dfrac{T}{2}$ の間の運動について，物体Bは $X = X_0 = -A_{1/2}$ を振動の中心とする振幅 $A_{1/2}$ の単振動を半周期だけする。このとき，物体Bは時刻 $t = 0$ に $X = 0$ から運動を始めるので，X 座標と時刻 t との関係を表すグラフは，右図のようになる。

したがって，時刻 t における非慣性系での物体Bの位置 X は

$$X = A_{1/2} \cos 2\pi \frac{t}{T} - A_{1/2}$$

と表されることがわかる。

Ⅲ．▶問7．物体Bが最高点に達したとき，物体Aと物体Bは x 軸の正の向きに同じ速さになっているので，この速さを V とすると，水平方向の運動量保存則より

$$mv_0 = mV + MV$$

$$\therefore \quad V = \frac{m}{m + M} v_0$$

▶問8．物体Bの初期位置を基準とした物体Bの最高点の高さを h とすると，力学的エネルギー保存則より

$$\frac{1}{2} m v_0{}^2 = \frac{1}{2} m V^2 + \frac{1}{2} M V^2 + mgh$$

問7の結果より，V を消去すると

$$h = \frac{M v_0{}^2}{2(m + M) g}$$

テーマ

　加速度 $\vec{a}$ で運動する物体 A から質量 m の物体 B を見た場合，物体 B には加速度と逆向きに大きさ ma の力，すなわち $-m\vec{a}$ の慣性力がはたらいていると考えることで，物体 A から見た物体 B の運動を理解することができる。このように，慣性系から見た場合の実際にはたらく力以外に，慣性力を考慮することでその運動を理解することができる立場を非慣性系という。慣性系から見るとわかりにくい複雑な運動でも，非慣性系から見ると理解しやすい運動として捉えることができることもある。物体の運動を考えるとき，慣性系と非慣性系のどちらの立場から見るとその運動がわかりやすいのかを判断する力も身につけておきたい。

　本問では，水平に動くことのできる物体からつり下げられた振り子の運動について考察する。Ⅰは，振り子の支点となる物体が固定されているので，慣性系の立場から見ると単振り子（単振動）となる。Ⅱは，振り子の支点となる物体が規則的な等加速度運動を繰り返すので，非慣性系の立場から見ると半周期ごとに振動の中心や振幅が変化する単振り子（単振動）となる。Ⅲは，振り子の支点となる物体が自由に動けるので，支点となる物体と振り子との相対運動について，運動量保存則や力学的エネルギー保存則を用いて考察する。

11 摩擦のある台上での小物体の運動

(2016年度　第1問)

　図1のような，十分長い水平なレールの上を，左右にすべる台がある。この台の上にのせた質量 m の小物体の紙面内の運動について考える。台の上面は水平で，小物体との間には摩擦力が働き，動摩擦係数は μ，静止摩擦係数は 2μ である。台は，小物体が落ちないように紙面内左右に十分長いものとする。以下では，レールの上に静止している観測者から見た運動を考える。力，速度，加速度は，いずれも右向きを正の方向とする。重力加速度の大きさを g として，以下の問に答えよ。

Ⅰ．図1の台を，一定速度 V_0（$V_0>0$）で動かした。その台の上に，小物体を速度 0 で静かにのせ，手をはなした。はじめ，小物体は台から摩擦力を受けて加速し，やがて台とともに速度 V_0 で動くようになった。

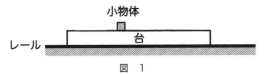

図　1

　問1　小物体を台の上に置いてから，速度 V_0 になるまでの間の，小物体の加速度の大きさ a_0 を求めよ。
　問2　小物体を台の上に置いてから，速度 V_0 になるまでに小物体が進んだ距離を a_0，V_0 を用いて示せ。

Ⅱ．Ⅰと同様に一定速度 V_0（$V_0>0$）で動く台に，図2のように支柱を立て，ばね定数 k のばね（質量は無視できる）の一端を取り付け，他端に小物体を取り付けた。支柱から見た小物体は，ばねの長さが自然長となる位置から，変位 x の位置にあり，$x>0$ のとき，ばねは伸びているものとする。小物体を $x=x_0$（$x_0>0$）の位置で台に固定し，時刻 $t=0$ で固定を解除した。

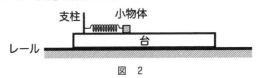

図　2

問3　小物体が台に対して運動を始めるためには，x_0 がある値 x_m を超える必要が
ある。この x_m を g, k, m, μ を用いて表せ。

問4　小物体が台に対して左向きに運動し，小物体の変位が x のとき，小物体に水
平方向に作用する力を g, k, m, x, μ を用いて表せ。

問5　時刻 $t=0$ で固定を解除するとき，x_0 を x_m より大きくした場合について考え
よう。小物体の速度 v は，$t=0$ で $v=V_0$ であった。その後，$v<V_0$ となり，時
刻 $t=t_1$ で再び $v=V_0$ となった。t_1 を求めよ。

Ⅲ．図2の台が，レールの上を摩擦なく自由に動けるようにした。支柱も含めた台の
質量は小物体と同じ m とする。小物体を x_0（$x_0>x_m$）の位置に固定し台は静止し
ている状態にして，時刻 $t=0$ で固定を解除したところ，小物体は左向きに運動を
始めた。以下では，小物体が左向きに運動している場合について考える。台の加速
度を a，小物体の加速度を a' とする。

問6　台の運動方程式を $ma=F$，小物体の運動方程式を $ma'=F'$ と書くとき，F
と F' を，それぞれ g, k, m, x, μ を用いて表せ。

問7　台と小物体に働く力の和，$F+F'$ を求めよ。

問8　レールの上に静止している観測者から見た小物体の位置 X を，x を用いて
表せ。ただし，小物体が運動を始めて最初に，ばねの長さが自然長になったとき
の小物体の位置を $X=0$ とし，右向きを正の方向とする。

問9　小物体の運動方程式 $ma'=F'$ において，F' を g, k, m, X, μ を用いて表
せ。

問10　ばねの長さが初めて極小となる時刻 t_2 と，そのときの位置 X を，g, k, m,
x_0, μ のうち，必要なものを用いてそれぞれ表せ。

問11　時刻 t_2 で，小物体は台に対して静止して動かなくなった。この条件を満た
す x_0 の最大値を，g, k, m, μ を用いて表せ。

解 答

Ⅰ. ▶問1. 小物体を台の上に置いてから，速度
V_0 になるまでの間，小物体は台に対して左向き
に運動するので，小物体には右図のように，水平
方向に μmg の動摩擦力がはたらいている。この

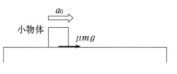

動摩擦力によって，小物体は右向きに大きさ a_0 の加速度で運動するので，小物体の
運動方程式は

$$ma_0 = \mu mg \qquad \therefore \quad \boldsymbol{a_0 = \mu g}$$

▶問2. 小物体を台の上に置いてから，速度 V_0 になるまでに小物体が進んだ距離を
l とすると，等加速度直線運動の式より

$$V_0{}^2 - 0^2 = 2a_0 l \qquad \therefore \quad l = \frac{V_0{}^2}{2a_0}$$

参考1 問2で求めた l に，問1で求めた a_0 を代入すると

$$l = \frac{V_0{}^2}{2\mu g}$$

となる。これは，運動エネルギーの変化と仕事との関係を表す次式からも求まる。

$$\frac{1}{2}m V_0{}^2 - 0 = \mu mg l$$

したがって，このことから逆に，問1の結果を用いて

$$l = \frac{V_0{}^2}{2a_0}$$

を求めてもよい。

Ⅱ. ▶問3. $x_0 = x_m$ のとき，小物体には下図のように，水平方向に $2\mu mg$ の最大摩
擦力と $-kx_m$ のばねの弾性力がはたらき，力がつり合う。

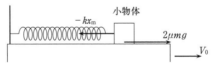

したがって，力のつり合いの式は

$$2\mu mg - kx_m = 0 \qquad \therefore \quad \boldsymbol{x_m = \frac{2\mu mg}{k}}$$

▶問4. 小物体が台に対して左向きに運動し，小
物体の変位が x のとき，小物体には右図のように，
水平方向に μmg の動摩擦力と $-kx$ のばねの弾性
力がはたらいている。したがって，このとき小物
体に水平方向に作用する力を f とすると

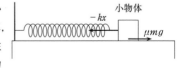

$$f = -kx + \mu mg$$

▶問5．時刻 $t=0$ から $t=t_1$ までの間，$v \leqq V_0$ であり，小物体は台に対して左向きに運動するので，この間，小物体には水平方向に問4で求めた力 f がはたらく。ここで，力 f は

$$f = -kx + \mu mg$$
$$= -k\left(x - \frac{\mu mg}{k}\right)$$

と表され，$x = \dfrac{\mu mg}{k}$ を振動の中心とする，単振動の復元力であることがわかる。したがって，時刻 $t=0$ から $t=t_1$ までの間，小物体はこの復元力によって，角振動数 $\sqrt{\dfrac{k}{m}}$ の半周期分の単振動をするので

$$t_1 = \frac{1}{2} \times 2\pi \sqrt{\frac{m}{k}} = \pi \sqrt{\frac{m}{k}}$$

Ⅲ．▶問6．小物体が左向きに運動しているとき，台は右向きに運動しているので，小物体は台に対しても左向きに運動している。

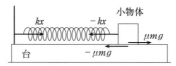

このとき，小物体と台には上図のように，水平方向に動摩擦力とばねの弾性力がはたらいているので

$$F = kx - \mu mg$$
$$F' = -kx + \mu mg$$

▶問7．問6の結果より

$$F + F' = 0$$

▶問8．問7の結果より，小物体と台には外力による力積が加わらないので，小物体と台の運動量の和は保存される。この運動量の和が0であり，さらに小物体と台の質量が等しいことから，小物体と台は互いに逆向きに等しい速さで運動することがわかる。したがって，小物体と台は互いに逆向きに等しい距離だけ動き，小物体の変位が X のとき，台の変位は $-X$ なので

$$x = X - (-X) = 2X \quad \therefore \quad X = \frac{x}{2}$$

▶問9．問6と問8の結果より

$$F' = -2kX + \mu mg$$

▶問10．問9の結果より，力 F' は

$$F' = -2kX + \mu mg$$

$$= -2k\left(X - \frac{\mu mg}{2k}\right)$$

と表され，$X = \frac{\mu mg}{2k}$ を振動の中心とする，単振動の復元力であることがわかる。したがって，時刻 $t=0$ から $t=t_2$ までの間，小物体はこの復元力によって，角振動数 $\sqrt{\dfrac{2k}{m}}$ の半周期分の単振動をするので

$$t_2 = \frac{1}{2} \times 2\pi\sqrt{\frac{m}{2k}} = \pi\sqrt{\frac{m}{2k}}$$

時刻 $t=0$ のときの小物体の位置 X は，$X = \frac{x_0}{2}$ なので，単振動の振幅は $\frac{x_0}{2} - \frac{\mu mg}{2k}$ である。したがって，時刻 $t=t_2$ のときの小物体の位置 X は

$$X = \frac{\mu mg}{2k} - \left(\frac{x_0}{2} - \frac{\mu mg}{2k}\right)$$

$$= -\left(\frac{x_0}{2} - \frac{\mu mg}{k}\right)$$

> **参考2** 時刻 $t=0$ のとき，すなわち小物体が位置 $X = \frac{x_0}{2}$ にあるとき，ばねの長さは極大となっている。この位置 $X = \frac{x_0}{2}$ と，ばねの長さがはじめて極小になるときの小物体の位置とが，半周期分の単振動における振動の両端の振幅の位置である。
>
> なお，ばねの長さがはじめて極小となる時刻 $t=t_2$ のときの小物体の位置 X は，次式のように求めてもよい。
>
> $$X = \frac{x_0}{2} - 2\left(\frac{x_0}{2} - \frac{\mu mg}{2k}\right)$$
>
> $$= -\left(\frac{x_0}{2} - \frac{\mu mg}{k}\right)$$

▶**問11.** 時刻 $t=t_2$ において，小物体の位置 x は

$$x = 2X = -\left(x_0 - \frac{2\mu mg}{k}\right)$$

ここで，$x_0 > x_m = \frac{2\mu mg}{k}$ なので

$$-\left(x_0 - \frac{2\mu mg}{k}\right) < 0$$

これより，時刻 $t=t_2$ でのばねの自然の長さからの縮みは $x_0 - \frac{2\mu mg}{k}$ であり，小物体が台に対して静止して動かなくなるための条件が，弾性力の大きさが最大摩擦力の大きさ以下であることから

$$k\left(x_0 - \frac{2\mu mg}{k}\right) \le 2\mu mg \qquad \therefore \quad x_0 \le \frac{4\mu mg}{k}$$

したがって，この条件を満たす x_0 の最大値は，$x_0 = \dfrac{4\mu mg}{k}$ である。

テーマ

x 軸上を運動する質量 m の物体にはたらく力 F が，定数 $k\,(k>0)$，c を用いて

$$F = -kx + c$$

と表されるとき，この式を変形すると

$$F = -k\left(x - \dfrac{c}{k}\right)$$

と表されることから，この物体は $x = \dfrac{c}{k}$ を振動の中心として，周期 $T = 2\pi\sqrt{\dfrac{m}{k}}$ の単振動をしていることがわかる。

本問では，小物体にはたらく動摩擦力が定数 c に該当する。小物体の台に対して運動する向きによって動摩擦力の向きは変化するが，小物体が台に対して動き出してからはじめて静止するまでの間は，動摩擦力の向きが変化しないので，この間は半周期分の単振動をする。なお，このときの振動の中心となる位置は，小物体の台に対して運動する向き，すなわちこれにより定まる動摩擦力の向きによって，ばねの自然の長さの位置から $\dfrac{\mu mg}{k}$（μmg：動摩擦力の大きさ）だけ，伸びた位置か縮んだ位置のいずれかになる。

物体系の運動において，物体系が内力を及ぼし合うだけで，外力による力積が加わらないとき，物体系の運動量の和は一定に保たれる。これを運動量保存則という。

本問のⅢでは，小物体と台とによる物体系に運動量保存則が成り立つことに着目し，小物体と台との位置関係などを考察すればよい。

12 放物線状の床上での小球の単振動と衝突

（2015年度　第1問）

　図1のように，水平方向を x 軸，鉛直上向きを y 軸の正の方向とし，$y = ax^2$ で表される放物線状の床上に小球が置かれている。ただし，a は正の定数とする。小球は x-y 面内を運動し，床上を摩擦なく動く。運動は $|x|$ が小さい領域に限られ，そのため床面に沿った原点Oから点 (x, ax^2) までの距離は $|x|$ に等しいと近似できる。小球の大きさは無視できるものとする。重力加速度の大きさを g とする。以下の問に答えよ。

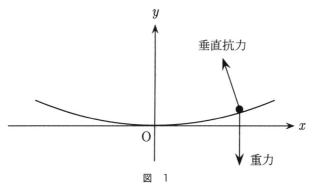

図　1

Ⅰ．質量 m の小球を床上に置き，静かに手をはなしたところ，動きはじめた。この運動を考えよう。

　問1　座標 (x, ax^2) の位置で小球が受ける床の接線方向の力は，x が増える方向を正として $F = -mbx$ と近似できる。ここで，b は正の定数である。この b を a と g を用いて表せ。なお，接線方向と水平方向のなす角 θ は十分小さく，$\cos\theta \fallingdotseq 1$，$\tan\theta \fallingdotseq \theta$，$\sin\theta \fallingdotseq \theta$ としてよい。

　問2　小球は単振動する。その周期を，b および必要なものを用いて表せ。

Ⅱ．質量 m_1 と m_2 の2つの小球（以下それぞれを小球1，小球2と呼ぶ）を用意し，$x = x_0$ の位置で小球1を，$x = cx_0$ の位置で小球2を静かに同時にはなした。ここで，$m_1 \neq m_2$ とし，c は1を除く定数である。その後，2つの小球が弾性衝突した。この運動を以下の問で順次考えていこう。床の接線方向の小球の速度は，x が増える方向を正とする。

問3 2つの小球が最初に衝突する位置の x 座標を求めよ。

問4 最初の衝突の直前の，2つの小球それぞれの速度を，c, x_0, b（または b の
かわりに a と g）のうち必要なものを用いて表せ。

　最初の衝突の直後，小球2が静止した。このとき，小球1の衝突直前の速度を v,
衝突直後の速度を W とする。

問5 衝突前後の運動量の保存則および運動エネルギーの保存則を，c, m_1, m_2,
v, W のうち必要なものを用いて表せ。

問6 質量 m_2 と m_1 の比を $r = \dfrac{m_2}{m_1}$ として，c を r を用いて表せ。次に，r をさま
ざまな値に変化させたとき，c の値がとる範囲を全て示せ。ただし，r は1を除
く正の値をとることに注意せよ。

問7 $c = -1$ のとき，W を v を用いて表せ。

問8 $c = -1$ で最初の衝突をした後，小球1は静止していた小球2と再び衝突し
た（2回目の衝突）。2回目の衝突から3回目の衝突の間に，2つの小球それぞ
れについて，$|x|$ が最大となるときの x の値を，x_0 および必要なものを用いて表
せ。

Ⅲ．2つの小球が非弾性衝突をするときの運動を考えよう。反発（はねかえり）係数
を e とする。小球1と小球2の質量を同じ m ($m_1 = m_2 = m$) とし，それぞれ $x = x_0$
と $x = -x_0$ の位置で，それぞれの時刻において，静かにはなして衝突させる。最初
に衝突する位置の x 座標を x_s とし，その値の取り得る範囲を $-x_0 < x_s < x_0$ とする。
ただし，ここでは $x_0 > 0$ とする。

問9 最初の衝突の直後の，2つの小球の力学的エネルギーを，e, m, x_0, x_s, b
（または b のかわりに a と g）のうち必要なものを用いて表せ。ただし，力学
的エネルギーは2つの小球が原点で静止している状態を0とする。また，この力
学的エネルギーが最小になる x_s を求めよ。

問10 2つの小球を，$x_s = 0$ となるようにはなした。その後，4回衝突するまでに
小球1が移動した全道のり（総移動距離）を，x_0 と e および必要なものを用いて
表せ。ただし，移動距離は x 座標の変化としてよいことに注意せよ。

解　答

I．▶問1．座標 (x, ax^2) の位置で小球にはたら
く力は，右図のようになる。この位置で小球が受け
る床の接線方向の力は，向きも考慮すると

$$F = -mg\sin\theta$$

と表される。また，$y = ax^2$ より，これを微分する
と $y' = 2ax$ となるので，この位置での接線の傾きは，
$2ax$ であることがわかる。これより

$$\tan\theta = 2ax$$

と表される。以上より，近似式を用いて計算すると

$$F = -mg\sin\theta \doteqdot -mg\tan\theta = -2mgax$$

この式と $F = -mbx$ を比較すると

$b = 2ga$

▶問2．小球は，$F = -mbx$ を復元力として単振動をする。この単振動の角振動数を
ω とすると，復元力は $F = -m\omega^2 x$ と表されるので

$$-m\omega^2 x = -mbx$$

$$\therefore\quad \omega = \sqrt{b}$$

したがって，単振動の周期を T とすると

$$T = \frac{2\pi}{\omega} = \frac{2\pi}{\sqrt{b}}$$

II．▶問3．2つの小球は，衝突するまで同じ周期 $T = \dfrac{2\pi}{\sqrt{b}}$ の単振動をする。2つの
小球が最初に衝突するのは，2つの小球がはじめて同じ位置にくるときなので，2つ
の小球を同時にはなしたときから時間 $\dfrac{T}{4}$ 後に，$x = 0$ で最初に衝突する。

▶問4．2つの小球が最初に衝突する $x = 0$ の位置は，単振動の中心である。また，
2つの小球が衝突するまでの単振動の角振動数は，同じ $\omega = \sqrt{b}$ であり，小球1，小
球2の単振動の振幅は，それぞれ $|x_0|$，$|cx_0|$ である。したがって，最初の衝突直前
の小球1，小球2の速度をそれぞれ V_1，V_2 とし，向きも考慮すると

$$V_1 = -x_0\sqrt{b}\quad (= -x_0\sqrt{2ga})$$

$$V_2 = -cx_0\sqrt{b}\quad (= -cx_0\sqrt{2ga})$$

別解 小球1，小球2にはたらく復元力の定数は，それぞれ m_1b，m_2b なので，運動
エネルギーと復元力による位置エネルギーとによる力学的エネルギー保存則より

$$\frac{1}{2}(m_1b)x_0^2 = \frac{1}{2}m_1V_1^2$$

$$\frac{1}{2}(m_2 b)(cx_0)^2 = \frac{1}{2}m_2 V_2{}^2$$

これより，速度の向きを考慮すると

$$V_1 = -x_0\sqrt{b}$$

$$V_2 = -cx_0\sqrt{b}$$

▶問5．問4より，$V_2 = cV_1$ なので，$V_1 = v$ と表すと，$V_2 = cv$ と表される。これらを用いると，運動量保存則より

$$\boldsymbol{m_1 v + m_2 cv = m_1 W}$$

力学的エネルギー保存則（本題では運動エネルギー保存則）より

$$\frac{1}{2}m_1 v^2 + \frac{1}{2}m_2(cv)^2 = \frac{1}{2}m_1 W^2$$

▶問6．問5の2式より

$$m_1 v^2 + m_2 c^2 v^2 = m_1\left(v + \frac{m_2}{m_1}cv\right)^2$$

$$m_2 c^2 = 2m_2 c + \frac{m_2{}^2}{m_1}c^2$$

$$\therefore \quad 1 - \frac{2}{c} = \frac{m_2}{m_1}$$

ここで，$r = \dfrac{m_2}{m_1}$ とすると

$$1 - \frac{2}{c} = r \qquad \therefore \quad \boldsymbol{c = \frac{2}{1-r}}$$

また，$r > 0$ かつ $r \neq 1$ なので

$$1 - \frac{2}{c} > 0 \text{ かつ } 1 - \frac{2}{c} \neq 1 \qquad \therefore \quad \boldsymbol{c < 0, \ c > 2}$$

▶問7．問6より，$c = -1$ のとき

$$1 - \frac{2}{-1} = r \qquad \therefore \quad r = 3$$

また，問5の運動量保存則より

$$W = \frac{m_1 + m_2 c}{m_1}v$$

したがって

$$W = (1 + rc)v = \boldsymbol{-2v}$$

▶問8．$c = -1$ のとき，$r = 3$ なので

$$3 = \frac{m_2}{m_1} \qquad \therefore \quad m_2 = 3m_1$$

また，1回目の衝突直後の小球1の速度 W は $-2v$ なので，2回目の衝突直前の小球

1の速度は $2v$ となる。2回目の衝突直後の小球1，小球2の速度をそれぞれ v_1, v_2 とすると，この衝突において，運動量保存則より

$$m_1 \cdot 2v = m_1 v_1 + 3m_1 v_2$$

反発係数の式は

$$1 = -\frac{v_1 - v_2}{2v}$$

2式より

$$v_1 = -v, \quad v_2 = v$$

この2回目の衝突直後の2つの小球の速度は，1回目の衝突直前の2つの小球の速度とそれぞれ同じ大きさで逆向きである。したがって，2つの小球は，はじめにはなした位置と同じ位置まで戻り，その位置で $|x|$ が最大となる。これより，$|x|$ が最大となるときの x の値は，小球1が $x = x_0$，小球2が $x = -x_0$ となる。

Ⅲ. ▶問9. 2つの小球は，衝突するまで復元力が $F = -mbx$ で表される単振動をするので，位置 x では $\frac{1}{2}mbx^2$ で表される復元力による位置エネルギーをもつ。小球1の $x = x_s$ での速度を v_s とすると，運動エネルギーと復元力による位置エネルギーとによる力学的エネルギー保存則より

$$\frac{1}{2}mbx_0{}^2 = \frac{1}{2}mv_s{}^2 + \frac{1}{2}mbx_s{}^2 \quad \cdots\cdots①$$

が成り立ち，同様の式は小球2についても成り立つ。したがって，小球2の $x = x_s$ での速度は $-v_s$ となる。

最初の衝突直後の小球1，小球2の速度をそれぞれ v_1', v_2' とすると，この衝突において運動量保存則より

$$mv_s + m(-v_s) = mv_1' + mv_2'$$

反発係数の式は

$$e = -\frac{v_1' - v_2'}{v_s - (-v_s)}$$

2式より

$$v_1' = -ev_s, \quad v_2' = ev_s$$

したがって，最初の衝突直後の2つの小球の力学的エネルギーの和を E とすると

$$E = \left\{\frac{1}{2}m(ev_s)^2 + \frac{1}{2}mbx_s{}^2\right\} \times 2$$

$$= m(ev_s)^2 + mbx_s{}^2$$

ここで，①を用いて v_s を消去すると

$$E = (mbx_0{}^2 - mbx_s{}^2)e^2 + mbx_s{}^2$$

$$= mb\{e^2 x_0{}^2 + (1-e^2)x_s{}^2\} \quad (= 2mga\{e^2 x_0{}^2 + (1-e^2)x_s{}^2\})$$

また，$0 < e < 1$ なので，$x_s = 0$ のとき E は最小となり，

$E = mbe^2{x_0}^2 (= 2mgae^2{x_0}^2)$ となる。

▶問 10.　2 つの小球は衝突から次の衝突までの間，同じ角振動数 ω の半周期分の単振動をし，これを繰り返す。したがって，衝突する位置は，常に $x = 0$ の位置である。

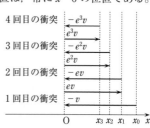

　小球 1 の 1 回目の衝突直前の速さを v とする。問 9 より，小球 1 は衝突によって速さが e 倍になるので，1 回目，2 回目，3 回目の衝突直後の速さは，それぞれ ev, e^2v, e^3v となる。これより，1 回目，2 回目，3 回目の衝突から次の衝突までの間に，小球 1 の達する x の最大値をそれぞれ x_1, x_2, x_3 とすると，以下の式が成り立つ。

$$v = x_0\omega$$
$$ev = x_1\omega$$
$$e^2v = x_2\omega$$
$$e^3v = x_3\omega$$

これより

$$x_1 = ex_0, \quad x_2 = e^2x_0, \quad x_3 = e^3x_0$$

したがって，4 回衝突するまでに，小球 1 が移動した全道のりを L とすると

$$L = x_0 + 2x_1 + 2x_2 + 2x_3$$
$$= (1 + 2e + 2e^2 + 2e^3)\, x_0$$

参考　運動エネルギーと復元力による位置エネルギーとによる力学的エネルギー保存則より

$$\frac{1}{2}(mb){x_0}^2 = \frac{1}{2}mv^2$$
$$\frac{1}{2}(mb){x_1}^2 = \frac{1}{2}m\,(ev)^2$$
$$\frac{1}{2}(mb){x_2}^2 = \frac{1}{2}m\,(e^2v)^2$$
$$\frac{1}{2}(mb){x_3}^2 = \frac{1}{2}m\,(e^3v)^2$$

これより

$$x_1 = ex_0, \quad x_2 = e^2x_0, \quad x_3 = e^3x_0$$

テーマ

x 軸上を運動する質量 m の物体にはたらく力 F が，正の定数 k を用いて

$$F=-kx$$

と表される場合，この力は復元力であり，物体は $x=0$ を振動の中心とする単振動をする。このとき，変位 x における物体の速度を v とすると，運動エネルギーと復元力による位置エネルギーとによる力学的エネルギー E は

$$E=\frac{1}{2}mv^2+\frac{1}{2}kx^2$$

と表され，これが保存される。また，この単振動の角振動数を ω とすると

$$k=m\omega^2 \quad \therefore \quad \omega=\sqrt{\frac{k}{m}}$$

よって，単振動の周期 T は

$$T=\frac{2\pi}{\omega}=2\pi\sqrt{\frac{m}{k}}$$

と表される。ここで，単振動の振幅を A とし，時刻 t における物体の変位 x を

$$x=A\sin\omega t$$

とすると，物体の速度 v と加速度 a は

$$v=A\omega\cos\omega t$$

$$a=-A\omega^2\sin\omega t=-\omega^2 x$$

と表され，v は $x=0$ において最大となり，その最大値 V は

$$V=A\omega$$

であることがわかる。なお，v は x を用いて

$$v=\pm\omega\sqrt{A^2-x^2}$$

と表される。

本題では，$y=ax^2$ で表される放物線状の床上で小球が運動するが，これが近似的に単振動とみなせることに着目する。また，2つの小球の衝突を扱う際には，衝突から次の衝突までの間は，各小球が半周期分の単振動をすることに注意する。

13 ばねと板からなる緩衝器による物体の水平面上での単振動

（2013年度　第1問）

　　ばねと板からなり質量の無視できる緩衝器が壁にとり付けられている。物体が水平な床の上を緩衝器に向かってすべっていき、緩衝器に接した後の物体の運動を考える。物体が緩衝器に接したとき緩衝器のばねの長さは自然長であった。また、物体が壁に最も近づいたとき、ばねにはさらに縮む余裕が残されていた。物体と床の間には、以下のⅠ、Ⅱでは摩擦がなく、Ⅲでは摩擦がある。ばね定数をk、重力加速度の大きさをgとして、以下の問に答えよ。

Ⅰ. 図1のように、なめらかな床の上を質量Mの物体Aが速さv_0で緩衝器に向かってすべっていた。物体Aが緩衝器に接した後、ばねは縮んでいく。物体Aが緩衝器に接したときから壁に最も近づくまでの時間をT_1、壁に最も近づいたときにばねが自然長から縮んだ長さをx_1とする。

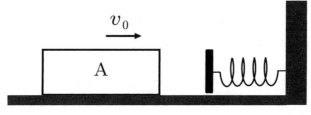

図　1

問1　T_1をM、k、v_0のうちの必要なものを用いて表せ。

問2　x_1をM、k、v_0のうちの必要なものを用いて表せ。

問3　T_1を短くするにはどうすればよいか。以下のうちの正しいものの記号を全て記せ。

　(a) 速さv_0を大きくする。

　(b) ばね定数kを大きくする。

　(c) 質量Mを小さくする。

Ⅱ. 図2のように、質量Mの物体Aの上に質量mの物体Bを載せた。物体Aと物体Bの間には摩擦があり、その静止摩擦係数をμとする。2つの物体は一体となり、なめらかな床の上を速さv_0で緩衝器に向かってすべっていた。物体Aが緩衝器に接した後も、2つの物体は一体となって運動し、物体Bは物体Aに対してすべることはなかった。物体Aが最初に緩衝器に接する位置をx軸の原点とし、物体の初速

度の方向を x 軸の正の向きとする。一体となって運動している物体の加速度を a，物体Bに働く摩擦力の大きさを F とする。

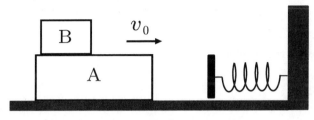

図　2

問4　ばねが x だけ縮んでいるときの物体Aと物体Bの運動方程式を書け。

問5　ばねが x だけ縮んでいるときの物体Bに働く摩擦力の大きさ F を，M，m，k，v_0，g，μ，x のうちの必要なものを用いて表せ。

問6　物体Bが物体Aに対してすべらないことから，静止摩擦係数 μ が満たす条件を，M，m，k，v_0，g のうちの必要なものを用いて表せ。

Ⅲ．図3のように，摩擦のある床の上を質量 M の物体Aが緩衝器に向かってすべっていた。緩衝器に接したとき，物体Aの速さは v_0 であった。物体Aは緩衝器に接した後，壁に近づいていき，その後向きを変え，ばねの長さがちょうど自然長となる位置で静止した。床と物体Aには，動摩擦係数と静止摩擦係数が等しい材質を選んだ。ここで動摩擦係数を μ' とする。

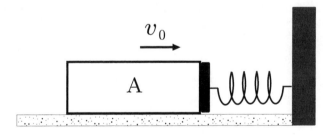

図　3

問7　物体Aの速さ v_0 を M，μ'，k，g のうちの必要なものを用いて表せ。

問8　物体Aが壁に最も近づいた後，ばねによって押し戻される。押し戻されるときの物体Aの速さの最大値を v_0 を用いて表せ。

解　答

Ⅰ．Aと床面との間に摩擦がないので，Aが緩衝器に接している間は，一連の単振動をする。

▶問1．T_1 は，単振動の周期 T の $\dfrac{1}{4}$ である。このとき

$$T = 2\pi\sqrt{\dfrac{M}{k}}$$

したがって

$$T_1 = \dfrac{1}{4}T = \dfrac{\pi}{2}\sqrt{\dfrac{M}{k}}$$

> **参考1**　ばねが x だけ縮んでいるとき，Aにはたらく水平方向の力は $-kx$ なので，この単振動の角振動数を ω とすると
> $$-kx = -M\omega^2 x \quad \therefore \quad \omega = \sqrt{\dfrac{k}{M}}$$
> したがって
> $$T = \dfrac{2\pi}{\omega} = 2\pi\sqrt{\dfrac{M}{k}}$$

▶問2．力学的エネルギー保存則より

$$\dfrac{1}{2}Mv_0^2 = \dfrac{1}{2}kx_1^2 \quad \therefore \quad \boldsymbol{x_1 = v_0\sqrt{\dfrac{M}{k}}}$$

> **参考2**　Aは板に衝突することによって，緩衝器に接する。一方，緩衝器の質量は無視できるので，その一部である板の質量も無視できる。したがって，Aは板との衝突の影響を受けることがなく，その衝突の前後において速度は変化しないと考えてよい。

> **別解**　この単振動の角振動数は $\sqrt{\dfrac{k}{M}}$ であり，振幅が x_1，速さの最大値が v_0 なので
> $$v_0 = x_1\sqrt{\dfrac{k}{M}} \quad \therefore \quad x_1 = v_0\sqrt{\dfrac{M}{k}}$$

▶問3．問1より，$T_1 = \dfrac{\pi}{2}\sqrt{\dfrac{M}{k}}$ なので，T_1 を短くするには，ばね定数 k を大きくし，質量 M を小さくすればよい。よって，正解は(b)と(c)。

Ⅱ．Aと床面との間に摩擦がなく，AとBは一体となって運動するので，Aが緩衝器に接している間は，一連の単振動をする。

▶問4．ばねが x だけ縮んでいるとき，A，Bにはたらく水平方向の力は，それぞれ右図のようになっている。したがって，A，Bの運動方程式は，それぞれ次式のようになる。

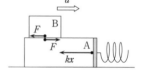

$$A : Ma = -kx + F \qquad B : ma = -F$$

▶**問5.** 問4の2式より a を消去すると

$$F = \frac{m}{m+M}kx$$

▶**問6.** BがAに対してすべらないためには，F が最大摩擦力の大きさ μmg を超えなければよいので，問5より

$$\mu mg \geqq \frac{m}{m+M}kx \qquad \therefore \quad \mu \geqq \frac{k}{(m+M)g}x \quad \cdots\cdots ①$$

ばねが最も縮んだときのばねの縮みを X とすると，AとBを一つの物体と見なした場合の力学的エネルギー保存則より

$$\frac{1}{2}(m+M)v_0^2 = \frac{1}{2}kX^2 \qquad \therefore \quad X = v_0\sqrt{\frac{m+M}{k}}$$

したがって，x の最大値が X なので，この X を①の x に代入すると

$$\mu \geqq \frac{k}{(m+M)g} \cdot v_0\sqrt{\frac{m+M}{k}} \qquad \therefore \quad \mu \geqq \frac{v_0}{g}\sqrt{\frac{k}{m+M}}$$

参考3 X については，次のように求めてもよい。この単振動の角振動数は $\sqrt{\dfrac{k}{m+M}}$ であり，振幅が X，速さの最大値が v_0 なので

$$v_0 = X\sqrt{\frac{k}{m+M}} \qquad \therefore \quad X = v_0\sqrt{\frac{m+M}{k}}$$

Ⅲ．Aと床面との間に摩擦があるので，Aが緩衝器と接している間は，ばねが縮むときと伸びるときとで異なる振幅の単振動をする。

▶**問7.** ばねが最も縮んだときのばねの縮みを X' とすると，Aが緩衝器に接してから（＝ばねが自然の長さのときから），ばねが最も縮むまでについて，力学的エネルギーの変化と仕事の関係より

$$\frac{1}{2}kX'^2 - \frac{1}{2}Mv_0^2 = -\mu'MgX' \quad \cdots\cdots ②$$

ばねが最も縮んだときからばねが自然の長さに戻るまでについても同様に

$$0 - \frac{1}{2}kX'^2 = -\mu'MgX' \quad \cdots\cdots ③$$

②，③より

$$\frac{1}{2}Mv_0^2 = 2\mu'MgX' \quad \cdots\cdots ④$$

③より

$$X' = \frac{2\mu'Mg}{k} \quad \cdots\cdots ⑤$$

したがって，④，⑤より

$$\frac{1}{2}Mv_0^2 = 2\mu'Mg \cdot \frac{2\mu'Mg}{k} \qquad \therefore \quad v_0 = 2\mu'g\sqrt{\frac{2M}{k}}$$

▶問8. Aが壁に最も近づいたときから（＝ばねが最も縮んだときから），ばねによって押し戻され，ばねの自然の長さの位置で静止するまで（＝ばねが自然の長さに戻るまで）の間は，ばねが x だけ縮んでいるとき，Aには右向きに $f=-kx+\mu'Mg$ と表される復元力 f がはたらき，半周期分の単振動をする。この単振動の振幅 D は

$$D=\frac{X'}{2}=\frac{\mu'Mg}{k}$$

であり，ばねが D だけ縮んでいるとき，Aはこの単振動の中心を通過することになる。したがって，Aの速さの最大値を V とすると，ばねの弾性力と動摩擦力との合力，すなわち復元力による位置エネルギーを考慮した力学的エネルギー保存則より

$$\frac{1}{2}MV^2=\frac{1}{2}kD^2$$

$$\therefore\quad V=D\sqrt{\frac{k}{M}}=\frac{\mu'Mg}{k}\sqrt{\frac{k}{M}}=\mu'g\sqrt{\frac{M}{k}}$$

よって，問7より

$$V=\frac{1}{2\sqrt{2}}\cdot2\mu'g\sqrt{\frac{2M}{k}}=\frac{1}{2\sqrt{2}}v_0$$

参考4 V と D との関係については，次のように求めてもよい。この単振動の角振動数は $\sqrt{\dfrac{k}{M}}$ であり，振幅が D，速さの最大値が V なので

$$V=D\sqrt{\frac{k}{M}}$$

テーマ

　水平な床面上で物体がばねと接して運動するとき，ばねと接している間の運動は単振動となる。物体と床面との間に摩擦がない場合には，ばねの弾性力のみが復元力としてはたらく単純な単振動となる。ところが，物体と床面との間に摩擦がある場合には，ばねの弾性力と動摩擦力との合力が復元力としてはたらく単振動となる。このとき，ばねが縮む過程とばねが伸びる過程では動摩擦力のはたらく向きが逆向きになるので，両過程で振動の中心と振幅とがそれぞれ異なった単振動をする。ただし，その単振動の角振動数は両過程で同じなので，両過程での周期は同じになる。

　このような題材の問題では，単振動に関する式に加えて，運動エネルギーと復元力による位置エネルギーとについての力学的エネルギー保存則や，動摩擦力がした仕事に着目した力学的エネルギーの変化と仕事の関係などを用いて考察すればよい。

　本問では，物体と床面との間に摩擦がある場合，ばねが最も縮んだ後，ばねが伸びていき自然の長さになったときに物体が静止するので，このことを手掛かりに，力学的エネルギーの変化と仕事の関係について考察し，この過程が単振動の半周期分になることに着目して考えればよい。

14 鉛直方向での単振動と等加速度直線運動による円板の運動

(2010年度 第1問)

質量が無視できるばねの下端を，長い円筒の底に図の(a)のように固定し，ばねの上端に円板をのせたところ，ばねが図の(b)のように縮んで静止した。ばねと円板のあいだは固定されていない。円板は円筒の内壁とちょうど接する半径を持っている。鉛直上向きをx軸の正の向きにとり，円板をのせる前のばねの上端の位置を$x=0$と定義する。円板の厚さは無視でき，円板の面はつねに水平を保つとして，円板の位置をxを用いて表す。

円板に力を加えて，図の(b)の場合にばねが縮んだ距離の2倍の距離だけさらにばねが縮んで，図の(c)の状態になるようにする。ここで，円板に力を加えるのをやめると，円板は上向きに動きだす。その瞬間の時刻を$t=0$とする。その後，円板はある高さまで上昇した後下降を始め，最も低い位置に到達した後再び上昇するという，上下運動を繰り返す。円板はばねに固定されていないので，円板がばねから離れることがある。空気抵抗の影響は無視できるとして，この円板の運動を考察しよう。

まず，ばねに結びつけた小物体の運動が以下の特性を示すことに注意しよう。

> 質量が無視できるばねの一端を固定し，他端に小物体を結びつけて小物体をばねの長さの方向に運動させると，小物体は単振動を行う。その振動の角振動数は，ばねの強さを表すばね定数と小物体の質量を用いて，
>
> $$角振動数 = \sqrt{\dfrac{ばね定数}{小物体の質量}}$$
>
> と表すことができる。

円板と同じ質量を持つ小物体を，図のばねと同じばね定数を持つばねに結びつけて振動させた場合の単振動の角振動数をω，重力加速度の大きさをgとして，以下の問に答えよ。解答にあたって，指定された以外の物理量を用いてはならない。

Ⅰ．まず，円板と円筒の内壁とのあいだに摩擦が働かない場合を考える。

問1 時刻$t=0$に円板が図の(c)の状態から動き始めて，初めて図の(d)の状態に変化する途中での円板の位置xを時刻tの関数として

$$x = a\cos\omega t + b$$

と表すとき，定数aとbを，gとωのうちで必要なものを用いてそれぞれ表せ。

問2　円板が動き始めてから，円板の位置が初めて $x=0$ となる時刻を，g と ω の
うちで必要なものを用いて表せ。

問3　円板が動き始めてから，最初に到達する最高点の座標 x を，g と ω のうちで
必要なものを用いて表せ。

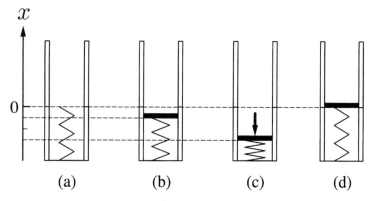

$$\text{(a)}\qquad\text{(b)}\qquad\text{(c)}\qquad\text{(d)}$$

問4　円板の位置が初めて $x=0$ となってから，再び $x=0$ となるまでの時間間隔を，
g と ω のうちで必要なものを用いて表せ。

問5　円板は周期が一定の周期運動を行う。その周期を，g と ω のうちで必要なも
のを用いて表せ。また，円板の位置 x を時間 t の関数として表したグラフの概形
を $t=0$ から始まる一周期分について，解答用紙のグラフ用紙に示せ。解答用紙
には，x は g/ω^2 を，t は $1/\omega$ を単位とする目盛がそれぞれ記入してある。解答に
あたって，曲線を描くだけでなく，周期の始めと終わりの t と x，曲線と t 軸の
交点の t と x，最高点の t と x がわかるように，それらの数値を有効数字2桁で，
$(t,\ x)$ の形式でグラフに書き込め。例えば，$t=4.2/\omega$，$x=-1.7g/\omega^2$ という値
を持つ点を示したい場合には，曲線にかからないように $(4.2,\ -1.7)$ と書き，
その点に向かう矢印を使って指し示せ。

〔解答欄〕

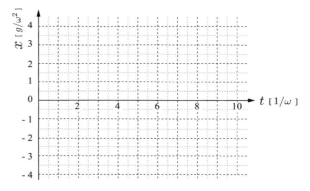

Ⅱ．次に，$x \leqq 0$ の位置では円板と円筒の内壁とのあいだに摩擦力は働かないが，$0 < x$ の位置では摩擦力が働く場合を考える。ただし，摩擦力の大きさは円板の速さに関係なく一定であり，円板に働く重力の大きさに比べて小さい。すなわち，2つの力の大きさの比を

$$\alpha = \frac{円板に働く摩擦力の大きさ}{円板に働く重力の大きさ}$$

と定義すると，$0 < \alpha < 1$ である。

問6　円板が運動を始めてから最初に到達する最高点の x 座標を，g, α, ω のうちで必要なものを用いて表せ。

問7　円板が運動を始めてから2回目に到達する最高点の x 座標を，g, α, ω のうちで必要なものを用いて表せ。

問8　多数回の周期運動を繰り返すと，それぞれの周期において円板が到達する最高点と最下点はある高さに次第に近づく。最高点の x 座標，および最高点と最下点の高さの差を，g, α, ω のうちで必要なものを用いて表せ。

解　答

円板の質量を m, ばね定数を k とすると, 円板がばねから離れることなく単振動
しているときの角振動数 ω は, 題意より

$$\omega = \sqrt{\frac{k}{m}}$$

と表される。

Ⅰ. ▶問1. 図の(b)の状態での円板の位置（つりあいの位置）を $x = x_0$ とすると, 円
板にはたらく力のつりあいより

$$-kx_0 - mg = 0 \qquad \therefore \quad x_0 = -\frac{mg}{k} = -\frac{g}{\omega^2}$$

円板は, 図の(c)の状態から図の(d)の状態に変化するまでの間, $x = x_0$ を振動の中心と
して, 振幅 $2|x_0|$ の単振動をする。このとき, 動きはじめる位置が $x = 3x_0$ であり,
$x_0 < 0$ なので, 円板の位置 x を時刻 t の関数として表すと

$$x = -2|x_0|\cos\omega t + x_0 = -\frac{2g}{\omega^2}\cos\omega t - \frac{g}{\omega^2}$$

$$\therefore \quad \boldsymbol{a = -\frac{2g}{\omega^2}, \quad b = -\frac{g}{\omega^2}}$$

▶問2. 円板の位置が初めて $x = 0$ となる時刻を $t = t_0$ とすると, 問1で求めた円板の
位置 x の式より

$$0 = -\frac{2g}{\omega^2}\cos\omega t_0 - \frac{g}{\omega^2}$$

$$\cos\omega t_0 = -\frac{1}{2}$$

$$\omega t_0 = \frac{2}{3}\pi \qquad \therefore \quad t_0 = \frac{2\pi}{3\omega}$$

▶問3. 図の(d)の状態, すなわち, ばねが自然の長さになったとき, 円板はばねから
離れる。したがって, 最初に到達する最高点の位置を $x = x_1$ とし, $x = 0$ を重力による
位置エネルギーの基準にとると, 力学的エネルギー保存則より

$$0 + mg\left(-\frac{3g}{\omega^2}\right) + \frac{1}{2}k\left(\frac{3g}{\omega^2}\right)^2 = 0 + mgx_1 + 0 \qquad \therefore \quad x_1 = \frac{3g}{2\omega^2}$$

▶問4. 円板の位置が初めて $x = 0$ になったときの速さを v_0 とし, $x = 0$ を重力による
位置エネルギーの基準にとると, 力学的エネルギー保存則より

$$0 + mg\left(-\frac{3g}{\omega^2}\right) + \frac{1}{2}k\left(\frac{3g}{\omega^2}\right)^2 = \frac{1}{2}mv_0^2 + 0 + 0$$

$$\therefore \quad v_0 = \frac{\sqrt{3}\,g}{\omega}$$

$x=0$ でばねから離れた円板は，初速度の大きさが v_0 の鉛直投げ上げ運動をするので，円板の位置が初めて $x=0$ となってから，再び $x=0$ となるまでの時間間隔を Δt とすると，等加速度直線運動の式より

$$0 = v_0 \Delta t - \frac{1}{2} g \Delta t^2 \qquad \therefore \quad \Delta t = \frac{2v_0}{g} = \frac{2\sqrt{3}}{\omega}$$

▶問5． $x=0$ に戻った円板は，再び $x=x_0$（<0）を振動の中心として振幅 $2|x_0|$ の単振動をし，初めの状態（図の(c)の状態）に戻る。したがって，円板は，$x \leqq 0$ ではこの単振動を，$x>0$ では問4で述べた等加速度直線運動をし，これによって周期が一定の周期運動をする。$x=0$ に戻った円板が，再び(c)の状態に戻るまでの時間は t_0 なので，この周期運動の周期を T とすると

$$T = 2t_0 + \Delta t = \frac{4\pi}{3\omega} + \frac{2\sqrt{3}}{\omega}$$

円板は

$t=0$ のときに $x = 3x_0 = -3\dfrac{g}{\omega^2}$ から動きはじめ，前述の単振動をして

$t = t_0 = \dfrac{2\pi}{3\omega} \fallingdotseq 2.1\dfrac{1}{\omega}$ のときに $x=0$ を通過し，その直後から前述の等加速度直線運動をして

$t = t_0 + \dfrac{\Delta t}{2} = \dfrac{2\pi}{3\omega} + \dfrac{\sqrt{3}}{\omega} \fallingdotseq 3.8\dfrac{1}{\omega}$ のときに最高点 $x = x_1 = \dfrac{3g}{2\omega^2} = 1.5\dfrac{g}{\omega^2}$ に達する。そして，さらに等加速度直線運動を続けて

$t = t_0 + \Delta t = \dfrac{2\pi}{3\omega} + \dfrac{2\sqrt{3}}{\omega} \fallingdotseq 5.6\dfrac{1}{\omega}$ のときに $x=0$ に戻り，再び単振動をして

$t = T = \dfrac{4\pi}{3\omega} + \dfrac{2\sqrt{3}}{\omega} \fallingdotseq 7.7\dfrac{1}{\omega}$ のときに初めの位置 $x = -3\dfrac{g}{\omega^2}$ に戻る。

以上より，グラフを描くと下図のようになる。

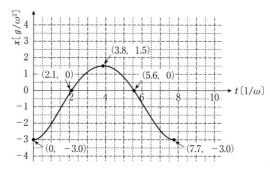

参考1 グラフの曲線の様子は，$x \leqq 0$ では正弦曲線に，$x>0$ では放物線になり，$x=0$ でなめらかにつながる。

Ⅱ．$x > 0$ の位置で，円板にはたらく摩擦力の大きさを F とすると，題意より

$$\alpha = \frac{F}{mg} \qquad \therefore \quad F = \alpha mg$$

▶問6．円板が最初に到達する最高点の位置を $x = x_1'$ とすると，$x > 0$ での円板の運動エネルギーの変化と仕事の関係より

$$0 - \frac{1}{2} mv_0^2 = -mgx_1' - Fx_1' = -(1 + \alpha) mgx_1'$$

$$\therefore \quad x_1' = \frac{v_0^2}{2(1 + \alpha) g} = \frac{3g}{2(1 + \alpha) \omega^2}$$

参考2 円板の加速度を a とすると，運動方程式は

$$ma = -mg - F \qquad \therefore \quad a = -\left(g + \frac{F}{m} \right) = -(1 + \alpha) g$$

これより，等加速度直線運動の式を用いても，x_1' を求めることができる。

▶問7．円板が最初の最高点に到達してから，再び $x = 0$ に戻ったときの運動エネルギーを K_1 とすると，$x > 0$ での円板の運動エネルギーの変化と仕事の関係より

$$K_1 - 0 = mgx_1' - Fx_1' = (1 - \alpha) mgx_1'$$

$$\therefore \quad K_1 = \frac{3(1 - \alpha) mg^2}{2(1 + \alpha) \omega^2}$$

その後，円板は単振動をして $x = 0$ に戻ってくるので，$x = 0$ で2回目にばねから離れるときの運動エネルギーも，力学的エネルギー保存則より，K_1 となる。したがって，円板が2回目に到達する最高点の位置を $x = x_2$ とすると，$x > 0$ での円板の運動エネルギーの変化と仕事の関係より

$$0 - K_1 = -mgx_2 - Fx_2 = -(1 + \alpha) mgx_2$$

$$\therefore \quad x_2 = \frac{K_1}{(1 + \alpha) mg} = \frac{3(1 - \alpha) g}{2(1 + \alpha)^2 \omega^2}$$

参考3 2回目の $x > 0$ での円板の運動についても，問6の〔参考2〕と同様に，円板の加速度を求めて等加速度直線運動の式を用いても，x_2 を求めることができる。

▶問8．$x > 0$ のとき，円板は摩擦力によって負の仕事をされて力学的エネルギーを失う。したがって，この運動を繰り返すと，いずれ $x = 0$ における円板の速さは0となり，$x > 0$ の位置へ円板が上昇しなくなるので，円板の到達する最高点は，$x = 0$ となる。

最高点が $x = 0$ となったとき，円板は $x \leqq 0$ で，$x = x_0 = -\dfrac{g}{\omega^2}$ を振動の中心として，振幅 $0 - x_0 = \dfrac{g}{\omega^2}$ の単振動をするので，最下点は $x = x_0 - \dfrac{g}{\omega^2} = -\dfrac{2g}{\omega^2}$ となる。

したがって，最高点と最下点の高さの差は $\qquad 0 - \left(-\dfrac{2g}{\omega^2} \right) = \dfrac{2g}{\omega^2}$

参考4　問7と同様の計算を繰り返すと，n 回目に到達する最高点の位置 $x=x_n$ は

$$x_n = \frac{3(1-\alpha)^{n-1}g}{2(1+\alpha)^n\omega^2}$$

と表される。したがって，$0<\alpha<1$ なので，$n\to\infty$ のとき，$x_n\to0$ となることがわかる。

テーマ

　x 軸上で，$x=x_0$ を振動の中心として，振幅 A で単振動している物体があるとする。この単振動の角振動数を ω，初期位相を θ とすると，時刻 t における物体の位置 x は

$$x = A\sin(\omega t+\theta)+x_0$$

と表される。また，速度 v，加速度 a は

$$v = A\omega\cos(\omega t+\theta), \quad a = -A\omega^2\sin(\omega t+\theta)$$

と表される。さらに，$x-x_0 = A\sin(\omega t+\theta)$ から，加速度 a は

$$a = -\omega^2(x-x_0)$$

と表すこともできる。ここで，$x-x_0$ は振動の中心からの変位を表している。

　本問の単振動では，初期位相が $-\dfrac{1}{2}\pi$ $\left(\text{または}\ \dfrac{3}{2}\pi\right)$ となるので，時刻 t における円板の位置 x は

$$x = A\sin\left(\omega t-\frac{1}{2}\pi\right)+x_0 = -A\cos\omega t+x_0$$

と表される。

　本問では，円板がばねに固定されていないので，ばねが自然の長さより縮んでいるときは，円板はばねから離れることなく単振動しているが，ばねが自然の長さになったとき，円板はばねから離れて等加速度直線運動を始める。その後，円板はばねから離れた位置に戻り，再びばねとともに単振動を始める。このように，円板は単振動と等加速度直線運動による繰り返しの運動をすることになる。

15 鉛直方向に単振動する小球の床との衝突による運動

（2009年度　第1問）

天井からばね定数 k のばねによって質量 m の小球がつり下げられている。鉛直上向きを x 軸の正の向きとし，小球に働く重力と弾性力がつりあう位置を原点（$x=0$），床の位置を $x=x_1$ とする。図のように，小球を $x=h$（$h>0$）まで鉛直上向きに持ち上げ，時刻 $t=0$ に静かに手をはなしたときの小球の運動について考える。以下の問に答えよ。重力加速度の大きさを g とし，空気の抵抗およびばねの重さは無視できるものとする。

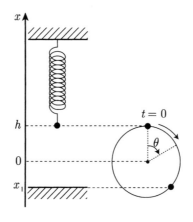

Ⅰ．$x_1 < -h$ のとき，小球は床と衝突せず単振動をする。

問1　単振動の周期 T を，m，k を用いて表せ。

Ⅱ．次に，床の位置 x_1 が $-h < x_1 < 0$ であり，小球が床と弾性衝突する場合について考える。

問2　小球の位置 x を時刻 t の関数として図示せよ。なお，解答用紙のグラフに示してある曲線は，床が存在しない場合の小球の運動を表している。

問3　以下の文章中の空欄にふさわしい式を解答欄に記入せよ。ただし，各式は各欄に記載した文字のうち必要なものを用いて表せ。
　　小球は一定の時間間隔 Δt で床と衝突を繰り返す。小球が最初に床と衝突する時刻を $t=t_1$ とすると，時間間隔は $\Delta t =$ ┃(1) t_1, T┃ となる。

ここで，小球の運動を図のように半径 h，周期 T の時計回りの等速円運動と対応させて考えてみる。時刻 $t=0$ における円運動の回転角を $\theta=0$ とすると，小球が初めて床と衝突する時刻 $t=t_1$ での回転角 θ_1〔rad〕は $\theta_1=$ (2) $t_1,\ T$ $=$ (3) $T,\ \Delta t$ である。したがって，Δt は，$\cos$ (3) $=$ (4) $h,\ x_1$ の関係を満たすことがわかる。

Ⅲ．次に，床の位置 x_1 はⅡと同じであるが，小球と床との衝突が非弾性衝突である場合について考える。ただし，小球と床の反発係数を $e\ (0<e<1)$ とする。

問4 以下の文章中の空欄(1)と(2)にふさわしい式を解答欄に記入せよ。各式は，各欄に記載した文字のうち必要なものを用いて表せ。また，(3)は正しいものを選べ。

時刻 $t=t_1$ に，小球が床と初めて衝突する直前の小球の速さ v_0 は，$v_0=$ (1) $m,\ k,\ h,\ x_1$ である。床と衝突した後，小球は位置 $h_1=$ (2) $v_0,\ e,\ m,\ k,\ x_1$ まで到達し，再び落下して床と衝突する。Ⅱで考えた，小球と床が弾性衝突する場合の衝突の時間間隔 Δt と比較すると，小球が初めて床と衝突してから次に床と衝突するまでの時間間隔は (3) 長くなる，変化しない，短くなる 。

問5 小球は床と衝突を繰り返す。n 回目の衝突直後の小球の速度 v_n と，その後 $(n+1)$ 回目に衝突するまでに到達する最高点の位置 h_n を，$v_0,\ e,\ m,\ k,\ x_1,$ n のうち必要なものを用いて表せ。

問6 小球が十分多数回床と衝突を繰り返した後，小球はどのような運動をしているか述べよ。

問7 $t=0$ から問6の運動になるまでに失った力学的エネルギーの大きさを求めよ。

〔問2の解答欄〕

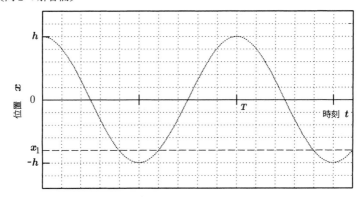

解　答

Ⅰ．▶問1．小球にはたらくばねの弾性力と重力の合力が復元力となり，小球は単振動をする。この復元力を F とすると

$$F = -kx$$

と表される。また，単振動の角振動数を ω とすると

$$F = -m\omega^2 x$$

と表されることから　　　$\omega = \sqrt{\dfrac{k}{m}}$

したがって　　　$T = \dfrac{2\pi}{\omega} = 2\pi\sqrt{\dfrac{m}{k}}$

Ⅱ．▶問2．x_1 が $-h < x_1 < 0$ の場合，小球は $x = x_1$ で床と弾性衝突するので，$x \geqq x_1$ での小球の運動は，原点を振動の中心とした振幅 h の単振動（床と衝突しない場合の小球の運動）の $x \geqq x_1$ の部分の運動を繰り返す。

したがって，グラフを描くと下図のようになる。

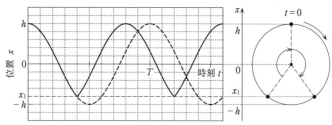

▶問3．(1)　小球が $x = h$ から $x = x_1$ に達するまでの時間が t_1 であり，小球が床と衝突してから再び衝突するまでには，この区間を単振動の一部の運動として往復するので

$$\Delta t = 2t_1$$

(2)　回転角 2π に対して時間（周期）T を要するので

$$\theta_1 = 2\pi\frac{t_1}{T}$$

(3)　(1)より　　　$t_1 = \dfrac{1}{2}\Delta t$

したがって　　　$\theta_1 = \pi\dfrac{\Delta t}{T}$

(4)　右図より

$$\cos\theta_1 = \cos\left(\pi\frac{\Delta t}{T}\right) = \frac{x_1}{h}$$

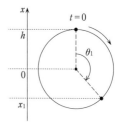

Ⅲ. ▶問4．(1) 重力と弾性力の合力による位置エネルギーを考慮すると，力学的エネルギー保存則より

$$\frac{1}{2}kh^2 = \frac{1}{2}mv_0{}^2 + \frac{1}{2}kx_1{}^2$$

$$\therefore \quad v_0 = \sqrt{\frac{k}{m}(h^2 - x_1{}^2)}$$

(2) 初めて床と衝突した直後の小球の速さは ev_0 なので，(1)と同様に，力学的エネルギー保存則より

$$\frac{1}{2}m(ev_0)^2 + \frac{1}{2}kx_1{}^2 = \frac{1}{2}kh_1{}^2$$

$$\therefore \quad h_1 = \sqrt{x_1{}^2 + \frac{m}{k}(ev_0)^2}$$

(3) (1)・(2)より　　　$h_1 < h$

小球が h_1 に到達してから再び x_1 に至るまでの運動について，円運動と対応させた場合の回転角を θ_2 とすると，問3の(4)より

$$\cos\theta_2 = \frac{x_1}{h_1} < \frac{x_1}{h} = \cos\theta_1 \quad (\because \quad x_1 < 0)$$

このとき，$\dfrac{\pi}{2} < \theta < \pi$ なので　　　$\theta_2 > \theta_1$

問3の(3)より，この角度と衝突の時間間隔は比例関係にあることがわかるので，求める時間間隔は長くなる。

参考1　小球の運動を円運動と対応させた場合の回転角 θ_1, θ_2 については，下図のように表される。

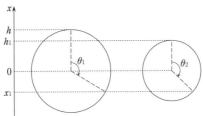

▶問5．n 回目の衝突直後の小球の速度 v_n は

$$v_n = e^n v_0$$

したがって，問4の(1)と同様に，力学的エネルギー保存則より

$$\frac{1}{2}m(e^n v_0)^2 + \frac{1}{2}kx_1{}^2 = \frac{1}{2}kh_n{}^2$$

$$\therefore \quad h_n = \sqrt{x_1{}^2 + \frac{m}{k}(e^n v_0)^2}$$

▶問6. 問5の結果より，小球が十分多数回床と衝突を繰り返すと，最終的に h_n は $|x_1|$ となり，それ以降小球は床と衝突をしなくなる。したがって，小球は振幅 $|x_1|$ の単振動をするが，その周期は振幅によらず，問1で求めた T と同じである。

これより，求める小球の運動について，次のように述べればよい。

　　原点を振動の中心として，振幅 $|x_1|$，周期 T の単振動をする。

参考2　$n \to \infty$ のとき，問5の結果より

$$\lim_{n \to \infty} h_n = \lim_{n \to \infty} \sqrt{x_1{}^2 + \frac{m}{k}(e^n v_0)^2}$$
$$= \sqrt{x_1{}^2} \quad (\because \quad 0 < e < 1)$$
$$= |x_1| \quad (\text{もしくは } x_1 < 0 \text{ より} -x_1)$$

▶問7. 力学的エネルギーを失った結果，単振動の振幅が h から $|x_1|$ に小さくなるので，重力と弾性力の合力による位置エネルギーに着目すると，失った力学的エネルギーは

$$\frac{1}{2}kh^2 - \frac{1}{2}kx_1{}^2 = \frac{1}{2}k(h^2 - x_1{}^2)$$

別解　床の位置での運動エネルギーの変化に着目すると，失った力学的エネルギーは $\frac{1}{2}mv_0{}^2$ と表される。これを解答としてもよい。

参考3　$\frac{1}{2}k(h^2 - x_1{}^2)$ と $\frac{1}{2}mv_0{}^2$ とが一致することは，問4の(1)の途中式から確認できる。

テーマ

　ばね定数 k のばねの上端を固定し，下端に質量 m のおもりをつるして振動させた場合について考えてみよう。

　下図のように，原点の異なる2つの座標軸をとる。いま，任意の位置の座標 X, x において，おもりの速度が v であったとする。この位置において，おもりにはたらく重力と弾性力の合力は

$$F = -kX + mg = -k\left(X - \frac{mg}{k}\right) = -k(X - X_0) \quad (\because \quad mg - kX_0 = 0)$$

$$= -kx$$

と表され，このおもりが $X = X_0$，すなわち $x = 0$ を振動の中心として単振動していることがわかる。

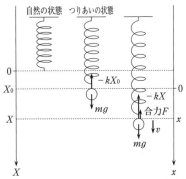

　このおもりの力学的エネルギー保存則では，運動エネルギーと重力による位置エネルギー，および弾性力による位置エネルギーの和が保存されるので，$X = 0$ を重力による位置エネルギーの基準にとると

$$\frac{1}{2}mv^2 - mgX + \frac{1}{2}kX^2 = 一定$$

が成り立つ。ここで，この式に $X = X_0 + x$ を代入すると

$$\frac{1}{2}mv^2 - mg(X_0 + x) + \frac{1}{2}k(X_0 + x)^2 = 一定$$

となる。この式を整理すると

$$\frac{1}{2}mv^2 + \frac{1}{2}kx^2 - mgX_0 + \frac{1}{2}kX_0^2 = 一定$$

となるが，$-mgX_0 + \dfrac{1}{2}kX_0^2$ が一定値であることから，この式は

$$\frac{1}{2}mv^2 + \frac{1}{2}kx^2 = 一定$$

と表すことができる。この式中の $\dfrac{1}{2}kx^2$ は，つりあいの位置を原点とした変位 x を用いて表される，重力と弾性力の合力 ($F = -kx$) による位置エネルギーといえる。したがって，鉛直方向のばねの単振動では，力学的エネルギー保存則として，運動エネルギーとこの合力による位置エネルギーとの和の保存を考えればよいことがわかる。

16 単振動する三角台の斜面上での小物体の運動

（2008 年度　第1問）

　図1のように，固定した台Aの上に台Bをおき，さらに台Bをばね定数が k で質量の無視できるばねで台Aに接続した。台Bは台Aの上を水平方向に移動できる。ばねの長さは十分長く，台Aと台Bの間の摩擦は無視できる。台Aと台Bの左側は水平面からの角度 θ の斜面となっている。台Aの斜面上端を原点Oとして，図1のように x 軸および y 軸をとる。台Bの水平方向の位置は，台Bの斜面下端の x 座標で測ることにする。台Aの斜面と台Bの斜面が段差なくつながっている状態で $x=0$ となる。このとき，ばねの長さは自然長となっている。

　質量 m の小物体を台Aの斜面下方から斜面にそって打ち上げる実験をする。台Aと台Bの斜面は十分なめらかであり，小物体に摩擦力は働かない。台Bの斜面は十分長く，小物体が斜面から飛び出すことはない。小物体の速さは，原点Oを通過する瞬間に v_0 であった。台Bの質量を M，重力加速度の大きさを g とする。以下の問に答えよ。

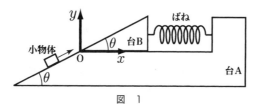

図　1

Ⅰ．まず，台Bを $x=0$ の位置に固定した状態で実験を行った。

　問1　小物体は台Bの斜面上を上方へすべりながらしだいに遅くなり，やがて最高点に達した後，斜面をすべり降り始めた。小物体が最高点に達したときの小物体の y 座標を，v_0，m，M，g，θ のうち必要なものを用いて表せ。

Ⅱ．次に，台Bの固定をはずして $x=0$ の位置に静止させた状態から再び実験を行った。小物体は台Bの斜面に乗り移った後，台Bの斜面から離れずに運動を続けた。また，小物体が台Bの斜面にあるときには，台Bは水平方向に運動した。このときの台Bの x 軸正の向きの加速度を a とする。

　問2　小物体が台Bの斜面を運動しているときの様子を台Bの上にいる観測者からみると，小物体は慣性力と重力と垂直抗力を受けて運動している。小物体は斜面から離れないので，小物体に働く力の斜面に垂直な方向の成分はつり合っている。

小物体が斜面から受ける垂直抗力の大きさを，a, m, M, g, θ のうち必要なものを用いて表せ。

問3 小物体が台Bの斜面を運動しているときの，台Aの上にいる観測者から見た台Bの運動方程式を考える。すると，台Bの加速度 a は台Bの位置 x によってきまり，$a = a_0 - b_0 x$ の形に整理できる。a_0 および b_0 を，m, M, g, θ, k のうち必要なものを用いてそれぞれ表せ。

このように，台Bの加速度は単振動の加速度を表す式と同じ形をしている。したがって，小物体が台Bの斜面にあるとき，台Bはつり合いの位置を中心として水平方向に単振動を行うであろう。

問4 この単振動の振幅を，a_0, b_0, m, M のうち必要なものを用いて表せ。

問5 この単振動の角振動数 ω を，a_0, b_0, m, M のうち必要なものを用いて表せ。

Ⅲ．v_0 を変化させて実験を繰り返した。v_0 がある値のとき，小物体が台Bの斜面下端に戻った瞬間に台Bが原点Oに戻ったため，小物体がそのままなめらかに台Aの斜面へ移ってすべり続ける様子が観察された。この現象に関して考察しよう。

小物体は台Bの斜面をなめらかにすべるので，小物体と台Bの間には垂直抗力しか働かない。これを考慮して，図2のように小物体の運動を点Oを原点にとった斜面方向（x' 軸方向）と斜面に垂直な方向（y' 軸方向）に分解して考える。このとき台Bは単振動をしているので，小物体の y' 軸方向の運動も単振動となる。

問6 小物体の加速度の x' 方向の成分を，g と θ を用いて符号を含めて表せ。

問7 小物体の x' 方向の運動を考察することにより，小物体が最初に $x' = 0$ の点を通過してから再び $x' = 0$ の点に戻ってくるまでの時間を，g, v_0, m, θ のうち必要なものを用いて表せ。なお，この運動の途中で小物体が台Aに衝突する可能性については考える必要はない。

問8 小物体が $x' = 0$ の点に戻ったときに台Bも原点Oに戻っていれば，小物体はそのままなめらかに台Aの斜面へ移ってすべり続けることができる。この条件を満たす v_0 を V として，V を，g, ω, θ, n のうち必要なものを用いて表せ。ただし，n は自然数とする。

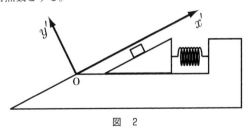

図 2

解 答

Ⅰ. ▶問1. 求める y 座標を y_{max} とすると，力学的エネルギー保存則より

$$\frac{1}{2}mv_0{}^2 = mgy_{max} \qquad \therefore \quad y_{max} = \frac{v_0{}^2}{2g}$$

Ⅱ. ▶問2. 小物体が斜面から受ける垂直抗力の大きさを N とすると，台Bの上にいる観測者から見た小物体にはたらく力は，下図のようになる。

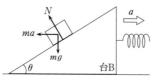

したがって，小物体にはたらく力の斜面に垂直な方向の成分のつりあいより

$$N + ma\sin\theta = mg\cos\theta$$

$$\therefore \quad N = m(g\cos\theta - a\sin\theta)$$

▶問3. 台Aの上にいる観測者から見た台Bにはたらく力は，下図のようになる。

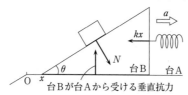

台Bが台Aから受ける垂直抗力

台Bは x 軸方向（水平方向）に運動するので，台Bにはたらく力の x 軸方向の成分に着目すると，台Bの運動方程式は

$$N\sin\theta - kx = Ma$$

問2で求めた N を代入すると

$$m(g\cos\theta - a\sin\theta)\sin\theta - kx = Ma$$

$$\therefore \quad a = \frac{mg\sin\theta \cdot \cos\theta}{M + m\sin^2\theta} - \frac{k}{M + m\sin^2\theta}x$$

したがって

$$a_0 = \frac{mg\sin\theta \cdot \cos\theta}{M + m\sin^2\theta} \qquad b_0 = \frac{k}{M + m\sin^2\theta}$$

▶問4. 台Bの加速度 a の式を変形すると

$$a = a_0 - b_0 x = -b_0\left(x - \frac{a_0}{b_0}\right)$$

と表される。$a = 0$ のときの x 座標が単振動の中心位置を示すので，a の式より，

$x = \dfrac{a_0}{b_0}$ が振動の中心である。また，$x = 0$ が振動の最左端の位置であることから，この

単振動の振幅を A とすると

$$A = \frac{a_0}{b_0}$$

▶問5．台Bの加速度 a の式を，この単振動の角振動数 ω を用いて表すと，問4より

$$a = -b_0\left(x - \frac{a_0}{b_0}\right) = -\omega^2\left(x - \frac{a_0}{b_0}\right) \qquad \therefore \quad \boldsymbol{\omega = \sqrt{b_0}}$$

Ⅲ．▶問6．台Aの上にいる観測者から見た小物体にはたらく力は，下図のようになる。

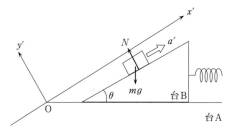

小物体の加速度の x' 軸方向の成分を a' とし，小物体にはたらく力の x' 軸方向の成分に着目すると，小物体の x' 軸方向の運動方程式は

$$ma' = -mg\sin\theta \qquad \therefore \quad \boldsymbol{a' = -g\sin\theta}$$

▶問7．小物体の x' 軸方向の運動について，初速度 v_0，加速度 a'，求める時間を t とすると，等加速度直線運動の式より

$$0 = v_0 t + \frac{1}{2}a't^2$$

$$0 = t\left(v_0 + \frac{1}{2}a't\right)$$

$t>0$ より $\qquad t = -\dfrac{2v_0}{a'} = \dfrac{2v_0}{g\sin\theta}$

▶問8．台Bの単振動の周期を T とすると $\qquad T = \dfrac{2\pi}{\omega}$

題意を満たすための条件は $\qquad t = nT$
したがって，問7の結果より

$$\frac{2V}{g\sin\theta} = \frac{2n\pi}{\omega} \qquad \therefore \quad \boldsymbol{V = \frac{n\pi g\sin\theta}{\omega}}$$

テーマ

x 軸上を運動する質量 m の物体にはたらく力 F が，定数 k, c を用いて

$$F=-kx+c$$

と表されるとき，この式を変形すると

$$F=-k\left(x-\frac{c}{k}\right)$$

となることから，この物体は $x=\dfrac{c}{k}$ を振動の中心とする単振動をしていることがわかる。

この単振動の加速度 a は

$$a=\frac{F}{m}=-\frac{k}{m}\left(x-\frac{c}{k}\right)$$

また，この式を変形すると

$$a=\frac{c}{m}-\frac{k}{m}x$$

となり，$\dfrac{c}{m}=a_0$, $\dfrac{k}{m}=b_0$ とおくと，単振動をする物体の加速度 a は

$$a=a_0-b_0x$$

と表され，問3の題意が満たされる。なお，この単振動の角振動数を ω とすると，加速度 a は

$$a=-\omega^2\left(x-\frac{c}{k}\right)$$

と表される。

　本問では，小物体とばねから受ける力により台Bが単振動しており，問題の誘導に沿って，この台Bと小物体の相対運動を考察しなければならない。

17 動摩擦力がはたらく回転ベルト上での物体の単振動

(2006 年度　第 1 問)

　図のように，大きさが無視できる質量 m の物体が，水平なばねで壁とつながれ，回転ベルトの水平部分の上に置かれている。ばねは十分に長い自然長 d を持ち，ばね定数は k である。物体とベルトの間の静止摩擦係数は μ_1，動摩擦係数は μ_2 で，$\mu_1 > \mu_2$ である。回転ベルトの上側のベルトは，図のように壁に向かって一定の速さ w で動かすことができる（以後，回転ベルトの上側のベルトを単にベルトと呼ぶ）。w の大きさを変化させたとき，w のある値を境にして，物体の運動の様子が大きく変化するのが観測された。物体の，静止した壁に対する（壁から見た）運動と，動いているベルトに対する（ベルトから見た）相対運動とに注意しながら，この変化について考察しよう。壁面を原点とする物体の位置座標を x，図の右向きを x の正の向きとし，重力加速度を g として，以下の記述の中の問に答えよ。

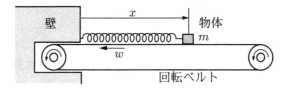

Ⅰ. まず，ベルトが静止した状態（$w=0$）で，$x=d$ の位置に，物体をベルトの上に静止させて置いた。次に，小さな w でベルトを動かした。すると，物体はベルトに運ばれて壁に近づき，ある位置 $x=x_0$ で，ベルトに対して右向きに，静かに（ベルトに対する相対的な初速度 0 で）すべりだした。

　問1　x_0 を，d，m，k，μ_1，μ_2，w，g の中の必要なものを用いて表せ。

Ⅱ. 今度は，まず物体を上で決めた $x=x_0$ の位置まであらかじめ手で移し，一定の速さ w で動いているベルトの上で静かに手を離した。すると，物体は壁に対する初速度 0 で右向きにすべりだした。この後の物体の運動を見てみよう。

　問2　物体が右向きにすべっているとき，物体の位置を x，加速度を a（右向きを正の向きとする）として，物体の運動方程式を求めよ。

　この運動方程式は，あるみかけの自然長 L，ばね定数 k の水平なばねで壁につながれた質量 m の物体の，摩擦のない水平面上での運動の運動方程式と同じである。

したがって，物体の運動を，このような単純な状況での運動に置きかえて考えることができる。

問3 L を，d，m，k，μ_1，μ_2，w，g の中から必要なものを用いて表せ。

問4 物体が壁から最も離れる位置（最大伸びの位置）を $x = x_M$ として，x_M を，L と x_0 を用いて表せ。

$x = x_M$ の位置では物体は壁に対して静止するが，この時もベルトは壁に向かって動いている。したがって，物体のベルトに対する相対的な運動の向きは変わらず，物体に働く摩擦力の向きも変わらない。この後，物体は壁の向きに加速され，ベルトと同じ速さになったところで，ベルトに対して静止する。その瞬間まで，物体は上で述べた摩擦のない水平面上での運動方程式に従って運動する。

問5 ベルトに対して静止する位置の x の値を，L，x_0，m，k，w を用いて表せ。結果だけでなく，その導出の過程も記せ。

物体がいったんベルトに対して静止すると，摩擦は動摩擦から静止摩擦に変わるので，この後，物体はベルトに対して静止したまま，ベルトに運ばれて壁に近づき，$x = x_0$ で再びすべりだす。

Ⅲ．次に，w を少しずつ増加させながら，同様に $x = x_0$ で手を離す実験をくり返した。すると w がある値 w_C を超えたとき，物体はベルトに対して静止することなく，単振動を続けるようになった。

問6 w_C を，m，k，μ_1，μ_2，g を用いて表せ。

このように，w が十分大きいときには，ベルトと物体の間に摩擦があるにもかかわらず，物体は単振動を継続する。

解 答

Ⅰ．▶問1．物体がすべり出す瞬間，物体にはたらくばねの弾性力の大きさが最大摩擦力の大きさに等しくなっているので

$$k(d-x_0)=\mu_1 mg \qquad \therefore \quad x_0=d-\frac{\mu_1 mg}{k}$$

Ⅱ．▶問2．物体が右向きにすべっているとき，物体にはたらく力の水平方向の合力は，右向きを正として $k(d-x)-\mu_2 mg$ と表されるので，物体の運動方程式は

$$ma=k(d-x)-\mu_2 mg$$

▶問3．問2で求めた運動方程式において，合力が0となるときのxの値が見かけの自然長Lを示す。したがって

$$0=k(d-L)-\mu_2 mg \qquad \therefore \quad L=d-\frac{\mu_2 mg}{k}$$

参考1 問2で求めた物体にはたらく合力をFとすると

$$F=-kx+(kd-\mu_2 mg)=-k\left\{x-\left(d-\frac{\mu_2 mg}{k}\right)\right\}$$

と表される。この式は，$x=d-\dfrac{\mu_2 mg}{k}$ を振動の中心として単振動する物体にはたらく復元力を表している。これは，摩擦のない水平面上で，みかけの自然長$L=d-\dfrac{\mu_2 mg}{k}$，ばね定数kの水平なばねで壁につながれて運動する物体にはたらく復元力と同じである。

なお，物体の質量がmなので，この単振動の角振動数をωとすると

$$k=m\omega^2 \qquad \therefore \quad \omega=\sqrt{\frac{k}{m}}$$

となる。

▶問4．見かけの自然長の位置が，単振動の中心の位置を意味する。したがって，この運動は摩擦のない水平面上での，振動の中心が$x=L$，振幅が$L-x_0$の単振動と同じなので

$$x_M=L+(L-x_0)=2L-x_0$$

▶問5．見かけの自然長Lからの変位 $X=x-L$ を用いて，ばねの弾性力と動摩擦力の合力（復元力）による位置エネルギー $U=\dfrac{1}{2}kX^2$ が求まる。求めるx座標を $x=x_w$ とすると，この位置での物体の速さはwとなっているので，ばねの弾性力と動摩擦

力の合力による位置エネルギーと物体の運動エネルギーについての力学的エネルギー
保存則より

$$\frac{1}{2}k(x_w - L)^2 + \frac{1}{2}mw^2 = \frac{1}{2}k(L - x_0)^2$$

$x_w > L$ より $\qquad x_w = L + \sqrt{(L - x_0)^2 - \frac{m}{k}w^2}$

参考2 この単振動において，物体のある位置 x における速さ v は，角振動数 ω を用いて
$$v = \omega\sqrt{(L - x_0)^2 - (x - L)^2}$$
と表される。したがって
$$w = \sqrt{\frac{k}{m}} \cdot \sqrt{(L - x_0)^2 - (x_w - L)^2}$$
この式を解いても，x_w は求まる。

Ⅲ. ▶問6. 物体が壁に対していったん静止してから x の負の向きに動いているとき，$x = L$ で物体の速さは最大となる。このときの物体の速さを w_C とすると，w が w_C を超えたとき，物体の速さはベルトの速さに追いつくことがないので，物体はベルトに対して静止することなく単振動を続ける。したがって，力学的エネルギー保存則より

$$\frac{1}{2}mw_C^2 = \frac{1}{2}k(L - x_0)^2 \qquad \therefore \quad w_C = (L - x_0)\sqrt{\frac{k}{m}}$$

L，x_0 の値を代入すると $\qquad w_C = (\mu_1 - \mu_2)g\sqrt{\frac{m}{k}}$

参考3 この単振動において，物体の速さの最大値である $x = L$ での速さ w_C は，角振動数 ω を用いて
$$w_C = (L - x_0)\omega$$
と表される。したがって
$$w_C = (L - x_0)\sqrt{\frac{k}{m}}$$
となる。

18 鉛直に振動するばねの上端に取り付けられた小物体の単振動

(2005 年度 第 1 問)

図のように，質量の無視できるばね定数 k の十分に長いばねが鉛直に立てられており，その上に大きさの無視できる質量 m の物体 A が取り付けられている。重力とばねの復元力がつり合っているときの物体 A の位置を y 軸の原点（$y=0$）とする。ただし，y 軸の正の向きを鉛直上向きにとる。物体 A は鉛直方向にのみ動くとして，以下の問いに答えよ。重力加速度の大きさを g とする。

問 1　つり合いの位置でのばねの長さは，自然長よりもある長さだけ短くなっていた。その長さを，k, m, g のうちの必要なものを用いて表せ。

最初，物体 A は静止していた。物体 A と同じ質量 m の，大きさの無視できる物体 B を，物体 A の真上の $y=h$ の位置から初速度 0 で落下させた。物体 B は物体 A と完全非弾性衝突し，物体 A と一体となって運動を続けた。この衝突は瞬時に起こり，物体 A と物体 B の全運動量は衝突の直前直後で変わらない。

問 2　一体となった物体の衝突直後の速さ v を，k, m, g, h のうちの必要なものを用いて表せ。

一体となった物体は最下点に達した後，上昇を始め，ある位置になったときに物体 B は物体 A から離れた。衝突してから離れるまでの運動は単振動である。

問 3　この単振動の中心の y 座標と，単振動の角振動数を，k, m, g, h のうちの必要なものを用いて，それぞれ表せ。

この系の力学的エネルギーは，一体となった物体の運動エネルギー，重力による位置エネルギー，ばねに蓄えられた弾性エネルギーの和で与えられる。ただし，重力による位置エネルギーは，y 軸原点を基準にして測るものとする。

問 4　衝突直後の力学的エネルギーを，k, m, g, v のうちの必要なものを用いて表せ。

問 5　最下点の y 座標を，k, m, g, h のうちの必要なものを用いて表せ。

物体 B が物体 A から離れる位置を考えてみよう。

問6 一体となって運動している物体の位置の y 座標が y のとき，物体Bが物体Aから受ける抗力の大きさを，y，k，m，g，h のうちの必要なものを用いて表せ。

問7 物体Bが物体Aから離れる位置の y 座標を，k，m，g，h のうちの必要なものを用いて表せ。

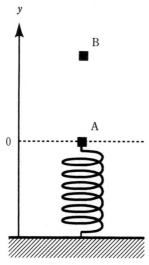

解 答

▶問1. ばねの自然長よりの縮みをl_0とすると，物体Aにはたらく力のつりあいより

$$kl_0 - mg = 0 \qquad \therefore \quad l_0 = \frac{mg}{k}$$

▶問2. 物体Aに衝突する直前の物体Bの速さをv_0とし，重力による位置エネルギーの基準をy軸の原点とすると，力学的エネルギー保存則より

$$mgh = \frac{1}{2}mv_0{}^2 \qquad \therefore \quad v_0 = \sqrt{2gh}$$

衝突前後における運動量保存則より

$$mv_0 + m \cdot 0 = 2mv \qquad \therefore \quad v = \frac{1}{2}v_0 = \sqrt{\frac{gh}{2}}$$

▶問3. 任意のy座標において，一体となった物体にはたらく力を$F_{(y)}$とすると，ばねの縮みが$l_0 - y$であるから

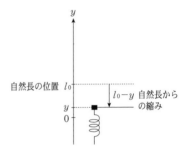

自然長の位置 l_0

$l_0 - y$ 自然長からの縮み

$$F_{(y)} = k(l_0 - y) - 2mg$$
$$= -k\left(y - \frac{mg}{k}\right) - 2mg$$
$$= -k\left(y + \frac{mg}{k}\right)$$

単振動の中心のy座標を$y = y_0$とすると，
$F_{(y_0)} = 0$となるので

$$F_{(y_0)} = -k\left(y_0 + \frac{mg}{k}\right) = 0 \qquad \therefore \quad y_0 = -\frac{mg}{k}$$

また，$y + \dfrac{mg}{k}$は振動の中心からの変位を示すので，単振動の角振動数をωとすると，単振動の復元力$F_{(y)}$は

$$F_{(y)} = -k\left(y + \frac{mg}{k}\right) = -2m\omega^2\left(y + \frac{mg}{k}\right) \qquad \therefore \quad \omega = \sqrt{\frac{k}{2m}}$$

▶問4. 衝突直後，すなわち$y = 0$における運動エネルギーを$K_{(0)}$，重力による位置エネルギーを$U_{1(0)}$，ばねに蓄えられる弾性エネルギーを$U_{2(0)}$とし，これらの和である力学的エネルギーを$E_{(0)}$とすると

$$E_{(0)} = K_{(0)} + U_{1(0)} + U_{2(0)} = \frac{1}{2} \times 2mv^2 + 0 + \frac{1}{2}kl_0{}^2$$
$$= mv^2 + \frac{1}{2}k\left(\frac{mg}{k}\right)^2 = mv^2 + \frac{(mg)^2}{2k}$$

▶問5．最下点の y 座標を $y=y_1$ とする。この位置における運動エネルギーを $K_{(y_1)}$，重力による位置エネルギーを $U_{1(y_1)}$，ばねに蓄えられる弾性エネルギーを $U_{2(y_1)}$ とし，これらの和である力学的エネルギーを $E_{(y_1)}$ とすると

$$E_{(y_1)} = K_{(y_1)} + U_{1(y_1)} + U_{2(y_1)} = 0 + 2mgy_1 + \frac{1}{2}k(l_0 - y_1)^2$$

$$= 2mgy_1 + \frac{1}{2}k\left(\frac{mg}{k} - y_1\right)^2$$

力学的エネルギー保存則より

$$E_{(0)} = E_{(y_1)}$$

$$mv^2 + \frac{(mg)^2}{2k} = 2mgy_1 + \frac{1}{2}k\left(\frac{mg}{k} - y_1\right)^2$$

この式に，$v = \sqrt{\dfrac{gh}{2}}$ を代入し，y_1 について整理すると

$$y_1{}^2 + \frac{2mg}{k}y_1 - \frac{mgh}{k} = 0$$

解の公式より，y_1 について解くと

$$y_1 = -\frac{mg}{k} \pm \frac{mg}{k}\sqrt{1 + \frac{kh}{mg}}$$

符号が＋のとき，$y_1 > 0$ となり不適。したがって

$$y_1 = -\frac{mg}{k} - \frac{mg}{k}\sqrt{1 + \frac{kh}{mg}} = -\frac{mg}{k}\left(1 + \sqrt{1 + \frac{kh}{mg}}\right)$$

▶問6．物体Bが物体Aから受ける垂直抗力の大きさを N，AとBの加速度を y 軸の正の向きに大きさ a とすると，A，Bそれぞれについての運動方程式は

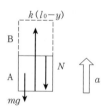

　A：$ma = k(l_0 - y) - N - mg$

　　　　$= mg - ky - N - mg$

　B：$ma = N - mg$

この2式より，a を消去し，N について解くと

$$N = \frac{mg - ky}{2}$$

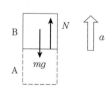

▶問7．物体Bが物体Aから離れる位置において，$N=0$ となるので

$$N = \frac{mg - ky}{2} = 0 \qquad \therefore \quad y = \frac{mg}{k}$$

参考　$y = \dfrac{mg}{k} = l_0$ であるから，ばねが自然長になったときに，物体Bが物体Aから離れることがわかる。

x 軸上を運動する物体が座標 x の位置にあるときに,物体にはたらく力を F とする。この力 F が定数 k,c を用いて

$$F=-kx+c=-k\left(x-\frac{c}{k}\right)$$

と表されるとき,物体は単振動(変位の大きさに比例する復元力による運動)をしている。この式において,$x-\dfrac{c}{k}$ を振動の中心 $\left(x=\dfrac{c}{k}\right)$ からの変位 X として書き換えると

$$F=-kX$$

となるので,物体の質量を m,単振動の角振動数を ω とすると

$$F=-kX=-m\omega^2 X$$

が成り立つ。これより,$\omega=\sqrt{\dfrac{k}{m}}$ と求まる。なお,周期を T とすると

$$T=\frac{2\pi}{\omega}=2\pi\sqrt{\frac{m}{k}}$$

となる。

鉛直方向のばねの単振動についての力学的エネルギー保存則では,物体の運動エネルギーと重力による位置エネルギー,およびばねに蓄えられた弾性エネルギーの和が保存される。ただし,扱う現象によっては,これを物体の運動エネルギーと,重力と弾性力の合力による位置エネルギーの和が保存されるというように考えたほうが,現象を理解しやすい場合もある。

19 動摩擦力のはたらくばね振り子の運動

(2003年度 第1問)

　図のように，ピストンのついたシリンダーが，台の上に鉛直に置かれている。ピストンの質量は M である。シリンダーの内壁はあらく，ピストンには摩擦力がはたらく。ピストンはシリンダーの底面と，質量が無視できるばね定数 k のばねで接続されている。最初，ピストンを手で支え静止させた。このとき，ばねの長さは自然長になっていた。時刻 $t=0$ でピストンを支えていた手をそっと放したところ，ピストンはシリンダー内を降下し始めた。これは，ピストンに限界の静止摩擦力（最大摩擦力）を越える力が鉛直下向きにはたらいたためである。降下するピストンには一定の大きさ f の動摩擦力がはたらいた。$t=0$ でのピストンの位置を原点に，鉛直下向きを正として図のように x 軸をとり，時刻 t でのピストンの位置（座標）を x で表す。重力加速度の大きさを g として，以下の問いに答えよ。ただし，シリンダーの下部には穴があり，内部の気体の圧力の影響はない。また，ばねの方向は常に鉛直方向に保たれる。

問1　降下するピストンが位置 x にあるとき，ピストンが受ける力を，鉛直下向きを正として求めよ。

問2　降下するピストンは次第に速さを増し，最大の速さに達した後，減速した。最大の速さに達した瞬間でのピストンの位置を求めよ。

問3　その後，時刻 $t=t_1$ でピストンの速さは 0 になった。t_1 を求めよ。このときのピストンの位置 x_1 を求めよ。

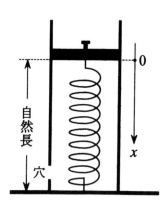

問4　時刻 $t=0$ から $t=t_1$ までの間に，摩擦力がピストンに対してした仕事を，符号も含めて求めよ。答は x_1 を含んだ式で表せ。

問5　時刻 $t=t_1$ でのピストンとばねからなる系の力学的エネルギーは，時刻 $t=0$ での値と比べて，増加したか，減少したか。解答欄の正しいものを○で囲め。このエネルギー変化の大きさ（絶対値）を求めよ。答は x_1 を含んだ式で表せ。

問6　ピストンは，時刻 $t=t_1$ に上昇を始めた。ピストンが上昇するためには，いったん静止したピストンに，最大摩擦力 f_S を上回る力が鉛直上向きにはたらく必要がある。ピストンが上昇するための f_S に対するこの条件を，不等式で表せ。答は f_S, f, k, M, g のうちの必要なものを用いて表せ。

問7　上昇を始めたピストンが位置 x にあるとき，ピストンが受ける力を求めよ。ただし，鉛直下向きを正とし，f_S, f, k, M, g, x のうちの必要なものを用いて表せ。

問8　上昇するピストンはやがて減速し，時刻 $t=t_2$ でその速さが再び 0 になった。上昇を開始してからの経過時間 t_2-t_1 と，このときのピストンの位置を求めよ。答は f_S, f, k, M, g のうちの必要なものを用いて表せ。

問9　いま，$f=0.2 \times Mg$ であったとする。このとき，時刻 $t=0$ から $t=t_2$ までの間のピストンの位置を，x を縦軸に，t を横軸にとって，解答欄のグラフに描け。なお，グラフの縦軸には，位置 x_1 が記入されている。

〔解答欄〕

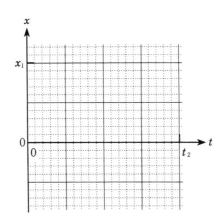

解　答

▶**問1.** ピストンが位置 x にあるとき，題意より，ばねの自然長か
らの縮みは x なので，ピストンにはたらく弾性力は鉛直上向きに，
大きさ kx である。また，降下中のピストンにはたらく大きさ f の
動摩擦力の向きは上向きである。これより，ピストンにはたらく力
は右図のようになる（ただし，ピストンがシリンダーとの接触面全
体で受ける動摩擦力を1箇所に描いた）。

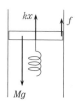

したがって，ピストンが受ける力を F とすると

$$F = -kx + Mg - f$$

▶**問2.** ピストンの加速度を a とすると，降下中のピストンの運動方程式は

$$Ma = F = -kx + Mg - f$$

$$\therefore \quad a = -\frac{k}{M}\left(x - \frac{Mg-f}{k}\right) \quad \cdots\cdots①$$

この式は，ピストンにはたらく力がつりあう位置（$F=0$，$a=0$）を x_0 としたとき

$$x_0 = \frac{Mg-f}{k}$$

を振動の中心とする単振動を表している。すなわち，降下中のピストンの運動は単振
動であり，その速さは振動の中心 x_0 で最大になる。

> **参考1** この単振動の角振動数を ω とすると，①より
>
> $$\omega^2 = \frac{k}{M} \qquad \therefore \quad \omega = \sqrt{\frac{k}{M}}$$
>
> したがって，ω は摩擦力がはたらかない場合の単振動と同じであることがわかる。よっ
> て，単振動の周期は摩擦の影響に関係なく同じである。

▶**問3.** 時刻 $t=t_1$ にピストンの速さが0になるので，このとき，ピストンは振動の
下端の位置にある。
この単振動の周期を T とすると

$$T = \frac{2\pi}{\omega} = 2\pi\sqrt{\frac{M}{k}}$$

となり，時刻 $t=0$ にピストンが振動の上端の位置より動き
始めたことから

$$t_1 = \frac{1}{2}T = \pi\sqrt{\frac{M}{k}}$$

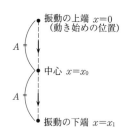

また，ピストンが降下するときの単振動の振幅を A とする
と $A=x_0$ なので（右図），振動の下端の位置は

$$x_1 = 2A = \frac{2(Mg-f)}{k}$$

▶**問4.** 時刻 $t=0$ から $t=t_1$ までの間に，動摩擦力がピストンに対してした仕事を W とすると

$$W = -fx_1$$

▶**問5.** 問4で求めた仕事は負であるから，力学的エネルギーと仕事の関係より，系の力学的エネルギーは**減少**している。また，その大きさを ΔE とすると

$$\Delta E = |W| = fx_1$$

別解 時刻 $t=0$ と $t=t_1$ を比べると，ピストンの速さが共に0なので，運動エネルギーの変化はなく，力学的エネルギーの減少量は位置エネルギーの減少量に等しい。したがって，重力による位置エネルギーの減少量が Mgx_1，弾性力による位置エネルギーの増加量が $\dfrac{1}{2}kx_1^2$ であることから，求めるエネルギー変化の大きさ ΔE は次のように表すこともできる。

$$\Delta E = Mgx_1 - \frac{1}{2}kx_1^2$$

参考2 重力や弾性力のする仕事は，物体が動く経路に関係しない。このような力を保存力といい，位置エネルギーは保存力に対してのみ考えられる。一方，摩擦力や空気抵抗のする仕事は，物体の動く経路によって異なる。このような力を非保存力という。保存力だけが仕事をするとき，物体の力学的エネルギーは保存されるが，非保存力が仕事をするときは，その仕事の量だけ物体の力学的エネルギーは変化する。

▶**問6.** ピストンが上昇しようとするとき，これを妨げるように，静止摩擦力は下向きにはたらく。これより，ピストンにはたらく力は右図のようになる。
したがって，ピストンが上昇するために必要な条件は

$$kx_1 > Mg + f_S \qquad \therefore \quad f_S < kx_1 - Mg$$

問3の結果を用いると，$kx_1 = 2(Mg-f)$ になるので

$$f_S < 2(Mg-f) - Mg = Mg - 2f$$

▶**問7.** 上昇中のピストンにはたらく動摩擦力の向きは下向きである。その他の力は問1と同様にピストンにはたらくので，ピストンが受ける力を F' とすると

$$F' = -kx + Mg + f$$

▶**問8.** ピストンの加速度を b とすると，上昇中のピストンの運動方程式は

$$Mb = F' = -kx + Mg + f \qquad \therefore \quad b = -\frac{k}{M}\left(x - \frac{Mg+f}{k}\right)$$

問2と同様に考えると，上昇中のピストンの運動は位置 $x_0' = \dfrac{Mg+f}{k}$ を振動の中心とする単振動であり，その角振動数 ω や周期 T は，降下する場合や摩擦がない場合の単振動と同じである。
時刻 $t=t_2$ に再びピストンの速さが0になり，このとき，ピストンは振動の上端の位

置にあるので, 求める経過時間 t_2-t_1 は

$$t_2-t_1=\frac{1}{2}T=\pi\sqrt{\frac{M}{k}}$$

また, 上昇するときの単振動の振幅を A' とすると

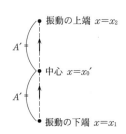

$$A'=x_1-x_0'$$

$$=\frac{2(Mg-f)}{k}-\frac{Mg+f}{k}$$

$$=\frac{Mg-3f}{k}$$

となるので (右図), 振動の上端の位置は

$$x_2=x_1-2A'=\frac{2(Mg-f)}{k}-\frac{2(Mg-3f)}{k}=\frac{4f}{k}$$

▶問9. 問8までの考察より, 時刻 $t=0$ から $t=t_1=\frac{1}{2}T=\frac{1}{2}t_2$ までは $x=x_0=\frac{1}{2}x_1$ を

中心とする単振動の半周期分の運動でピストンは降下し, 下端の位置

$$x=x_1=\frac{2(Mg-f)}{k}=\frac{2(Mg-0.2\times Mg)}{k}=1.6\times\frac{Mg}{k}$$

に達する。

$t=t_1$ から $t=t_2$ までは

$$x=x_0'=\frac{Mg+f}{k}=\frac{Mg+0.2Mg}{k}$$

$$=1.2\times\frac{Mg}{k}\left(=\frac{3}{4}x_1\right)$$

を中心とする単振動の半周期分の運動でピストンは上昇し, 上端の位置

$$x=x_2=\frac{4f}{k}=0.8\times\frac{Mg}{k}\left(=\frac{1}{2}x_1\right)$$

に達する。以上のことから, 求めるグラフは下図のようになる。

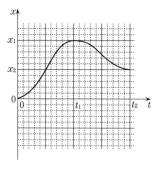

4　万有引力

20　静止衛星と軌道エレベーター

(2021 年度　第 1 問)

地球を周回する物体の運動について考えよう。

赤道上空の円軌道を地球の自転と同じ向きに同じ周期で周回している人工衛星は静止衛星と呼ばれ，地上からは静止して見える。静止衛星は気象観測や放送・通信など様々な目的に利用されているが，地上から宇宙空間へ到達するワイヤーを静止衛星として周回させることができれば，このワイヤーを使って宇宙空間へ人や物資を運ぶことのできる「軌道エレベーター」を実現できる可能性がある。

ここでは，静止衛星が地球を周回する角速度を ω_s とおき，地球の質量を M，地球の半径を R_0，万有引力定数を G とする。さらに，地球の中心からの距離に比べると大きさを無視することのできる小さな静止衛星が，地球を周回する円軌道の半径を R_s と表すことにする。

ただし，万有引力については，地球と地球を周回する物体の間にはたらく引力のみを考え，物体同士にはたらく引力は無視する。地球は球形であるとし，太陽や月など地球以外の天体による影響は考えない。また，地球の大気による影響も無視する。

I. 以下の問に答えよ。

問 1　ω_s の値をラジアン毎秒〔rad/s〕の単位で求めよ。ただし，有効数字は 1 桁とせよ。

問 2　図 1 のように，質量 m の小さな人工衛星が，静止衛星として地球を周回している。m，M，G，ω_s のうち，必要なものを用いて R_s を表せ。

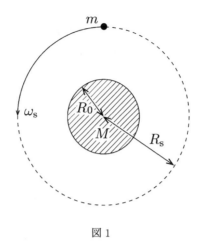

図1

II. 質量 m の小さな人工衛星を R_s とは異なる半径の円軌道上で運動させると，この人工衛星の運動は，地上から静止して見える静止衛星としての条件を満たさない。しかし，図2に示すように，鉛直で下端が赤道上の地表面に固定されたワイヤーを，この人工衛星に接続して適切な初速度を与えれば，R_s よりも大きな半径 R_1 の円軌道上であっても，人工衛星を静止衛星として運動させることができる。

　　以下の問に答えよ。ただし，ワイヤーは伸び縮みせず，その質量を無視してよいものとする。

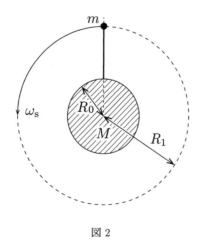

図2

問 3 図2において，ワイヤーにはたらいている張力の大きさを R_0, R_1, m, M, G, ω_s のうち，必要なものを用いて表せ。

問 4 図3に示すように，ワイヤー上の半径 r' ($R_1 > r' > R_0$) の位置に質量 m' をもつ小物体をとりつけた。このとき，ワイヤーと人工衛星は地上から見て静止したままであった。このあと，静かに小物体をワイヤーから切り離すと，小物体はワイヤーとは独立に運動し地球から無限遠へと遠ざかった。小物体を，地球を周回する軌道から離脱させ，再び地球へ接近させないために必要な最小の r' を R_0, R_1, m, m', M, G, ω_s のうち，必要なものを用いて表せ。

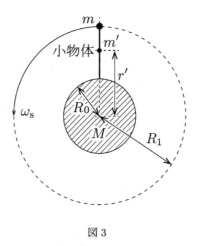

図 3

III. 次に，ワイヤーが質量をもつ場合を考えよう。図4上に示すように，赤道上の地表面から単位長さあたり λ の質量をもつワイヤーが，上空へ向かって伸びている。**II** での状況とは異なり，ワイヤーは地表面に固定されておらず，ワイヤーの上端に人工衛星は取り付けられていない。このワイヤーは，鉛直を保ったまま伸び縮みすることなく地球の周りを周回しており，ワイヤーの上端は半径 R_2 の円軌道上を運動しているが，地上から見ると静止している。

図4(i) に示すように，ワイヤーを等しい長さ Δr をもつ N 個の要素に分割して考えよう。N を十分に大きくして Δr を小さくすれば，それぞれの要素を，その重心に質量が集中した質点とみなすことができる。このとき，ワイヤー全体は，図4(ii) に示すように，長さ Δr の質量の無視できる短いひもでつながれた，

N 個の質点の集合となる。地表面から数えて i 番目の質点は半径 $r_i = R_0 + i\Delta r$ の円軌道上を運動する。

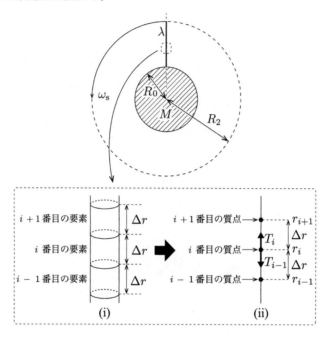

図 4

問 5 次の文章を読んで，| (a) | ～ | (d) | に適した式または数字をそれぞれの解答欄に記入せよ。

地表面から数えて i 番目の質点が，ひもから鉛直上向きに受ける張力の大きさを T_i，鉛直下向きに受ける張力の大きさを T_{i-1} とする。

$$F_i = T_i - T_{i-1}$$

のように T_i と T_{i-1} の差を F_i とおき，質点の質量を Δm とする。質点の運動方程式を考えると，F_i は G，M，Δm，r_i，ω_{s} を用いて

$$F_i = \boxed{\text{(a)}}$$

と表される。また，Δm を λ と Δr を用いて表せば

$$\Delta m = \boxed{\text{(b)}}$$

となる。N が十分に大きいときに $n \neq -1$ に対して成り立つ近似式

$$\sum_{i=1}^{N} r_i^n \Delta r \fallingdotseq \frac{1}{n+1}\left(R_2^{n+1} - R_0^{n+1}\right)$$

を用いれば，すべての質点に対する F_i の和 F は，λ，G，M，R_0，R_2，ω_s を用いて

$$F = \sum_{i=1}^{N} F_i = \boxed{\quad (c) \quad}$$

と表すことができる。一方，0 番目と $N+1$ 番目の質点が存在しないことを考えると，$T_0 = T_N = 0$ であるので，F は

$$F = \boxed{\quad (d) \quad}$$

のように数字のみで表すこともできる。

問 6 $\dfrac{R_2}{R_0}$ を R_0 と問 2 で考えた R_s を用いて表せ。ただし，$R_2 > R_0$ であることに留意せよ。

また，$\dfrac{R_2}{R_0}$ の値に最も近いものを以下の選択肢から選び，(**あ**)～(**こ**)の記号で答えよ。ここでは，$R_\mathrm{s} = 7R_0$ と近似してよい。

(**あ**) 2.5 (**い**) 5 (**う**) 10 (**え**) 25 (**お**) 125

(**か**) 3.5 (**き**) 7 (**く**) 14 (**け**) 49 (**こ**) 343

解 答

I. ▶問1. 静止衛星は 24 時間で地球を周回するので

$$\omega_s = \frac{2 \times 3.14}{24 \times 60 \times 60} = 7.2 \times 10^{-5} \doteq 7 \times 10^{-5} \, (\text{rad/s})$$

▶問2. 人工衛星の円運動の中心方向の運動方程式は

$$mR_s\omega_s^2 = G\frac{Mm}{R_s^2} \qquad \therefore \quad R_s = \left(\frac{GM}{\omega_s^2}\right)^{\frac{1}{3}}$$

II. ▶問3. ワイヤーにはたらいている張力の大きさを T とすると,人工衛星の円運動の中心方向の運動方程式は

$$mR_1\omega_s^2 = G\frac{Mm}{R_1^2} + T \qquad \therefore \quad T = mR_1\omega_s^2 - G\frac{Mm}{R_1^2}$$

▶問4. 静かにワイヤーから切り離した直後の小物体の速さを v とすると

$$v = r'\omega_s$$

小物体を地球を周回する軌道から離脱させ,再び地球へ接近させないための条件は

$$\frac{1}{2}m'v^2 - G\frac{Mm'}{r'} \geqq 0$$

2式より

$$r' \geqq \left(\frac{2GM}{\omega_s^2}\right)^{\frac{1}{3}}$$

したがって,最小の r' は $\qquad \left(\dfrac{2GM}{\omega_s^2}\right)^{\frac{1}{3}}$

参考 小物体を再び地球へ接近させないため,すなわち小物体を地球の重力圏から脱出させるための条件について考えてみよう。地球の中心から距離 L の位置での小物体の速さを V とすると,力学的エネルギー保存則より

$$\frac{1}{2}m'v^2 - G\frac{Mm'}{r'} = \frac{1}{2}m'V^2 - G\frac{Mm'}{L}$$

小物体が地球から離れていくと,L が大きくなり V は小さくなる。このとき,有限の L に対して V が 0 になると,小物体は万有引力によって再び地球へ接近する。したがって,小物体を再び地球へ接近させないためには,無限大の L に対して $V \geqq 0$ を満たさなければならない。以上より,求める条件は

$$\frac{1}{2}m'v^2 - G\frac{Mm'}{r'} \geqq 0$$

となる。

III. ▶問5. (a) i 番目の質点の円運動の中心方向の運動方程式は

$$\Delta m r_i \omega_s^2 = G\frac{M\Delta m}{r_i^2} - F_i \qquad \therefore \quad F_i = G\frac{M\Delta m}{r_i^2} - \Delta m r_i \omega_s^2$$

(b) 質点の質量 Δm は,ワイヤーの長さ Δr あたりの質量なので

$$\Delta m = \lambda \Delta r$$

(c) (a), (b)より

$$F = \sum_{i=1}^{N} F_i = \sum_{i=1}^{N}\left(G\frac{M\Delta m}{r_i^2} - \Delta m r_i \omega_s^2\right)$$

$$= GM\lambda \sum_{i=1}^{N} r_i^{-2}\Delta r - \omega_s^2 \lambda \sum_{i=1}^{N} r_i \Delta r$$

ここで，与えられた近似式より

$$\sum_{i=1}^{N} r_i^{-2}\Delta r \fallingdotseq \frac{1}{-2+1}(R_2^{-2+1} - R_0^{-2+1}) = -\left(\frac{1}{R_2} - \frac{1}{R_0}\right) = \frac{1}{R_0} - \frac{1}{R_2}$$

$$\sum_{i=1}^{N} r_i \Delta r \fallingdotseq \frac{1}{1+1}(R_2^{1+1} - R_0^{1+1}) = \frac{1}{2}(R_2^2 - R_0^2)$$

したがって

$$F = \sum_{i=1}^{N} F_i = GM\lambda\left(\frac{1}{R_0} - \frac{1}{R_2}\right) - \frac{\omega_s^2\lambda}{2}(R_2^2 - R_0^2)$$

(d) $T_0 = T_N = 0$ であることから，F を求めると

$$F = (T_1 - T_0) + (T_2 - T_1) + (T_3 - T_2) + \cdots + (T_N - T_{N-1})$$

$$= -T_0 + T_N = 0$$

▶問6. (c), (d)より

$$GM\lambda\left(\frac{1}{R_0} - \frac{1}{R_2}\right) - \frac{\omega_s^2\lambda}{2}(R_2^2 - R_0^2) = 0$$

$$\frac{2GM}{\omega_s^2}\cdot\frac{R_2 - R_0}{R_0 R_2} - (R_2 + R_0)(R_2 - R_0) = 0$$

問2より，$\omega_s^2 = \frac{GM}{R_s^3}$ なので

$$\frac{2R_s^3}{R_0 R_2} - (R_2 + R_0) = 0$$

$$\left(\frac{R_2}{R_0}\right)^2 + \frac{R_2}{R_0} - 2\left(\frac{R_s}{R_0}\right)^3 = 0$$

この $\frac{R_2}{R_0}$ の2次方程式を解くと

$$\frac{R_2}{R_0} = \frac{1}{2}\left(\sqrt{1 + \left(\frac{2R_s}{R_0}\right)^3} - 1\right) \quad (\because \ R_2 > R_0 > 0)$$

この式に，$R_s = 7R_0$ の近似を代入すると

$$\frac{R_2}{R_0} \fallingdotseq \frac{1}{2}(\sqrt{1 + 14^3} - 1)$$

ここで

$$\sqrt{1 + 14^3} \fallingdotseq 14\sqrt{14} \fallingdotseq 14 \times 3.7 = 51.8$$

したがって

$$\frac{R_2}{R_0} \doteqdot \frac{50.8}{2} \doteqdot 25.4$$

よって，正解は(え)。

　軌道エレベーターを題材とした問題である。宇宙エレベーターと呼ばれることもある。本問でも説明があるように，地上から宇宙空間に到達するテザーと呼ばれるケーブル（ワイヤー）を静止衛星として周回させることで，このケーブルを地上と宇宙空間をつなぐ輸送機関として利用するものが軌道エレベーターである。軌道エレベーターは，理論的には可能とされながらも，地上と宇宙空間をつなぐために必要な強度と軽さをもつケーブルの素材が大きな課題となっていた。しかし，1991年に日本でカーボンナノチューブという新素材が発見されたことにより，軌道エレベーターの実現性は高まってきている。軌道エレベーターを実際に建造するためには，まだまだ多くの課題があり，完成の予測が困難な壮大な構想ではあるが，現在その研究は日本やアメリカ，ヨーロッパなどで進められている。

　本問では，各設定において円運動の中心方向の運動方程式を立てることが考察の基礎となっている。質量 m の物体に大きさ F の向心力がはたらき，物体が半径 r の円周上を角速度 ω，速さ v で運動しているとき，円運動の中心方向の運動方程式は

$$mr\omega^2 = F$$

$$m\frac{v^2}{r} = F$$

と表される。設定に応じて，万有引力やワイヤーの張力を向心力 F として運動方程式を立てればよい。

第 2 章　熱力学

第2章　熱力学

節	番号	内　　　容	年　　度
気体分子の運動	21	気体分子の運動と混合気体の断熱変化	2005 年度〔3〕
気体の状態変化	22	ピストンで3室に分けられたシリンダー内の気体の状態変化	2022 年度〔3〕A
	23	ゴム風船をモデル化した装置内の気体の状態変化	2021 年度〔3〕A
	24	定圧・断熱変化による熱サイクル	2020 年度〔3〕A
	25	浮力と気体の状態変化	2018 年度〔3〕B
	26	気体の断熱変化と等温変化	2017 年度〔3〕B
	27	断熱変化を含むサイクルをする熱機関の熱効率	2016 年度〔3〕
	28	ピストンの上に液体を入れたシリンダー内の気体の状態変化	2015 年度〔3〕
	29	コンデンサーの極板をピストンとしたシリンダー内の気体の状態変化	2014 年度〔3〕
	30	水の三態の変化と気体の状態変化におけるモル比熱	2012 年度〔3〕
	31	ゴム風船を入れたピストン付きシリンダー内の気体の状態変化	2011 年度〔3〕
	32	特殊な2つのピストンをもつシリンダー内の気体の状態変化	2010 年度〔3〕
	33	ピストンで2室に分けられたシリンダー内の気体の状態変化	2009 年度〔3〕
	34	気体導入弁を備えたシリンダー内の気体の状態変化	2008 年度〔3〕
	35	連結されたピストンをもつシリンダー内の気体の状態変化	2007 年度〔3〕
	36	蓄熱器を利用したシリンダー内の気体の熱サイクル	2006 年度〔3〕
	37	熱気球内の気体の状態変化	2003 年度〔2〕

対策　①頻出項目

□　気体分子の運動

　気体分子の運動についてはモデル化されており，力学で学んだ物理法則を中心に展開されるが，一連の流れを整理して，しっかりと理解しておきたい。また，その過程

で導出される，気体分子の運動エネルギーの平均値とボルツマン定数・絶対温度との関係式や内部エネルギーとの関係式についても，よく問われるので注意しておきたい。

□　気体の状態変化（定積・定圧・等温・断熱変化・その他）

　各状態変化の特性を捉え，定積モル比熱や定圧モル比熱などを用いて，熱力学第一法則を扱えるようになっておくこと。このとき，各状態変化における p-V グラフの特徴や，定積モル比熱と定圧モル比熱との関係を表すマイヤーの関係式（$C_P = C_V + R$）などについても理解しておきたい。また，これらの状態変化を組み合わせた熱サイクルの問題にも，熱効率の算出などを含めて取り組んでおきたい。

　断熱変化では，高校物理の範囲外ではあるが，ポアソンの法則を扱う問題がしばしば出題されている。この場合には式（$pV^{\gamma} =$ 一定，γ：比熱比）は与えられているが，変形式（$TV^{\gamma-1} =$ 一定）も含めて，これらの式の扱いに慣れておきたい。また，断熱変化を等温変化と比較して理解しておくことも大切である。

　定積・定圧・等温・断熱変化以外の状態変化をする場合には，その状態変化における圧力や体積の変化などの特徴を的確に捉えなければならない。その上で，気体の状態変化についての種々の法則や公式を用いて，熱量などの各物理量の増減を考察すればよい。いろいろなパターンの状態変化について，数多くあたっておきたい。

□　気体の状態変化（2室の気体の連動）

　ピストンなどで2室に分けられた気体について，その状態変化を扱う複雑な設定の問題の出題が目立つ。この場合，2室の気体の状態変化を連動させて考え，2室の気体それぞれについてや，2室の気体全体について成り立つ熱力学第一法則を考察しなければならない。3室に分けられた場合なども含めて，この類の問題には必ず取り組み，理解を深めておきたい。

対策　②解答の基礎として重要な項目

□　気体の状態方程式

　同様の意味をもつが，気体の状態方程式とボイル・シャルルの法則は熱力学の基礎となるので，気体の状態変化の状況に応じて使いこなせるようになっておくこと。

□　熱力学第一法則

　気体の内部エネルギーとともに熱力学第一法則については，十分な理解が必要である。熱力学第一法則では，関係式中の各物理量の増減の関係に注意して扱えるようになっておくこと。また，p-V グラフと関連づけた理解にも努めておきたい。これら

の理解なくして，気体の状態変化の問題は解答できない。

対策 ③注意の必要な項目

□ 熱量

　熱力学の基礎であり，比熱と熱容量，熱量の保存などについて理解しておきたい。
エネルギーの変換と絡めた問題が過去に出題されており，注意が必要な項目である。

1 気体分子の運動

21 気体分子の運動と混合気体の断熱変化
(2005年度 第3問)

図1のように，鉛直に立てられている断面積 S の十分に長いシリンダー内に，なめらかに動く質量 M のピストンがある。これらは断熱材でできており，外側は真空である。ピストンは，シリンダーの底面から高さ d の位置に，はじめは固定されている。ピストンの下のシリンダー内には，単原子分子からなる2種類の理想気体 A，Bが均一に混ざってはいっており，絶対温度 T の熱平衡状態になっている。ピストンのすぐ下には，Aの分子だけが抵抗なく通りぬけられるフィルターが，シリンダーに固定されている。フィルターの厚さは無視できるものとする。以下の文中の ⬚ に適切な数式を書き入れよ。ただし，重力加速度の大きさを g とし，重力はピストンのみにはたらくとする。

まず，A，Bそれぞれが壁におよぼす圧力 P_A，P_B を，理想気体の分子運動から考えてみよう。圧力は多数の気体分子が容器の壁に衝突することによって生じる。この衝突は完全弾性衝突であるとして，質量 m_A のAの分子が速度 $\vec{v_A}$ でピストンに衝突して力をおよぼす場合を考える。鉛直上向きに z 軸をとる。ピストンが1個の分子から1回の衝突で受ける力積の z 成分は，$\vec{v_A}$ の z 成分 v_{Az} を用いると，⬚(1) と表される。また，この分子が時間 t の間にピストンに衝突する回数は，⬚(2) と表される。分子の速度は，ひとつひとつの分子によっていろいろな値をとる。そこで，シリンダー内のAの全分子数を N_A とすると，Aの全分子がピストンにおよぼす平均の力は ⬚(3) $\times \langle v_{Az}^2 \rangle$ と書ける。ここで，$\langle v_{Az}^2 \rangle$ は v_{Az} の2乗の平均を表す。気体分子の運動に方向による差はないので，$\langle v_{Az}^2 \rangle$ は，$\vec{v_A}$ の大きさ v_A を用いて書きなおすことができる。よって，圧力は $P_A = $ ⬚(4) $\times \langle v_A^2 \rangle$ となる。同様にして，Bの分子の質量，速さ，シリンダー内の全分子数をそれぞれ m_B，v_B，N_B とすると，$P_B = $ ⬚(5) $\times \langle v_B^2 \rangle$ である。P_A，P_B のことを，A，Bの分圧と呼ぶ。A，Bあわせた気体全体の圧力は分圧の和になっている。ここで，ボルツマン定数を k とすると，分子1個あたりの平均の運動エネルギーは $\frac{3}{2}kT$ なので，$\frac{P_A}{P_B}$ は，分子の速さや質量によらず，⬚(6) と書ける。

次に，ピストンの固定をはずした。すると，ピストンは上方へ動き，最初の位置か

ら h だけ上方でピストンの速さが0になった。その瞬間に，図2のようにピストンを固定した。ピストンの移動にともなってAがピストンにする仕事は，ピストンの力学的エネルギーの変化に一致する。これより，Aがピストンにした仕事は □(7)□ である。

しばらくすると，A，Bともに温度 T' の熱平衡状態になった。この状態を，熱力学の第一法則を用いて考えよう。温度 T' は，A，Bあわせた気体全体の内部エネルギーの変化に着目すると，$T' = \boxed{(8)} \times Mgh + T$ と表される。また，ピストンの固定をはずしてから温度が T' となるまでにBが得た熱量 Q_B は，Bの内部エネルギーの変化に着目し，T と T' を含んだ式で表すと，□(9)□ と求まる。このとき，Aが得た熱量 Q_A は，□(10)□ である。

最後に，この熱平衡状態での圧力について考えてみよう。A，Bそれぞれの分圧を P_A'，P_B' とする。(6)で $\dfrac{P_A}{P_B}$ を求めた考え方を，フィルターの下のシリンダー内の分子について適用すると，P_A' と P_B' の圧力の比は，$\dfrac{P_A'}{P_B'} = \boxed{(11)} \times \dfrac{P_A}{P_B}$ と表される。また，この状態ではフィルターの上下に圧力差が生じている。下の圧力は，上の圧力に比べて $P_B + \boxed{(12)} \times Q_B$ だけ大きくなっている。

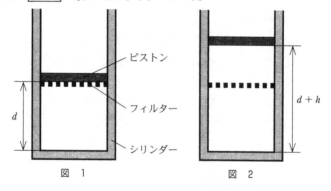

図　1　　　　　図　2

解 答

▶(1)　Aの1個の分子がピストンから1回の衝突で受ける力積のz成分は，運動量変化と力積の関係より

$$m_A(-v_{Az}) - m_A v_{Az} = -2m_A v_{Az}$$

したがって，ピストンが1個の分子から1回の衝突で受ける力積のz成分は，作用・反作用の法則より

$$-(-2m_A v_{Az}) = 2m_A v_{Az}$$

▶(2)　この分子がz方向に1往復するのに要する時間は$\dfrac{2d}{v_{Az}}$なので，時間tの間にピストンに衝突する回数は

$$t \div \frac{2d}{v_{Az}} = \frac{v_{Az}t}{2d}$$

▶(3)　ピストンがこの分子から時間tの間に受ける力積は

$$2m_A v_{Az} \times \frac{v_{Az}t}{2d} = \frac{m_A v_{Az}{}^2 t}{d}$$

ピストンがこの分子から受ける平均の力をf_Aとすると

$$f_A t = \frac{m_A v_{Az}{}^2 t}{d} \qquad \therefore \quad f_A = \frac{m_A v_{Az}{}^2}{d}$$

Aの全分子がピストンにおよぼす平均の力をF_Aとすると，F_Aはf_Aをすべての分子について加え合わせたものなので，v_{Az}の2乗の平均値$\langle v_{Az}{}^2 \rangle$を用いて

$$F_A = N_A \times \frac{m_A \langle v_{Az}{}^2 \rangle}{d} = \frac{N_A m_A}{d} \times \langle v_{Az}{}^2 \rangle$$

▶(4)　気体分子の運動の方向性は，z方向を含め3方向あるので，$\langle v_{Az}{}^2 \rangle$は$v_A$の2乗の平均値$\langle v_A{}^2 \rangle$を用いて

$$\langle v_{Az}{}^2 \rangle = \frac{1}{3} \langle v_A{}^2 \rangle$$

となる。これより，全分子がピストンにおよぼす平均の力F_Aは

$$F_A = \frac{N_A m_A}{d} \times \frac{1}{3} \langle v_A{}^2 \rangle = \frac{N_A m_A}{3d} \times \langle v_A{}^2 \rangle$$

したがって，圧力P_Aは

$$P_A = \frac{F_A}{S} = \frac{N_A m_A}{3Sd} \times \langle v_A{}^2 \rangle$$

▶(5)　Bについて，同様に(1)〜(4)の過程を考えると

$$P_B = \frac{N_B m_B}{3Sd} \times \langle v_B{}^2 \rangle$$

▶(6)　A，Bそれぞれについて，分子1個のもつ平均の運動エネルギーは，題意より，

いずれも $\dfrac{3}{2}kT$ に等しいから，(4)・(5)の結果より

$$\dfrac{1}{2}m_A\langle v_A{}^2\rangle = \dfrac{3SdP_A}{2N_A} = \dfrac{3}{2}kT \quad \cdots\cdots ①$$

$$\dfrac{1}{2}m_B\langle v_B{}^2\rangle = \dfrac{3SdP_B}{2N_B} = \dfrac{3}{2}kT \quad \cdots\cdots ②$$

したがって

$$\dfrac{3SdP_A}{2N_A} = \dfrac{3SdP_B}{2N_B}$$

$$\therefore \quad \dfrac{P_A}{P_B} = \dfrac{N_A}{N_B}$$

▶(7)　ピストンの力学的エネルギーの変化は，重力による位置エネルギーの変化の Mgh のみである。したがって，Aがピストンにした仕事を W とすると

$$W = Mgh$$

▶(8)　アボガドロ数を N_0，気体定数を R とすると，ボルツマン定数 k は

$$k = \dfrac{R}{N_0}$$

これより，A，Bそれぞれの物質量を n_A，n_B とすると

$$n_A = \dfrac{N_A}{N_0} = \dfrac{kN_A}{R} \qquad n_B = \dfrac{N_B}{N_0} = \dfrac{kN_B}{R}$$

したがって，A，Bあわせた気体全体の内部エネルギーの変化を ΔU とすると

$$\Delta U = \dfrac{3}{2}(n_A + n_B)R(T' - T) = \dfrac{3}{2}k(N_A + N_B)(T' - T)$$

A，Bあわせた気体全体について，断熱変化をしているので，熱力学第一法則より

$$\Delta U = 0 - W$$

$$\dfrac{3}{2}k(N_A + N_B)(T' - T) = -Mgh$$

$$\therefore \quad T' = -\dfrac{2}{3k(N_A + N_B)} \times Mgh + T$$

▶(9)　Bの内部エネルギーの変化を ΔU_B とすると

$$\Delta U_B = \dfrac{3}{2}n_B R(T' - T) = \dfrac{3}{2}kN_B(T' - T)$$

Bについて，熱力学第一法則より

$$\Delta U_B = Q_B - 0$$

$$\therefore \quad Q_B = \dfrac{3}{2}kN_B(T' - T)$$

▶(10)　A，Bあわせた気体全体について，断熱変化をしているので

$$Q_A + Q_B = 0$$

$$\therefore \quad Q_A = -Q_B = -\frac{3}{2}kN_B(T'-T)$$

参考1 この問題では，文字が多く与えられているため，異なる文字を用いた答えを求めることができる。下記の(i)・(ii)の答えも正解である。

(i) 上記の結果の T' に，(8)の結果を代入すると

$$Q_A = \frac{N_B}{N_A+N_B}Mgh$$

(ii) Aについて，熱力学第一法則より

$$\frac{3}{2}kN_A(T'-T) = Q_A - Mgh$$

$$\therefore \quad Q_A = \frac{3}{2}kN_A(T'-T) + Mgh$$

▶(11) フィルターの下のシリンダー内の，A，Bの分子の個数をそれぞれ N_A'，N_B' とすると

$$N_A' = \frac{d}{d+h}N_A \qquad N_B' = N_B$$

したがって，(6)の結果より

$$\frac{P_A'}{P_B'} = \frac{N_A'}{N_B'} = \frac{d}{d+h} \times \frac{N_A}{N_B} = \frac{d}{d+h} \times \frac{P_A}{P_B}$$

参考2 次のように考えてもよい。(6)の①，②の考え方を用いると，このときのA，Bそれぞれについて

$$A: \frac{3S(d+h)P_A'}{2N_A} = \frac{3}{2}kT' \quad \cdots\cdots③$$

$$B: \frac{3SdP_B'}{2N_B} = \frac{3}{2}kT' \qquad \cdots\cdots④$$

③，④より，$\frac{3}{2}kT'$ を消去すると

$$\frac{P_A'}{P_B'} = \frac{d}{d+h} \times \frac{N_A}{N_B} = \frac{d}{d+h} \times \frac{P_A}{P_B}$$

▶(12) フィルターの上と下の圧力をそれぞれ P_1，P_2 とすると

$$P_1 = P_A' \qquad P_2 = P_A' + P_B'$$

これより，求める圧力を ΔP とすると

$$\Delta P = P_2 - P_1 = P_B'$$

(6)の②の考え方を用いると，このときのBについて

$$\frac{3SdP_B'}{2N_B} = \frac{3}{2}kT' \qquad \therefore \quad P_B' = \frac{kN_BT'}{Sd}$$

また $\quad P_B = \frac{kN_BT}{Sd} \qquad Q_B = \frac{3}{2}kN_B(T'-T)$

これらより，ΔP を P_B と Q_B を用いて表すと

$$\Delta P = P_B' = \frac{kN_BT'}{Sd} = P_B + \frac{2}{3Sd} \times Q_B$$

テーマ

　密閉された容器内に，分子1個の質量が m の単原子分子の理想気体が封入されている場合，分子の速度の2乗平均を $\overline{v^2}$，分子数を N，アボガドロ数を N_0，気体定数を R，圧力を P，体積を V，絶対温度を T とすると，気体の分子運動論より，分子1個の運動エネルギーの平均値 K は

$$K = \frac{1}{2}m\overline{v^2} = \frac{3PV}{2N} = \frac{3R}{2N_0}T \quad \left(\because \quad PV = \frac{N}{N_0}RT \right)$$

と表される。ここで，ボルツマン定数 $k = \dfrac{R}{N_0}$ を用いると

$$K = \frac{3}{2}kT$$

と表される。これより，ボルツマン定数 k は，分子1個の運動エネルギーの平均値 K と絶対温度 T を結びつける定数であることがわかる。

　なお，単原子分子の理想気体では $x \cdot y \cdot z$ 軸方向の3方向に分子が運動できるので，このことを気体分子の運動の自由度が3であると表現する。そうすると，系のもつ自由度ごとに一定のエネルギーが配分されるというエネルギー等配分則により，1つの自由度による気体分子のもつエネルギーの平均値 ε は

$$\varepsilon = \frac{1}{2}kT$$

であることがわかる。二原子分子の理想気体では，分子の回転運動による自由度2が加わり，気体分子の運動の自由度が5であることが知られている。したがって，二原子分子の理想気体の分子1個のもつエネルギーの平均値 E は

$$E = 5\varepsilon = \frac{5}{2}kT$$

と表される。

　2種類の気体による混合気体の断熱変化では，それぞれの気体で熱の吸収・放出があっても，これは2種類の気体の間での熱の移動であり，その和は0となる。すなわち，全体としての断熱変化の過程において，一方の気体が吸収した熱量を Q_1，他方の気体が吸収した熱量を Q_2 とすると

$$Q_1 + Q_2 = 0$$

が成り立つ。

2 気体の状態変化

22 ピストンで3室に分けられたシリンダー内の気体の状態変化

(2022年度 第3問A)

図1のような固定されたシリンダー内に，なめらかに動く2つのピストンがある。ピストンで仕切られたシリンダー内の各領域を，左から部屋A，部屋B，部屋Cとよぶ。部屋Aと部屋Bをピストン1，部屋Bと部屋Cをピストン2が仕切る。部屋Aと部屋Cの中にあるヒーター H_A とヒーター H_C を用いて，それぞれの部屋の内部にある気体を加熱することができる。シリンダー，ピストン，ヒーターをあわせて装置とよぶことにする。装置の熱容量は無視できる。

この装置のピストンを，外部から動かしたり固定したりすることができる。ピストンがヒーターにぶつからない範囲で動く場合について考える。各部屋にはそれぞれ1モルずつ，同一の理想気体が入っている。この理想気体の定積モル比熱を C_V，定圧モル比熱を C_p とする。気体定数を R とする。

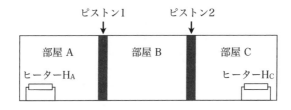

図1

I. この装置を絶対温度 T_0 の環境に置いて，順番に以下の操作をする。はじめ，部屋A，B，Cの気体の体積はいずれも V_0 であった。装置は外部に熱を通すものとする。以下の問に答えよ。

図2に，絶対温度 T が一定である1モルの理想気体の圧力と体積の関係を示す。解答にあたっては，図2の斜線部の面積が $RT \log \dfrac{V_2}{V_1}$ であることを用いてよい。ここでの $\log x$ は，$\log_e x$ である。$e (= 2.71828\cdots)$ は無理数であり，e を底とする対数を自然対数という。

問 1 　まず，ピストン2を固定した状態でピストン1を十分にゆっくりと右に動か
し，部屋Aの気体の体積が$\frac{4}{3}V_0$となったところでピストン1を固定した。
このときの，部屋Bの気体の圧力p_Bを，R，T_0，V_0を用いて表せ。

問 2 　問1の操作によってピストン1が部屋Bの気体にした仕事W_Bを，R，T_0，
V_0のうち必要なものを用いて表せ。

問 3 　問1で最後にピストン1を固定した状態からピストン2を十分にゆっくりと
左に動かし，部屋Cの気体の体積が$\frac{4}{3}V_0$となったところでピストン2を固
定した。問1の操作を始める前からここにいたるまでの変化について，以
下の量を求めよ。必要であれば，R，C_V，T_0，V_0を用いてよい。

(a) 3つの部屋内にある気体の内部エネルギーの増加量の総和ΔU

(b) 装置から外部に放出された熱の総量Q

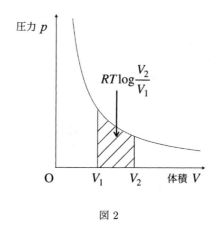

図 2

II. ふたたび，各部屋の気体の体積がV_0，絶対温度がT_0である状態から操作を始め
る。これ以降は装置を断熱材で覆い，シリンダーの外壁を通した外部との熱のや
りとりが起きないものとする。2つのピストンは固定されていない。ピストンは
熱を通さない素材でできており，部屋の間での熱のやりとりはないものとする。
このときの装置と気体の状態を状態（あ）とする。

　まず，ヒーター$\mathrm{H_A}$を用いて部屋Aの気体をゆっくりと加熱したところ，2つ
のピストンがゆっくりと動き始めた。加熱をやめてから十分に時間が経ち，2つ
のピストンが静止したときの装置と気体の状態を，状態（い）とする。さらに，

ヒーター H_C を用いて部屋 C の気体をゆっくりと加熱したところ，2 つのピストンがゆっくりと動き始めた。加熱をやめてから十分に時間が経ち，2 つのピストンが静止したときの装置と気体の状態を，状態（う）とする。状態（う）において，部屋 A，B，C の気体の体積比は 4 : 1 : 4 になっていた。以下の問に答えよ。

解答にあたっては，p を理想気体の圧力，V を理想気体の体積とすると，断熱過程において pV^γ が一定に保たれることを用いてよい。ただし，$\gamma = \dfrac{C_p}{C_V}$ である。

問 4 状態（う）における部屋 B の気体の絶対温度 T_B を，γ，T_0 のうち必要なものを用いて表せ。

問 5 ヒーター H_A が部屋 A の気体に与えた熱を Q_1，ヒーター H_C が部屋 C の気体に与えた熱を Q_2 とする。$Q_1 + Q_2$ を γ，C_V，T_0 を用いて表せ。

問 6 状態（い）における部屋 A，B，C の気体の体積を，それぞれ V_A，V_B，V_C とする。$V_A : V_B : V_C$ を，最も簡単な整数の比で表せ。

解　答

Ⅰ．▶**問1**．このとき，部屋Bの気体の体積は $\dfrac{2}{3}V_0$ なので，気体の状態方程式は

$$p_B \cdot \dfrac{2}{3}V_0 = RT_0 \qquad \therefore \quad p_B = \dfrac{3RT_0}{2V_0}$$

▶**問2**．問1の操作によって，部屋Bの気体は絶対温度が T_0 のまま体積が V_0 から $\dfrac{2}{3}V_0$ に変化しているので，このときピストン1が部屋Bの気体にした仕事，すなわち部屋Bの気体がされた仕事は，この気体の体積変化に対応する図2の斜線部の面積に等しい。したがって，与えられた式より

$$W_B = RT_0 \log \dfrac{V_0}{\dfrac{2}{3}V_0} = RT_0 \log \dfrac{3}{2}$$

参考1　与えられた図2の斜線部の面積を表す式は，次のように求めることができる。
絶対温度 T が一定である1モルの理想気体について，気体の状態方程式より

$$pV = RT \qquad \therefore \quad p = RT\dfrac{1}{V}$$

この式は，図2の p-V グラフの曲線式を表しているので，図2の斜線部の面積を S とすると

$$S = \int_{V_1}^{V_2} p\,dV = RT\int_{V_1}^{V_2} \dfrac{1}{V}dV = RT\Big[\log V\Big]_{V_1}^{V_2} = RT(\log V_2 - \log V_1)$$
$$= RT\log\dfrac{V_2}{V_1}$$

▶**問3**．(a)　各部屋の気体の内部エネルギーの変化は，気体の絶対温度の変化が ΔT の場合，いずれも $C_V\Delta T$ と表される。これより，問1と問3の操作によって各部屋の気体の絶対温度の変化はいずれも0なので，各部屋の気体の内部エネルギーの変化もいずれも0である。したがって，問1の操作を始める前からここにいたるまでの変化について，3つの部屋内にある気体の内部エネルギーの増加量の総和 ΔU は

$$\Delta U = 0$$

(b)　問3の操作によって，部屋Bの気体は絶対温度が T_0 のまま体積が $\dfrac{2}{3}V_0$ から $\dfrac{1}{3}V_0$ に変化しているので，このとき部屋Bの気体がされた仕事を $W_B{}'$ とし，問2と同様に考えると

$$W_B{}' = RT_0 \log \dfrac{\dfrac{2}{3}V_0}{\dfrac{1}{3}V_0} = RT_0\log 2$$

問1の操作によって，部屋Aの気体は絶対温度が T_0 のまま体積が V_0 から $\frac{4}{3}V_0$ に変化する。一方，問3の操作によって，部屋Cの気体も絶対温度が T_0 のまま体積が V_0 から $\frac{4}{3}V_0$ に変化する。したがって，これらのとき部屋A，部屋Cの気体がした仕事は等しく，これを w とし，問2と同様に考えると

$$w = RT_0 \log \frac{\frac{4}{3}V_0}{V_0} = RT_0 \log \frac{4}{3}$$

これらより，問1の操作を始める前からここにいたるまでの変化について，3つの部屋内にある気体がされた仕事の総量を W とすると

$$W = W_\mathrm{B} + W_\mathrm{B}' - 2w$$
$$= RT_0 \log \frac{3}{2} + RT_0 \log 2 - 2RT_0 \log \frac{4}{3}$$
$$= RT_0 \log \frac{3}{2} \cdot 2 - RT_0 \log \left(\frac{4}{3}\right)^2$$
$$= RT_0 \log \frac{3}{\frac{16}{9}} = RT_0 \log \frac{27}{16}$$

以上より，問1の操作を始める前からここにいたるまでの変化について，装置から外部に放出された熱の総量 Q は，熱力学第一法則より

$$\varDelta U = -Q + W$$
$$\therefore\quad Q = -\varDelta U + W = RT_0 \log \frac{27}{16}$$

> **参考2** Ⅰでは，ピストンに外力を加えて動かしている。したがって，外力が仕事をしているので，各部屋の気体がした・された仕事の総和，すなわち3つの部屋内にある気体がされた仕事の総量は0ではなく，外力がした仕事の量だけ仕事をされていることになる。

Ⅱ．▶**問4.** T を理想気体の絶対温度とすると，与えられた条件（$pV^\gamma = $ 一定）と気体の状態方程式より，断熱変化において

$$TV^{\gamma-1} = 一定$$

が成り立つ。
状態(う)における部屋A，B，Cの気体の体積比は $4:1:4$ なので，部屋Bの気体の体積は $\frac{1}{3}V_0$ である。状態(あ)から状態(う)にいたる過程の部屋Bの気体の状態変化は断熱変化なので

$$T_0 V_0^{\gamma-1} = T_\mathrm{B}\left(\frac{1}{3}V_0\right)^{\gamma-1} \quad\therefore\quad T_\mathrm{B} = 3^{\gamma-1}T_0$$

別解 状態（あ）における部屋Bの気体の圧力を p_0 とする。また、状態（う）における部屋Bの気体の圧力を p_B とすると、このとき部屋Bの気体の体積は $\frac{1}{3}V_0$ なので、ボイル・シャルルの法則より

$$\frac{p_0 V_0}{T_0} = \frac{p_B \cdot \frac{1}{3} V_0}{T_B}$$

一方、状態（あ）から状態（う）にいたる過程の、部屋Bの気体の状態変化は断熱変化なので、与えられた式（ポアソンの法則）より

$$p_0 V_0{}^\gamma = p_B \left(\frac{1}{3} V_0 \right)^\gamma$$

2式より

$$T_B = 3^{\gamma-1} T_0$$

▶問5．3つの部屋内にある気体全体について考える。状態（あ）から状態（う）にいたる過程において、気体全体が吸収した熱は $Q_1 + Q_2$ である。また、この過程では常に各部屋間で気体の圧力が等しいので、気体全体がした仕事は0である。

ここで、この過程では常に各部屋間で気体の圧力が等しいことと気体の状態方程式より、この過程での各部屋の気体の絶対温度比は各部屋の気体の体積比に等しい。これより、状態（う）における部屋A，B，Cの気体の絶対温度比は4：1：4なので、部屋A，部屋Cの気体の絶対温度は等しく、$4T_B$ と表される。したがって、状態（あ）から状態（う）にいたる過程において、気体全体の内部エネルギーの変化を $\Delta U'$ とすると

$$\Delta U' = C_V(T_B - T_0) + 2C_V(4T_B - T_0)$$
$$= 3C_V(3T_B - T_0) = 3(3^\gamma - 1) C_V T_0$$

以上より、状態（あ）から状態（う）にいたる過程において、熱力学第一法則より

$$\Delta U' = Q_1 + Q_2 - 0$$

$$\therefore \quad Q_1 + Q_2 = \Delta U' = 3(3^\gamma - 1) C_V T_0$$

参考3 Ⅱでは、各部屋の気体の圧力はそれぞれ変化するが、常に各部屋間での気体の圧力は等しい。また、各部屋の気体の体積の総和は一定なので、各部屋の気体がした・された仕事の総和、すなわち3つの部屋内にある気体全体がした仕事は0である。

▶問6．状態（う）における各部屋の気体の体積と絶対温度は下図のようになる。

部屋A	部屋B	部屋C
$\frac{4}{3}V_0$	$\frac{1}{3}V_0$	$\frac{4}{3}V_0$
$4T_B$	T_B	$4T_B$

一方，状態(い)において，部屋B，部屋Cの気体の体積は等しく，これを V' とし，部屋Aの気体の体積を nV' とすると，部屋A，B，Cの気体の体積比は $n:1:1$ となる。これより，状態(い)における部屋A，B，Cの気体の絶対温度比は $n:1:1$ なので，部屋B，部屋Cの気体の絶対温度は等しく，これを T' とすると，部屋Aの気体の絶対温度は nT' と表される。したがって，状態(い)における各部屋の気体の体積と絶対温度は下図のようになる。

部屋A	部屋B	部屋C
nV'	V'	V'
nT'	T'	T'

状態(い)から状態(う)にいたる過程の部屋A，部屋Bの気体の状態変化は断熱変化なので

$$部屋A：nT'(nV')^{\gamma-1} = 4T_B\left(\frac{4}{3}V_0\right)^{\gamma-1}$$

$$部屋B：T'V'^{\gamma-1} = T_B\left(\frac{1}{3}V_0\right)^{\gamma-1}$$

2式より，辺々をそれぞれ割ると

$$n^\gamma = 4^\gamma \qquad \therefore \quad n = 4$$

したがって

$$V_A:V_B:V_C = n:1:1 = 4:1:1$$

参考4　問4の〔別解〕と同様に，ボイル・シャルルの法則と与えられた式（ポアソンの法則）を用いて解くこともできる。

テーマ

　なめらかに動くピストンを備えたシリンダー内に，物質量 n の理想気体が封入されている。シリンダー内の気体の圧力を p，体積を V，絶対温度を T とし，気体定数を R とする。この気体が断熱変化をするとき，比熱比 γ を用いると

$$pV^\gamma = 一定$$

が成り立つ。これをポアソンの法則といい，γ は定積モル比熱 C_V，定圧モル比熱 C_p を用いて

$$\gamma = \frac{C_p}{C_V}$$

と表される。
一方，気体の状態方程式より

$$p = \frac{nRT}{V}$$

と表されるので，ポアソンの法則は

$$\frac{nRT}{V} \cdot V^\gamma = 一定$$

$$\Longleftrightarrow nRTV^{\gamma-1} = 一定$$

と変形される。ここで，nR は一定であることから，断熱変化において成り立つ T と V の関係式として

$$TV^{\gamma-1} = 一定$$

が得られる。
　本問では，ピストンで3室に分けられたシリンダー内の気体の状態変化について考察する。Ⅰでは等温変化について，Ⅱでは断熱変化についての理解がポイントになる。

23 ゴム風船をモデル化した装置内の気体の状態変化

(2021年度 第3問A)

空気が入ったゴム風船 (図1左) は，外からはたらく圧力や，温度に応じて，大きさが変わる。このふるまいを，以下のように単純化したモデルで考えよう。

図1右のように断面積 S の固定されたシリンダー内に，なめらかに動くピストンがある。シリンダーの底面の位置を原点として，ピストンの位置を $x\,(x \geqq 0)$ とする。ピストンはシリンダーの底面とばねでつながれている。このばねは風船のゴムを模した仮想的なもので，その体積は無視できる。また，ばね定数は $k\,(k > 0)$ であり，ピストンは，このばねから大きさ kx の力を x 軸の負の向きに受ける。以下，ピストンとシリンダーとばねを合わせたものを，装置とよぶ。シリンダーには n モルの単原子分子理想気体が入っており，シリンダーの外部は真空である。このピストンに対し，外力 F を作用させる。ただし，外力は図の矢印の向きを正とし，正負どちら向きにもかけられる。F が負の場合，F は大気中に置かれた風船に大気が外から及ぼす力を模している。また，気体と装置からなる系全体は常に一様な温度であり，その温度 T は変化させることができる。ただし，装置の熱容量は無視できる。以下ではすべての操作を十分にゆっくりと行う。また気体定数を R とする。以下の問に答えよ。

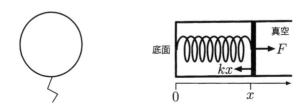

図1

I. まず，ピストンを固定した場合を考える。

問 1 温度を T から $T + \Delta T$ に微小に変化させたとき，気体に流入する熱量 ΔQ を求めよ。

II. 次に，ピストンを固定せず自由に動けるようにした場合を考える。ただし，外力

は作用させず，$F = 0$ とする。

問 2 温度 T において力がつりあい，ピストンが静止した場合の x を，k, n, R, T を用いて表せ。

問 3 温度を T から $T + \Delta T$ に微小に変化させたとき，気体とばねからなる系全体に流入する熱量 ΔQ を求めよ。また，この結果を用いて，系全体の熱容量 C を求めよ。

III. さらに，ピストンを自由に動けるようにしたまま，外力 F を作用させる場合を考える。必要ならば，$|X|$ が1より十分に小さいとき，a を正の実数として $(1 + X)^a \fallingdotseq 1 + aX$，$X$ が1より十分に大きいとき，$(1 + X)^a \fallingdotseq X^a$ と近似できることを用いよ。

問 4 温度 T，外力 F の下でピストンが静止している場合の，ピストンの位置 x を求めよ。

問 5 **問4** の結果を図示しよう。$F = 0$ での x を x_0 とし，$F_0 = kx_0$ とする。これらを用いて $\dfrac{x}{x_0}$ を $\dfrac{F}{F_0}$ だけの関数として表せ。次に，横軸を $\dfrac{F}{F_0}$，縦軸を $\dfrac{x}{x_0}$ として，その概形を解答用紙のグラフに図示せよ。

〔解答欄〕

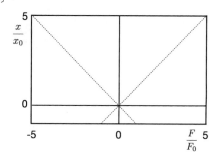

問 6 温度 T を一定に保ったまま，外力を F から $F + \Delta F$ まで微小に変化させたとき，ピストンの位置が x から $x + \Delta x$ まで微小に変化した。このとき，$k_{\mathrm{eff}} = \dfrac{\Delta F}{\Delta x}$ は気体とばねからなる系の，実効的なばね定数とみなせる。なお，$\left| \dfrac{\Delta F}{F_0} \right|$ は1よりも十分に小さく，$\dfrac{\Delta F}{F_0}$ の2次の項は無視してよい。以下の場合について，比 $\dfrac{k_{\mathrm{eff}}}{k}$ を求めよ。

(a) $\dfrac{F}{F_0}$ が限りなく大きい場合

(b) $\dfrac{F}{F_0} = 0$ の場合

解 答

Ⅰ. ▶問1. このときの気体の状態変化は，定積変化である。単原子分子理想気体の定積モル比熱は $\frac{3}{2}R$ なので

$$\Delta Q = n \cdot \frac{3}{2}R\Delta T = \frac{3}{2}nR\Delta T$$

Ⅱ. ▶問2. このときの気体の圧力を P_{II} とすると，気体の状態方程式より

$$P_{II}Sx = nRT$$

ピストンにはたらく力のつり合いより

$$P_{II}S = kx$$

2式より，$P_{II}S$ を消去すると

$$kx^2 = nRT \qquad \therefore \quad x = \sqrt{\frac{nRT}{k}}$$

▶問3. この過程における気体の内部エネルギーの変化を ΔU とすると，単原子分子理想気体の定積モル比熱は $\frac{3}{2}R$ なので

$$\Delta U = n \cdot \frac{3}{2}R\Delta T = \frac{3}{2}nR\Delta T$$

この過程において，ピストンの位置が x から x' に変化し，気体の圧力が P_{II} から P_{II}' に変化したとする。温度が $T + \Delta T$ のときについて，気体の状態方程式より

$$P_{II}'Sx' = nR(T + \Delta T)$$

ピストンにはたらく力のつり合いより

$$P_{II}'S = kx'$$

2式より，$P_{II}'S$ を消去すると

$$kx'^2 = nR(T + \Delta T)$$

この過程における気体がした仕事 W だけ，ばねの弾性エネルギーが変化するので

$$W = \frac{1}{2}kx'^2 - \frac{1}{2}kx^2 = \frac{1}{2}nR\Delta T$$

したがって，熱力学第一法則より

$$\Delta U = \Delta Q - W$$

$$\therefore \quad \Delta Q = \Delta U + W = 2nR\Delta T$$

また，系全体の熱容量 C について

$$\Delta Q = C\Delta T$$

$$\therefore \quad C = \frac{\Delta Q}{\Delta T} = 2nR$$

参考 テーマを参照するとわかるように，この過程では
気体の圧力は体積に比例している。したがって，この
過程において，ピストンの位置が x から x' に変化し，
気体の圧力が P_{II} から P_{II}' に変化したとすると，気体
の体積は Sx から Sx' に変化しているので，この過程
の圧力と体積との関係を表すグラフは右図のようにな
る。このグラフの網かけ部分の面積が，この過程にお
ける気体がした仕事 W に相当するので

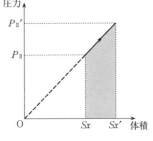

$$W = \frac{1}{2}(P_{\text{II}} + P_{\text{II}}')(Sx' - Sx)$$

ここで，$P_{\text{II}} = \dfrac{k}{S}x$，$P_{\text{II}}' = \dfrac{k}{S}x'$，$x = \sqrt{\dfrac{nRT}{k}}$，$x' = \sqrt{\dfrac{nR(T+\Delta T)}{k}}$ なので，これらを代入
すると

$$W = \frac{1}{2}nR\Delta T$$

Ⅲ． ▶問4．このときの気体の圧力を P_{III} とすると，気体の状態方程式より

$$P_{\text{III}}Sx = nRT$$

ピストンにはたらく力のつり合いより

$$P_{\text{III}}S + F = kx$$

2式より，$P_{\text{III}}S$ を消去すると

$$kx^2 - Fx - nRT = 0$$

この x の2次方程式を解くと

$$x = \frac{1}{2k}(F + \sqrt{F^2 + 4knRT}) \quad (\because \quad x \geq 0)$$

▶問5．問4の x について，$F = 0$ のとき，$x = x_0$ なので

$$x_0 = \frac{1}{2k}\sqrt{4knRT} = \sqrt{\frac{nRT}{k}}$$

これより

$$F_0 = kx_0 = \sqrt{knRT}$$

2式と問4の x より

$$\frac{x}{x_0} = \frac{1}{\sqrt{\dfrac{nRT}{k}}} \cdot \frac{1}{2k}(F + \sqrt{F^2 + 4knRT})$$

$$= \frac{F}{2\sqrt{knRT}} + \sqrt{\frac{F^2 + 4knRT}{4knRT}}$$

$$= \frac{F}{2F_0} + \sqrt{\frac{1}{4}\left(\frac{F}{F_0}\right)^2 + 1}$$

この式について，$\dfrac{F}{F_0} \to \pm\infty$ のとき，与えられた近似式を用いると

$$\frac{x}{x_0} \fallingdotseq \frac{F}{2F_0} + \sqrt{\frac{1}{4}\left(\frac{F}{F_0}\right)^2} = \frac{F}{2F_0} + \left|\frac{F}{2F_0}\right|$$

これより, $\dfrac{F}{F_0} \to +\infty$ のとき

$$\frac{x}{x_0} = \frac{F}{2F_0} + \frac{F}{2F_0} = \frac{F}{F_0}$$

$\dfrac{F}{F_0} \to -\infty$ のとき

$$\frac{x}{x_0} = \frac{F}{2F_0} - \frac{F}{2F_0} = 0$$

また, $\dfrac{F}{F_0} = 0$ のとき $\dfrac{x}{x_0} = 1$

したがって, グラフの概形は次図のようになる。

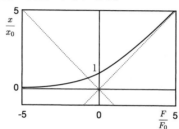

▶**問6.** 温度 T が一定のとき, x_0, F_0 は一定なので, 問5の $\dfrac{x}{x_0}$ と $\dfrac{F}{F_0}$ の関係式より

$$\frac{x + \Delta x}{x_0} = \frac{F + \Delta F}{2F_0} + \sqrt{\frac{1}{4}\left(\frac{F + \Delta F}{F_0}\right)^2 + 1}$$

(a) $\dfrac{F}{F_0}$ が限りなく大きい場合, $\dfrac{\Delta F}{F_0}$ が微小であることから, $\dfrac{F + \Delta F}{F_0} \fallingdotseq \dfrac{F}{F_0}$ と表される

ので, 問5の $\dfrac{F}{F_0} \to +\infty$ のときの結果より

$$\frac{x}{x_0} = \frac{F}{F_0} \qquad \therefore \quad \frac{F_0}{x_0} = \frac{F}{x}$$

これより

$$\frac{F_0}{x_0} = \frac{\Delta F}{\Delta x} \quad \left(\because \quad \frac{F_0}{x_0} = \frac{F + \Delta F}{x + \Delta x}\right)$$

したがって

$$\frac{k_{\mathrm{eff}}}{k} = \frac{\Delta F}{\Delta x} \cdot \frac{x_0}{F_0} = 1$$

(b) $\dfrac{F}{F_0} = 0$ の場合, 問5より, $\dfrac{x}{x_0} = 1$ なので

$$1 + \frac{\Delta x}{x_0} = \frac{\Delta F}{2F_0} + \sqrt{\frac{1}{4}\left(\frac{\Delta F}{F_0}\right)^2 + 1}$$

$\dfrac{\Delta F}{F_0}$ が微小であることから，与えられた近似式を用いると

$$1+\dfrac{\Delta x}{x_0}\fallingdotseq\dfrac{\Delta F}{2F_0}+\dfrac{1}{8}\left(\dfrac{\Delta F}{F_0}\right)^2+1$$

$\dfrac{\Delta F}{F_0}$ の2次の項は無視してよいので

$$\dfrac{\Delta x}{x_0}\fallingdotseq\dfrac{\Delta F}{2F_0}$$

したがって

$$\dfrac{k_{\text{eff}}}{k}=\dfrac{\Delta F}{\Delta x}\cdot\dfrac{x_0}{F_0}=2$$

別解 問5より

$$\dfrac{x}{x_0}=\dfrac{F}{2F_0}+\sqrt{\dfrac{1}{4}\left(\dfrac{F}{F_0}\right)^2+1}$$

$$=\dfrac{1}{2}\left\{\dfrac{F}{F_0}+\sqrt{\left(\dfrac{F}{F_0}\right)^2+4}\right\}$$

ここで，$\dfrac{F}{F_0}$ を t とし，$\dfrac{x}{x_0}$ を $f(t)$ とすると

$$f(t)=\dfrac{1}{2}(t+\sqrt{t^2+4})$$

したがって

$$\dfrac{d}{dt}f(t)=\dfrac{1}{2}+\dfrac{t}{2\sqrt{t^2+4}}$$

一方

$$\dfrac{d}{dt}f(t)=\dfrac{d}{d\left(\dfrac{F}{F_0}\right)}\left(\dfrac{x}{x_0}\right)=\dfrac{F_0}{x_0}\cdot\dfrac{dx}{dF}=\dfrac{k}{k_{\text{eff}}}$$

2式より

$$\dfrac{k}{k_{\text{eff}}}=\dfrac{1}{2}+\dfrac{t}{2\sqrt{t^2+4}}$$

これより，$t=\dfrac{F}{F_0}\to+\infty$ のとき

$$\dfrac{k}{k_{\text{eff}}}=\dfrac{1}{2}+\dfrac{1}{2}=1\qquad\therefore\ \dfrac{k_{\text{eff}}}{k}=1$$

$t=\dfrac{F}{F_0}=0$ のとき

$$\dfrac{k}{k_{\text{eff}}}=\dfrac{1}{2}\qquad\therefore\ \dfrac{k_{\text{eff}}}{k}=2$$

テーマ

　右図のように，ばねが取り付けられたなめらかに動くピストンを備えたシリンダー内に，単原子分子の理想気体が封入されている場合について考えてみよう。

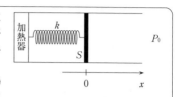

　はじめ，ばねが自然の長さの状態でピストンは静止しており（状態1），その状態からシリンダーに備えられた加熱器によってシリンダー内の気体に熱を加えた。大気圧を P_0，ばね定数を k，ピストンの断面積を S とし，状態1におけるピストンの位置を原点として，ばねが伸びる向きに x 軸をとる。また，シリンダーとピストンは断熱材でできており，ばねの体積は無視できるものとする。

　シリンダー内の気体の圧力を P，体積を V とすると，加熱によってピストンが位置 x まで移動した場合（状態2），ピストンにはたらく力のつり合いより

$$PS = P_0 S + kx$$

$$\therefore \quad P = P_0 + \frac{k}{S}x$$

また，状態1におけるシリンダー内の気体の体積を V_0 とすると

$$V = V_0 + Sx$$

2式より，x を消去すると

$$P = P_0 + \frac{k}{S^2}(V - V_0)$$

これより，P は V の1次関数であることがわかる。したがって，状態1から状態2の過程を表す P-V グラフは右図のようになる。この P-V グラフの網かけ部分の面積が，この過程においてシリンダー内の気体がした仕事 W に相当するので

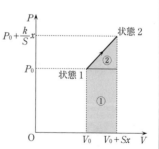

$$W = \frac{1}{2}\left\{P_0 + \left(P_0 + \frac{k}{S}x\right)\right\}Sx = P_0 Sx + \frac{1}{2}kx^2$$

また，この P-V グラフの網かけ部分の長方形の面積①が，この過程においてシリンダー内の気体が大気に対してした仕事 $P_0 Sx$ に相当し，網かけ部分の三角形の面積②が，この過程においてシリンダー内の気体がばねに対してした仕事 $\frac{1}{2}kx^2$ に相当する。

　本問は，ゴム風船を題材とした問題であるが，モデル化した装置内の気体の状態変化について考察すればよい。モデル化した装置では，気体がゴム風船から受ける力をばねの弾性力に置き換えているので，上記の気体の状態変化と同等に考えればよい。ただし，ばねの自然の長さを0としてばねの弾性力を考えることや，装置の外部が真空であることに注意する。

24 定圧・断熱変化による熱サイクル

(2020年度 第3問A)

　なめらかに上下に動くピストン（質量と厚みは無視できる）がついた円筒状の容器内に，単原子分子の理想気体が1mol封入されている（図1）。この容器とピストンは熱を伝えない。容器内に，気体に熱を加えたり気体から熱を奪ったりできる熱制御装置が組み込まれている。熱制御装置の体積は無視できるほど小さく，かつピストンの運動を邪魔しないとする。図1のようにz軸を取り，$z=0$を容器の底面とする。はじめにピストンは$z=L$の位置に静止しており，容器内の気体の圧力と温度は，それぞれp_0，T_0であった（図2の状態A）。容器外の気体の圧力は常にp_0で一定である。気体定数をRとする。また，単原子分子の理想気体の圧力をp，体積をVとしたとき，断熱変化においては，pV^γは一定に保たれる。なお，γ（ガンマ）は定数である。

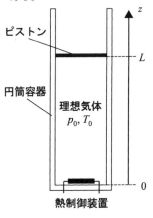

図 1

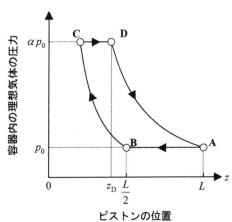

図 2

問1 ピストンが自由に動く状態で熱制御装置をある時間作動させると，ピストンがゆっくり動いて$z=\dfrac{L}{2}$の位置で停止した（図2の状態B）。状態Bにおける容器内の気体の温度T_Bを，T_0を用いて表せ。

問2 過程A→Bにおいて，容器内の気体に加えられた熱量Q_1（気体が吸熱した場合を正，放熱した場合を負とする）を，R，T_0を用いて表せ。

問3　次に状態Bからピストンに徐々に力を加え，容器内の気体の圧力が αp_0（$\alpha > 1$）になるまで，ゆっくりと断熱変化させた（**図2**の状態C）。状態Cにおける容器内の気体の温度 T_C を，T_0，α，γ を用いて表せ。

　状態Cから，容器内の気体の圧力が αp_0 に保たれるようにピストンに外力を加えたまま，熱制御装置を作動させ，ピストンの位置が z_D に達した時点で熱制御装置を停止した（**図2**の状態D）。さらに，状態Dから容器内の気体の圧力が p_0 となるまで，ピストンに加える外力を徐々に緩めながらゆっくり断熱変化させると，ピストンの位置が $z=L$ となり，状態Aに戻った。

問4　過程C→D→Aが実現するような z_D を，α，γ，L を用いて表せ。

問5　過程C→Dにおいて，容器内の気体に加えられた熱量 Q_2（気体が吸熱した場合を正，放熱した場合を負とする）を，R，T_0，α，γ を用いて表せ。

問6　このA→B→C→D→Aのサイクルを用いた熱機関の熱効率 e を，α，γ を用いて表せ。ただし e は，容器内の気体が熱制御装置から吸収した熱量に対する，気体が外部にした仕事の割合である。

問7　$e \geqq \dfrac{1}{2}$ を達成するために必要となる α の最小値 α_{min} を求めよ。ただし，単原子分子の理想気体においては，$\gamma = \dfrac{5}{3}$ であることを用いよ。解答には根号が残っていてもよい。

解 答

円筒状の容器の断面積を S とする。

▶**問1.** 過程A→Bは定圧変化なので，シャルルの法則より

$$\frac{SL}{T_0} = \frac{S \cdot \dfrac{L}{2}}{T_B} \qquad \therefore \quad T_B = \frac{T_0}{2}$$

▶**問2.** 過程A→Bは定圧変化であり，単原子分子の理想気体の定圧モル比熱は $\dfrac{5}{2}R$ なので

$$Q_1 = \frac{5}{2}R(T_B - T_0) = -\frac{5}{4}RT_0$$

別解1 Q_1 は T_B を求めていなくても，次のように求めることができる。

$$Q_1 = \frac{5}{2}R(T_B - T_0) = \frac{5}{2}p_0 S\left(\frac{L}{2} - L\right) = -\frac{5}{4}p_0 SL = -\frac{5}{4}RT_0 \quad (\because \quad p_0 SL = RT_0)$$

別解2 Q_1 は単原子分子の理想気体の定圧モル比熱 $\dfrac{5}{2}R$ を用いなくても，次のように求めることができる。

過程A→Bにおいて，容器内の気体の内部エネルギーの変化を ΔU_1，気体のした仕事を W_1 とすると

$$\Delta U_1 = \frac{3}{2}R(T_B - T_0) = -\frac{3}{4}RT_0$$

$$W_1 = p_0 S\left(\frac{L}{2} - L\right) = -\frac{1}{2}p_0 SL = -\frac{1}{2}RT_0 \quad (\because \quad p_0 SL = RT_0)$$

熱力学第一法則より

$$\Delta U_1 = Q_1 - W_1$$

$$\therefore \quad Q_1 = \Delta U_1 + W_1 = -\frac{5}{4}RT_0$$

▶**問3.** 状態Cにおけるピストンの位置を $z = z_C$ とすると，過程B→Cは断熱変化なので，与えられた式より

$$p_0\left(S \cdot \frac{L}{2}\right)^\gamma = \alpha p_0 (Sz_C)^\gamma \qquad \therefore \quad z_C = \frac{1}{2}\alpha^{-\frac{1}{\gamma}}L$$

また，ボイル・シャルルの法則より

$$\frac{p_0 SL}{T_0} = \frac{\alpha p_0 Sz_C}{T_C} \qquad \therefore \quad T_C = \frac{\alpha z_C}{L}T_0 = \frac{1}{2}\alpha^{1-\frac{1}{\gamma}}T_0$$

参考1 単原子分子の理想気体の圧力を p，体積を V としたとき，断熱変化においてポアソンの法則の式

$$pV^\gamma = 一定$$

が成り立つ。この気体の物質量を n，温度を T とし，気体定数を R とすると，気体の状態方程式より

$$V = \frac{nRT}{p}$$

と表される。2式より，V を消去して整理すると，$(nR)^\gamma = $ 一定 であることから

$$\frac{T^\gamma}{p^{\gamma-1}} = \text{一定}$$

が成り立つ。したがって，過程B→Cにおいて，この式を用いると

$$\frac{T_B{}^\gamma}{p_0{}^{\gamma-1}} = \frac{T_C{}^\gamma}{(\alpha p_0)^{\gamma-1}}$$

$$\therefore \quad T_C = \alpha^{1-\frac{1}{\gamma}} T_B = \frac{1}{2}\alpha^{1-\frac{1}{\gamma}} T_0$$

▶**問4.** 過程D→Aは断熱変化なので，与えられた式より

$$\alpha p_0 (S z_D)^\gamma = p_0 (SL)^\gamma \qquad \therefore \quad z_D = \alpha^{-\frac{1}{\gamma}} L$$

▶**問5.** 状態Dにおける容器内の気体の温度を T_D とすると，ボイル・シャルルの法則より

$$\frac{p_0 SL}{T_0} = \frac{\alpha p_0 S z_D}{T_D} \qquad \therefore \quad T_D = \frac{\alpha z_D}{L} T_0 = \alpha^{1-\frac{1}{\gamma}} T_0$$

過程C→Dは定圧変化であり，単原子分子の理想気体の定圧モル比熱は $\frac{5}{2}R$ なので

$$Q_2 = \frac{5}{2}R(T_D - T_C) = \frac{5}{4}\alpha^{1-\frac{1}{\gamma}} RT_0$$

別解1　Q_2 は T_C，T_D を求めていなくても，次のように求めることができる。

$$Q_2 = \frac{5}{2}R(T_D - T_C) = \frac{5}{2}\alpha p_0 S(z_D - z_C) = \frac{5}{2}\alpha p_0 S \cdot \frac{1}{2}\alpha^{-\frac{1}{\gamma}} L$$

$$= \frac{5}{4}\alpha^{1-\frac{1}{\gamma}} p_0 SL = \frac{5}{4}\alpha^{1-\frac{1}{\gamma}} RT_0 \quad (\because \quad p_0 SL = RT_0)$$

別解2　Q_2 は単原子分子の理想気体の定圧モル比熱 $\frac{5}{2}R$ を用いなくても，次のように求めることができる。

過程C→Dにおいて，容器内の気体の内部エネルギーの変化を ΔU_2，気体のした仕事を W_2 とすると

$$\Delta U_2 = \frac{3}{2}R(T_D - T_C) = \frac{3}{4}\alpha^{1-\frac{1}{\gamma}} RT_0$$

$$W_2 = \alpha p_0 S(z_D - z_C) = \alpha p_0 S \cdot \frac{1}{2}\alpha^{-\frac{1}{\gamma}} L$$

$$= \frac{1}{2}\alpha^{1-\frac{1}{\gamma}} p_0 SL = \frac{1}{2}\alpha^{1-\frac{1}{\gamma}} RT_0 \quad (\because \quad p_0 SL = RT_0)$$

熱力学第一法則より

$$\Delta U_2 = Q_2 - W_2$$

$$\therefore \quad Q_2 = \Delta U_2 + W_2 = \frac{5}{4}\alpha^{1-\frac{1}{\gamma}}RT_0$$

▶問6. 1サイクルで容器内の気体が外部にした仕事を W とすると，熱力学第一法則より

$$0 = Q_1 + Q_2 - W \quad \therefore \quad W = Q_1 + Q_2$$

また，1サイクルで容器内の気体が熱制御装置から吸収した熱量は Q_2 なので

$$e = \frac{W}{Q_2} = \frac{Q_1 + Q_2}{Q_2} = 1 - \frac{1}{\alpha^{1-\frac{1}{\gamma}}}\left(= 1 - \alpha^{\frac{1}{\gamma}-1}\right)$$

参考2 1サイクルすると温度変化は0になるので，1サイクルでの容器内の気体の内部エネルギーの変化は0となる。

▶問7. $e \geqq \dfrac{1}{2}$ を達成するために必要となる α は，問6より

$$1 - \frac{1}{\alpha^{1-\frac{1}{\gamma}}} \geqq \frac{1}{2} \quad \alpha^{1-\frac{1}{\gamma}} \geqq 2$$

γ を代入すると

$$\alpha^{1-\frac{3}{5}} \geqq 2 \quad \alpha^{\frac{2}{5}} \geqq 2$$

$$\therefore \quad \alpha \geqq 4\sqrt{2}$$

したがって，α の最小値 $\alpha_{\min}$ は

$$\boldsymbol{\alpha_{\min} = 4\sqrt{2}}$$

テーマ

　　気体の断熱変化で成り立つポアソンの法則について考えてみよう。

　　物質量 n の気体の圧力を p，体積を V，温度を T とし，気体定数を R とする。この気体の圧力，体積，温度が断熱変化によってそれぞれ微小量 Δp，ΔV，ΔT だけ変化したとする。この変化の前後における気体の状態方程式は

　　変化前：$pV = nRT$

　　変化後：$(p+\Delta p)(V+\Delta V) = nR(T+\Delta T)$

微小量の2次は無視できるので，この2式より

　　　$p\Delta V + V\Delta p = nR\Delta T$　……①

一方，この過程で気体がした仕事は $p\Delta V$ とみなせることから，定積モル比熱を C_V とすると，熱力学第一法則より

　　　$nC_V\Delta T = -p\Delta V$　……②

①，②より，ΔT を消去すると

　　　$V\Delta p + \dfrac{C_V+R}{C_V}p\Delta V = 0$　……③

ここで，定積モル比熱を C_P とすると，マイヤーの関係式より

　　　$C_P = C_V + R$

また，比熱比を γ とすると

　　　$\gamma = \dfrac{C_P}{C_V}$

したがって，③より

　　　$V\Delta p + \gamma p\Delta V = 0$

この式の両辺を pV で割ると

　　　$\dfrac{\Delta p}{p} + \gamma\dfrac{\Delta V}{V} = 0$

さらに，この式の両辺を積分すると

　　　$\log p + \gamma\log V = C$　（C：定数）

　　$\therefore$　$\log pV^\gamma = C$

したがって，ポアソンの法則の式

　　　$pV^\gamma = $ 一定

が導かれる。

　　本問では，定圧・断熱変化による熱サイクルについて考察し，この熱サイクルを用いた熱機関の熱効率を求める。このような熱サイクルをブレイトンサイクルといい，ブレイトンサイクルはガスタービンの理想的な熱サイクルである。ブレイトンサイクルの熱効率は圧力比 $\left(=\dfrac{\text{圧縮後の圧力}}{\text{圧縮前の圧力}}\text{，本問では }\alpha\right)$ によって定まり，理論的には圧力比が大きいほど大きな熱効率が得られる。このことは，問6の結果からも確認できる。

25 浮力と気体の状態変化

(2018年度　第3問B)

図1のように，ピストンを備えた断面積 S のシリンダー容器Aの中に，球形の密閉容器Bが入っている。容器Aは圧力 P，絶対温度 T，密度（単位体積当たりの質量）ρ の理想気体Xで，容器Bは圧力 P，絶対温度 T，密度 $\dfrac{\rho}{2}$ の理想気体Yで，それぞれ満たされている。今，容器Bは浮力によって容器Aの上面まで上昇している。容器Aのピストンは，外力や容器内外の圧力差によって滑らかに動くものとし，外力が加わっていない初期の状態では端から距離 L の位置にあるものとする。気体Yを除いた容器B自体の質量は M であり，その壁面の厚さは十分薄く無視できるが，壁面は変形しない材質でできており，容器Bの容積は常に一定値 V であるとする。なお，容器Aは一定圧力 P，一定温度 T の大気中に置かれているものとし，容器A，Bともにその壁面は十分よく熱を伝えるものとする。浮力を発生させる圧力差は，シリンダー内の圧力に比べて十分小さいものとする。重力加速度の大きさを g として以下の問に答えよ。

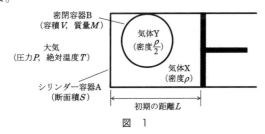

図　1

問1　容器Bにはたらく浮力の大きさを，ρ, V, M, g のうち必要なものを用いて表せ。

問2　容器Bが容器Aの上面まで上昇していることから，M はいくら未満と考えられるか。ρ, V, g のうち必要なものを用いて表せ。

問3　外力を加えて，容器Aのピストンを初期の位置から一方向にゆっくりと移動させると，端からの距離 L' の位置を過ぎたところで，容器Bがゆっくりと下降し始めた。ピストンが端からの距離 L' の位置にあるときの気体Xの密度を ρ' とするとき，ρ' を，ρ, V, M, g のうち必要なものを用いて表せ。

以下の問4～問6では，容器Bの質量を $M = \dfrac{V\rho}{4}$ として答えよ。

問4 問3における L' を，L，V，S を用いて表せ。

問5 外力を加えて，容器Aのピストンをゆっくりと元の位置（端からの距離 L）まで戻したところ，容器Bは再び容器Aの上面まで上昇した。このとき，気体Xの温度は T であった。その後，容器A全体を断熱材で覆い，熱の出入りを無くした。ピストンには外力を加えない状態で，容器Aに内蔵されているヒーターによって気体Xをゆっくりと加熱したところ，ピストンはなめらかに移動し，気体Xの温度が絶対温度 T' を超えたところで容器Bが再び下降し始めた。T' を，T を用いて表せ。

問6 問5において気体Xの温度が T' となったとき，容器B内の気体Yの圧力 P' を，P を用いて表せ。

問7 次の文章中の空欄にふさわしいものを，下の選択肢(あ)，(い)，(う)の中からそれぞれ一つずつ選べ。

> 問3では，容器A内外で温度差が生じない条件の下で，外力によりピストンを移動させている。ピストンをゆっくり引いた場合には，容器Aの外部 ___(a)___ ため，容器A内の気体Xの温度は一定に保たれ，気体分子の平均速度は一定に保たれる。しかし，気体Xの体積が増加することで，気体分子が容器壁面に衝突する頻度が少なくなり，圧力は減少することになる。一方で問5では，容器A内外で圧力差が生じない条件の下で，気体Xを加熱してピストンを移動させている。このとき，加熱によって容器A内の気体Xの ___(b)___ ため，体積が増加しても圧力は一定に保たれている。

(a)の選択肢
  (あ) に内部から熱量が流出する
  (い) から内部に熱量が流入する
  (う) と内部で熱量の流出入はない

(b)の選択肢
  (あ) 内部エネルギーが増加する
  (い) 内部エネルギーが減少する
  (う) 内部エネルギーは変化しない

解答

▶問1. 容器Bにはたらく浮力の大きさは，アルキメデスの原理より ρVg である。

▶問2. 容器Bにはたらく力には，次の不等式が成り立つ。

$$\rho Vg > \frac{\rho}{2}Vg + Mg \quad \therefore \quad M < \frac{\rho V}{2}$$

▶問3. ピストンが端からの距離 L' の位置にあるとき，容器Bにはたらく浮力の大きさは，アルキメデスの原理より $\rho'Vg$ である。したがって，このとき，容器Bにはたらく力のつり合いより

$$\rho'Vg = \frac{\rho}{2}Vg + Mg \quad \therefore \quad \rho' = \frac{\rho}{2} + \frac{M}{V}$$

▶問4. 気体Xの質量に着目すると

$$\rho(SL - V) = \rho'(SL' - V)$$

また，$M = \frac{V\rho}{4}$ なので，問3より

$$\rho' = \frac{\rho}{2} + \frac{V\rho}{4}\cdot\frac{1}{V} = \frac{3}{4}\rho$$

したがって

$$\rho(SL - V) = \frac{3}{4}\rho(SL' - V) \quad \therefore \quad L' = \frac{4SL - V}{3S}$$

参考1 容器Bが下降するためには，容器Bにはたらく浮力の大きさが小さくならなければならないので

$$\rho Vg > \rho'Vg \quad \therefore \quad \rho > \rho'$$

この式と，気体Xの質量に着目した式 $\rho(SL - V) = \rho'(SL' - V)$ とから

$$L' > L$$

したがって，ピストンを端から離れる向きに，すなわち，気体Xの体積が大きくなるようにピストンを移動させなければならないことがわかる。

▶問5. このとき，気体Xは定圧変化をする。また，気体Xの絶対温度が T' のとき，ピストンが端からの距離 L' の位置にあるので，シャルルの法則より

$$\frac{SL - V}{T} = \frac{SL' - V}{T'}$$

この式に問4で求めた L' を代入して整理すると

$$T' = \frac{4}{3}T$$

参考2 気体定数を R とし，気体Xの物質量を n_X とすると，気体Xのはじめの状態について，気体の状態方程式より

$$P(SL - V) = n_X RT \quad \therefore \quad n_X = \frac{P(SL - V)}{RT}$$

また，気体Xの絶対温度が T' の状態について，気体の状態方程式より

$$P(SL' - V) = n_X RT'$$

これらの式と問4で求めた L' より，T' を求めてもよい。

> **参考3** 容器Bが下降するためには，気体Xの密度が ρ' より小さくならなければならない。気体Xの密度が ρ' になるのはピストンが端から距離 L' の位置にあるときなので，気体Xの絶対温度が T' のときにピストンが端から距離 L' の位置にあれば，気体Xの絶対温度が T' を超えるとピストンが端から距離 L' の位置を超えるので，気体Xの密度が ρ' より小さくなり容器Bは下降し始める。

▶**問6**．このとき，気体Yは定積変化をする。また，気体Xの絶対温度が T' のとき，気体Yの絶対温度も T' となるので，ボイル・シャルルの法則より

$$\frac{PV}{T} = \frac{P'V}{T'}$$

この式に問5で求めた T' を代入して整理すると

$$P' = \frac{4}{3}P$$

> **参考4** 気体定数を R とし，気体Yの物質量を n_Y とすると，気体Yのはじめの状態について，気体の状態方程式より
>
> $$PV = n_Y RT \qquad \therefore \quad n_Y = \frac{PV}{RT}$$
>
> また，気体Yの圧力が P' の状態について，気体の状態方程式より
>
> $$P'V = n_Y RT'$$
>
> これらの式と問5で求めた T' より，P' を求めてもよい。

▶**問7**．(a) 問3では，気体Xは等温変化をしているので，気体Xの内部エネルギーの変化は0である。また，気体Xは外部に仕事をしているので，熱力学第一法則より，気体Xは外部から熱を吸収している。このとき，気体Yの絶対温度も変化しないので，気体Xが外部から吸収する熱は，容器Aの外部からのものである。よって，(a)の正解は(い)。

(b) 問5では，気体Xは定圧変化をしており，体積が増加し，絶対温度が上昇している。したがって，気体Xの内部エネルギーは増加している。よって，(b)の正解は(あ)。

> **参考5** 理想気体の分子1個の質量を m，分子の速さの2乗平均を $\overline{v^2}$ とし，理想気体の絶対温度を T とすると，ボルツマン定数 k を用いて，次式が成り立つ。
>
> $$\frac{1}{2}m\overline{v^2} = \frac{3}{2}kT$$
>
> この式より，理想気体の分子1個の平均の運動エネルギーは絶対温度によって定まることがわかる。これより，容器A内の気体Xの温度が一定に保たれている場合，気体分子の平均速度が一定に保たれていることがわかる。

テーマ

[浮力の大きさ]

　物体が流体から受ける浮力の大きさは，アルキメデスの原理より，流体中の物体の体積と同体積の流体の重さに等しい。したがって，流体の密度を ρ，流体中の物体の体積を V，重力加速度の大きさを g とすると，浮力の大きさ F は

　　$F = \rho V g$

と表される。浮力は，流体中の物体が，流体の圧力によって受ける上向きの力と下向きの力の差によって生じる。

[密度]

　単位体積あたりの質量を密度という。したがって，一様な物質全体の質量を m，体積を V とすると，密度 ρ は

　　$\rho = \dfrac{m}{V}$

と表される。これより，m が一定の場合には，ρ と V とは反比例の関係にあり，ρ は V によって定まる。本問のように，気体についてその質量が一定の場合，体積が増加すると密度は減少する。

26 気体の断熱変化と等温変化

(2017年度　第3問B)

　図左のように，単原子分子理想気体の入ったシリンダーと面積 S のピストンが大気中に鉛直に置かれている。脇に置かれた小さなおもりを，ピストンにつぎつぎとのせる過程を考える。この間，気体の圧力は連続的に変化していると見なせる。初期状態は，シリンダー内の気体の圧力が大気圧 p_0 と等しく，体積が V_0，温度が大気と等しいとする。大気圧と大気の温度は常に一定であるとする。以下では重力加速度を g とし，おもりをピストンにのせる前は，おもりはシリンダー内の底面と同じ高さにあったとする。またピストンの質量と厚さは無視でき，ピストンはシリンダー内をなめらかに動くことができるとする。

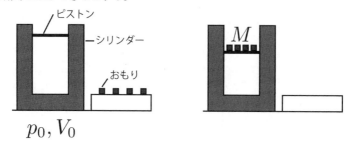

I．シリンダーとピストンが断熱素材でできており，内部の気体は外部と熱のやりとりをしない場合を考える。初期状態から，ピストンにおもりを質量 M になるまで徐々にのせ，図右のようなピストンが静止した状態を実現した。この終状態での気体の圧力を p_1，体積を V_1 とする。

問1　p_1 を M, S, g, p_0 のうち必要なものを用いて表せ。

問2　初期状態から終状態にいたる過程で気体が受けた仕事を，p_0, V_0, p_1, V_1 のうち必要なものを用いて表せ。

問3　初期状態から終状態にいたる過程でのおもりの位置エネルギーの変化を，p_0, V_0, p_1, V_1 のうち必要なものを用いて表せ。

問4　初期状態から終状態にいたる過程において，「おもりをピストン上に持ち上げるのに必要な仕事」W_M，「気体の内部エネルギー変化」ΔU，「気体が大気から受けた仕事」W_A，「おもりの位置エネルギー変化」ΔE の間に成り立つ関係式を示せ。

Ⅱ. 次に，シリンダーとピストンの素材を断熱素材から熱を通す素材に置き換え，Ⅰと同じ操作を以下の問のように2通りの手順で行う。手順のたびに気体は初期状態に戻し，どちらの手順でも終状態ではピストンは静止しており，気体の圧力は p_1，体積は V_1' とする。

問5 ピストンにおもりを質量 M になるまでゆっくりとのせた。この最中，シリンダーは十分に熱を通しているとする。この過程における気体の内部エネルギーの変化を求めよ。

問6 今度は，シリンダーが熱を通すのに要する時間より十分に短い間に，手早くおもりを質量 M になるまでのせ，その後気体の温度が外部と等しくなるまで十分な時間放置した。解答欄の p-V 図上にこの変化の過程の概形を示せ。解答欄の図には初期の圧力 p_0 と体積 V_0，終状態の圧力 p_1，体積 V_1' および問5の過程があらかじめ描かれている。

〔解答欄〕

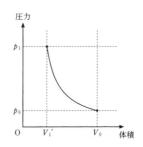

問7 W_1 を問5の過程で気体が受けた仕事，W_2 を問6の過程で気体が受けた仕事とする。W_1，W_2 の大小関係を表す次の(a)〜(c)のうち，正しいものの記号を選べ。

   (a) $W_1 > W_2$

   (b) $W_1 < W_2$

   (c) $W_1 = W_2$

解 答

Ⅰ. ▶**問1**. ピストンにはたらく力のつり合いより

$$p_1 S = p_0 S + Mg \qquad \therefore \quad p_1 = p_0 + \frac{Mg}{S}$$

▶**問2**. 初期状態から終状態にいたる過程は断熱変化なので，気体は熱を吸収，放出しない。

気体の物質量を n，初期状態での温度を T_0，終状態での温度を T_1 とし，気体定数を R とすると，気体の状態方程式より

$$p_0 V_0 = nRT_0, \quad p_1 V_1 = nRT_1$$

この過程での気体の内部エネルギーの変化を ΔU とすると，気体が単原子分子理想気体なので

$$\Delta U = \frac{3}{2} nR(T_1 - T_0)$$

これらの式より

$$\Delta U = \frac{3}{2}(p_1 V_1 - p_0 V_0)$$

したがって，この過程で気体が受けた仕事を W_in とすると，熱力学第一法則より

$$\Delta U = 0 + W_\mathrm{in} \qquad \therefore \quad W_\mathrm{in} = \Delta U = \frac{3}{2}(p_1 V_1 - p_0 V_0)$$

▶**問3**. おもりの重力による位置エネルギーの変化を ΔE とすると，おもりの高さは $\dfrac{V_1}{S}$ だけ高くなっているので

$$\Delta E = Mg\frac{V_1}{S}$$

問1より，$\dfrac{Mg}{S} = p_1 - p_0$ なので

$$\Delta E = (p_1 - p_0)V_1$$

▶**問4**. シリンダー内の気体とおもりとの系に着目すると，これらが系外からされた仕事の量だけ，気体の内部エネルギーとおもりの重力による位置エネルギーとが変化する。したがって

$$W_M + W_A = \Delta U + \Delta E$$

別解 気体がおもりからされた仕事を w とすると

$$w = W_M - \Delta E$$

初期状態から終状態にいたる過程は断熱変化なので，熱力学第一法則より

$$\Delta U = W_A + w$$

2式より，w を消去して整理すると

$$W_M + W_A = \Delta U + \Delta E$$

Ⅱ．▶問5．この過程では，シリンダーは十分に熱を通しており，気体の温度が一定と見なせるので，この過程は等温変化である。したがって，この過程における気体の内部エネルギーの変化は **0** である。

▶問6．この過程の前半の手早くおもりを質量 M になるまでのせる過程では，気体は熱を吸収，放出しないと見なせるので，断熱変化で圧力 p_0，体積 V_0 から圧力 p_1，体積 V_1（$>V_1'$）まで変化する。また，その後の後半の気体の温度が外部と等しくなるまで放置する過程では，気体は熱を放出し，定圧変化で圧力を p_1 に保ったまま，体積 V_1 から体積 V_1' まで変化する。したがって，この過程の $p\text{-}V$ 図は，下図のようになる。

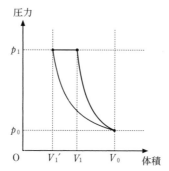

参考 この過程の前半は断熱圧縮なので，気体がされた仕事の量だけ気体の内部エネルギーは増加し，気体の温度が上がる。したがって，この断熱変化の曲線は，問5の過程を表す等温変化の曲線より上になるので，圧力 p_1 のときの気体の体積について $V_1 > V_1'$ であることがわかる。このことは，後半の定圧変化において温度が下がり，気体の体積が小さくなることからも確認できる。

▶問7．W_1 は，下図(i)の $p\text{-}V$ 図の網かけ部分の面積で示される。一方，W_2 は，下図(ii)の $p\text{-}V$ 図の網かけ部分の面積で示される。したがって

$$W_1 < W_2$$

よって，正解は(b)。

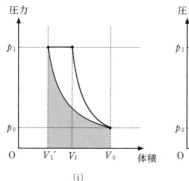

(i)

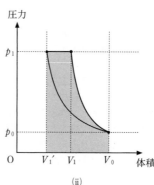

(ii)

　理想気体がある圧力，体積から断熱圧縮すると，気体がされた仕事の量だけ気体の内部エネルギーは増加する。すなわち，気体の温度が上がる。一方，断熱膨張すると，気体がした仕事の量だけ気体の内部エネルギーは減少する。すなわち，気体の温度が下がる。したがって，断熱変化と等温変化との p-V グラフを比較すると，理想気体がある圧力，体積から，これらの変化で圧縮する場合には，等温変化の曲線より断熱変化の曲線の方が上になる。一方，膨張する場合には，等温変化の曲線より断熱変化の曲線の方が下になる。

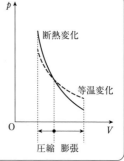

27 断熱変化を含むサイクルをする熱機関の熱効率
(2016年度 第3問)

　単原子分子理想気体をある状態から様々な状態を経て元の状態に戻した結果，気体が外部に仕事をする熱機関について考えよう。ここでは，気体を閉じ込める容器の強度に制限があるために，気体の圧力の最大値が決まっているとする。この制限の下で設計された二つの熱機関 a と b について，性能の指標となる熱効率を求め，その大小を比較したい。

　以下の文中で，「気体が外部から熱量（熱）Q を吸収する」というとき，Q は符号を含めて定義されている。つまり，$Q>0$ ならば気体は外部から熱量 Q を吸収し，$Q<0$ であれば気体は外部へ熱量 $|Q|$ を放出するという意味である。同様に，「気体が外部にする仕事が W である」というときも，W は符号を含めて定義されており，$W>0$ ならば気体が外部にする仕事が W，$W<0$ ならば気体が外部からされる仕事が $|W|$ という意味である。また，単原子分子理想気体の圧力を p，体積を V としたとき，断熱変化において $pV^{\frac{5}{3}}$ の値が一定に保たれることを用いてよい。

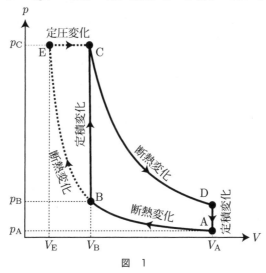

図　1

Ⅰ．圧力 p と体積 V で指定される気体の状態を，**図1**において A→B→C→D→A と一周させる熱機関 a を考えよう。A→B では気体は断熱圧縮され，B→C では体積を一定に保ったまま外部と熱をやりとりして加圧され，C→D では断熱膨張し，D→A では体積を一定に保ったまま外部と熱をやりとりして減圧する。

問1　状態A，B，C，Dのうち，気体の温度が最も低い状態および温度が最も高い状態をそれぞれ示せ。

問2　B→Cにおいて，気体が外部から吸収する熱量を Q_1，D→Aにおいて，気体が外部から吸収する熱量を Q_2 とする。Q_1 を状態Bの圧力 p_B，状態Cの圧力 p_C および両状態共通の体積 V_B を用いて表せ。また，Q_2 を状態Aの圧力 p_A，状態Dの圧力 p_D および両状態共通の体積 V_A を用いて表せ。

問3　気体の状態をA→B→C→D→Aと一周させたときに気体が外部にする仕事 W_a を Q_1，Q_2 を用いて表せ。

問4　体積の圧縮比を $r_a = \dfrac{V_A}{V_B}$ と定める。このとき，p_A を p_B と r_a を用いて，p_D を p_C と r_a を用いてそれぞれ表せ。

問5　Q_1 と Q_2 は一方が正となる。それを Q_a とすると，気体の状態をA→B→C→D→Aと一周させる熱機関の熱効率は $e_a = \dfrac{W_a}{Q_a}$ と定義される。熱効率の1からのずれ $\Delta e_a = 1 - e_a$ を，圧縮比 r_a を用いて表せ。

Ⅱ．今度は，図1において，気体の状態をA→E→C→D→Aと一周させる熱機関bについて考える。状態Eは，状態Cと同じ圧力を持ち，なおかつA→Bの断熱変化を表す曲線の延長上にある状態に選ばれている。A→Eでは気体は断熱圧縮され，E→Cでは気体の圧力を一定に保ったまま外部と熱をやりとりして膨張し，C→Dでは断熱膨張し，D→Aでは体積を一定に保ったまま外部と熱をやりとりして減圧する。

問6　E→Cにおいて，気体が外部から吸収する熱量を Q_3 とする。Q_3 を，状態EとCの共通の圧力 p_C，状態Eの体積 V_E および状態Cの体積 V_B を用いて表せ。

問7　Q_2 と Q_3 は一方が正となる。それを Q_b とする。さらに，気体の状態をA→E→C→D→Aと一周させたときに気体が外部にする仕事を W_b とすると，この熱機関の熱効率は $e_b = \dfrac{W_b}{Q_b}$ と定義される。熱効率の1からのずれ $\Delta e_b = 1 - e_b$ を，圧縮比 $r_b = \dfrac{V_A}{V_E}$ および定圧膨張比 $s = \dfrac{V_B}{V_E}$ を用いて表せ。

Ⅲ．熱機関aの熱効率 e_a と熱機関bの熱効率 e_b を比較しよう。

問8　図1において，気体の状態をB→E→C→Bと一周させたとき，気体が外部にする仕事 W_c を Q_1 と Q_3 を用いて表せ。

問9 W_c の正負を判定したとき, (a)$W_c > 0$, (b)$W_c = 0$, (c)$W_c < 0$ のいずれになる
か, 記号を選んで解答欄に記入せよ。また, 二つの熱機関の熱効率 e_a と e_b の大
小関係が, (a)$e_a > e_b$, (b)$e_a = e_b$, (c)$e_a < e_b$ のいずれになるか, 記号を選んで解答
欄に記入せよ。

解　答

I．▶問1．状態A，B，C，Dの気体の温度を，それぞれ T_A，T_B，T_C，T_D とする。B→C，D→Aは定積変化なので，ボイル・シャルルの法則より，各状態での気体の圧力と体積を考慮すると

$$T_C > T_B \quad \cdots\cdots①$$

$$T_D > T_A \quad \cdots\cdots②$$

A→Bは断熱圧縮であり，温度が上昇するので

$$T_B > T_A \quad \cdots\cdots③$$

C→Dは断熱膨張であり，温度が降下するので

$$T_C > T_D \quad \cdots\cdots④$$

①～④より，T_A が最も小さく，T_C が最も大きいので，気体の温度が最も低い状態はA，気体の温度が最も高い状態はCである。

> **参考1**　断熱変化における気体の内部エネルギーの変化を ΔU，気体がした仕事を W_{out} とし，気体の温度変化を ΔT とする。断熱変化では，気体は熱の吸収・放出をしないので，熱力学第一法則より
>
> $$\Delta U = -W_{\text{out}}$$
>
> が成り立つ。また，単原子分子理想気体では，ΔU は
>
> $$\Delta U = \frac{3}{2}nR\Delta T \quad (n:物質量\quad R:気体定数)$$
>
> と表される。この2式より，次のように，断熱圧縮・膨張における温度変化がわかる。
>   断熱圧縮では，$W_{\text{out}} < 0$ なので，$\Delta U > 0$ である。したがって，$\Delta T > 0$ なので，断熱圧縮では，温度が上昇する。
>   一方，断熱膨張では，$W_{\text{out}} > 0$ なので，$\Delta U < 0$ である。したがって，$\Delta T < 0$ なので，断熱膨張では，温度が降下する。

▶問2．単原子分子の理想気体の定積モル比熱は，気体定数を R とすると $\frac{3}{2}R$ と表される。したがって，気体の物質量を n とすると，B→Cにおいて

$$Q_1 = \frac{3}{2}nR(T_C - T_B) = \frac{3}{2}(nRT_C - nRT_B)$$

$$= \frac{3}{2}(p_C V_B - p_B V_B) = \frac{3}{2}(p_C - p_B)V_B$$

D→Aにおいて

$$Q_2 = \frac{3}{2}nR(T_A - T_D) = \frac{3}{2}(nRT_A - nRT_D)$$

$$= \frac{3}{2}(p_A V_A - p_D V_A) = \frac{3}{2}(p_A - p_D)V_A$$

> **参考2**　定積変化の場合，気体の圧力変化を Δp，温度変化を ΔT とすると，気体の状態方程式より，次式が成り立つ。

$\Delta p V = nR\Delta T$　（V：体積　n：物質量　R：気体定数）

これを用いて，式変形をしてもよい。

別解　B→Cにおいて，気体の内部エネルギーの変化をΔU_1，気体がした仕事をW_1とすると

$$\Delta U_1 = \frac{3}{2}nR\,(T_C - T_B) = \frac{3}{2}(p_C - p_B)\,V_B$$

$$W_1 = 0$$

したがって，熱力学第一法則より

$$\frac{3}{2}(p_C - p_B)\,V_B = Q_1 - 0$$

$$\therefore\quad Q_1 = \frac{3}{2}(p_C - p_B)\,V_B$$

D→Aにおいて，気体の内部エネルギーの変化をΔU_2，気体がした仕事をW_2とすると

$$\Delta U_2 = \frac{3}{2}nR\,(T_A - T_D) = \frac{3}{2}(p_A - p_D)\,V_A$$

$$W_2 = 0$$

したがって，熱力学第一法則より

$$\frac{3}{2}(p_A - p_D)\,V_A = Q_2 - 0$$

$$\therefore\quad Q_2 = \frac{3}{2}(p_A - p_D)\,V_A$$

▶**問3.** 気体の状態をA→B→C→D→Aと一周させたときの気体の内部エネルギーの変化は0なので，熱力学第一法則より

$$0 = Q_1 + Q_2 - W_a \quad \therefore\quad \boldsymbol{W_a = Q_1 + Q_2}$$

▶**問4.** $pV^{\frac{5}{3}} =$ 一定 を用いると，A→Bにおいて

$$p_A V_A^{\frac{5}{3}} = p_B V_B^{\frac{5}{3}}$$

$$\therefore\quad \boldsymbol{p_A} = p_B\Big(\frac{V_B}{V_A}\Big)^{\frac{5}{3}} = p_B\Big(\frac{1}{r_a}\Big)^{\frac{5}{3}} = \boldsymbol{p_B\,r_a^{-\frac{5}{3}}}$$

C→Dにおいて

$$p_C V_B^{\frac{5}{3}} = p_D V_A^{\frac{5}{3}}$$

$$\therefore\quad \boldsymbol{p_D} = p_C\Big(\frac{V_B}{V_A}\Big)^{\frac{5}{3}} = p_C\Big(\frac{1}{r_a}\Big)^{\frac{5}{3}} = \boldsymbol{p_C\,r_a^{-\frac{5}{3}}}$$

▶**問5.** $p_C > p_B$，$p_A < p_D$ なので，問2の結果より，$Q_1 > 0$，$Q_2 < 0$ である。これより，$Q_a = Q_1$ なので

$$e_{\mathrm{a}}=\frac{W_{\mathrm{a}}}{Q_{\mathrm{a}}}=\frac{Q_1+Q_2}{Q_1}$$

したがって

$$\Delta e_{\mathrm{a}}=1-e_{\mathrm{a}}=1-\frac{Q_1+Q_2}{Q_1}=-\frac{Q_2}{Q_1}$$

問2と問4の結果より

$$\Delta e_{\mathrm{a}}=-\frac{\frac{3}{2}(p_{\mathrm{A}}-p_{\mathrm{D}})V_{\mathrm{A}}}{\frac{3}{2}(p_{\mathrm{C}}-p_{\mathrm{B}})V_{\mathrm{B}}}=\frac{p_{\mathrm{D}}-p_{\mathrm{A}}}{p_{\mathrm{C}}-p_{\mathrm{B}}}\times\frac{V_{\mathrm{A}}}{V_{\mathrm{B}}}$$

$$=\frac{p_{\mathrm{C}}r_{\mathrm{a}}^{-\frac{5}{3}}-p_{\mathrm{B}}r_{\mathrm{a}}^{-\frac{5}{3}}}{p_{\mathrm{C}}-p_{\mathrm{B}}}r_{\mathrm{a}}=r_{\mathrm{a}}^{-\frac{5}{3}}\cdot r_{\mathrm{a}}=\boldsymbol{r_{\mathrm{a}}^{-\frac{2}{3}}}$$

Ⅱ. ▶問6. 単原子分子の理想気体の定圧モル比熱は，気体定数を R とすると $\frac{5}{2}R$ と表される。したがって，気体の物質量を n，状態Eの気体の温度を T_{E} とすると，E→Cにおいて

$$Q_3=\frac{5}{2}nR(T_{\mathrm{C}}-T_{\mathrm{E}})=\frac{5}{2}(nRT_{\mathrm{C}}-nRT_{\mathrm{E}})$$

$$=\frac{5}{2}(p_{\mathrm{C}}V_{\mathrm{B}}-p_{\mathrm{C}}V_{\mathrm{E}})=\frac{5}{2}p_{\mathrm{C}}(V_{\mathrm{B}}-V_{\mathrm{E}})$$

参考3 定圧変化の場合，気体の体積変化を ΔV，温度変化を ΔT とすると，気体の状態方程式より，次式が成り立つ。
$$p\Delta V=nR\Delta T \quad (p：圧力 \quad n：物質量 \quad R：気体定数)$$
これを用いて，式変形をしてもよい。

別解 E→Cにおいて，気体の内部エネルギーの変化を ΔU_3，気体がした仕事を W_3 とすると

$$\Delta U_3=\frac{3}{2}nR(T_{\mathrm{C}}-T_{\mathrm{E}})=\frac{3}{2}p_{\mathrm{C}}(V_{\mathrm{B}}-V_{\mathrm{E}})$$

$$W_3=p_{\mathrm{C}}(V_{\mathrm{B}}-V_{\mathrm{E}})$$

したがって，熱力学第一法則より

$$\frac{3}{2}p_{\mathrm{C}}(V_{\mathrm{B}}-V_{\mathrm{E}})=Q_3-p_{\mathrm{C}}(V_{\mathrm{B}}-V_{\mathrm{E}})$$

$$\therefore\quad Q_3=\frac{5}{2}p_{\mathrm{C}}(V_{\mathrm{B}}-V_{\mathrm{E}})$$

▶問7. $V_{\mathrm{B}}>V_{\mathrm{E}}$ なので，問6の結果より，$Q_3>0$ である。また，$Q_2<0$ であることから，$Q_{\mathrm{b}}=Q_3$ である。一方，気体の状態をA→E→C→D→Aと一周させたときの気体の内部エネルギーの変化は0なので，熱力学第一法則より

$$0=Q_2+Q_3-W_{\mathrm{b}} \quad \therefore\quad W_{\mathrm{b}}=Q_2+Q_3$$

これより

$$e_{\mathrm{b}}=\frac{W_{\mathrm{b}}}{Q_{\mathrm{b}}}=\frac{Q_2+Q_3}{Q_3}$$

したがって

$$\varDelta e_{\mathrm{b}}=1-e_{\mathrm{b}}=1-\frac{Q_2+Q_3}{Q_3}=-\frac{Q_2}{Q_3}$$

問2と問6の結果より

$$\varDelta e_{\mathrm{b}}=-\frac{\dfrac{3}{2}(p_{\mathrm{A}}-p_{\mathrm{D}})V_{\mathrm{A}}}{\dfrac{5}{2}p_{\mathrm{C}}(V_{\mathrm{B}}-V_{\mathrm{E}})}=\frac{3(p_{\mathrm{D}}-p_{\mathrm{A}})V_{\mathrm{A}}}{5p_{\mathrm{C}}(V_{\mathrm{B}}-V_{\mathrm{E}})}$$

ここで，$pV^{\frac{5}{3}}=$ 一定 を用いると，A→Eにおいて

$$p_{\mathrm{A}}V_{\mathrm{A}}^{\frac{5}{3}}=p_{\mathrm{C}}V_{\mathrm{E}}^{\frac{5}{3}}$$

$$\therefore\quad p_{\mathrm{A}}=p_{\mathrm{C}}\left(\frac{V_{\mathrm{E}}}{V_{\mathrm{A}}}\right)^{\frac{5}{3}}=p_{\mathrm{C}}\left(\frac{1}{r_{\mathrm{b}}}\right)^{\frac{5}{3}}=p_{\mathrm{C}}r_{\mathrm{b}}^{-\frac{5}{3}}$$

また　$r_{\mathrm{a}}=\dfrac{V_{\mathrm{A}}}{V_{\mathrm{B}}}=\dfrac{r_{\mathrm{b}}}{s}$

これらと問4の結果より，$\varDelta e_{\mathrm{b}}$ の式を整理すると

$$\varDelta e_{\mathrm{b}}=\frac{3(p_{\mathrm{C}}r_{\mathrm{a}}^{-\frac{5}{3}}-p_{\mathrm{C}}r_{\mathrm{b}}^{-\frac{5}{3}})\dfrac{V_{\mathrm{A}}}{V_{\mathrm{E}}}}{5p_{\mathrm{C}}\left(\dfrac{V_{\mathrm{B}}}{V_{\mathrm{E}}}-1\right)}=\frac{3\left\{\left(\dfrac{r_b}{s}\right)^{-\frac{5}{3}}-r_{\mathrm{b}}^{-\frac{5}{3}}\right\}r_{\mathrm{b}}}{5(s-1)}$$

$$=\frac{3(s^{\frac{5}{3}}-1)r_{\mathrm{b}}^{-\frac{5}{3}}\cdot r_{\mathrm{b}}}{5(s-1)}=\frac{3(s^{\frac{5}{3}}-1)r_{\mathrm{b}}^{-\frac{2}{3}}}{5(s-1)}$$

Ⅲ．▶問8．B→Cにおいて，気体が外部から吸収する熱量が Q_1 なので，C→Bにおいて，気体が外部から吸収する熱量は $-Q_1$ である。気体の状態をB→E→C→Bと一周させたときの気体の内部エネルギーの変化は0なので，熱力学第一法則より

$$0=-Q_1+Q_3-W_{\mathrm{c}}\quad\therefore\quad W_{\mathrm{c}}=Q_3-Q_1$$

▶問9．W_{c} の正負：気体の状態をB→E→C→Bと一周させたとき，気体が外部にする仕事 W_{c} は，図1においてB→E→C→Bの過程のグラフに囲まれた部分の面積に等しい。したがって，$W_{\mathrm{c}}>0$ なので，正解は(a)。

e_{a} と e_{b} の大小：e_{a} と e_{b} は，それぞれ

$$e_{\mathrm{a}}=\frac{Q_1+Q_2}{Q_1}=1+\frac{Q_2}{Q_1}$$

$$e_{\mathrm{b}}=\frac{Q_2+Q_3}{Q_3}=1+\frac{Q_2}{Q_3}$$

と表される。ここで，$Q_1>0$，$Q_2<0$ であることと，$W_{\mathrm{c}}>0$ より

$$Q_3 - Q_1 > 0 \qquad \therefore \quad Q_3 > Q_1$$

であることから，$e_b > e_a$ なので，正解は(c)。

> **参考4**　気体の状態変化のサイクルを表した p-V グラフにおいて，変化が時計回りの場合，1サイクルの間に，気体はグラフで囲まれた部分の面積に等しい仕事を外部にする。一方，変化が反時計回りの場合，1サイクルの間に，気体はグラフで囲まれた部分の面積に等しい仕事を外部からされる。
>
> 　前者の場合，一般に気体は高熱源から熱を吸収して外部に仕事をし，低熱源に熱を放出する。これは，自動車のエンジンなどの原理である。後者の場合，一般に気体は外部から仕事をされて低熱源から熱を吸収し，高熱源に熱を放出する。これは，冷蔵庫などの原理である。

テーマ

　理想気体の断熱変化では，気体の圧力 p と体積 V との間に，比熱比 γ を用いると，次式が成り立つ。

$$pV^\gamma = 一定$$

これをポアソンの法則という。γ は定積モル比熱 C_V と定圧モル比熱 C_p を用いると，次式で表される。

$$\gamma = \frac{C_p}{C_V}$$

単原子分子の理想気体では，気体定数 R を用いると，$C_V = \frac{3}{2}R$，$C_p = \frac{5}{2}R$ と表されるので，ポアソンの法則は次式で表され，本問で与えられた式が得られる。

$$pV^{\frac{5}{3}} = 一定$$

　熱機関におけるサイクルにおいて，1サイクルの間に外部から熱量 Q_1 を吸収してその一部を外部にする仕事 W に変換し，残りの熱量 Q_2 を外部へ放出したとすると，熱機関の熱効率 e は，次式で表される。

$$e = \frac{W}{Q_1} = \frac{Q_1 - Q_2}{Q_1}$$

　本問では，サイクルにおいて，気体の状態を一周させたときの気体の内部エネルギーの変化が 0 になることに着目し，熱力学第一法則を用いて，気体が吸収した熱量と気体のした仕事との関係を考察すればよい。

28 ピストンの上に液体を入れたシリンダー内の気体の状態変化

(2015年度 第3問)

鉛直に置かれたシリンダーの中に，上下になめらかに動けるピストンを水平に入れ，単原子分子理想気体を閉じ込める。図1のように，シリンダー外には気圧 p_0，温度 T_0 の外気があり，シリンダー内の気体が外気と熱平衡にあるとき，気体の体積は V_0 であった。気体にはヒーターによって熱を与えることができるが，シリンダー内の気体は常に一様とみなせるものとする。また，シリンダーを通して熱の出入りはあるが，外気の温度と気圧は変化しないものとする。重力加速度の大きさを g とし，ピストンの厚みや質量は無視する。

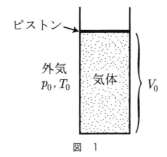

図 1

I．図2のように，ピストンの上に質量 M のおもりをのせて全体が熱平衡に達すると，シリンダー内の気体の圧力と体積がそれぞれ p_1，V_1 となった。シリンダーの断面積を S とする。

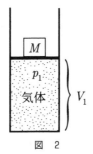

図 2

問1 p_1 と V_1 をそれぞれ p_0，M，g，S，V_0 のうち必要なものを用いて表せ。

問2 次に，おもりをのせたまま，シリンダー内の気体をヒーターで加熱すると，気体はゆっくりと膨張した。気体の体積が V_0 になると同時に加熱をやめた。こ

のときの気体の温度を，p_1 や V_1 を用いず，p_0, M, g, S, T_0 のうち必要なもの
を用いて表せ。

問3　加熱をやめてからすぐに，シリンダー内の気体の体積が V_0 に保たれるよう
　　　にピストンを固定する。時間が経過すると，気体の温度は単調に下がり，やがて
　　　外気と同じ温度 T_0 になった。加熱をやめてから熱平衡になるまでの間に気体か
　　　ら外に放出された熱量を，M, g, S, V_0 のうち必要なものを用いて表せ。

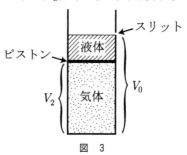

図　3

II. 図1の状態からピストンを押し下げ，図3のように，ピストンの上に液体を入れ
　た状態で，シリンダー内の気体と外気が熱平衡に達した。このとき気体の体積は
　V_2 であり，気体と液体の体積の合計は V_0 であった。シリンダー側面には，液面直
　上の高さの位置に細いスリットが開けてある。以下では，これを最初の状態とする。
　　ヒーターで気体を加熱したところ，気体はゆっくりと膨張して，やがて体積が
　V_0 となり，そのとき気体の温度は T_0 に戻った。この膨張過程において，ピスト
　ンの上昇に伴って液体はスリットからこぼれ出し，気体の体積が V_0 となったとき
　にピストン上の液体は完全になくなる。このとき，気体はスリットからもれ出さな
　いものとする。ピストンの上昇中，液面は常に水平に保たれ，その位置は一定の高
　さ（スリットの位置）にある。また，液体の密度は常に一定であるとし，こぼれた
　液体は他に影響をおよぼさない。以下の問では，この膨張過程について考える。

問4　シリンダー内の気体の体積が V（$V_2 \leqq V \leqq V_0$）のとき，気体の圧力を p_0,
　　　V_0, V_2, V のうち必要なものを用いて表せ。

問5　シリンダー内の気体の体積が V（$V_2 \leqq V \leqq V_0$）のとき，気体の温度を T_0,
　　　V_0, V_2, V のうち必要なものを用いて表せ。

問6　シリンダー内の気体の温度が最も高くなるとき，気体の体積と温度をそれぞ
　　　れ T_0, V_0, V_2 のうち必要なものを用いて表せ。

問7　図3に示した最初の状態からシリンダー内の気体の体積が V_0 になるまでの
　　　間に気体が吸収した正味の熱量（気体がヒーターから吸収した熱量から外に放出
　　　した熱量を引いたもの）を，p_0, V_0, V_2 のうち必要なものを用いて表せ。

解　答

シリンダー内の気体の物質量を n，気体定数を R とすると，はじめの状態における気体の状態方程式は

$$p_0V_0 = nRT_0 \quad \therefore \quad nR = \frac{p_0V_0}{T_0}$$

Ⅰ．▶問1．ピストンにはたらく力のつり合いより

$$p_1S = p_0S + Mg$$

$$\therefore \quad p_1 = p_0 + \frac{Mg}{S}$$

この状態における気体の状態方程式は

$$p_1V_1 = nRT_0$$

$$\therefore \quad V_1 = \frac{nR}{p_1}T_0 = \frac{p_0S}{p_0S + Mg}V_0$$

| 参考1 　V_1 を求めるにあたっては，ボイルの法則を用いてもよい。

▶問2．このときの気体の温度を T_1 とすると，この状態における気体の状態方程式は

$$p_1V_0 = nRT_1$$

$$\therefore \quad T_1 = \frac{p_1}{nR}V_0 = \frac{p_0S + Mg}{p_0S}T_0$$

| 参考2 　T_1 を求めるにあたっては，シャルルの法則を用いてもよい。

▶問3．単原子分子理想気体なので，その定積モル比熱を C_V とすると

$$C_V = \frac{3}{2}R$$

この状態変化の過程は定積変化なので，この過程で気体から外に放出された熱量を Q とすると

$$Q = nC_V(T_1 - T_0) = \frac{3}{2}nR(T_1 - T_0) = \frac{3MgV_0}{2S}$$

別解　この状態変化の過程での，気体の内部エネルギーの変化を ΔU，気体がした仕事を W_{out} とすると

$$\Delta U = \frac{3}{2}nR(T_0 - T_1)$$

$$W_{out} = 0$$

したがって，この過程で気体が外から吸収した熱量を Q_{in} とすると，熱力学第一法則より

$$\frac{3}{2}nR(T_0 - T_1) = Q_{in} - 0$$

$$\therefore \quad Q_{\mathrm{in}} = \frac{3}{2} nR (T_0 - T_1)$$

これより

$$Q = - Q_{\mathrm{in}} = -\frac{3}{2} nR (T_0 - T_1) = \frac{3}{2} nR (T_1 - T_0) = \frac{3MgV_0}{2S}$$

Ⅱ. ▶**問4.** 体積が V_2, V のときの気体の圧力をそれぞれ p_2, p とし，液体の密度を ρ とする。体積が V_2 の状態における気体の状態方程式は

$$p_2 V_2 = nRT_0$$

$$\therefore \quad p_2 = nR \frac{T_0}{V_2} = \frac{V_0}{V_2} p_0 \quad \cdots\cdots ①$$

体積が V_2, V のそれぞれの状態における，ピストンにはたらく力のつり合いより

$$p_2 S = p_0 S + \rho (V_0 - V_2) g \quad \cdots\cdots ②$$

$$pS = p_0 S + \rho (V_0 - V) g \quad \cdots\cdots ③$$

①〜③より，p_2, ρ を消去し，p について解くと

$$p = \frac{V_0 + V_2 - V}{V_2} p_0$$

| **参考3** p_2 を求めるにあたっては，ボイルの法則を用いてもよい。

▶**問5.** 体積が V のときの気体の温度を T とすると，この状態における気体の状態方程式は

$$pV = nRT$$

$$\therefore \quad T = \frac{p}{nR} V = \frac{(V_0 + V_2 - V) V}{V_0 V_2} T_0$$

| **参考4** T を求めるにあたっては，ボイル・シャルルの法則を用いてもよい。

▶**問6.** 問5より

$$T = \{- V^2 + (V_0 + V_2) V\} \frac{T_0}{V_0 V_2}$$

$$= \left\{ -\left(V - \frac{V_0 + V_2}{2} \right)^2 + \frac{(V_0 + V_2)^2}{4} \right\} \frac{T_0}{V_0 V_2}$$

したがって，体積が $V = \dfrac{V_0 + V_2}{2}$ のとき，気体の温度は最も高くなり，

$T = \dfrac{(V_0 + V_2)^2}{4 V_0 V_2} T_0$ となる。

▶**問7.** この状態変化の過程における p-V グラフは，問4より，右図のようになる。この過程で気体がした仕事を W とすると，W はこの p-V グラフの網かけ部分の面積に等しいので

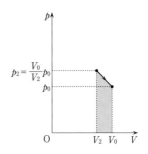

$$W = \frac{1}{2}(p_0 + p_2)(V_0 - V_2)$$

$$= \frac{p_0(V_0{}^2 - V_2{}^2)}{2V_2}$$

また，この過程での気体の内部エネルギーの変化は，はじめと終わりでの温度が同じことから，0 である。したがって，この過程で気体が吸収した正味の熱量を Q' とすると，熱力学第一法則より

$$0 = Q' - W$$

$$\therefore \quad Q' = W = \frac{p_0(V_0{}^2 - V_2{}^2)}{2V_2}$$

参考5 この状態変化の過程における T-V グラフは，問6より，下図のようになる。

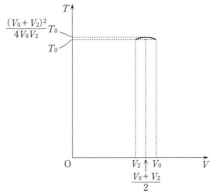

なお，図3より

$$V_2 : V_0 = 3 : 4$$

とすると

$$\frac{(V_0 + V_2)^2}{4V_0V_2}T_0 = \frac{49}{48}T_0$$

となり，T_0 とほとんど差がない。

テーマ

　気体の状態変化では，定積変化，定圧変化，等温変化，断熱変化の典型的な状態変化以外を扱うことがよくある。そのような場合には，まずその状態変化において，圧力や体積，温度などがどのように変化しているのかを的確にとらえ，p-V グラフや T-V グラフなどを描いてみることが大切である。そして，そのグラフをもとに，理想気体に成り立つ種々の物理法則を用いて，考察を進めればよい。

　本題では，鉛直に置かれたシリンダー内のピストンの上に液体が入れられており，気体の体積の増加に伴うピストンの上昇によって，スリットから液体を排出していく。このため，結果として，気体の体積の増加に伴って，一定の割合で気体の圧力が減少していくことになる。

　なお，ピストンにばねが接続されており，気体の体積の増加に伴って，一定の割合で気体の圧力が増加していく設定の問題もよくみられる。このような問題にも，取り組んでおきたい。

29 コンデンサーの極板をピストンとしたシリンダー内の気体の状態変化
(2014年度 第3問)

図のようなシリンダーに組み込まれたコンデンサーを考える。断面積 S のシリンダーに2つの導体の極板A，Bが挿入されている。極板A，Bは，図のように導線によって，内部抵抗の無視できる起電力 V_0 の電池，抵抗，スイッチとつながれている。極板Aは固定されていて，極板Bは極板Aと平行を保ったまま，なめらかに動けるようになっており，ピストンの役割をしている。AとBの間には，n〔mol〕の単原子分子理想気体Cが閉じ込められている。シリンダーの外は圧力 P_0，温度 T_0 の外気である。シリンダーおよび気体は絶縁体であり，気体の誘電率は ε_0 である。

シリンダーには開閉式の放熱窓があり，開いているときには気体Cと外気の間で熱のみを通し，閉じているときには熱を通さない。シリンダーの他の部分および極板は熱を通さない。また，シリンダー内部にはヒーターがあり，気体Cに熱を加えることができる。極板，およびシリンダーの熱容量は無視する。極板間の距離はシリンダーの半径に比べて十分小さいとする。気体定数を R として，以下の問に答えよ。

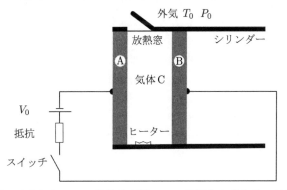

まず，スイッチが切れていて放熱窓が開いている場合を考える。気体Cの温度は T_0 で圧力は P_0 になっている。極板A，Bは帯電していなかった。このときの極板A，B間の距離を l_0 とする。

問1 l_0 を，n，R，P_0，T_0，S のうち必要なものを用いて表せ。

次に，スイッチを切ったまま放熱窓を閉じ，ヒーターで熱を加え，温度が T になったところで，加熱をやめた。

問2　極板Bが外気に対してした仕事を，P_0，T_0，T，S，l_0 のうち必要なものを用いて表せ。

問3　この過程でヒーターから加えた熱量を，n，R，T_0，T のうち必要なものを用いて表せ。

　次に，放熱窓を開き，気体Cの温度が T_0 になるまで待つ。その後，スイッチを入れたところ，極板Bは，ゆっくり動いて止まった。このとき，極板Aに $-q$，極板Bに $+q$（$q>0$）の電荷が現れ，極板A，B間の電場（電界）の強さは E となった。

問4　E を，ε_0，q，S，l_0 のうち必要なものを用いて表せ。

問5　気体Cの圧力を，q，E，P_0，S のうち必要なものを用いて表せ。ただし，極板Bが電場から受ける力の大きさは，$\dfrac{1}{2}qE$ であることに注意せよ。これは，極板B上の電荷は，極板A上の電荷 $-q$ が作る電場 $\left(\text{強さ } \dfrac{1}{2}E\right)$ のみから力を受けるためである。

問6　極板A，B間の距離を，q，E，P_0，S，l_0 のうち必要なものを用いて表せ。

問7　電荷 q を，ε_0，V_0，P_0，S，l_0 のうち必要なものを用いて表せ。ただし，$V_0=0$ のときには $q=0$ となることに注意せよ。

問8　スイッチを入れた後，電池がした仕事は qV_0 である。また，外気は極板Bに対して仕事をしている。これらのエネルギーの行き先としてあてはまるものを，次からすべて選び，記号を記せ。

　　(ア)　気体Cの内部エネルギーの増加

　　(イ)　放熱窓を通して外気に逃げた熱

　　(ウ)　抵抗から発生したジュール熱

問9　問8の解答以外のエネルギーの行き先を1つあげよ。

解 答

▶問1. 気体の状態方程式は

$$P_0 S l_0 = n R T_0 \qquad \therefore \quad l_0 = \frac{nRT_0}{P_0 S}$$

▶問2. この過程は，圧力 P_0 の定圧変化なので，変化後の極板A，B間の距離を l とすると，シャルルの法則より

$$\frac{Sl_0}{T_0} = \frac{Sl}{T} \qquad \therefore \quad l = \frac{T}{T_0} l_0$$

したがって，極板Bが外気に対してした仕事を W とすると

$$W = P_0 (Sl - Sl_0) = P_0 S l_0 \left(\frac{T}{T_0} - 1 \right)$$

| 〔注〕 このとき，極板Bが外気に対してした仕事は，気体Cがした仕事に一致している。

▶問3. 単原子分子理想気体の定積モル比熱を C_V，定圧モル比熱を C_P とすると

$$C_V = \frac{3}{2} R$$

マイヤーの関係式より

$$C_P = C_V + R = \frac{5}{2} R$$

この過程は定圧変化なので，ヒーターから加えた熱量を Q とすると

$$Q = n C_P (T - T_0) = \frac{5}{2} nR (T - T_0)$$

| 〔注〕 このとき，ヒーターから加えた熱量は，気体Cが吸収した熱量に一致している。

別解 単原子分子理想気体なので，この過程での気体Cの内部エネルギーの変化を ΔU とすると

$$\Delta U = \frac{3}{2} nR (T - T_0)$$

問2で求めた W は，この過程で気体Cがした仕事に一致している。この W を変形すると

$$W = nR (T - T_0)$$

したがって，この過程で気体Cが吸収した熱量，すなわちヒーターから加えた熱量を Q とすると，熱力学第一法則より

$$\Delta U = Q - W \qquad \therefore \quad Q = \Delta U + W = \frac{5}{2} nR (T - T_0)$$

▶問4. 極板A，B間には一様な電場が生じている。極板A，B間の電気力線の本数を N とすると

$$N = \frac{q}{\varepsilon_0}$$

したがって　　$E = \dfrac{N}{S} = \dfrac{q}{\varepsilon_0 S}$

別解　変化後の極板A，B間の距離を l' とし，このときのコンデンサーの電気容量を c とすると

$$c = \varepsilon_0 \dfrac{S}{l'}$$

また，このコンデンサーについて

$$q = cV_0$$

が成り立ち，コンデンサーの極板A，B間の電場の強さ E について

$$V_0 = El'$$

が成り立つ。したがって

$$E = \dfrac{V_0}{l'} = \dfrac{q}{cl'} = \dfrac{q}{\varepsilon_0 S}$$

▶**問5．** 極板A，B間には引力がはたらいている。気体Cの圧力を P とすると，極板Bにはたらく力のつり合いより

$$PS = P_0 S + \dfrac{1}{2} qE \quad \therefore \quad P = P_0 + \dfrac{qE}{2S}$$

参考1　極板には，本来その両面に電気力線が引かれる。このことを考慮すると，極板A上の電荷 $-q$ によって極板A，B間に引かれる電気力線の本数は $\dfrac{q}{2\varepsilon_0}$ とみなすことができる。したがって，この電気力線によって求まる電場の強さは $\dfrac{q}{2\varepsilon_0 S}$ となり，$E = \dfrac{q}{\varepsilon_0 S}$ であることから，極板A上の電荷 $-q$ がつくる電場の強さが $\dfrac{1}{2} E$ であることがわかる。極板Bが電場から受ける力は，極板B上の電荷がこの電場から受ける力と考えることができるので，その大きさは $q \times \dfrac{1}{2} E = \dfrac{1}{2} qE$ となり，本問で書かれていることが説明される。

▶**問6．** スイッチを入れる前には，気体Cははじめの状態（圧力 P_0，極板A，B間の距離が l_0）に戻っている。スイッチを入れた後の気体Cの状態変化は等温変化なので，変化後の極板A，B間の距離を l' とすると，ボイルの法則より

$$PSl' = P_0 S l_0 \quad \therefore \quad l' = \dfrac{P_0}{P} l_0 = \dfrac{2P_0 S}{2P_0 S + qE} l_0$$

参考2　この状態変化では，極板A，B間の引き合う力により，極板Bが動いて気体Cは圧縮される。このとき，放熱窓を開けたまま，極板Bがゆっくりと動くので，気体Cは熱を放出しながら温度を T_0 に保っている。したがって，この状態変化が等温変化であることがわかる。

▶**問7．** 極板A，B間の距離が l' になったときのコンデンサーの電気容量 c は

$$c = \varepsilon_0 \dfrac{S}{l'} = \dfrac{\varepsilon_0 (2P_0 S + qE)}{2P_0 l_0}$$

問 4 より, E を代入すると

$$c = \frac{2\varepsilon_0 P_0 S^2 + q^2}{2P_0 S l_0}$$

したがって

$$q = cV_0 = \frac{2\varepsilon_0 P_0 S^2 + q^2}{2P_0 S l_0} V_0 \quad \cdots\cdots(※)$$

q について整理して解くと, 2次方程式の解の公式より

$$q = \frac{P_0 S l_0}{V_0}\left(1 \pm \sqrt{1 - \frac{2\varepsilon_0 V_0^2}{P_0 l_0^2}}\right)$$

$V_0 = 0$ のとき, $q = 0$ となるので

$$q = \frac{P_0 S l_0}{V_0}\left(1 - \sqrt{1 - \frac{2\varepsilon_0 V_0^2}{P_0 l_0^2}}\right)$$

参考3 問 4 の〔別解〕と同様に
$$V_0 = El'$$
問 6 より, l' を代入すると
$$V_0 = \frac{2P_0 S l_0 E}{2P_0 S + qE}$$
さらに, 問 4 より, E を代入すると
$$V_0 = \frac{2P_0 S l_0 q}{2\varepsilon_0 P_0 S^2 + q^2}$$
この式を変形すると, (※)と同じなので, この式を q について整理して解いても答えが求まる。

▶問 8・問 9. スイッチを入れた後の気体Cの状態変化は等温変化なので, 気体Cの内部エネルギーは変化しない。このとき, 気体Cは極板Bに仕事をされているので, 熱力学第一法則より, 気体Cはこのされた仕事の量だけ熱を放出している。また, 回路に電流が流れるので, 抵抗からはジュール熱が発生し, コンデンサーは極板が帯電して静電エネルギーを蓄える。したがって, 電池がした仕事と外気が極板Bに対してした仕事は, エネルギー保存則より, 放熱窓を通して外気に逃げた熱と抵抗から発生したジュール熱, およびコンデンサーが蓄えた静電エネルギーに変換されている。よって, 問 8 の正解は(イ)・(ウ), 問 9 の正解は**コンデンサーが蓄えた静電エネルギー**となる。

　　代表的な気体の状態変化としては，定積変化，定圧変化，等温変化，断熱変化の4つがある。問題で扱われている気体の状態変化がこれらのどれであるかを，種々の状況設定から的確にとらえることが大切である。もちろん，これらのどれにも該当しない状態変化の場合もある。その場合には，その状態変化における圧力や体積の変化などの特徴をとらえることが大切である。その上で，気体の状態方程式やボイル・シャルルの法則，熱力学第一法則などを用いて，その状態変化における気体の内部エネルギーの変化や気体の吸収（放出）した熱量，気体のした（された）仕事などがどのようになるかを考察していけばよい。このとき，気体のモル比熱を有効に利用すると，考察がスムーズに進む場合もよくある。

　　本問では，問題文からその状況設定を読み取ると，定圧変化と等温変化について問われていることがわかる。なお，本問ではこれらの熱力学分野の内容に加えて，コンデンサーについての理解も問われており，電磁気分野との融合問題となっている。

30 水の三態の変化と気体の状態変化におけるモル比熱

(2012 年度　第3問)

　　熱現象に関する以下の問に答えよ。1 気圧のもとで水 1mol あたりの蒸発熱は
4.1×10^4 J/mol, 水のモル比熱は 76 J/(mol・K) とする。選択問題に対しては適切な
語句を選びその番号で答え，数値を求める問に対しては有効数字 2 桁で答えよ。ただ
し，問 7 の　(i)　には「気体が」で始まるもっとも適切な語句を 10 字以内で解答欄
に記入せよ。

Ⅰ. はじめに氷→水→水蒸気の状態の変化について考えよう。1.0×10^2 J/s で発熱す
　　るヒーターで氷 5mol を加熱したとき，温度の時間変化は図 1 のようになった。こ
　　こで，a から e では圧力を 1 気圧に保つ。ヒーターが発する熱はすべて状態の変化
　　に使用される。

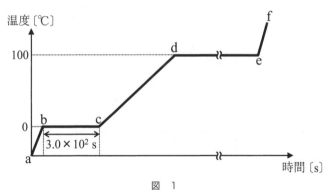

図　1

問1　氷 1mol あたりの融解熱，および d から e までの時間を，それぞれ解答欄に
　　　記入せよ。
問2　e から f において，水蒸気の体積を一定に保ちながら加熱した。このとき，
　　　e から f の勾配は，圧力を一定に保ったときと比べて(ア){①急になる，②変わら
　　　ない，③緩やかになる}。

Ⅱ．2種類の気体X，Yがあり，一方は単原子分子理想気体，もう一方は二原子分子理想気体である。これに対し，まったく同じ容器AおよびBを用意する。これらの容器は受け皿が付属し，変形することはない。まず，0℃，10molの気体Xを0℃の容器Aに封入し，0℃の容器Bは真空にする。図2に示すように，これらの容器を十分大きな箱の中につるし，箱には100℃の水蒸気を流し続ける。箱内は100℃，1気圧が保たれる。両容器の表面にできた露（水滴）を受け皿で集め，天秤で両容器に付着した水滴の重量差を測定できる。容器をつるすひもをとおして熱の出入りはない。また，二原子分子理想気体の定積モル比熱は単原子分子理想気体のそれに対して$\frac{5}{3}$倍である。

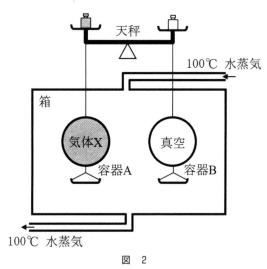

図　2

問3　しばらくすると容器および内部の気体の温度は100℃となるが，このとき，気体Xの圧力は最初の状態（0℃）の圧力の何倍か。

問4　この間に，両容器の表面に水滴が付着する。これは水蒸気が水滴に変わるときに(ア){①放出，②吸収}される熱を，容器Aにおいては(イ){①気体のみ，②容器のみ，③気体と容器}が，容器Bにおいては(ウ){①気体のみ，②容器のみ，③気体と容器}が，(エ){①放出，②吸収}することに起因する。

問5　容器および内部の気体の温度が100℃になったとき，容器A側の水滴の量が容器B側の水滴の量より0.30molだけ多かった。この実験結果から，気体Xが受け取った熱量および気体Xの定積モル比熱を求めよ。

Ⅲ. 新たに容器Aには10molの気体Xを，容器Bには10molの気体Yを封入する。両容器および内部の気体を0℃にした後，図3に示すように，これらの容器を箱の中につるし，天秤で両容器に付着した水滴の重量差を測定できるようにする。

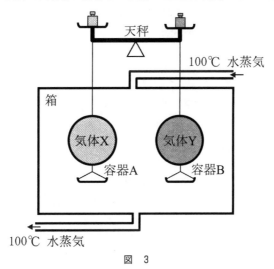

図 3

問6 しばらくすると両容器および内部の気体が100℃となり，容器表面に水滴が付着していた。そのとき，付着していた水滴の量は容器B側の方が多かった。したがって，容器Bに入れた気体Yは(ア){①単原子分子理想気体，②二原子分子理想気体}である。また，両容器に付着した水滴の量の差は何molか，解答欄に記入せよ。

問7 問6の実験で，両容器が内部の圧力を外部の圧力と同じに保つように，なめらかに膨張収縮する容器であった場合，容器に付着する水滴の重量は問6の場合と比べて，両容器ともに(ア){①大きくなる，②変わらない，③小さくなる}。これは，定圧変化が定積変化に比べて (i) と等価な熱量を余分に必要とするためである。

また，両容器に付着した水滴の重量差は問6の場合と比べて，(イ){①大きくなる，②変わらない，③小さくなる}。これは，一定量の理想気体を低圧で加熱したとき， (i) の量は(ウ){①1分子中の原子数，②温度変化，③1分子中の原子数および温度変化}に比例して，その比例係数は(エ){①単原子分子理想気体の方が大きい，②二原子分子理想気体の方が大きい，③理想気体の種類によらず一定である}ことによる。

解　答

I．▶問1．融解熱：氷5 mol を融解させるために要した熱量は，グラフより

$$(1.0\times10^2)\times(3.0\times10^2)=3.0\times10^4\,(J)$$

したがって，氷1 mol あたりの融解熱は

$$\frac{3.0\times10^4}{5}=\boldsymbol{6.0\times10^3}\,(J/mol)$$

時間：水5 mol を蒸発させるために要した熱量は

$$(4.1\times10^4)\times5=2.05\times10^5\,(J)$$

したがって，グラフの d から e までの時間は

$$\frac{2.05\times10^5}{1.0\times10^2}=2.05\times10^3\fallingdotseq\boldsymbol{2.1\times10^3}\,(s)$$

▶問2．(ア)　体積を一定に保って加熱した場合（定積変化），水蒸気は仕事をしないので，熱力学第一法則より，与えた熱量はすべて内部エネルギーの増加分となる。一方，圧力を一定に保って加熱した場合（定圧変化），水蒸気は膨張して外部へ仕事をするので，熱力学第一法則より，与えた熱量はその仕事分と内部エネルギーの増加分とになる。これより，同じ熱量を与えた場合，体積を一定に保ったときの方が圧力を一定に保ったときに比べて，内部エネルギーの増加分が大きくなることがわかる。また，内部エネルギーの変化は温度変化に比例することから，内部エネルギーの増加分が大きいほど温度上昇が大きい。

　したがって，同じ熱量を与えた場合，体積を一定に保ったときの方が圧力を一定に保ったときに比べて，温度上昇が大きくなるので，e から f の勾配が急になる。よって，正解は①。

II．▶問3．気体Xの温度 0 ℃における圧力を P_0 [Pa]，温度 100℃における圧力を P [Pa] とすると，この変化の過程で体積に変化がないので，ボイル・シャルルの法則より

$$\frac{P_0}{273}=\frac{P}{273+100}$$

$$\therefore\quad \frac{P}{P_0}=\frac{373}{273}=1.36\fallingdotseq\boldsymbol{1.4}\ \boldsymbol{倍}$$

▶問4．水蒸気が凝縮して水滴に変わるときには熱を(ア)①放出する。ここでは，容器Aにおいては(イ)③気体と容器が，容器Bにおいては内部が真空のために(ウ)②容器のみが，温度上昇に伴い，この熱を(エ)②吸収している。

　参考　見方を変えると，容器Aにおいては内部の気体と容器が，容器Bにおいては容器が，温度上昇に伴い，熱を吸収することによって，水蒸気は熱を奪われる。すなわち，水蒸気は熱を放出することとなり，凝縮して水滴となる。

▶問5．熱量：容器A側で，水蒸気が凝縮して0.30mol 分の水滴になる際に放出さ

れた熱量が，問4より，容器A内の気体Xに吸収されたことになる。したがって，気体Xが受け取った熱量は

$$(4.1 \times 10^4) \times 0.30 = 1.23 \times 10^4 \fallingdotseq \mathbf{1.2 \times 10^4} \text{〔J〕}$$

定積モル比熱：気体Xの物質量は10molであり，このとき，体積を一定に保って温度が100℃（100K）だけ上昇したことから，気体Xの定積モル比熱は

$$\frac{1.23 \times 10^4}{10 \times 100} = 1.23 \times 10 \fallingdotseq \mathbf{1.2 \times 10} \text{〔J/(mol・K)〕}$$

Ⅲ．▶**問6．**(ア)　容器Aより容器Bに付着していた水滴の量の方が多かったことから，容器A内の気体Xより容器B内の気体Yの吸収した熱量の方が多かったことがわかる。また，単原子分子理想気体より二原子分子理想気体の定積モル比熱の方が大きいので，両気体が同じ温度だけ温度上昇する際に吸収する熱量は，単原子分子理想気体より二原子分子理想気体の方が多い。以上のことから，容器B内の気体Yは二原子分子理想気体であることがわかる。よって，正解は②。

水滴の量の差：二原子分子理想気体である気体Yの定積モル比熱が単原子分子理想気体である気体Xのそれの$\frac{5}{3}$倍なので，気体Yの吸収した熱量は気体Xのそれの$\frac{5}{3}$倍である。気体の熱の吸収により凝縮した水滴の量は，気体の吸収した熱量に比例するので，気体Xの熱の吸収によって凝縮した水滴の量が0.30molであることから，水滴の量の差は

$$0.30 \times \frac{5}{3} - 0.30 = \mathbf{2.0 \times 10^{-1}} \text{〔mol〕}$$

別解　二原子分子理想気体である気体Yと単原子分子理想気体である気体Xとで，このとき吸収した熱量の差は

$$10 \times 100 \times 1.23 \times 10 \times \left(\frac{5}{3} - 1 \right) = 8.2 \times 10^3 \text{〔J〕}$$

したがって，この熱量に等しい熱を放出した水蒸気分が凝縮して生じる水滴の量がその差となるので

$$\frac{8.2 \times 10^3}{4.1 \times 10^4} = 2.0 \times 10^{-1} \text{〔mol〕}$$

▶**問7．**　両容器が内部の圧力を外部の圧力と同じに保つようになめらかに膨張収縮する容器であった場合，問6の定積変化に対して定圧変化となる。このとき，加熱された気体は膨張して外部に仕事をするので，熱力学第一法則より，この(i)**気体が外部にする仕事**と等価な熱量だけ気体は多く熱を吸収することがわかる。このため，その熱量に等しい熱を放出した水蒸気分だけ多く凝縮して水滴となる。したがって，容器に付着する水滴の重量は問6の場合と比べて，両容器ともに(ア)**①大きくなる**。

　また，一定量の理想気体を定圧で加熱した場合，気体が外部にする仕事の量 W は

$$W = P\Delta V = nR\Delta T$$

(P：圧力，ΔV：体積変化，n：物質量，R：気体定数，ΔT：温度変化)

と表されることから，W は(エ)③**理想気体の種類によらず一定**の値 R を比例係数として物質量と(ウ)②**温度変化**に比例することがわかる。したがって，このとき気体 X と気体 Y が外部にする仕事は等しく，両容器ともに等量の水滴が増す。よって，両容器に付着した水滴の重量差は問6の場合と比べて(イ)②**変わらない**。

テーマ

　物質量 n〔mol〕の理想気体の定積変化において，与えた熱量を Q_V〔J〕とし，このときの気体の温度上昇を ΔT〔K〕，気体の内部エネルギーの変化を ΔU〔J〕とすると，定積モル比熱 C_V〔J/(mol·K)〕は

$$C_V = \frac{Q_V}{n\Delta T}$$

と表されるが，熱力学第一法則より

$$\Delta U = Q_V$$

なので

$$C_V = \frac{\Delta U}{n\Delta T}$$

と表される。
　一方，同じ気体の定圧変化において，与えた熱量を Q_P〔J〕としたとき，気体の温度上昇が定積変化のときと同じ ΔT〔K〕だった場合，気体の内部エネルギーの変化も同じ ΔU〔J〕なので，定圧モル比熱 C_P〔J/(mol·K)〕は

$$C_P = \frac{Q_P}{n\Delta T}$$

と表されるが，気体定数を R〔J/(mol·K)〕とすると，熱力学第一法則より

$$Q_P = \Delta U + nR\Delta T \quad (\because \; 気体のした仕事 \; W = nR\Delta T)$$

なので

$$C_P = \frac{\Delta U + nR\Delta T}{n\Delta T} = \frac{\Delta U}{n\Delta T} + R = C_V + R$$

と表される。したがって，理想気体では気体の種類によらず，C_P と C_V の差は

$$C_P - C_V = R$$

と表され，これをマイヤーの関係式という。

31 ゴム風船を入れたピストン付きシリンダー内の気体の状態変化

(2011年度 第3問)

風船では，ゴムが縮もうとする力によって内部の圧力が外部の圧力より高くなる。このような風船に単原子分子理想気体Aを n_A モル入れ，それを図のように n_B モルの単原子分子理想気体Bの入ったピストン付きのシリンダーに入れた。このシリンダーとピストンは外部との熱の出入りがないような断熱材でできている。シリンダーは風船に対して十分大きいとする。このシリンダーにはヒーターが取り付けられている。ピストンはなめらかに動き，風船外部の気体Bの圧力は常に一定で P であるとする。

以下で考える風船は熱をよく通し，風船外部と風船内部の温度は同じである。風船は気体を通すことはない。風船を作っているゴムの質量，厚み，および熱容量は無視できるとする。以下，気体定数を R とする。

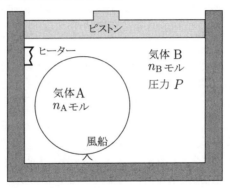

I. まず，風船内部の気体Aの圧力 P_A が風船外部の気体Bの圧力 P によって

$$P_A = P + a$$

と与えられる風船の場合を考える。ここで a は正の定数である。気体Aと気体Bの温度がともに T のとき，気体Aの体積は V_A，気体Bの体積は V_B であった。以下の文中の □ に入る適切な式を a，R，P，V_A のうち必要なものを用いて解答欄に記入せよ。

気体Bの圧力を P に保ちながら，ヒーターで熱量 ΔQ を加えた。すると，気体Aと気体Bの温度がともに上がって T から $T + \Delta T$ になった。またこのとき，風船がふくらみ，ピストンが動いて，気体Aの体積が V_A から $V_A + \Delta V_A$ に，気体Bの体積が V_B から $V_B + \Delta V_B$ になった。変化の前後で気体Aの状態方程式を考えることにより，ΔV_A は

$$\Delta V_A = \boxed{(1)} \, n_A \Delta T$$

と表すことができる。

　風船の内外の圧力が異なるため，この変化の間に風船内部の気体Aが風船にした仕事と，風船が気体Bに対してした仕事は異なる。したがって，その差は風船のゴムにエネルギーとしてたくわえられる。つまり，その変化でゴムにたくわえられているエネルギーは $\boxed{(2)}$ ΔV_A だけ増加したことになる。

　また，この変化でシリンダー内部の気体Bがピストンに対してした仕事 ΔW は

$$\Delta W = \boxed{(3)}\ \Delta V_B + \boxed{(4)}\ \Delta V_A$$

である。気体の内部エネルギーの増加，気体がピストンにした仕事，風船のゴムにたくわえられたエネルギーの増加を考慮することにより，加えた熱量 ΔQ は

$$\Delta Q = \boxed{(5)}\ n_B \Delta T + \boxed{(6)}\ n_A \Delta T$$

であることがわかる。ただし，単原子分子理想気体の定積モル比熱は $\dfrac{3}{2}R$ である。

Ⅱ．次に，風船内部の気体 A の圧力 P_A が風船外部の気体Bの圧力 P と気体Aの体積 V_A によって

$$P_A = P + b - cV_A$$

と与えられる風船の場合を考える。ここで b と c は正の定数である。以下では $b - 2cV_A > 0$ の場合を考える。気体Aと気体Bの温度がともに T のとき，気体Aの体積は V_A，気体Bの体積は V_B であった。以下の文中の $\boxed{}$ に入る適切な式を b, c, R, P, V_A のうち必要なものを用いて解答欄に記入せよ。ただし(10)については，正しいものを選び，その記号を解答欄に記入せよ。

　気体Bの圧力を P に保ちながら，ヒーターで微小な熱量 $\Delta Q'$ を加えた。すると，気体Aと気体Bの温度がともに微小量だけ上がって T から $T + \Delta T'$ になり，気体Aの体積が微小量だけ変化して V_A から $V_A + \Delta V_A'$ になった。以下では，$\Delta V_A'$ は V_A に比べて非常に小さいので $(\Delta V_A')^2$ は無視できるとする。変化の前後で気体Aの状態方程式を考えることにより，$\Delta T'$ は

$$\Delta T' = \frac{\boxed{(7)}}{n_A R}\Delta V_A'$$

と表すことができる。以下，$p_0 = \boxed{(7)}$ とおく。

　Ⅰの場合と同様にして，気体の内部エネルギーの増加，気体がピストンにした仕事，風船のゴムにたくわえられたエネルギーの増加を考慮することにより，加えた熱量 $\Delta Q'$ は

$$\Delta Q' = \boxed{(8)}\ n_B \Delta T' + \left(\frac{3}{2}R + \frac{\boxed{(9)}}{p_0}\right)n_A \Delta T'$$

であることがわかる。ここで p_0 は(7)で求めた p_0 である。

　次に，この結果をⅠの結果と比較する。Ⅰの場合の熱容量は $C_Ⅰ = \dfrac{\Delta Q}{\Delta T}$ で，Ⅱの

場合の熱容量は $C_{II} = \dfrac{\Delta Q'}{\Delta T'}$ で与えられる。これらの二つの熱容量の間には

(10) (ア)$C_{I} < C_{II}$, (イ)$C_{I} = C_{II}$, (ウ)$C_{I} > C_{II}$ の関係がある。

解 答

Ⅰ. ▶(1) 変化の前後における気体Aの状態方程式は

変化の前：$P_A V_A = n_A R T$

変化の後：$P_A (V_A + \Delta V_A) = n_A R (T + \Delta T)$

この2式より，ΔV_A は

$$\Delta V_A = \frac{R}{P_A} n_A \Delta T = \frac{R}{P+a} n_A \Delta T$$

▶(2) 気体Aが風船にした仕事を W_1 とすると

$$W_1 = P_A \Delta V_A = (P+a) \Delta V_A$$

風船が気体Bにした仕事を W_2 とすると

$$W_2 = P \Delta V_A$$

したがって，風船のゴムに蓄えられているエネルギーの増加量は

$$W_1 - W_2 = a \Delta V_A$$

▶(3)・(4) 気体Bと気体Aの体積増加量の和 $\Delta V_B + \Delta V_A$ に相応する高さだけ，気体Bはピストンを押し上げるので，気体Bがピストンに対してした仕事 ΔW は

$$\Delta W = P (\Delta V_B + \Delta V_A) = P \Delta V_B + P \Delta V_A$$

▶(5)・(6) 気体A，Bの内部エネルギーの変化をそれぞれ ΔU_A，ΔU_B とすると

$$\Delta U_A = \frac{3}{2} n_A R \Delta T, \quad \Delta U_B = \frac{3}{2} n_B R \Delta T$$

これより，気体A，B全体について，内部エネルギーの変化を ΔU_{AB} とすると

$$\Delta U_{AB} = \Delta U_A + \Delta U_B = \frac{3}{2} n_A R \Delta T + \frac{3}{2} n_B R \Delta T$$

熱力学第一法則に基づいて考えると，加えた熱量 ΔQ が，気体の内部エネルギーの増加分と気体がピストンにした仕事，および風船のゴムに蓄えられたエネルギーの増加分になるので

$$\Delta Q = \Delta U_{AB} + \Delta W + (W_1 - W_2)$$

$$= \frac{3}{2} n_A R \Delta T + \frac{3}{2} n_B R \Delta T + (P+a) \Delta V_A + P \Delta V_B$$

ここで，(1)より

$$(P+a) \Delta V_A = n_A R \Delta T$$

また，(1)と同様に，変化の前後における気体Bの状態方程式を考えると

$$P \Delta V_B = n_B R \Delta T$$

したがって

$$\Delta Q = \frac{3}{2} n_A R \Delta T + \frac{3}{2} n_B R \Delta T + n_A R \Delta T + n_B R \Delta T$$

$$= \frac{5}{2} R n_B \varDelta T + \frac{5}{2} R n_A \varDelta T$$

参考1 気体A，Bのした仕事をそれぞれ $\varDelta W_A$，$\varDelta W_B$ とすると

$$\varDelta W_A = W_1, \quad \varDelta W_B = \varDelta W - W_2$$

これより，気体A，B全体について，した仕事を $\varDelta W_{AB}$ とすると

$$\varDelta W_{AB} = \varDelta W_A + \varDelta W_B = \varDelta W + W_1 - W_2$$

したがって，気体A，B全体について，熱力学第一法則より

$$\varDelta U_{AB} = \varDelta Q - \varDelta W_{AB}$$

$$\therefore \quad \varDelta Q = \varDelta U_{AB} + \varDelta W_{AB} = \varDelta U_{AB} + \varDelta W + W_1 - W_2$$

となり，〔解答〕と同じ式が得られる。

また，気体A，Bの吸収した熱量をそれぞれ $\varDelta Q_A$，$\varDelta Q_B$ とすると，気体A，Bそれぞれについて，熱力学第一法則より $\varDelta Q_A$，$\varDelta Q_B$ が求まる。これより

$$\varDelta Q = \varDelta Q_A + \varDelta Q_B$$

と求めることもできる。

別解 マイヤーの関係式より，単原子分子の理想気体の定圧モル比熱は

$\frac{3}{2} R + R = \frac{5}{2} R$ であることから

$$\varDelta Q_A = \frac{5}{2} n_A R \varDelta T, \quad \varDelta Q_B = \frac{5}{2} n_B R \varDelta T$$

したがって

$$\varDelta Q = \varDelta Q_B + \varDelta Q_A = \frac{5}{2} R n_B \varDelta T + \frac{5}{2} R n_A \varDelta T$$

Ⅱ. ▶(7) 変化の前後における気体Aの状態方程式は

変化の前：$(P + b - c V_A) V_A = n_A R T$

変化の後：$\{P + b - c (V_A + \varDelta V_A')\}(V_A + \varDelta V_A') = n_A R (T + \varDelta T')$

この2式より，$(\varDelta V_A')^2 \fallingdotseq 0$ と近似すると，$\varDelta T'$ は

$$\varDelta T' = \frac{P + b - 2c V_A}{n_A R} \varDelta V_A'$$

▶(8)・(9) 気体A，Bの内部エネルギーの変化をそれぞれ $\varDelta U_A'$，$\varDelta U_B'$ とすると

$$\varDelta U_A' = \frac{3}{2} n_A R \varDelta T', \quad \varDelta U_B' = \frac{3}{2} n_B R \varDelta T'$$

これより，気体A，B全体について，内部エネルギーの変化を $\varDelta U_{AB}'$ とすると

$$\varDelta U_{AB}' = \varDelta U_A' + \varDelta U_B' = \frac{3}{2} n_A R \varDelta T' + \frac{3}{2} n_B R \varDelta T'$$

気体Aが風船にした仕事を W_1' とすると，体積が $\varDelta V_A'$ だけ変化する間，気体Aの圧力は一定とみなすことができるので

$$W_1' = (P + b - c V_A) \varDelta V_A'$$

風船が気体Bにした仕事を W_2' とすると

$$W_2' = P \varDelta V_A'$$

これより，風船のゴムに蓄えられたエネルギーの増加量は

$$W_1' - W_2' = (P + b - cV_A)\Delta V_A' - P\Delta V_A'$$

気体Bがピストンに対してした仕事を $\Delta W'$ とし，気体Bの体積の微小量の変化を $\Delta V_B'$ とすると

$$\Delta W' = P(\Delta V_B' + \Delta V_A')$$

(5)・(6)と同様に，熱力学第一法則に基づいて考えると，加えた熱量 $\Delta Q'$ が，気体の内部エネルギーの増加分と気体がピストンにした仕事，および風船のゴムに蓄えられたエネルギーの増加分になるので

$$\Delta Q' = \Delta U_{AB}' + \Delta W' + (W_1' - W_2')$$

$$= \frac{3}{2}n_A R\Delta T' + \frac{3}{2}n_B R\Delta T' + (P + b - cV_A)\Delta V_A' + P\Delta V_B'$$

ここで，(7)より

$$\Delta V_A' = \frac{R}{p_0}n_A \Delta T'$$

また，(7)と同様に，変化の前後における気体Bの状態方程式を考えると

$$P\Delta V_B' = n_B R\Delta T'$$

したがって

$$\Delta Q' = \frac{3}{2}n_A R\Delta T' + \frac{3}{2}n_B R\Delta T' + \frac{(P + b - cV_A)R}{p_0}n_A \Delta T' + n_B R\Delta T'$$

$$= \frac{5}{2}Rn_B\Delta T' + \left\{\frac{3}{2}R + \frac{(P + b - cV_A)R}{p_0}\right\}n_A \Delta T'$$

参考2 気体A，Bのした仕事をそれぞれ $\Delta W_A'$，$\Delta W_B'$ とすると

$$\Delta W_A' = W_1', \quad \Delta W_B' = \Delta W' - W_2'$$

これより，気体A，B全体について，した仕事を $\Delta W_{AB}'$ とすると

$$\Delta W_{AB}' = \Delta W_A' + \Delta W_B' = \Delta W' + W_1' - W_2'$$

これらから，(5)・(6)の〔参考1〕と同様に，気体A，B全体についてや，気体A，Bそれぞれについて，熱力学第一法則を用いることによっても，$\Delta Q'$ を求めることができる。

▶(10)　(5)・(6)より

$$C_{\mathrm{I}} = \frac{\Delta Q}{\Delta T} = \frac{5}{2}Rn_B + \frac{5}{2}Rn_A$$

(8)・(9)より

$$C_{\mathrm{II}} = \frac{\Delta Q'}{\Delta T'} = \frac{5}{2}Rn_B + \left\{\frac{3}{2}R + \frac{(P + b - cV_A)R}{p_0}\right\}n_A$$

ここで

$$\frac{P + b - cV_A}{p_0} = \frac{P + b - cV_A}{P + b - 2cV_A} > 1 \quad (\because \quad b - 2cV_A > 0)$$

これより

$$\frac{5}{2}Rn_A < \left\{\frac{3}{2}R + \frac{(P+b-cV_A)R}{p_0}\right\}n_A$$

したがって $\qquad C_{\text{I}} < C_{\text{II}}$

よって，正解は(ア)。

32 特殊な2つのピストンをもつシリンダー内の気体の状態変化

(2010年度　第3問)

　断面積 S〔m²〕の断熱材でできているシリンダーが鉛直に置かれている。その底面には加熱用のヒーターがついている。大気圧を P〔Pa＝N/m²〕，重力加速度の大きさを g〔m/s²〕，気体定数を R〔J/mol・K〕として，以下の問に答えよ。シリンダー内の気体にはたらく重力は無視してよい。

I. 図1のように，シリンダーに質量 m〔kg〕のなめらかに動くことのできるピストンがついている。このピストンは断熱材でできている。シリンダー内にはピストンにより単原子分子理想気体Aが閉じ込められている。温度 T〔K〕，物質量 n〔mol〕の単原子分子理想気体の内部エネルギーは $\frac{3}{2}nRT$ である。

　問1　ピストンはある位置で静止している。気体Aの圧力を，P, m, g, S の中から必要なものを用いて表せ。
　問2　ヒーターで気体Aをゆっくりと加熱したところピストンが移動した。気体Aの体積が ΔV〔m³〕だけ増加したところでヒーターの加熱を止めた。気体Aがした仕事 W_1〔J〕と，ヒーターから気体Aに与えられた熱量 Q_1〔J〕を，P, ΔV, m, g, S の中から必要なものを用いて表せ。

II. 図2のように，図1のピストンのついたシリンダーに断熱材でできた固定壁を取り付け，単原子分子理想気体AとBを閉じ込めた。はじめピストンは静止しており，気体Bの圧力は P〔Pa〕であった。また，気体AとBの体積はともに V_2〔m³〕，温度は T_2〔K〕であった。次にヒーターにより気体Aをゆっくりと加熱したところピストンが移動し，加熱を止めた後，気体Bの圧力は P_B〔Pa〕，体積は V_B〔m³〕となった。

　問3　ヒーターで加熱する前と後での，気体AとBの内部エネルギーの変化量 ΔU_A〔J〕と ΔU_B〔J〕を，P, P_B, V_2, V_B, m, g, S の中から必要なものを用いて表せ。
　問4　気体Bの変化は断熱的であるため，気体Bの内部エネルギーの変化量 ΔU_B と気体Bがされた仕事 W_B〔J〕のあいだには，熱力学第一法則より $\Delta U_B = W_B$ の関係が成り立つ。ピストンの位置エネルギーの変化を ΔU_p〔J〕，気体Aがした仕事を W_A〔J〕とすると，$W_A = W_B + \Delta U_p$ の関係が成り立つ。これらのこと

を考慮して、ヒーターから気体Aに与えられた熱量 Q_2〔J〕を、P, P_B, V_2, V_B, m, g, S の中から必要なものを用いて表せ。

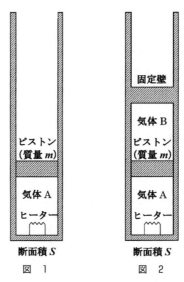

図 1　　　　図 2

Ⅲ. 図3(a)のように、シリンダーにそれぞれ質量 m〔kg〕のなめらかに動くことのできる2つのピストンを取り付け、単原子分子理想気体AとBを閉じ込めた。気体AとBの間のピストン1は熱を自由に通す材質でできている。一方、気体Bと大気との間のピストン2は断熱材でできており、気体Bを大気中に放出するためのバルブが付いている。はじめバルブは閉じており、気体AとBの体積はともに V_3〔m³〕、温度は T_3〔K〕であった。ピストン1の熱容量は無視できるとする。

問5　ヒーターによりゆっくりと気体Aを加熱し、図3(b)のように気体Aの体積が $\dfrac{3}{2}V_3$〔m³〕となったところでヒーターの加熱を止めた。このときの、気体AとBの内部エネルギーの変化量 $\Delta U_A'$〔J〕と $\Delta U_B'$〔J〕、ヒーターが与えた熱量 Q_3〔J〕を、P, V_3, m, g, S の中から必要なものを用いて表せ。

問6　次にバルブを開き、気体Bを大気中にゆっくりと放出し、図3(c)のようにピストン2をはじめの位置に戻し、その後バルブを閉じた。この間、気体Bの圧力と温度は変化しない。このときシリンダー内に残った気体Bの物質量 n_B〔mol〕を、P, V_3, T_3, R, m, g, S の中から必要なものを用いて表せ。

問7　次にヒーターにより再度ゆっくりと気体Aを加熱し，図3(d)のように気体Aの体積が$2V_3$〔m³〕となったところでヒーターの加熱を止めた。最後にバルブを開き気体Bを大気中にゆっくりと放出し，図3(e)のようにピストン2をはじめの位置に戻し，その後バルブを閉じた。このとき，気体Bは大気中に全て放出された。図3(a)のはじめの状態から図3(e)の状態までについて，気体Bの体積V〔m³〕と温度T〔K〕の変化のグラフを描け。また，そのグラフには図3(b)，(c)，(d)，(e)の4つの状態にあたる点をグラフ中の●(a)にならって明示せよ。

〔解答欄〕

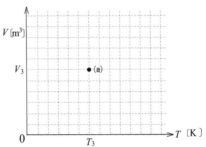

問8　図3(a)のはじめの状態から図3(e)の状態までに，ヒーターが加えた熱量の合計Q_3'〔J〕を，P，V_3，m，g，Sの中から必要なものを用いて表せ。

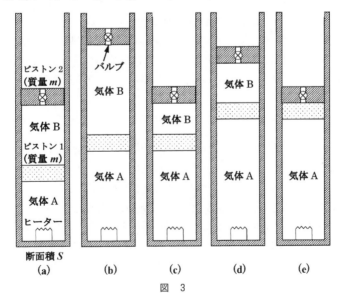

図　3

解 答

Ⅰ．▶問1．気体Aの圧力をP_A〔Pa〕とすると，ピストンにはたらく力のつりあいより

$$P_A S = PS + mg \qquad \therefore \quad P_A = P + \frac{mg}{S} \text{〔Pa〕}$$

▶問2．圧力P_A〔Pa〕の定圧変化なので

$$W_1 = P_A \Delta V = \left(P + \frac{mg}{S}\right)\Delta V \text{〔J〕}$$

気体の内部エネルギーの変化をΔU〔J〕とし，物質量をn〔mol〕，温度変化をΔT〔K〕とすると，題意より

$$\Delta U = \frac{3}{2}nR\Delta T = \frac{3}{2}P_A\Delta V = \frac{3}{2}\left(P + \frac{mg}{S}\right)\Delta V \text{〔J〕}$$

熱力学第一法則より

$$\Delta U = Q_1 - W_1$$

$$\therefore \quad Q_1 = \Delta U + W_1 = \frac{5}{2}\left(P + \frac{mg}{S}\right)\Delta V \text{〔J〕}$$

別解 理想気体の内部エネルギーUは，定積モル比熱C_Vを用いて$U = nC_V T$と表される。ここでは，単原子分子理想気体の内部エネルギーとして$U = \frac{3}{2}nRT$が示されているので，単原子分子理想気体の定積モル比熱は$C_V = \frac{3}{2}R$であることがわかる。

したがって，単原子分子理想気体の定圧モル比熱は$C_P = C_V + R = \frac{5}{2}R$であり，圧力$P_A$〔Pa〕の定圧変化なので

$$Q_1 = nC_P\Delta T = \frac{5}{2}nR\Delta T = \frac{5}{2}P_A\Delta V = \frac{5}{2}\left(P + \frac{mg}{S}\right)\Delta V \text{〔J〕}$$

Ⅱ．▶問3．気体A，Bの物質量をそれぞれn_1〔mol〕，n_2〔mol〕とする。気体Aについて，加熱前の圧力は$P + \frac{mg}{S}$〔Pa〕なので，気体の状態方程式より

$$\left(P + \frac{mg}{S}\right)V_2 = n_1 R T_2 \qquad \therefore \quad T_2 = \left(P + \frac{mg}{S}\right)\frac{V_2}{n_1 R}\text{〔K〕}$$

加熱後の圧力は$P_B + \frac{mg}{S}$〔Pa〕で，体積は$2V_2 - V_B$〔m^3〕なので，このときの温度をT_A〔K〕とすると，気体の状態方程式より

$$\left(P_B + \frac{mg}{S}\right)(2V_2 - V_B) = n_1 R T_A \qquad \therefore \quad T_A = \left(P_B + \frac{mg}{S}\right)\frac{2V_2 - V_B}{n_1 R}\text{〔K〕}$$

したがって，題意より

$$\Delta U_{\mathrm{A}} = \frac{3}{2} n_1 R \left(T_{\mathrm{A}} - T_2 \right)$$

$$= \frac{3}{2} \left\{ \left(P_{\mathrm{B}} + \frac{mg}{S} \right)(2V_2 - V_{\mathrm{B}}) - \left(P + \frac{mg}{S} \right) V_2 \right\} \,(\mathrm{J})$$

同様に，気体Bについて，加熱前の気体の状態方程式より

$$T_2 = \frac{PV_2}{n_2 R} \,(\mathrm{K})$$

加熱後の温度を $T_{\mathrm{B}}(\mathrm{K})$ とすると，気体の状態方程式より

$$T_{\mathrm{B}} = \frac{P_{\mathrm{B}} V_{\mathrm{B}}}{n_2 R} \,(\mathrm{K})$$

したがって，題意より

$$\Delta U_{\mathrm{B}} = \frac{3}{2} n_2 R \left(T_{\mathrm{B}} - T_2 \right) = \frac{3}{2} \left(P_{\mathrm{B}} V_{\mathrm{B}} - PV_2 \right) \,(\mathrm{J})$$

▶問4．$W_{\mathrm{B}} = \Delta U_{\mathrm{B}} = \dfrac{3}{2} \left(P_{\mathrm{B}} V_{\mathrm{B}} - PV_2 \right) \,(\mathrm{J})$

加熱によって，ピストンが上昇する高さ $h\,(\mathrm{m})$ は

$$h = \frac{2V_2 - V_{\mathrm{B}}}{S} - \frac{V_2}{S} = \frac{V_2 - V_{\mathrm{B}}}{S} \,(\mathrm{m})$$

これより

$$\Delta U_{\mathrm{p}} = mgh = \frac{mg}{S} \left(V_2 - V_{\mathrm{B}} \right) \,(\mathrm{J})$$

したがって

$$W_{\mathrm{A}} = W_{\mathrm{B}} + \Delta U_{\mathrm{p}} = \frac{3}{2} \left(P_{\mathrm{B}} V_{\mathrm{B}} - PV_2 \right) + \frac{mg}{S} \left(V_2 - V_{\mathrm{B}} \right) \,(\mathrm{J})$$

熱力学第一法則より

$$\Delta U_{\mathrm{A}} = Q_2 - W_{\mathrm{A}}$$

$$\therefore \quad Q_2 = \Delta U_{\mathrm{A}} + W_{\mathrm{A}} = 3 \left(P_{\mathrm{B}} - P \right) V_2 + \frac{5mg}{2S} \left(V_2 - V_{\mathrm{B}} \right) \,(\mathrm{J})$$

Ⅲ．▶問5．気体A，Bの圧力をそれぞれ $P_{\mathrm{A}}'(\mathrm{Pa})$，$P_{\mathrm{B}}'(\mathrm{Pa})$ とすると

$$P_{\mathrm{B}}' = P + \frac{mg}{S} \,(\mathrm{Pa})$$

これより

$$P_{\mathrm{A}}' = P_{\mathrm{B}}' + \frac{mg}{S} = P + \frac{2mg}{S} \,(\mathrm{Pa})$$

気体A，Bは，それぞれ圧力 $P_{\mathrm{A}}'(\mathrm{Pa})$，$P_{\mathrm{B}}'(\mathrm{Pa})$ で定圧変化をするが，ピストン1が熱を自由に通すことから，(b)の状態での気体A，Bの温度は同じになる。したがって，はじめに気体A，Bはともに同じ温度・体積であったことから，(a)→(b)の過程における気体A，Bの温度変化はともに同じ ΔT_3 となり，(b)の状態での気体Bの体積

は，気体Aと同じ $\dfrac{3}{2}V_3$〔m³〕となる。

ここで，気体A，Bの物質量をそれぞれ n_1'〔mol〕，n_2'〔mol〕とすると，題意より

$$\Delta U_A' = \dfrac{3}{2}n_1'R\Delta T_3 = \dfrac{3}{2}P_A'\left(\dfrac{3}{2}V_3 - V_3\right) = \dfrac{3}{4}\left(P + \dfrac{2mg}{S}\right)V_3 \text{〔J〕}$$

$$\Delta U_B' = \dfrac{3}{2}n_2'R\Delta T_3 = \dfrac{3}{2}P_B'\left(\dfrac{3}{2}V_3 - V_3\right) = \dfrac{3}{4}\left(P + \dfrac{mg}{S}\right)V_3 \text{〔J〕}$$

これより，気体A，B全体について，内部エネルギーの変化 ΔU_3〔J〕は

$$\Delta U_3 = \Delta U_A' + \Delta U_B' = \dfrac{3}{4}\left(2P + \dfrac{3mg}{S}\right)V_3 \text{〔J〕}$$

気体A，Bそれぞれがした仕事を W_A'〔J〕，W_B'〔J〕とすると，気体A，B全体について，そのした仕事 W_3〔J〕は

$$W_3 = W_A' + W_B' = P_A'\left(\dfrac{3}{2}V_3 - V_3\right) + P_B'\left(\dfrac{3}{2}V_3 - V_3\right)$$

$$= \dfrac{1}{2}\left(2P + \dfrac{3mg}{S}\right)V_3 \text{〔J〕}$$

したがって，気体A，B全体について，熱力学第一法則より

$$\Delta U_3 = Q_3 - W_3$$

$$\therefore \quad Q_3 = \Delta U_3 + W_3 = \left(\dfrac{5}{2}P + \dfrac{15mg}{4S}\right)V_3 \text{〔J〕}$$

参考1 (a)→(b)の過程における気体A，Bの体積変化はともに同じ $\dfrac{1}{2}V_3$〔m³〕なので，シャルルの法則より，この過程における気体A，Bの温度変化はともに同じ $\Delta T_3 = \dfrac{1}{2}T_3$〔K〕である。また，気体A，Bの物質量 n_1'〔mol〕，n_2'〔mol〕は気体の状態方程式よりそれぞれ求めることができるので，これらを用いて $\Delta U_A'$，$\Delta U_B'$を求めることもできる。

参考2 W_A'，W_B'，W_3について，気体Bが気体Aからされた仕事を w_B'〔J〕，ピストン1，2の重力による位置エネルギーの変化をそれぞれ ΔU_{p1}，ΔU_{p2}とすると

$$W_A' = w_B' + \Delta U_{p1}$$
$$W_B' = -w_B' + P(3V_3 - 2V_3) + \Delta U_{p2}$$

ここで，$P(3V_3 - 2V_3)$ は大気が気体Bからされた仕事である。したがって

$$W_3 = W_A' + W_B' = P(3V_3 - 2V_3) + \Delta U_{p1} + \Delta U_{p2}$$

と表され，ΔU_{p1}，ΔU_{p2} から W_3 を求めることもできる。

▶問6．(c)の状態での気体Bの温度 T_3'〔K〕は，(b)の状態から変化しないので，(a)→(b)の過程におけるシャルルの法則より

$$\dfrac{V_3}{T_3} = \dfrac{\dfrac{3}{2}V_3}{T_3'} \qquad \therefore \quad T_3' = \dfrac{3}{2}T_3 \text{〔K〕}$$

また，残った気体Bの体積は

$$2V_3 - \frac{3}{2}V_3 = \frac{1}{2}V_3 \, (\text{m}^3)$$

したがって，残った気体Bについて，気体の状態方程式より

$$\left(P + \frac{mg}{S}\right)\frac{1}{2}V_3 = n_B R \frac{3}{2}T_3$$

$$\therefore \quad n_B = \left(P + \frac{mg}{S}\right)\frac{V_3}{3RT_3} \, (\text{mol})$$

参考3 (c)の状態での気体Bの体積は，(b)の状態での $\frac{1}{3}$ 倍になっている。(b)→(c)の過程において気体Bは気体を放出するが圧力と温度は変化しないので，この過程における気体Bの物質量は体積に比例する。したがって，気体Bの気体を放出する前（(a)，(b)の状態）の物質量 $n_2' \, (\text{mol})$ を用いると

$$n_B = \frac{1}{3}n_2' \, (\text{mol})$$

と表される。n_2' は気体の状態方程式より求めることができるので，これより n_B を求めることもできる。

▶**問7**．(d)の状態での気体Bの温度 $T_3'' \, (\text{K})$ は，気体Aと同じである。(c)→(d)の過程での気体Aの状態変化は定圧変化なので，シャルルの法則より

$$\frac{\frac{3}{2}V_3}{\frac{3}{2}T_3} = \frac{2V_3}{T_3''} \qquad \therefore \quad T_3'' = 2T_3 \, (\text{K})$$

また，(d)の状態での気体Bの体積 $V_B \, (\text{m}^3)$ は，(c)→(d)の過程での気体Bの状態変化が定圧変化なので，シャルルの法則より

$$\frac{\frac{1}{2}V_3}{\frac{3}{2}T_3} = \frac{V_B}{2T_3} \qquad \therefore \quad V_B = \frac{2}{3}V_3 \, (\text{m}^3)$$

したがって，気体Bは，

(a)の状態では体積 V_3，温度 T_3 で，(a)→(b)の過程では定圧変化し，(b)の状態では体積 $\frac{3}{2}V_3$，温度 $\frac{3}{2}T_3$ となる。

(b)→(c)の過程では温度変化をせずに気体を放出し，(c)の状態では体積 $\frac{1}{2}V_3$，温度 $\frac{3}{2}T_3$ となる。

(c)→(d)の過程では定圧変化し，(d)の状態では体積 $\frac{2}{3}V_3$，温度 $2T_3$ となる。

(d)→(e)の過程では温度変化をせずに気体を放出し，(e)の状態では体積 0 となる。

以上より，グラフを描くと次図のようになる。

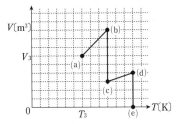

▶**問8.** (c)→(d)の過程について，問5と同様に考える。このとき，気体 A，B の内部エネルギーの変化を $\Delta U_A''$ 〔J〕，$\Delta U_B''$ 〔J〕とすると

$$\Delta U_A'' = \frac{3}{2}\left(P + \frac{2mg}{S}\right)\left(2V_3 - \frac{3}{2}V_3\right) = \frac{3}{4}\left(P + \frac{2mg}{S}\right)V_3 〔J〕$$

$$\Delta U_B'' = \frac{3}{2}\left(P + \frac{mg}{S}\right)\left(\frac{2}{3}V_3 - \frac{1}{2}V_3\right) = \frac{1}{4}\left(P + \frac{mg}{S}\right)V_3 〔J〕$$

これより，気体 A，B 全体について，内部エネルギーの変化 $\Delta U_3'$ 〔J〕は

$$\Delta U_3' = \Delta U_A'' + \Delta U_B'' = \left(P + \frac{7mg}{4S}\right)V_3 〔J〕$$

気体 A，B それぞれがした仕事を W_A'' 〔J〕，W_B'' 〔J〕とすると，気体 A，B 全体について，そのした仕事 W_3' 〔J〕は

$$\begin{aligned}
W_3' &= W_A'' + W_B'' \\
&= \left(P + \frac{2mg}{S}\right)\left(2V_3 - \frac{3}{2}V_3\right) + \left(P + \frac{mg}{S}\right)\left(\frac{2}{3}V_3 - \frac{1}{2}V_3\right) \\
&= \left(\frac{2}{3}P + \frac{7mg}{6S}\right)V_3 〔J〕
\end{aligned}$$

これらより，(c)→(d)の過程でヒーターが与えた熱量 q_3 〔J〕は，気体 A，B 全体について，熱力学第一法則より

$$\Delta U_3' = q_3 - W_3'$$

$$\therefore \quad q_3 = \Delta U_3' + W_3' = \left(\frac{5}{3}P + \frac{35mg}{12S}\right)V_3 〔J〕$$

(a)→(e)の過程でヒーターが熱を与えたのは，(a)→(b)の過程での Q_3 〔J〕と，(c)→(d)の過程での q_3 〔J〕だけである。したがって

$$Q_3' = Q_3 + q_3 = \left(\frac{25}{6}P + \frac{20mg}{3S}\right)V_3 〔J〕$$

| **参考4** W_A''，W_B''，W_3' については，問5の〔参考1〕と同様のことがいえる。

　　容器に閉じ込められた理想気体が，状態変化を起こしたとする。このとき，気体が吸収した熱量を Q_{in}，気体のした仕事を W_{out} とすると，気体の内部エネルギーの変化 ΔU は，熱力学第一法則より

$$\Delta U = Q_{in} - W_{out}$$

と表される。この式を構成する3つの物理量は，与えられた条件や状態変化の種類によって個々に求めることができるが，それができない場合，この式を用いると，2つの物理量が定まっていればもう1つの物理量を求めることができる。いずれの方法でも求められる場合には，より簡潔に求められる方を見極めたい。

　　本問では，特殊な2つのピストンによって分けられた2室の気体の状態変化を考察しなければならない。このとき，2つのピストンの動きなどから，2室それぞれの気体の状態変化を連動させて考える必要があるが，ピストン2のバルブが閉じられている状態変化の過程，すなわち物質量が変化しない過程では，2室の気体全体についても熱力学第一法則が成り立っていることに着目する。また，ピストン1は熱を自由に通す材質でできていることから，2室の気体は常に同じ温度であることにも注意しなければならない。

33 ピストンで2室に分けられたシリンダー内の気体の状態変化

(2009年度 第3問)

　図のように，外部と熱の出入りがないように周囲を断熱材で囲んだシリンダーがあり，外部から支えることができるように棒がとりつけられたピストンで，シリンダーの内部が区切られている。ピストンは短い時間では熱を通さないとみなすことができる。またピストンを支える棒は熱を通さない。ピストンとそれを支える棒，およびシリンダーの熱容量は無視できる。さらにピストンとシリンダーの間の摩擦はないものとする。

　ピストンによって分けられたシリンダー内部の右と左の部分に，それぞれ $1\,\mathrm{mol}$ の単原子分子理想気体が入っている。以下，左の部分をA系，右の部分をB系と呼ぶ。単原子分子理想気体の定積モル比熱を C_V，気体定数を R とする。また，温度はすべて絶対温度とする。

　最初，A系の体積が $2V_0$，B系の体積が V_0，また温度がそれぞれ T_A，T_B であり，ピストンは何の支えもなく静止していた。これを初期状態と呼ぶことにする。

問1　T_A と T_B の間に成り立つ関係式を求めよ。

　初期状態から，A系とB系の温度と圧力が等しくなるような状態への変化の過程を，次の I と II の場合について考えてみよう。

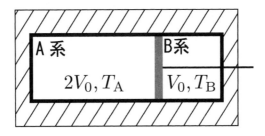

〔I の場合〕

　初期状態からピストンを通してゆっくりと熱が移動し，A系とB系の温度と圧力が等しい状態に達した。このときB系の体積が V_1，温度が T_1 となった。

問2　V_1 を V_0 を用いて表せ。

問3　T_1 を T_B を用いて表せ。

〔IIの場合〕

初期状態でピストンを固定した。この状態からピストンを通してゆっくりと熱が移動し，A系とB系の温度が等しい状態に達した。このとき温度が T_2 となった。

問4 T_2 を T_B を用いて表せ。

問5 この変化の過程でA系からB系に移動した熱量を C_V，T_B を用いて表せ。

この状態はA系とB系の温度は同じであるが，圧力は異なる。ここで手でピストンを支えながら固定を解き，A系とB系が同じ圧力になるまでピストンを支えながら単調に動かし，単原子分子理想気体を断熱変化させた。このときB系の体積が V_3，圧力が p_3 となった。また，単原子分子理想気体の断熱変化に対して，圧力 p および体積 V の間には，$pV^{\frac{5}{3}} = $ 一定 という関係が成立する。

問6 p_3 を，R，T_2，V_0，V_3 を用いて表せ。

問7 V_3 を V_0 を用いて表せ。必要であれば $2^{\frac{1}{5}}$ を α，$3^{\frac{1}{5}}$ を β として用いてもよい。

これで圧力がつりあったので手の支えをはなす。しかしこの状態は温度が異なる。この状態からピストンを通してゆっくりと熱が移動し，A系とB系の温度と圧力が等しい状態に達した。このとき温度が T_4 となった。

問8 Iの場合に問3で求めた温度 T_1 と，IIの場合の温度 T_4 は，どちらが高いか，または同じか。以下より適当なものを選び，解答欄にその記号を記入せよ。また，その理由も簡潔に述べよ。

ア．$T_1 > T_4$ 　　　　　イ．$T_1 = T_4$ 　　　　　ウ．$T_1 < T_4$

解 答

▶問1. 初期状態では，A系とB系の圧力は等しいので，その圧力を p_0 とすると，各系の気体の状態方程式は

A系：$p_0 \times 2V_0 = RT_A$

B系：$p_0 V_0 = RT_B$

2式より $T_A = 2T_B$

▶問2. このときのA系とB系の圧力を p_1 とすると，各系の気体の状態方程式は

A系：$p_1(3V_0 - V_1) = RT_1$

B系：$p_1 V_1 = RT_1$

2式より $V_1 = \dfrac{3}{2} V_0$

別解 A系とB系は物質量が同じであり，このとき温度と圧力が等しいことから，体積も等しいことがわかる。したがって

$$V_1 = \frac{2V_0 + V_0}{2} = \frac{3}{2} V_0$$

▶問3. シリンダーが断熱材で囲まれており，A系とB系全体の体積が変化しないことから，A系とB系全体の気体の内部エネルギーは保存する。したがって

$C_V T_A + C_V T_B = C_V T_1 + C_V T_1$

∴ $T_A + T_B = 2T_1$

この式と，問1の結果より

$$T_1 = \frac{3}{2} T_B$$

▶問4. 問3と同様に考えると

$C_V T_A + C_V T_B = C_V T_2 + C_V T_2$

∴ $T_A + T_B = 2T_2$

この式と，問1の結果より

$$T_2 = \frac{3}{2} T_B$$

▶問5. この変化の過程は定積変化であり，このときのB系の温度変化は

$$T_2 - T_B = \frac{3}{2} T_B - T_B = \frac{1}{2} T_B$$

したがって，A系からB系に移動した熱量，すなわちB系の気体の内部エネルギーの増加量は

$$C_V \times \frac{1}{2} T_B = \frac{1}{2} C_V T_B$$

▶問6. 断熱変化をさせる前のB系の圧力を p_{2B} とすると，このときのB系の気体の

状態方程式は

$$p_{2B}V_0 = RT_2$$

この変化の過程は断熱変化なので，与えられた式より

$$p_{2B}V_0^{\frac{5}{3}} = p_3 V_3^{\frac{5}{3}}$$

2式より

$$p_3 = \left(\frac{V_0}{V_3}\right)^{\frac{5}{3}} \frac{RT_2}{V_0}$$

▶**問7.** 断熱変化をさせる前のA系の圧力を p_{2A} とすると，このときのA系の気体の状態方程式は

$$p_{2A} \times 2V_0 = RT_2$$

この変化の過程は断熱変化なので，与えられた式より

$$p_{2A}(2V_0)^{\frac{5}{3}} = p_3(3V_0 - V_3)^{\frac{5}{3}}$$

2式より

$$p_3 = \left(\frac{2V_0}{3V_0 - V_3}\right)^{\frac{5}{3}} \frac{RT_2}{2V_0}$$

この式と，問6の結果より

$$\left(\frac{2V_0}{3V_0 - V_3}\right)^{\frac{5}{3}} \frac{RT_2}{2V_0} = \left(\frac{V_0}{V_3}\right)^{\frac{5}{3}} \frac{RT_2}{V_0}$$

この式を整理すると

$$2^{\frac{2}{5}} V_3 = 3V_0 - V_3$$

ここで，$2^{\frac{1}{5}} = \alpha$ とすると

$$\alpha^2 V_3 = 3V_0 - V_3$$

$$\therefore \quad V_3 = \frac{3}{\alpha^2 + 1} V_0$$

別解　計算式を $2V_3 = (3V_0 - V_3)2^{\frac{3}{5}}$ と整理すると，$V_3 = \dfrac{3\alpha^3}{\alpha^3 + 2} V_0$ という形が導かれる。これを解答としてもよい。

▶**問8.** 記号：ア

理由：Ⅱの場合，手でピストンを支えながら動かすときに，A系とB系全体は手の加える力によって負の仕事をされ，その内部エネルギーが減少するので，Ⅰの場合に比べて温度が低くなる。

> **参考**　Ⅰの場合，A系とB系全体は外部との間で仕事をしもされもしない。一方，Ⅱの場合，ピストンを固定した状態の定積変化でのA系からB系への熱の移動により，B系の圧力の方がA系の圧力より大きくなるので，ピストンの固定を解くと，B系からA系の向きにピストンが動かされようとする。よって，これと逆向き，すなわちA系からB系の向きに手でピストンに力を加え，ピストンを支えながらB系からA系の向きに動かす

ので，A系とB系全体は手の加える力によって負の仕事をされる。言い換えれば，A系とB系全体は外部(手)に正の仕事をすることになる。したがって，A系とB系全体について，断熱変化であることを考慮すると，熱力学第一法則より，気体の内部エネルギーが減少することがわかる。

　これより，Ⅰの場合の温度 T_1 に比べて，Ⅱの場合の温度 T_4 の方が低くなる。

　なお，Ⅱの場合で，A系とB系全体が手の加える力によって負の仕事をされることは，「手でピストンを支えながら動かした」という表現によってもわかる。これは，A系とB系の圧力の差によってピストンが動かされようとする向きと逆向きに手でピストンに力を加え，手が加える力の向きと逆向きにピストンを動かしたという意味になるからである。

34 気体導入弁を備えたシリンダー内の気体の状態変化

（2008年度　第3問）

　図のように外部からの操作でなめらかに動くピストンが入ったシリンダーを用いて，単原子分子理想気体（以下，気体と呼ぶ）を増圧することを考える。シリンダーの右室と左室にはそれぞれ気体導入弁（以下，弁と呼ぶ）が付いている。弁は通常は閉じているが，室内の圧力が P_0〔Pa〕より少しでも下がると弁は開いて外部から気体を供給し，室内の圧力は P_0 に保たれる。またピストン内には両室をつなぐ接続バルブが付けられている。接続バルブを開けたときには，右室と左室の圧力は等しくなる。気体は常に絶対温度 T_0〔K〕に保たれており，接続バルブの体積は無視できるとする。いま接続バルブを開け，ピストンを左に動かして右室と左室の体積がそれぞれ V_1〔m³〕, V_2〔m³〕$\left(\dfrac{V_1}{V_2}=a,\ a>1\right)$ になるようにし，両室に圧力 P_0 の気体を導入した（初期状態）。

　初期状態から接続バルブを閉じ，ピストンをゆっくりと右側に動かして，右室の体積が V_2 になるまで圧縮した。この状態を状態1とする。続いてピストンを固定して接続バルブを開放した。この状態を状態2とする。再び接続バルブを閉じた後，ピストンを左室の体積が V_2 になるまでゆっくりと動かした。この状態を状態3とする。その後，ピストンを固定して接続バルブを開放した。この状態を状態4とする。最後に，接続バルブを閉じてピストンをゆっくりと右側に動かし，右室の体積が V_2 になるまで圧縮した。この状態を状態5とする。状態1の左室，状態3の右室，状態5の左室は，途中で弁が開いたため，圧力が P_0 となっている。気体定数を R〔J/mol·K〕とし，単原子分子理想気体の定積モル比熱は $\dfrac{3}{2}R$ で与えられる。

問1　初期状態で右室にある気体の物質量 n_0〔mol〕を，P_0, V_1, T_0, R を用いて表せ。

問2　状態2の左室の圧力を，P_0 と a を用いて表せ。

問3　状態2の左室の気体の内部エネルギーは，状態1の左室の気体の内部エネルギーと比べてどれだけ大きいか。その差を P_0, V_1, T_0, a から必要なものを用いて表せ。

問4　状態2から状態3に至る過程で，右室の弁が開いて気体が導入されはじめるの

は，右室の体積が V_2 の何倍になったときか。a を用いて答えよ。

問5 状態2から状態3に至る過程で，右室の弁が開いた後に右室の気体がピストンに行った仕事を，P_0，V_1，T_0，a から必要なものを用いて表せ。

問6 $a=7$ の場合に，初期状態から状態3に至る右室の体積と圧力の変化を解答用紙のグラフ用紙に示せ。また，初期状態，状態1，2，3を明示せよ。

〔解答欄〕

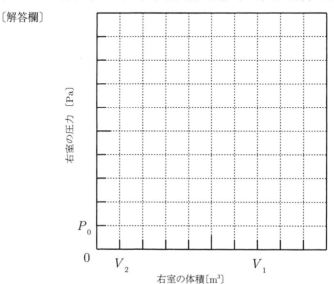

問7 初期状態から状態1に至る過程で右室の気体がピストンから受けた仕事と，状態2から状態3に至る過程で右室の気体がピストンにした仕事の差は，問6で得られたグラフのどの部分の面積に等しいか，解答用紙の図中に斜線で示せ。

問8 この操作を無限に続けていくと，体積が V_2 に圧縮された気体（状態1，3，5，…）の圧力は次第に増加していくが，最終的に到達できる圧力には上限値がある。$a=7$ の場合に，その上限値を P_0 を用いて表せ。

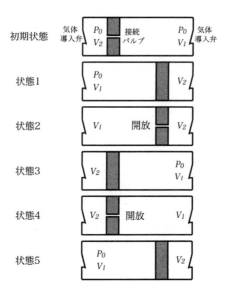

解 答

▶問1. 気体の状態方程式より

$$P_0 V_1 = n_0 R T_0 \qquad \therefore \quad \boldsymbol{n_0 = \frac{P_0 V_1}{R T_0}} \text{〔mol〕}$$

▶問2. 初期状態から状態1にかけて，左室には外部から気体が供給され，状態1の左室の気体は初期状態の右室の気体と同じ状態になる。したがって，状態1の左室の気体の物質量は n_0〔mol〕である。また，状態1の右室の気体の物質量は，初期状態の右室の気体の物質量から変化していないので，n_0〔mol〕のままである。これより，状態2の全気体の物質量は $2n_0$〔mol〕であることがわかる。したがって，状態2の左室の気体の圧力を P_2〔Pa〕とすると，右室の気体の圧力も P_2〔Pa〕なので，気体の状態方程式より

$$P_2 (V_1 + V_2) = 2n_0 R T_0$$
$$P_2 (V_1 + V_2) = 2P_0 V_1$$

$$\therefore \quad P_2 = \frac{2P_0 V_1}{V_1 + V_2} = \frac{2P_0 \dfrac{V_1}{V_2}}{\dfrac{V_1}{V_2} + 1} = \boldsymbol{\frac{2a}{a+1}} P_0 \text{〔Pa〕}$$

▶問3. 状態1の左室の気体の内部エネルギーを U_1〔J〕とすると

$$U_1 = \frac{3}{2} n_0 R T_0 = \frac{3}{2} P_0 V_1 \text{〔J〕}$$

状態2の左室の気体の物質量を n_2〔mol〕とし，この気体の内部エネルギーを U_2〔J〕とすると

$$U_2 = \frac{3}{2} n_2 R T_0 = \frac{3}{2} P_2 V_1$$
$$= \frac{3}{2} \cdot \frac{2a}{a+1} P_0 V_1 \text{〔J〕}$$

したがって，求める左室の気体の内部エネルギーの増加量を ΔU〔J〕とすると

$$\Delta U = U_2 - U_1$$
$$= \frac{3}{2} \cdot \frac{2a}{a+1} P_0 V_1 - \frac{3}{2} P_0 V_1 = \boldsymbol{\frac{3(a-1)}{2(a+1)}} P_0 V_1 \text{〔J〕}$$

▶問4. 状態2の右室の気体の物質量を n_2'〔mol〕とする。状態2から状態3に至る過程で，右室に外部から気体が供給されはじめるのは，右室の気体の圧力が P_0〔Pa〕になるときなので，このときの右室の気体の体積を V_2〔m³〕の m 倍とすると，気体の状態方程式より

$$P_0 \times m V_2 = n_2' R T_0$$
$$P_0 \times m V_2 = P_2 V_2$$

$$\therefore \quad m = \frac{P_2}{P_0} = \frac{\frac{2a}{a+1}P_0}{P_0} = \frac{2a}{a+1} \text{〔倍〕}$$

▶問5. 状態2から状態3に至る過程で，右室に外部から気体が供給されはじめてから状態3までの右室の気体の状態変化は，圧力 P_0 での圧力一定の変化である。したがって，求める右室の気体がピストンに行った仕事を W〔J〕とすると

$$W = P_0(V_1 - mV_2)$$
$$= P_0\left(V_1 - \frac{2a}{a+1}V_2\right) = P_0\left(V_1 - \frac{2a}{a+1}\cdot\frac{V_1}{a}\right)$$
$$= \frac{a-1}{a+1}P_0V_1 \text{〔J〕}$$

▶問6. 初期状態の右室の体積は V_1〔m³〕，圧力は P_0〔Pa〕。初期状態から状態1までは等温変化である。状態1の体積は V_2〔m³〕なので，圧力を P_1〔Pa〕とすると，気体の状態方程式より

$$P_1V_2 = n_0RT_0$$
$$P_1V_2 = P_0V_1$$
$$\therefore \quad P_1 = \frac{V_1}{V_2}P_0 = aP_0 = 7P_0 \text{〔Pa〕}$$

状態1から状態2までは，物質量は変化するが体積一定の変化である。状態2の体積は V_2〔m³〕なので，圧力を P_2〔Pa〕とすると

$$P_2 = \frac{2a}{a+1}P_0 = \frac{7}{4}P_0 \text{〔Pa〕}$$

状態2から状態3に至る過程で，状態2から外部より気体が供給されはじめるまでは等温変化である。外部より気体が供給されはじめるときの体積は

$$mV_2 = \frac{2a}{a+1}V_2 = \frac{7}{4}V_2 \text{〔m³〕}$$

圧力は P_0〔Pa〕。

同過程で，外部より気体が供給されはじめてから状態3までは，物質量は増加するが圧力一定の変化である。状態3の体積は V_1〔m³〕，圧力は P_0〔Pa〕。

以上より，グラフは右のように図示できる。

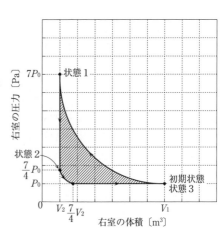

▶**問 7**. 初期状態から状態 1 に至る過程で右室の気体がピストンから受けた仕事は,
問 6 で得られたグラフの初期状態から状態 1 までのグラフと体積の軸とではさまれた
部分の面積で表される。また,状態 2 から状態 3 に至る過程で右室の気体がピストン
にした仕事は,問 6 で得られたグラフの状態 2 から状態 3 までのグラフと体積の軸と
ではさまれた部分の面積で表される。したがって,求める仕事の差は,問 6 で得られ
たグラフの斜線部分の面積で表される。

▶**問 8**. 体積が V_2 から V_1 に増加する過程で,気体の圧力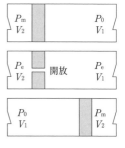
が P_0 より下がらなくなり,外部から気体が供給されなくな
ると,それ以降,体積が V_2 に圧縮された側の気体の圧力は
上限値に達して上がらなくなる。このときの,体積が V_2 に
圧縮された側の気体の圧力の上限値を P_m〔Pa〕とする。ま
た,圧力が上限値 P_m に達した後,接続バルブを開放して等
しくなった右室と左室の気体の圧力を P_e〔Pa〕とする。
この状態で再びバルブを閉じてピストンを移動させると,新
たに体積が V_1 となった側の気体の圧力は P_0 となり,体積が V_2 となった側の気体の
圧力は上限値 P_m となる。この間,右室と左室の気体の温度と物質量はそれぞれ変化
しないので,ボイルの法則より

$$\begin{cases} P_\mathrm{e}V_2 = P_0V_1 \\ P_\mathrm{e}V_1 = P_\mathrm{m}V_2 \end{cases}$$

この 2 式を連立させて解き,$a = 7$ を用いると

$$P_\mathrm{m} = \left(\frac{V_1}{V_2}\right)^2 P_0 = a^2 P_0 = \boldsymbol{49P_0}\,\text{〔Pa〕}$$

別解 1 　上の図の中段の状態において,体積が V_2,圧力が P_e の気体の物質量は n_0
〔mol〕なので,体積が V_1,圧力が P_e の気体の物質量を n'〔mol〕とすると

$$n' = \frac{V_1}{V_2}n_0 = an_0$$

次の過程では,この体積が V_1,圧力が P_e の気体が圧縮されて体積が V_2,圧力が P_m
になるので,その状態における気体の状態方程式より

$$P_\mathrm{m}V_2 = n'RT_0 = an_0RT_0 = aP_0V_1$$

$$\therefore \quad P_\mathrm{m} = a\frac{V_1}{V_2}P_0 = a^2P_0 = 49P_0\,\text{〔Pa〕}$$

別解 2 　k を任意の自然数とする。状態 $2k-1$ における体積が V_2 の気体の物質量を
n_{2k-1}〔mol〕とする。このとき,体積が V_1 の気体の物質量は n_0〔mol〕なので,全気
体の物質量は $n_{2k-1} + n_0$〔mol〕である。これより,状態 $2k$ における体積が V_1 の気体
の物質量を n_{2k}〔mol〕とすると

$$n_{2k} = \frac{V_1}{V_1 + V_2} \times (n_{2k-1} + n_0) = \frac{\dfrac{V_1}{V_2}}{\dfrac{V_1}{V_2} + 1} \times (n_{2k-1} + n_0)$$

$$= \frac{a}{a+1}(n_{2k-1} + n_0) = \frac{7}{8}(n_{2k-1} + n_0) \text{ [mol]}$$

次に，状態 $2k+1$ における体積が V_2 の気体の物質量を n_{2k+1} [mol] とすると，状態 $2k$ における体積が V_1 の気体が圧縮されて，状態 $2k+1$ における体積が V_2 の気体になっていることから

$$n_{2k+1} = n_{2k} = \frac{7}{8}(n_{2k-1} + n_0) \text{ [mol]}$$

この式より，$k \to \infty$ において $\qquad n_{2k+1} \fallingdotseq n_{2k-1}$

なので，この値を n_m [mol] とすると

$$n_\text{m} = \frac{7}{8}(n_\text{m} + n_0) \qquad \therefore \quad n_\text{m} = 7n_0 \text{ [mol]}$$

したがって，体積が V_2 の気体の圧力の上限値を P_m [Pa] とすると，気体の状態方程式より

$$P_\text{m} V_2 = n_\text{m} R T_0 = 7 n_0 R T_0 = 7 P_0 V_1$$

$$\therefore \quad P_\text{m} = 7 \frac{V_1}{V_2} P_0 = 7a P_0 = 49 P_0 \text{ [Pa]}$$

テーマ

　なめらかに動くピストンを備えたシリンダー内に単原子分子の理想気体が封入されているとする。この気体の圧力を P，体積を V，物質量を n，絶対温度を T とし，気体定数を R とすると，気体の状態方程式より

$$PV = nRT$$

が成り立つ。この等式を利用することによって，式上で PV と nRT の書き換えが可能となる。例えば，この単原子分子の理想気体の内部エネルギーを U とすると

$$U = \frac{3}{2}nRT$$

であるが，これは $\qquad U = \frac{3}{2}PV$

とも表すことができる。

　本問では，この書き換えを行うことによって，よりシンプルに種々の気体の物理量を求めることができる。また，本解には示していないが，気体の状態方程式より物質量を算出し，これを用いて種々の気体の物理量を求めることもできる。

35 連結されたピストンをもつシリンダー内の気体の状態変化

(2007年度 第3問)

圧力 P_0〔Pa〕の大気中に，密度 ρ〔kg/m^3〕の，蒸発が無視できる液体が入った大きな水槽がある。この水槽からピストン付きシリンダーを用いて液体をくみ上げることを考える。

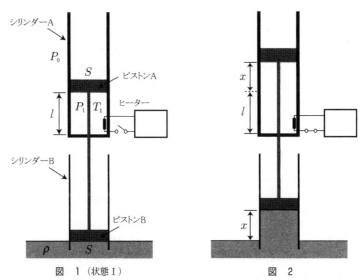

図 1（状態 I） 　　　　　図 2

空間に固定された円筒形の2つのシリンダー A，B があり，それらの中心軸は同一鉛直線上にある。シリンダー A，B には，それぞれ断面積 S〔m^2〕のピストン A，B が取り付けられており，ピストン同士は連結棒によってつながれている。シリンダー A 内には物質量 n〔mol〕の単原子分子理想気体が入っている。シリンダー A 内にはヒーターがあり，シリンダー A 内の気体を加熱できる。ピストン A，B と連結棒は，シリンダーとピストンの間およびシリンダー A と連結棒の間の気密を保ちながらなめらかに動く。ピストンと連結棒の質量は無視できるものとする。また，シリンダー A とピストン A は断熱材でできており，ヒーターの体積と熱容量および連結棒の断面積，体積と熱容量は無視できるものとする。重力加速度を g〔m/s^2〕，気体定数を R〔J/mol・K〕とする。

以下の文章中の(1)から(10)までの欄の中に，ふさわしい数式を入れて文章を完成せよ。ただし，文字が記入されている欄には，それらの文字のうち必要なものを用いよ。(11)は解答用紙にグラフを描け。

　はじめ，シリンダーBの一部は水槽内の液体の中に浸されており，ピストンBの下面は液体に接している。液面の高さは，シリンダーBの内側と外側で同じである。このとき，シリンダーAの底面とピストンAの下面との距離は l〔m〕である。この最初の状態を状態 I （図1）とよぶ。状態 I の気体の圧力を P_1〔Pa〕，絶対温度を T_1〔K〕とすると，$n =$　(1)　と表される。同じ深さでは液体の圧力は等しいので，連結されたピストン A，Bに働く力のつりあいから，$P_1 =$　(2)　となる。

　つぎに，ヒーターのスイッチを入れ，シリンダーA内の気体をゆっくり加熱すると，ピストンはゆっくり上昇する。このとき液体がくみ上げられるが，水槽は十分大きいので，シリンダーBの外側の液面の高さの変化は無視できるものとする。以下，ピストン A，Bの初期位置（状態 I）からの上向きの移動距離を x〔m〕とする（図2）。

　ピストンBが状態 I の位置から少しだけ上昇し，$x = x_2$〔m〕となった。この状態を状態 II とする。このときピストンBの下面に液体からかかる圧力は　(3)　〔Pa〕である。状態 II の気体の圧力 P_2〔Pa〕は，P_1 と同じように考えると，$P_2 =$　(4)　 $P_0,\ S,\ \rho,\ g,\ x_2,\ l$　と表される。状態 II の気体の絶対温度を T_2〔K〕とすると，状態 I，II の気体の絶対温度の比は，$\dfrac{T_2}{T_1} =$　(5)　 $P_0,\ S,\ \rho,\ g,\ x_2,\ l$　となる。状態 I，II の気体の内部エネルギーをそれぞれ U_1〔J〕，U_2〔J〕とする。単原子分子理想気体の内部エネルギーと温度の一般的な関係式を使うと，内部エネルギーの増加は，$U_2 - U_1 =$　(6)　 $n,\ R,\ T_1,\ T_2$　である。

　ピストンがさらに上昇すると，シリンダーBの中の液体も上昇するが，　(3)　の式は，シリンダーB内の液体の上面の高さに上限があることを示している。シリンダーB内の液体の上面がその上限位置に達したときに，ヒーターのスイッチを切った。この状態を状態 III とよぶ。状態 I からこの状態までにピストンが移動した距離を $x = x_3$〔m〕とすると，$x_3 =$　(7)　となる。状態 I から状態 III に変化するとき，気体がする仕事 W〔J〕を求めよう。この過程では，シリンダーB内で質量 $\rho S x_3$ の液体が，全体として $\dfrac{x_3}{2}$ だけ持ち上がったと考えることができる。W は，正味でピストンAを通して大気を押し上げる仕事と，液体の重力による位置エネルギーの増加との和となるので，$W =$　(8)　 $P_0,\ S,\ \rho,\ g,\ x_3$　となり，これに $x_3 =$　(7)　を代入すると，$W =$　(9)　 $P_0,\ S,\ \rho,\ g$　となる。したがって，状態 I から状態 III への変化の過程で気体に与える熱量 Q〔J〕は，内部エネルギーの増加も考慮すると，$Q =$　(10)　 $P_0,\ S,\ \rho,\ g,\ l$　となる。

　この状態で，再びヒーターのスイッチを入れ，シリンダーA内の気体をゆっくり加熱する。x は x_3 を超えて大きくなり，$x = L$〔m〕となったところでスイッチを切った。この状態を状態 IV とする。状態 I から状態 IV に至る過程での，移動距離 x とシリンダーA内の気体の圧力，ピストンBの下面にかかる圧力の関係を解答用紙の　(11)　に

グラフとして描け。シリンダーA内の気体の圧力は実線（───）で，ピストンBの下面に作用する圧力は破線（┄┄┄）で描け。どこが状態Ⅰ，Ⅲ，Ⅳに対応するかを示すこと。

〔(11)の解答欄〕

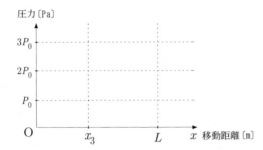

解　答

▶(1)　気体の状態方程式より

$$P_1 Sl = nRT_1 \qquad \therefore\ n = \frac{P_1 Sl}{RT_1}\ \text{(mol)}$$

▶(2)　ピストン B の下面に液体からかかる圧力は P_0〔Pa〕なので，連結されたピストン A，B にはたらく力のつりあいより

$$P_1 S + P_0 S = P_0 S + P_0 S \qquad \therefore\ P_1 = P_0\ \text{(Pa)}$$

▶(3)　状態Ⅱのとき，ピストン B の下面に液体から
かかる圧力を p_2〔Pa〕とすると，作用・反作用の法則
から，液体にピストン B の下面からかかる圧力も p_2
である。したがって，シリンダー B の内側の液体の，
ピストン B の下面からシリンダー B の外側の液面と
同じ高さまでの部分にはたらく力のつりあいより

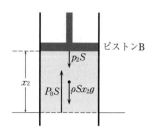

ピストンB

$$P_0 S = p_2 S + \rho S x_2 g$$

$$\therefore\ p_2 = P_0 - \rho g x_2\ \text{(Pa)}$$

▶(4)　連結されたピストン A，B にはたらく力のつりあいより

$$P_2 S + p_2 S = P_0 S + P_0 S \quad \cdots\cdots(*)$$

(3)で求めた p_2 を代入すると

$$P_2 = P_0 + \rho g x_2\ \text{(Pa)}$$

▶(5)　ボイル・シャルルの法則より

$$\frac{P_1 Sl}{T_1} = \frac{P_2 S(l + x_2)}{T_2} \qquad \therefore\ \frac{T_2}{T_1} = \frac{P_2(l + x_2)}{P_1 l}$$

(2)で求めた P_1，(4)で求めた P_2 を代入すると

$$\frac{T_2}{T_1} = \frac{(P_0 + \rho g x_2)(l + x_2)}{P_0 l}$$

▶(6)　シリンダー A 内の気体は，単原子分子の理想気体なので

$$U_2 - U_1 = \frac{3}{2} nR(T_2 - T_1)\ \text{(J)}$$

▶(7)　状態Ⅲのとき，ピストン B の下面に液体からかかる圧力を p_3〔Pa〕とすると

$$p_3 = 0$$

また，(3)より　　　$p_3 = P_0 - \rho g x_3$

したがって

$$P_0 - \rho g x_3 = 0 \qquad \therefore\ x_3 = \frac{P_0}{\rho g}\ \text{(m)}$$

▶(8)　ピストン A を通して大気を押し上げる仕事を w〔J〕とすると

$$w = P_0 S x_3$$

液体の重力による位置エネルギーの増加分を u〔J〕とすると

$$u = \rho S x_3 \times g \times \frac{x_3}{2} = \frac{1}{2} \rho g S x_3{}^2$$

したがって

$$W = w + u = P_0 S x_3 + \frac{1}{2} \rho g S x_3{}^2 \text{〔J〕}$$

▶(9) (8)で求めた W に(7)で求めた x_3 を代入すると

$$W = P_0 S \times \frac{P_0}{\rho g} + \frac{1}{2} \rho g S \times \left(\frac{P_0}{\rho g}\right)^2 = \frac{3 P_0{}^2 S}{2 \rho g} \text{〔J〕}$$

▶(10) 状態Ⅲのとき，気体の圧力を P_3〔Pa〕とすると，(4)より

$$P_3 = P_0 + \rho g x_3$$

(7)で求めた x_3 を代入すると $\qquad P_3 = 2 P_0$

状態Ⅲのとき，気体の絶対温度を T_3〔K〕とすると，気体の状態方程式より

$$P_3 S (l + x_3) = n R T_3$$

また，状態Ⅰのときの気体の絶対温度 T_1 は，気体の状態方程式より

$$P_1 S l = n R T_1$$

よって，状態Ⅲのとき，気体の内部エネルギーを U_3〔J〕とすると，状態Ⅰから状態Ⅲへの変化の過程で気体の内部エネルギーの増加は

$$U_3 - U_1 = \frac{3}{2} n R (T_3 - T_1) = \frac{3}{2} (n R T_3 - n R T_1)$$

$$= \frac{3}{2} \{ P_3 S (l + x_3) - P_1 S l \}$$

P_3, x_3, P_1 を代入すると

$$U_3 - U_1 = \frac{3}{2} P_0 S \left(l + \frac{2 P_0}{\rho g} \right)$$

熱力学第一法則より

$$U_3 - U_1 = Q - W \qquad \therefore \quad Q = (U_3 - U_1) + W$$

したがって，$U_3 - U_1$ と(9)で求めた W を代入すると

$$Q = \frac{3}{2} P_0 S l + \frac{9 P_0{}^2 S}{2 \rho g} \text{〔J〕}$$

▶(11) シリンダー A 内の気体の圧力を P〔Pa〕，ピストン B の下面にかかる圧力を p〔Pa〕とする。

p について，状態Ⅰから状態Ⅲに至る過程では，(3)より

$$p = P_0 - \rho g x$$

が成り立つ。また，状態Ⅰのときの p_1，状態Ⅲのときの p_3 は

$$p_1 = P_0 \qquad p_3 = 0$$

である。状態Ⅲから状態Ⅳに至る過程では，シリンダーB内でピストンBと液体の上面が離れ，液体の上面の高さは変化しない（蒸発は無視できるので，蒸気圧は考えなくてよい）。したがって，p は p_3 から変化しないので，$p=0$ を保つ。

次に，P について，状態Ⅰから状態Ⅲに至る過程では，(4)より

$$P = P_0 + \rho g x$$

が成り立つ。また，状態Ⅰのときの P_1，状態Ⅲのときの P_3 は

$$P_1 = P_0 \qquad P_3 = 2P_0$$

である。状態Ⅲから状態Ⅳに至る過程では，(4)の（＊）式より

$$P = 2P_0 - p$$

が成り立つことと，この間 $p=0$ が保たれることから，P は P_3 から変化しないで，$P = 2P_0$ を保つ。

以上のことと，状態Ⅰ，Ⅲ，Ⅳにおける x の値がそれぞれ 0，x_3，L であることを考慮すると，グラフは次のようになる。

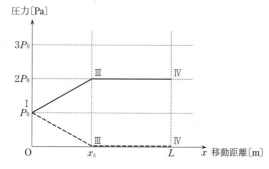

36 蓄熱器を利用したシリンダー内の気体の熱サイクル

(2006 年度 第3問)

シリンダー内に，物質量 n〔mol〕の単原子分子理想気体が，気密を保ちつつなめらかに動くピストンによって閉じ込められている。図1はシリンダー内の気体の，圧力 p〔Pa〕と体積 V〔m³〕の変化の様子を図示したものである。このシリンダーとは別に，絶対温度 T_0〔K〕，物質量 n_0〔mol〕の単原子分子理想気体が入った，体積一定の容器（蓄熱器）がある（図2）。単原子分子理想気体の定積モル比熱を C_V〔J/mol·K〕とし，気体以外の物体の熱容量は無視できるとして，以下の問に答えよ。

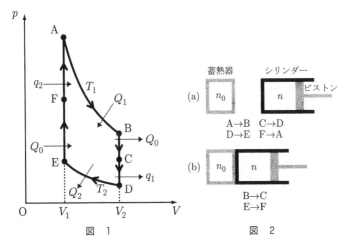

図 1　　　　　　図 2

I. A → Bの過程では，シリンダーは蓄熱器とは接触せず（図2(a)），気体は絶対温度を T_1〔K〕に保ったまま，体積が V_1〔m³〕から V_2〔m³〕まで膨張する。この過程でシリンダー内の気体が外部から受け取った熱量 Q_1〔J〕と，外部にした仕事 W_1〔J〕との間の関係を，解答用紙の (1) に述べよ。また，その関係が成り立つ理由を，「熱力学の第一法則」，「内部エネルギー」，「等温変化」の三つの語句を用いて，解答用紙の (2) に述べよ。また，仕事 W_1 の大きさは解答用紙の (3) の図のどの部分の面積に等しいか，斜線で示せ。

〔(3)の解答欄〕

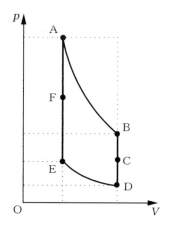

II. 以下の文章中の(4)から(10)までの欄の中に，適切な数式を入れて文章を完成せよ。ただし，**数式は各欄に記載した文字のみを用いて表せ。**

　　B → Cの過程では，シリンダーは蓄熱器と接触し，シリンダー内の気体は体積一定のまま，温度 T_0 ($T_0 < T_1$) の蓄熱器内の気体とのみ熱をやりとりする(図2(b))。その結果，シリンダー内の気体も蓄熱器内の気体も同じ温度になる。その温度を T_0'〔K〕とすると

$$T_0' = \boxed{(4)\quad n,\ n_0} \times T_0 + \boxed{(5)\quad n,\ n_0} \times T_1$$

となる。この過程でシリンダー内の気体が蓄熱器内の気体に与える熱量を Q_0〔J〕とする。

　　C → Dの過程では，シリンダーは蓄熱器との接触を断たれ(図2(a))，シリンダー内の気体は，体積を一定に保ったまま，外部に熱量 q_1 を放出して絶対温度 T_2〔K〕まで冷却される。

　　D → Eの過程でも，シリンダーは蓄熱器と接触せず(図2(a))，シリンダー内の気体は温度を T_2 に保ったまま，体積が V_1 に戻るまで圧縮される。この過程ではシリンダー内の気体は外部から W_2〔J〕の仕事をされ，Q_2〔J〕の熱量を外部に放出する。このとき $\dfrac{W_2}{W_1} = \boxed{(6)\quad T_1,\ T_2}$ である。

　　E → Fの過程では，シリンダーは温度 T_0' の蓄熱器と再び接触し(図2(b))，シリンダー内の気体は，体積一定のまま蓄熱器の気体から熱を受け取り，シリンダー内の気体も蓄熱器内の気体も同じ温度になる。もしこの温度が T_0 に等しければ，蓄熱器内の気体は，B → Cの過程でシリンダー内の気体から受け取った熱量 Q_0 をシリンダー内の気体に返し，もとの状態に戻ったことになる。すなわち，蓄熱器

は熱を再利用する役割を果たす。このようになるために，あらかじめ蓄熱器の最初の温度 T_0 をある値に設定しておいた。その値は，シリンダー内の気体の内部エネルギーの増加分 [(7) n, C_V, T_0, T_2] が Q_0 に等しいという条件から求まり，

$$T_0 = \boxed{\text{(8)} \quad n, \ n_0} \times T_1 + \boxed{\text{(9)} \quad n, \ n_0} \times T_2$$

で与えられる。

　F → A の過程では，シリンダーは蓄熱器との接触が断たれ(図2(a))，シリンダー内の気体は，体積一定のまま，外部から熱量 q_2〔J〕を受け取って，もとの状態 A に戻る。

　シリンダーと蓄熱器を合わせた系の熱効率 e は，1 サイクルの間に外部にした仕事 $W_1 - W_2$ を，外部から受け取った熱の総量 $Q_1 + q_2$ で割ったものとして定義され，e は n_0 に依存する関数，$e = e(n_0)$ となる。熱を再利用するための蓄熱器がない場合，すなわち $n_0 = 0$ の場合の熱効率を e_0 と書けば，

$$\frac{e(n_0)}{e_0} = \frac{1 + \alpha(T_1 - T_2)}{1 + \boxed{\text{(10)} \quad n, \ n_0} \times \alpha(T_1 - T_2)} \geqq 1$$

となる。ここで $\alpha = \dfrac{nC_V}{Q_1}$ である。この式から，蓄熱器のおかげで熱効率が改善されていることがわかる。

解 答

Ⅰ. ▶(1)　$Q_1 = W_1$

▶(2)　A→Bの過程は<u>等温変化</u>なので，シリンダー内の気体の<u>内部エネルギー</u>は変化しない。したがって，<u>熱力学の第一法則</u>より，気体が外部より受け取った熱量 Q_1〔J〕は外部にした仕事 W_1〔J〕に等しい。

▶(3)　p-Vグラフで，グラフとV軸とにはさまれた部分の面積が，気体が外部にした（された）仕事を示す。このとき，体積が増加していれば気体がした仕事を，体積が減少していれば気体がされた仕事を示す。したがって，下図の斜線部分のようになる。

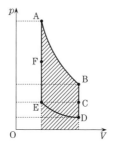

Ⅱ. ▶(4)・(5)　シリンダー内の気体と蓄熱器内の気体の内部エネルギーの和は保存されるので，シリンダー内の気体の内部エネルギーの減少分 $nC_V(T_1 - T_0')$〔J〕と蓄熱器内の気体の内部エネルギーの増加分 $n_0 C_V(T_0' - T_0)$〔J〕は等しい。したがって

$$nC_V(T_1 - T_0') = n_0 C_V(T_0' - T_0)$$

$$\therefore \quad T_0' = \frac{n_0}{n + n_0} \times T_0 + \frac{n}{n + n_0} \times T_1 \text{〔K〕}$$

▶(6)　p-Vグラフで，A→BのグラフとV軸の$V_1 V_2$間とにはさまれた部分の面積は W_1〔J〕を，D→EのグラフとV軸の$V_1 V_2$間とにはさまれた部分の面積は W_2〔J〕を示す。したがって，W_1 と W_2 の比は面積の比を意味する。また，面積の比は，V軸の$V_1 V_2$間での微小区間に対する面積に着目すると，グラフの高さ，すなわち圧力の比で示される。同体積 V〔m³〕に対する圧力の比は，A→Bのグラフの圧力を p_1〔Pa〕，D→Eのグラフの圧力を p_2〔Pa〕とすると，ボイル・シャルルの法則より

$$\frac{p_1 V}{T_1} = \frac{p_2 V}{T_2} \qquad \therefore \quad \frac{p_2}{p_1} = \frac{T_2}{T_1}$$

これより，圧力の比は，絶対温度の比で示される。したがって

$$\frac{W_2}{W_1} = \frac{p_2}{p_1} = \frac{T_2}{T_1}$$

▶(7)　E→Fの過程での，シリンダー内の気体の内部エネルギーの増加分を ΔU_0〔J〕とすると

$$\Delta U_0 = nC_V(T_0 - T_2) \text{〔J〕}$$

▶(8)・(9) B→Cの過程は定積変化なので，シリンダー内の気体が放出した熱量，すなわち蓄熱器内の気体が受け取った熱量 Q_0〔J〕は

$$Q_0 = nC_V(T_1 - T_0') \text{〔J〕}$$

題意より，$\Delta U_0 = Q_0$ なので

$$nC_V(T_0 - T_2) = nC_V(T_1 - T_0')$$

T_0' の値を代入すると

$$T_0 = \frac{n_0}{n + 2n_0} \times T_1 + \frac{n + n_0}{n + 2n_0} \times T_2 \text{〔K〕}$$

▶(10) A→B，D→Eの過程は等温変化なので，内部エネルギーは変化しない。したがって，それぞれの過程において，熱力学第一法則より

$$Q_1 = W_1, \quad Q_2 = W_2 \quad \cdots\cdots ①$$

F→A の過程での，シリンダー内の気体の内部エネルギーの増加分は，$nC_V(T_1 - T_0)$ である。また，F→Aの過程は定積変化なので，シリンダー内の気体は仕事をしもされもしない。したがって，熱力学第一法則より

$$nC_V(T_1 - T_0) = q_2 - 0$$

$$\therefore \quad q_2 = nC_V(T_1 - T_0) \quad \cdots\cdots ②$$

シリンダーと蓄熱器を合わせた系の熱効率 $e = e(n_0)$ は

$$e(n_0) = \frac{W_1 - W_2}{Q_1 + q_2}$$

と表されるので，①，②を用いると

$$e(n_0) = \frac{Q_1 - Q_2}{Q_1 + nC_V(T_1 - T_0)}$$

T_0 の値を代入すると

$$e(n_0) = \frac{Q_1 - Q_2}{Q_1 + \dfrac{n + n_0}{n + 2n_0} nC_V(T_1 - T_2)}$$

これより，$n_0 = 0$ の場合の熱効率 $e = e_0$ は

$$e_0 = \frac{Q_1 - Q_2}{Q_1 + nC_V(T_1 - T_2)}$$

したがって

$$\frac{e(n_0)}{e_0} = \frac{Q_1 + nC_V(T_1 - T_2)}{Q_1 + \dfrac{n + n_0}{n + 2n_0} nC_V(T_1 - T_2)}$$

$$= \cfrac{1 + \cfrac{nC_\mathrm{V}}{Q_1}(T_1 - T_2)}{1 + \cfrac{n+n_0}{n+2n_0} \cdot \cfrac{nC_\mathrm{V}}{Q_1}(T_1 - T_2)}$$

$$= \cfrac{1 + \alpha\,(T_1 - T_2)}{1 + \cfrac{n+n_0}{n+2n_0} \times \alpha\,(T_1 - T_2)} \geqq 1$$

テーマ

なめらかに動くことのできるピストンによってシリンダー内に封じ込められた理想気体について，内部エネルギーの変化 ΔU〔J〕は，気体が外部から得た熱量 Q_in〔J〕，気体が外部にした仕事 W_out〔J〕を用いると，熱力学第一法則より

$\Delta U = Q_\mathrm{in} - W_\mathrm{out}$〔J〕　……Ⓐ

と表される。また，この理想気体の定積モル比熱 C_V〔J/mol・K〕，物質量 n〔mol〕，絶対温度の変化 ΔT〔K〕を用いると

$\Delta U = nC_\mathrm{V}\Delta T$〔J〕　……Ⓑ

と表される。このⒷは，Ⓐと同様にいかなる状態変化においても成り立つ。定積・定圧変化では，その諸条件をⒶに代入することで，Ⓑが成り立っていることを確認することができる。

定積変化の場合の条件は

$Q_\mathrm{in} = nC_\mathrm{V}\Delta T$

$W_\mathrm{out} = 0$

定圧変化の場合の条件は，理想気体の定圧モル比熱 C_P〔J/mol・K〕，気体定数 R〔J/mol・K〕，圧力 p〔Pa〕，体積変化 ΔV〔m³〕を用いると

$Q_\mathrm{in} = nC_\mathrm{P}\Delta T = n(C_\mathrm{V}+R)\Delta T$　（∵ マイヤーの関係式　$C_\mathrm{P} = C_\mathrm{V}+R$）

$W_\mathrm{out} = p\Delta V = nR\Delta T$

である。

なお，単原子分子の理想気体の場合，定積モル比熱 C_V〔J/mol・K〕は

$C_\mathrm{V} = \dfrac{3}{2}R$

と表される。これより，内部エネルギーの変化 ΔU〔J〕は気体定数 R〔J/mol・K〕が与えられている場合は

$\Delta U = \dfrac{3}{2}nR\Delta T$

と表すこともある。

37 熱気球内の気体の状態変化

(2003年度 第2問)

図のような，気球とゴンドラからなる熱気球を考える。気球部分は，熱を通さず，伸び縮みしない軽い布からできている。気球の下部には弁があり，弁を開けると気球内部は大気と同じ圧力になる。気球には内部の気体をあたためるヒーターがついている。また，布を操作して，気球がいっぱいにふくらんだときの体積を変化させることができる。気球内の気体を除いた熱気球の質量は M である。大気と気球内の気体は同じ種類の理想気体であるとし，その分子量を W，定積モル比熱を C_V とする。大気の絶対温度 T_A は高度によらず一定と仮定する。熱気球にはたらく浮力の大きさは，気球部分が押しのけた大気にはたらく重力の大きさに等しいとする。

気体定数を R として，以下の文中の(1)から(7)および(9)の ▢ 内に適切な数式を書き入れよ。(8)と(10)については，理由を簡潔に述べよ。

問1 気球の弁を開けた状態で，気球内の気体をあたためたところ，気球はいっぱいにふくらんで地表から離れ，空中に浮いて静止していた（**状態1**）。この位置を原点（$z=0$）として，鉛直上向きに z 軸をとる。

状態1での気球内の気体の圧力，体積，絶対温度，密度を，それぞれ P_1，V_1，T_1，d_1 とする。このとき，$\dfrac{P_1}{d_1 T_1}$ は，W と R を用いて，$\dfrac{P_1}{d_1 T_1}=$ ▢(1) と表される。このことから，$\dfrac{P_1}{d_1 T_1}$ は気体の圧力や絶対温度に依存せず，理想気体の種類で決まることがわかる。この関係は大気についてもなりたつ。したがって，高度 $z=0$ での大気の密度を ρ_1 とすると，T_1 は，ρ_1，d_1，T_A を用いて，$T_1=$ ▢(2) と表される。

また，熱気球にはたらく力のつりあいから，気球内の気体の密度 d_1 は，ρ_1，M，V_1 を用いて，$d_1=$ ▢(3) と表される。

問2 次に，弁を閉じ，気体の体積を V_1 に保ったまま，ヒーターで内部の気体に熱量 Q（$Q>0$）を与えたところ，気球内の気体の圧力，絶対温度は，それぞれ P_2，T_2 となった（**状態2**）。このとき，T_2 を C_V，Q，P_1，V_1，T_1，R を用いて表すと，$T_2=$ ▢(4) となる。また，P_2 は，C_V，Q，P_1，V_1，R を用いて，$P_2=$ ▢(5) と表される。

問3 次に，弁を閉じたまま，気球の体積を V_1 から V_3 にゆっくりと増加させたと

ころ，気球内の気体の圧力，絶対温度，密度は，それぞれ P_3，T_3，d_3 となり，気球は高度 z_3 で静止した（**状態3**）。この高度における大気の密度を ρ_3 とすると，ρ_1，V_1，V_3 を用いて，$\rho_3 = $ (6) と表される。

　ところで，高度 z における大気の密度が $\rho_1 \times 10^{-az}$（a は正の定数）で与えられるとすると，高度 z_3 は，a，V_1，V_3 を用いて表すことができ，$z_3 = $ (7) となる。

問4　状態2から状態3への過程では，気球内の気体は断熱変化をする。断熱変化の途中の気体の圧力 P と体積 V の間には，定数 γ を用いて，$PV^\gamma = $ 一定，という関係がなりたつ。以下，状態2から状態3への断熱変化の考察から，$\gamma > 1$ であることを導こう。

　この過程では，気球の体積が増加するにつれて，気球内の気体の内部エネルギーは減少する。その理由を (8) に簡潔に述べよ。ただし，熱力学第一法則を用いて解答すること。次に，断熱変化の途中の気体の絶対温度 T を V，V_1，T_2，γ を用いて表すと，$T = $ (9) となる。以上の結果と，理想気体の内部エネルギーは絶対温度に比例するという性質を用いて，$\gamma > 1$ である理由を (10) に簡潔に述べよ。ただし，この過程で気球内の気体の絶対温度がどのように変化するかを示し，解答すること。

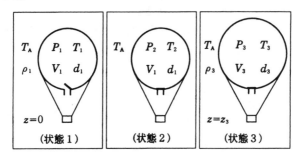

解 答

▶問1. (1) 気球内の気体の質量を m, 物質量を n とすると, その物質量は $n=\dfrac{m}{W}$ なので, 状態1において, 気球内の気体の状態方程式より

$$P_1V_1=nRT_1=\frac{m}{W}RT_1 \quad \cdots\cdots ①$$

また, 気体の密度 d_1 は $d_1=\dfrac{m}{V_1}$ なので

$$\frac{P_1}{d_1T_1}=\frac{R}{W}$$

(2) 高度 $z=0$ での大気についても(1)と同様の関係が成り立つから

$$\frac{R}{W}=\frac{P_1}{d_1T_1}=\frac{P_1}{\rho_1T_A}.$$

$$\therefore \quad T_1=\frac{\rho_1}{d_1}T_A$$

(3) 気球内の気体の重さは $mg=d_1V_1g$, 気球にはたらく浮力の大きさは ρ_1V_1g である。これより, 気球にはたらく力は右図のようになる。したがって, 気球にはたらく力のつりあいより

$$Mg+d_1V_1g=\rho_1V_1g \quad \cdots\cdots ②$$

$$\therefore \quad d_1=\rho_1-\frac{M}{V_1}$$

〔注〕 高校の物理では通常, 国際単位系SI (力学に限れば, MKS単位系と同様) を前提として, 各量の単位を考える。前述の解答では, 問題文の「分子量 W」を「モル質量」と解釈し, (1)の正解は $\dfrac{P_1}{d_1T_1}=\dfrac{R}{W}$ としたが, 本来, 分子量を W とすると, 1mol の質量は W〔g〕であり, 質量 m〔kg〕の物質量は $n=\dfrac{m}{W\times10^{-3}}$ となる。この場合, $\dfrac{P_1}{d_1T_1}=\dfrac{R}{W\times10^{-3}}$ となるが, いずれの場合も正解とされるだろう。

▶問2. (4) 状態1から状態2への変化は定積変化なので, 定積モル比熱 C_V と①を用いて

$$Q=nC_V(T_2-T_1)=\frac{P_1V_1}{RT_1}\times C_V(T_2-T_1)$$

$$T_2-T_1=\frac{RQT_1}{C_VP_1V_1} \qquad \therefore \quad T_2=T_1\left(1+\frac{RQ}{C_VP_1V_1}\right)$$

(5) 状態1と状態2について, ボイル・シャルルの法則より

$$\frac{P_1V_1}{T_1} = \frac{P_2V_1}{T_2}$$

$$\therefore \quad P_2 = P_1\frac{T_2}{T_1} = P_1\left(1 + \frac{RQ}{C_VP_1V_1}\right)$$

▶**問3.** (6) 気球の体積が V_1 から V_3 に変化しても弁が閉じているので，気球内の気体の質量は一定である。したがって，②と同様に

$$Mg + d_1V_1g = \rho_1V_1g = \rho_3V_3g$$

$$\therefore \quad \rho_3 = \frac{V_1}{V_3}\rho_1$$

(7)　ρ_3 について，$\rho_3 = \rho_1 \times 10^{-az_3}$ で与えられるとすると，(6)の結果を用いて

$$\rho_1 \times 10^{-az_3} = \frac{V_1}{V_3}\rho_1 \qquad \therefore \quad 10^{-az_3} = \frac{V_1}{V_3}$$

両辺の常用対数をとると

$$-az_3 = \log_{10}\frac{V_1}{V_3}$$

$$\therefore \quad z_3 = -\frac{1}{a}\log_{10}\frac{V_1}{V_3} = \frac{1}{a}\log_{10}\frac{V_3}{V_1}$$

▶**問4.** (8)　気球の体積が増加するとき，気球内の気体がする仕事は正である。断熱変化の過程では気体に熱の出入りはないから，熱力学第一法則より，気体がする仕事の分だけ内部エネルギーは減少する。

(9)　気体の圧力を P，体積を V，絶対温度を T とすると，一定量の気体の状態変化においては

$$\frac{PV}{T} = 一定 \quad （ボイル・シャルルの法則）$$

が成り立つ。また，問題文に示されているように，断熱変化においては一般に

$$PV^\gamma = 一定 \quad （ポアソンの法則）$$

が成り立つ。この2式より P を消去すると

$$TV^{\gamma-1} = 一定$$

という T と V の関係式が成り立つから

$$TV^{\gamma-1} = T_2V_1{}^{\gamma-1} \qquad \therefore \quad T = \left(\frac{V_1}{V}\right)^{\gamma-1}T_2$$

(10)　理想気体の内部エネルギーは絶対温度に比例するから，気球内の気体の内部エネルギーが減少すると温度は下降する。これより $T < T_2$ であり，$V > V_1$ であることから，$\gamma - 1 > 0$ より $\gamma > 1$ となる。

参考　定積モル比熱の値は，気体定数 R を用いると，単原子分子の理想気体では $\frac{3}{2}R$，二

原子分子の理想気体では $\frac{5}{2}R$ である。したがって，理想気体の内部エネルギー U は，物

質量 n と絶対温度 T を用いて，次のように表すこともできる。

　　単原子分子の理想気体：$U=\frac{3}{2}nRT$

　　二原子分子の理想気体：$U=\frac{5}{2}nRT$

テーマ

　容器に封入された理想気体の圧力を p，体積を V，物質量を n，絶対温度を T とし，気体定数を R とすると，気体の状態方程式は

$$pV=nRT$$

と表される。ここで，気体の質量を m，モル質量を M とすると，$n=\frac{m}{M}$ なので，気体

の状態方程式は

$$pV=\frac{m}{M}RT$$

とも表すことができる。また，気体の密度を d とすると，$d=\frac{m}{V}$ なので，p は

$$p=\frac{m}{V}\cdot\frac{RT}{M}=\frac{dRT}{M}$$

と表され，気体の物質量が一定でない場合，この形を用いれば p と T の関係を示すことができる。さらに，この式を変形すると

$$\frac{p}{dT}=\frac{R}{M}\ (=\text{一定})$$

と表され，こちらも同様に気体の物質量が一定でない場合に用いることができる。
　ポアソンの法則は，断熱変化において成り立つ p と V の関係を示し，定数 γ を用いて

$$pV^{\gamma}=\text{一定}\ \ \cdots\cdots①$$

と表される。この γ を比熱比といい，定積モル比熱を C_V，定圧モル比熱を C_P とすると

$$\gamma=\frac{C_P}{C_V}$$

と表される。また，①はボイル・シャルルの法則を用いて，断熱変化において成り立つ T と V の関係式として

$$TV^{\gamma-1}=\text{一定}$$

と書き換えることもできる。

第3章　波　動

第3章　波　動

節	番号	内　　容	年　度
波の性質	38	固体媒質を伝播する縦波と横波	2019 年度〔3〕A
音波 ドップラー効果	39	閉管での気柱の共鳴	2017 年度〔3〕A
	40	風が吹く場合のドップラー効果	2004 年度〔3〕
光波 光の干渉	41	マイケルソン干渉計による平面波の干渉	2020 年度〔3〕B
	42	ニュートンリング	2013 年度〔3〕

対策　①頻出項目

☐　ドップラー効果

　ドップラー効果の式を覚えているだけで解答できるような問題は，出題されていない。むしろ，ドップラー効果の式の導出過程自体が問題になっていることが多いので，波長や振動数に着目して，ドップラー効果の式の導出過程を理解しておく必要がある。また，斜め方向のドップラー効果や，風が吹く場合のドップラー効果なども出題されているので，これらの問題にも取り組んでおかなければならない。なお，光のドップラー効果について出題されたこともある。光波の場合も，結果的には音波と同じドップラー効果の式が成り立つが，この類の問題にも注意しておこう。

☐　光の反射・屈折

　屈折の法則や全反射の条件などについては，必ず理解しておかなければならない。このとき，ホイヘンスの原理によって作図を行うなどして理解を深めておくと，実際に問題を解答するときに役立つ。

☐　光の干渉

　光の干渉には，ヤングの実験，薄膜の干渉，ニュートンリング，回折格子，モノスリットなどがあるが，その干渉条件には規則性がある。まず，諸条件において干渉する光の光路差の算出過程について理解した上で，その光路差や位相差に着目して干渉条件を整理し，理解しておきたい。また，光は横波であるが，縦波を扱った干渉の問題も出題されている。この類の問題にも取り組んでおきたい。

②解答の基礎として重要な項目

☐ **波の性質**

　波の性質を表す，波の伝わり方，正弦波の式，位相，横波と縦波，重ね合わせの原理，定常波，干渉，回折，反射，屈折，ホイヘンスの原理などの項目は，波動分野の重要な基礎知識である。これらを主題とした問題も出題されているが，音波や光波の問題を解く上でも重要な基礎知識となるので必修である。また，正弦波の式については，単に公式を暗記するのではなく，単振動の式から導かれる導出過程を，単振動や正弦波のグラフと連動させて理解しておきたい。

対策　③注意の必要な項目

☐ **気柱の共鳴，うなり**

　気柱の共鳴や弦の振動，うなりを扱った問題はあまり出題されていないが，一般的な入試問題としてはよくみられる。これらの出題パターンや解法パターンは比較的限られており，学習しやすい。一通りの問題には取り組んでおきたい。

☐ **レンズ**

　レンズの項目の応用として，レンズの組み合わせによる顕微鏡や望遠鏡を扱った問題には，注意しておく必要がある。過去には，望遠鏡について星の観測と絡めた問題も出題されている。レンズの公式の利用だけではなく，作図を通しての理解にも努めておきたい。

1　波の性質

38　固体媒質を伝播する縦波と横波

（2019 年度　第 3 問 A）

　固体媒質を伝播する波には縦波と横波が存在する。例えば地震波の P 波は縦波であり S 波は横波である。一般に，縦波は横波よりも速く伝播する。以下のような実験を行なって，この性質を確認してみる。

　図 1 に示すように，真空中に大きな面積を有する厚さ d の絶縁体の固体平板を設置する（図 1 は固体平板の断面図である）。平板の厚さ方向に z 軸をとり，これに垂直な方向に x 軸と y 軸をとる。平板の中央面に細長い導線が y 軸と平行に多数埋め込まれている。下面下方に設置した変位計測器は，平板の下面が変形したとき，下面の x 方向の変位 u_x と z 方向の変位 u_z の和（u_x+u_z）を非接触に計測し出力することができる。平板の左右遠方の端は動かないように固定されているとする。また，平板内に発生した波は平面波であるとし，波は平板の上下面で自由端反射するとし，その波長は $2d$ 以下とする。なお，導線は十分に細いため，波の伝播には影響を与えないとする。また，平行電流が及ぼし合う力や誘導電流は無視する。

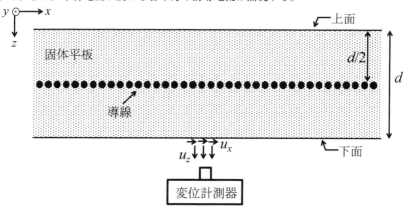

図　1

問1　まず，平板内に x 軸方向に一様な静磁場（時間的に変化しない磁場）を印加した。この状態で，全ての導線に同時に周波数 f の交流電流を同位相で流した。すると，変位計測器の出力値が周期 $\dfrac{1}{f}$ で変動しはじめた。この理由を以下に示す。空欄(a)〜(c)に入るべき語句として最も適切なものを，下記の選択肢から選べ。

静磁場中で交流電流が流れる導線には，　(a)　軸に平行に振動数 f で振動する力がはたらき，振動数　(b)　の　(c)　が z 軸方向に伝播したため。

選択肢　(あ) x　(い) y　(う) z　(え) f　(お) $\dfrac{f}{2}$

(か) $2f$　(き) 縦波　(く) 横波

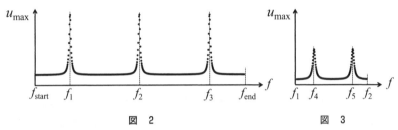

図　2　　　　　　　　図　3

問2　全ての導線に流す交流電流の周波数 f をある適当な値 f_{start} に設定し十分に時間が経過してから，変位計測器の出力の時間変化を長時間観測して，出力の最大値 u_{max} を測定した。その後，f を少しだけ増加させて同様に変位計測器の出力の最大値 u_{max} を測定した。この作業を $f = f_{end}$ となるまで少しずつ f を増加させて繰り返し，f と u_{max} の関係を調べた。この結果を図にしたところ，図2に示すように f_1，f_2，f_3 の3つの周波数において u_{max} が大きな値を示し，また，$f_3 - f_2 = f_2 - f_1$ であった。このとき平板内に発生した波が伝播する速さを，f_1，f_2，d を用いて表せ。

問3　次に，x 軸方向の静磁場の印加を停止し，その後，平板全体に z 軸方向に一様な静磁場を印加した。そして，$f_1 < f < f_2$ の範囲で問2の実験と同様に全ての導線に流す交流電流の周波数を少しずつ変化させながら u_{max} を測定したところ，図3に示すように，2つの周波数 f_4 と f_5 において u_{max} は大きな値を示した。平板内を伝播する縦波の速さに対する横波の速さの比を，f_1，f_2，f_4，f_5 により表せ。（この結果から，縦波は横波より速く伝播することが分かる。）

〔解答欄〕

$$\dfrac{\text{横波の速さ}}{\text{縦波の速さ}} =$$

解　答

▶問1.　導線には，y軸方向に周波数fで交流電流が流れるので，x軸方向に一様な静磁場が印加されているとき，フレミングの左手の法則より，導線は静磁場からz軸方向に振動数fで振動する力を受け（(a)—(う)），振動数fの振動をする。これによって固体媒質はz軸方向に振動し，この振動がz軸方向に伝播する。したがって，この波は振動数fの縦波であり（(b)—(え)，(c)—(き)），これが変位計測器で計測される。

▶問2.　z軸方向に伝播する波は，平板の上下面で自由端反射するので，固体平板の固有振動のm倍振動（$m = 1, 2, 3, \cdots$）における波長をλ_m，固有振動数をf_mとし，平板内を縦波が伝播する速さをv_1とすると

$$\lambda_m = \frac{2d}{m}$$

$$v_1 = f_m \lambda_m$$

2式より

$$f_m = \frac{v_1}{\lambda_m} = \frac{m v_1}{2d}$$

ここでは，この固有振動のうち，導線の位置が定常波の腹になる固有振動をするときに，変位計測器の出力が最大値$u_{\max}$を示す。これは固有振動が偶数倍（$m = 2k$（$k = 1, 2, 3, \cdots$））の倍振動のときなので，その固有振動数は

$$f_{2k} = \frac{k v_1}{d}$$

と表される。変位計測器の出力が最大値$u_{\max}$を示すとき，交流電流の周波数はこの固有振動数に一致しているので，$k = n$のとき

$$f_{2n} = \frac{n v_1}{d}$$

また，$k = n+1$のとき

$$f_{2(n+1)} = \frac{(n+1) v_1}{d}$$

したがって，変位計測器の出力が最大値$u_{\max}$を示すときの交流電流のとなり合う振動数の差は

$$f_{2(n+1)} - f_{2n} = \frac{v_1}{d}$$

となるので

$$f_2 - f_1 = \frac{v_1}{d}$$

$$\therefore \quad v_1 = d(f_2 - f_1)$$

参考　平板の中央面の導線の振動によって生じた縦波が平板の上面，下面に向けてそれぞ

れ伝わり，上面，下面でそれぞれ自由端反射して，その入射波と反射波の合成によって
それぞれ定常波ができる。このとき，上面，下面はそれぞれの定常波の腹になっている。
これらの定常波の重ね合わせによって，平板内に上面，下面が腹となる定常波が生じる
ときに，変位計測器の出力が最大となる。ここで，導線の振動によって生じた縦波が同
位相で上面，下面に向けてそれぞれ伝わることに注意すると，重ね合わせによって生じ
た定常波は平板の中央面の導線の位置で腹となっていることがわかる。

▶**問3.** 問1と同様に考えると，z軸方向に一様な静磁場が印加されているとき，固
体媒質はx軸方向に振動し，この振動がz軸方向に伝播するので，この波は振動数f
の横波である。問2と同様に考えると，平板内を横波が伝播する速さをv_2としたと
き

$$v_2 = d(f_5 - f_4)$$

したがって　　$\dfrac{横波の速さ}{縦波の速さ} = \dfrac{v_2}{v_1} = \dfrac{f_5 - f_4}{f_2 - f_1}$

なお　　$f_2 - f_1 > f_5 - f_4$

であることから　　$v_1 > v_2$

であり，縦波は横波より速く伝播することがわかる。

テーマ

[縦波と横波]

　縦波は媒質の振動方向と波の伝わる方向とが同じであり，媒質が固体，液体，気体の
いずれでも伝わる。一方，横波は媒質の振動方向と波の伝わる方向とが垂直であり，媒
質が固体のときに伝わる。

[自由端反射と固定端反射]

　自由端反射では，入射波の位相に対して反射波の位相は変わらない。すなわち，同位
相の波が反射される。一方，固定端反射では，入射波の位相に対して反射波の位相がπ
だけずれる。すなわち，逆位相の波が反射される。

　本問では，固体平板中を伝わる縦波，横波のそれぞれについて，平板の端面で自由端
反射した場合に起こる共振について考察する。このとき，生じる定常波の状態を的確に
捉えなければならない。また，その結果から，縦波と横波の伝わる速さを比較する。

2　音波・ドップラー効果

39　閉管での気柱の共鳴

（2017年度　第3問A）

　音叉（おんさ）を音源として用いる実験で，空気中の音速を求めてみよう。使用する音叉は，振動数 500Hz の音を，必要なだけ長い時間にわたって発し続けるとする。

Ⅰ. 気体中の音波は縦波であり，圧力の高い状態（密）と低い状態（疎）を繰り返すことから疎密波ともよばれる。音叉は，2本の平行な腕を持つU字型の金属製道具であり，楽器の調律などに使用される。腕の部分をたたくと，ある特定の振動数の音だけを発する。図1は，振動している音叉を上から見た状況を示している。矢印は，ある瞬間に音叉の腕が動いている向きを表している。音叉が音を発するときは，このように2本の腕は互いに逆向きに振動し，周囲の空気に圧力変動を与えている。

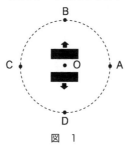

図　1

　問1　図1の2つの矢印が示す向きに音叉の腕が運動し，開ききったときの周囲の圧力について考えよう。音叉を囲む円周上にある4つの点A〜Dでの空気の疎密に関して，以下の(a)〜(f)のうちから正しい組合せの記号を選べ。円の中心は音叉の中心Oにあり，その半径は音波の波長にくらべて十分小さく，4つの点は音叉の振動方向とこれに垂直な方向にある。

(a)　A：密，B：密，C：疎，D：疎
(b)　A：密，B：疎，C：疎，D：密
(c)　A：密，B：疎，C：密，D：疎
(d)　A：疎，B：疎，C：密，D：密
(e)　A：疎，B：密，C：密，D：疎
(f)　A：疎，B：密，C：疎，D：密

Ⅱ. 1つ目の実験として，**図2**のように，両端を開放した細長い円管の内部にピストンを装着して水平に置く。ピストンは，取り付けられた棒を引くことによって左の開口端（$x=0$）からなめらかに円管内を移動できる。

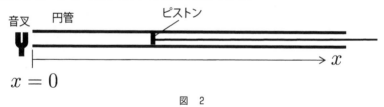

図 2

問2 音叉を左の開口端の近くに設置した。音叉を鳴らしながら，ピストンを右に移動していくと，ほぼ等間隔で，音叉に気柱が共鳴して大きな音が聞こえる位置があった。ある実験では，その位置は $x=50$〔cm〕であり続いて $x=84$〔cm〕でも共鳴した。この結果をもとに音速を有効数字2桁で求めよ。なお，開口端補正は常に一定とする。

問3 ピストンが $x=84$〔cm〕の位置にあるとき，共鳴に影響しないごく小さな圧力計を円管内に入れ，音叉によって共鳴させながら圧力変動の大きさを測定したところ，大きさは圧力計の位置によって変化し，数か所で最大の圧力変動が観測された。開口端からピストンまでの範囲（$0 \leqq x \leqq 84$ cm）で，そのような最大の圧力変動が測定される位置 x〔cm〕のうち，開口端に最も近い位置 x の値を有効数字2桁で示せ。

（問4・問5は省略 —— 編集部註）

解　答

Ⅰ. ▶問1. 点B, 点Dでは, 点Oからこれらの点の向きに, それぞれ空気が送り込まれた直後なので, 圧力が高くなり, 密になる。一方, 点A, 点Cでは, これらの点から点Oの向きに, それぞれ空気が送り出された直後なので, 圧力が低くなり, 疎になる。よって, 正解は(f)。

Ⅱ. ▶問2. ピストンの位置が節となるような定常波が気柱に生じるとき, 共鳴音が聞こえる。これより, 音波の波長をλ〔cm〕とすると

$$\frac{\lambda}{2} = 84 - 50 = 34 \quad \therefore \quad \lambda = 68〔cm〕= 0.68〔m〕$$

したがって, 音速をV〔m/s〕とすると, 波の基本式より

$$V = 500 \times 0.68 = 3.4 \times 10^2〔m/s〕$$

▶問3. 共鳴音が聞こえているとき, 気柱に生じている定常波の節の位置が, 最大の圧力変動が観測される位置である。$\frac{\lambda}{2} = 34$

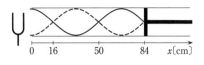

〔cm〕なので, 気柱に生じている定常波の節の位置で, $x = 50$〔cm〕より開口端に近い位置は

$$x = 50 - 34 = 1.6 \times 10〔cm〕$$

この1か所だけである。したがって, この位置が, 最大の圧力変動が測定される位置のうち, 開口端に最も近い位置である。

> **参考** 気柱に生じている定常波の節の開口端に最も近い位置が開口端から16cmの位置であり, $\frac{\lambda}{4} = 17$〔cm〕なので, 開口端補正は
>
> $$17 - 16 = 1〔cm〕$$

テーマ

気柱の長さをL, 音速をVとし, $m = 1, 2, 3, \cdots$とする。また, 共鳴音の波長をλ_m, 固有振動数をf_mとする。

閉管では, 開口端が腹, 閉口端が節となるような定常波が気柱に生じるとき, 共鳴音が聞こえる。このとき

$$\lambda_m = \frac{4L}{2m-1}, \quad f_m = \frac{V}{\lambda_m} = \frac{(2m-1)V}{4L}$$

一方, 開管では, 両端の開口端が腹となるような定常波が気柱に生じるとき, 共鳴音が聞こえる。このとき

$$\lambda_m = \frac{2L}{m}, \quad f_m = \frac{V}{\lambda_m} = \frac{mV}{2L}$$

なお, 共鳴音が聞こえるときの開口端での定常波の腹の位置は, 厳密には開口端の少し外側になる。この腹の位置と管口（開口端）との距離を開口端補正という。

40 風が吹く場合のドップラー効果

(2004 年度 第 3 問)

図1のように，振動数 f_0 の音を発する音源が，O点で静止している観測者に向かって，一定の速さ v でまっすぐに進んでいる。音源は，時刻 $t=0$ にA点を通過し，時刻 $t=\Delta t$ $(\Delta t>0)$ にA′点を通過した。無風状態での音速を c として，風の状態が以下のⅠ，Ⅱ，Ⅲそれぞれの場合に，観測者が聞く音の振動数を考えよう。以下の文中の [ ] に適切な数式を書き入れよ。ただし，音源の移動する速さ v，風速 w は，ともに音速 c に比べて十分に小さいものとする。

Ⅰ まず，風のない状態 $(w=0)$ について考えよう。A点で時刻 $t=0$ に発した音の波面は，時刻 $t=t_1$ にO点に達した。また，A′点で時刻 $t=\Delta t$ に発した音の波面は，時刻 $t=t_1+\Delta t_1$ にO点に達した。時間 Δt の間に音源が発した音を時間 Δt_1 の間に観測者が聞くので，観測者が聞く音の振動数 f_1 は，f_0，Δt，Δt_1 を用いて，$f_1=$ [(1)] と表される。AO間の距離 d は $d=ct_1$，A′O間の距離 d' は $d'=c(t_1+\Delta t_1-\Delta t)$ で与えられる。したがって，$\dfrac{\Delta t}{\Delta t_1}$ は，v，c を用いて，$\dfrac{\Delta t}{\Delta t_1}=$ [(2)] と表される。これらのことから，観測者が聞く音の振動数 f_1 は，v，c，f_0 を用いて，$f_1=$ [(3)] と表される。

Ⅱ 図2のように，突然，風が $\overrightarrow{AO}$ の向きに吹き始める場合について考えよう。時刻 $t=0$ では風は吹いていなかった。A点で時刻 $t=0$ に発した音の波面がO点に達する前のある時刻 $t=t_0$ に，速さ w の風が，$\overrightarrow{AO}$ の向きにすべての場所でいっせいに吹き始めた。その後，この音の波面は，時刻 $t=t_2$ $(t_2>t_0)$ にO点に達した。また，風が吹き始める前の時刻 $t=\Delta t$ $(\Delta t<t_0)$ に音源は A′点を通過し，A′点で発した音の波面は，時刻 $t=t_2+\Delta t_2$ にO点に達した。このとき，AO間の距離 d は，t_0，t_2，w，c を用いて，$d=$ [(4)] と表され，A′O間の距離 d' は，t_0，t_2，Δt，Δt_2，w，c を用いて，$d'=$ [(5)] と表される。したがって，$\dfrac{\Delta t}{\Delta t_2}$ は，v，w，c を用いて，$\dfrac{\Delta t}{\Delta t_2}=$ [(6)] と表される。これらのことから，観測者が聞く音の振動数 f_2 は，v，w，c，f_0 を用いて，$f_2=$ [(7)] と表される。

その後，音源がO点を通過する前に，O点の観測者が聞く音の振動数は f_2 から f_2' に変化した。振動数 f_2' は，v，w，c，f_0 を用いて，$f_2'=$ [(8)] と表される。

Ⅲ　図3のように，速さwの一様な風が常に真横に吹いている場合について考えよう。A点で時刻$t=0$に発した音の波面は，時刻$t=t_3$にO点に達した。そのときの波面を表す円の一部が図3に示されている。この円の中心をB点とする。AB間の距離sは，t_3を含んだ式で，$s=$ (9) と表される。また，BO間の距離s'は，t_3を含んだ式で，$s'=$ (10) と表される。このとき，AO間の距離dは，t_3，w，cを用いて，$d=$ (11) と表される。音源は，時刻$t=\Delta t$にA′点を通過し，A′点で発した音の波面は，時刻$t=t_3+\Delta t_3$にO点に達した。したがって，$\dfrac{\Delta t}{\Delta t_3}$は，$v$，$w$，$c$を用いて表され，これらのことから，観測者が聞く音の振動数f_3は，v，w，c，f_0を用いて，$f_3=$ (12) と表される。

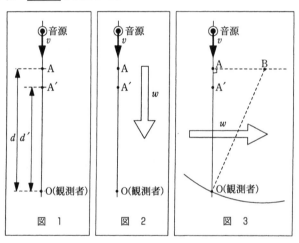

図　1　　　　図　2　　　　図　3

解答

Ⅰ. ▶(1)　音源が時間 Δt の間に発した音波の個数（1波長を1個とする）は $f_0 \Delta t$ である。観測者はこの音波を時間 Δt_1 の間に観測するので

$$f_1 \Delta t_1 = f_0 \Delta t \qquad \therefore \quad f_1 = \frac{\Delta t}{\Delta t_1} f_0$$

▶(2)　与えられた2式 $d = ct_1$, $d' = c(t_1 + \Delta t_1 - \Delta t)$ より，$d - d'$ を求めると

$$d - d' = c\Delta t - c\Delta t_1$$

また，音源の時間 Δt の間での等速度運動から

$$d - d' = v\Delta t$$

したがって，この2式より，$d - d'$ を消去すると

$$c\Delta t - c\Delta t_1 = v\Delta t \qquad \therefore \quad \frac{\Delta t}{\Delta t_1} = \frac{c}{c - v}$$

▶(3)　(2)で求めた $\dfrac{\Delta t}{\Delta t_1}$ を(1)の結果に代入すると　　$f_1 = \dfrac{c}{c - v} f_0$

Ⅱ. ▶(4)　A点で時刻 $t = 0$ に音源が発した音に着目する。初めの，風が吹いておらず音速が c のときの時間が t_0，その後の，風が吹いて音の伝わる速さが $c + w$ になっているときの時間が $t_2 - t_0$ なので

$$d = ct_0 + (c + w)(t_2 - t_0)$$

▶(5)　A′点で時刻 $t = \Delta t$ に音源が発した音に着目する。初めの，風が吹いておらず音速が c のときの時間が $t_0 - \Delta t$，その後の，風が吹いて音の伝わる速さが $c + w$ になっているときの時間が $t_2 + \Delta t_2 - t_0$ なので

$$d' = c(t_0 - \Delta t) + (c + w)(t_2 + \Delta t_2 - t_0)$$

▶(6)　(4)と(5)で求めた2式より，$d - d'$ を求めると

$$d - d' = c\Delta t - (c + w)\Delta t_2$$

また，音源の時間 Δt の間での等速度運動から

$$d - d' = v\Delta t$$

したがって，この2式より，$d - d'$ を消去すると

$$c\Delta t - (c + w)\Delta t_2 = v\Delta t \qquad \therefore \quad \frac{\Delta t}{\Delta t_2} = \frac{c + w}{c - v}$$

▶(7)　(1)と同様に考え，f_2 を f_0, Δt, Δt_2 を用いて表すと

$$f_2 = \frac{\Delta t}{\Delta t_2} f_0$$

したがって，この式に(6)で求めた $\dfrac{\Delta t}{\Delta t_2}$ を代入すると

$$f_2 = \frac{c + w}{c - v} f_0$$

▶(8)　観測者が聞く振動数 f_2' の音は，風が吹きはじめてから音源が発した音である。この場合，音の伝わる速さは常に $c+w$ となるので，この音の伝わる速さを用いて I と同様に考えればよい。すなわち，(3)の結果の音速 c のところに $c+w$ が当てはまる。したがって

$$f_2' = \frac{c+w}{c+w-v}f_0$$

Ⅲ.　▶(9)　A点で時刻 $t=0$ に音源が発した音の波面の中心は，時間 t_3 の間に真横から吹く速さ w の風によって，B点まで移動している。
したがって　　　$s = wt_3$

▶(10)　波面の中心が時刻 $t=t_3$ にB点にあり，この時刻に，A点で時刻 $t=0$ に音源が発した音の波面がO点に達している。この波面は，時間 t_3 の間に音速 c で音がB点からO点まで伝わったことを意味する。
したがって　　　$s' = ct_3$

▶(11)　d, s, s' の関係は，三平方の定理より
$$d = \sqrt{s'^2 - s^2}$$

この式に，(9)・(10)で求めた s, s' を代入すると
$$d = \sqrt{(ct_3)^2 - (wt_3)^2}$$
$$= \sqrt{c^2 - w^2}\, t_3$$

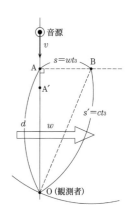

▶(12)　(11)の結果より，A点からO点の向きに伝わる音の速さは $\sqrt{c^2-w^2}$ である。この音の伝わる速さを用いて，I と同様に考えればよい。したがって

$$f_3 = \frac{\Delta t}{\Delta t_3}f_0 \qquad \frac{\Delta t}{\Delta t_3} = \frac{\sqrt{c^2-w^2}}{\sqrt{c^2-w^2}-v}$$

この2式より，$\dfrac{\Delta t}{\Delta t_3}$ を消去すると

$$f_3 = \frac{\sqrt{c^2-w^2}}{\sqrt{c^2-w^2}-v}f_0$$

すなわち，(3)の結果の音速 c のところに $\sqrt{c^2-w^2}$ が当てはまる。

テーマ

一直線上で動く音源と観測者について，音源の発する音の振動数を f，音速を V，音源の速度を v_S，観測者の速度を v_0 とする。ただし，v_S，v_0 については，音源から観測者に向かう向きを正とする。このとき，音源から観測者に伝わる音の波長 λ は

$$\lambda = \frac{V - v_\mathrm{S}}{f}$$

となる。したがって，観測者の聞く音の振動数 f' は

$$f' = \frac{V - v_0}{\lambda} = \frac{V - v_0}{V - v_\mathrm{S}} f$$

と表される。

本問では，問題文の誘導に従って，音源が音を発した時間と観測者が音を聞いた時間の比から観測者の聞く音の振動数を求めていくので，上記の式を用いることが主たる解法の方針とはならないが，Ⅰ～Ⅲの各設定での結論に結びつく。

Ⅱ．音の伝わる方向に速さ w の風が吹く場合，風が吹いていないときの音速を V とすると，音の伝わる向きに風が吹くときの音の伝わる速さは $V + w$ となり，音の伝わる向きと逆向きに風が吹くときの音の伝わる速さは $V - w$ となる。

Ⅲ．音源と観測者を結ぶ線分と垂直な方向に速さ w の風が吹く場合，風が吹いていないときの音速を V とすると，音源から観測者へ伝わる音の速さは $\sqrt{V^2 - w^2}$ となる。

3　光波・光の干渉

41　マイケルソン干渉計による平面波の干渉

（2020年度　第3問B）

　　光速が慣性系の選び方によらないことを明らかにしたマイケルソン・モーリーの実験や，近年の重力波の観測は，互いに直交する2つの長い経路を通った光の干渉を用いて行われた。次の簡略化したモデルを用いて，光の干渉について考えよう。

　　図1に示すように，レーザー光源から出る光を，ハーフミラー（半透鏡）Hを用いて経路Xと経路Yの2つに分けた後，鏡で反射させ，Hによって，同じ面Fに集めた。ハーフミラーは，光の一部分を透過し，残りを反射する鏡である。経路Yを通った光を面Fに垂直に入射させ（入射角0°），経路Xを通った光を十分に小さな入射角 θ で入射させた。その結果，2つの光が作る干渉縞が，面Fで観測された（図2）。レーザー光の経路は，指定がない限り，真空である。レーザー光の真空中での波長を λ とする。また，経路Xの途中には，長さ L の透明な容器Aが置かれていて，この容器内も最初は真空である。なお，レーザー光源に戻る光や面Fで反射する光は考えなくてよい。ハーフミラーHの厚みも無視してよい。レーザー光源は十分に幅の広い平面波を発生するものであり，面F付近で干渉を考える際も，平面波として取り扱ってよい。

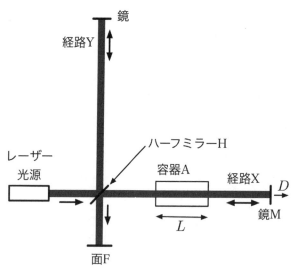

図　1

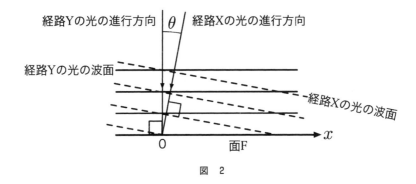

図 2

問1　ある時刻に面Fに入射する波面の様子を拡大したところ，図2のようであった。なお図2では，θが誇張して大きく描かれている。面F上に図2のようにx軸をとる。経路Xを通り$x=0$に入射する光について，レーザー光源から測った光路長をlとする。経路Xを通り面F上の任意の位置xに入射する光の光路長を求めよ。ただし同じ波面上では，光源からの光路長は一定であるとせよ。

問2　面Fに作られた干渉縞の間隔（明線の間隔）を求めよ。

問3　干渉縞を観察しながら，経路Xの光を反射させる鏡Mを，ゆっくりと図1中の右方向に微小距離D動かした。その結果，経路Xを通る光の光路長は$2D$だけ伸び，干渉縞はx軸に沿ってΔx_1だけ動いた。Δx_1を符号も含めて答えよ。

問4　干渉縞を観察しながら，容器Aに微小量のガスをゆっくりと入れ，容器A内の光の屈折率を$(1+\alpha)$とした。ただしαは正で十分に小さい。ガスを入れたことによって，干渉縞はx軸に沿ってさらにΔx_2動いた。Δx_2を符号も含めて答えよ。ただし，ガスを入れたことによる経路の変化は無視してよい。

問5　光は電磁波の一種であり，その電場は正弦波で表すことができる。経路Xから面Fに入射する光の電場をE_X，同じく経路Yから入射する光の電場をE_Yとする。$x=0$において，E_X，E_Yとも同じ向きで，$E_0 \sin \omega t$の時間変化をしていた。tは時刻である。ωは光の波の角振動数であり，振動数f，周期Tと，$\omega = 2\pi f = \dfrac{2\pi}{T}$の関係にある。なお$\omega$は0でない定数である。

　　2つの光の干渉によって面F上に発生した干渉縞の明るさはxの関数であり，「2つの光の電場の和の2乗の時間平均（十分に長い時間にわたる平均）」に比例する。この電場の和の2乗，すなわち$(E_X + E_Y)^2$の時間平均$I(x)$を求めよ。なお，0でない定数aに対し，$\sin at$や$\cos at$の時間平均は0だが，$\sin^2 at$や$\cos^2 at$の時間平均は$\dfrac{1}{2}$であることを用いてよい。

解 答

▶問1. 下図より，経路Xを通り面F上の任意の位置xに入射する光は，経路Xを通り$x=0$に入射する光より，光路長がdだけ短くなる。ここで

$$d = x\sin\theta$$

したがって，経路Xを通り面F上の任意の位置xに入射する光の光路長は

$$l - d = l - x\sin\theta$$

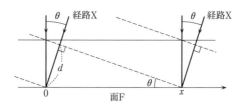

▶問2. 経路Yを通り面Fに入射する光の光路長は，位置xによらず同じである。いま，経路Xを通り面Fに入射する光の光路長L_Xと経路Yを通り面Fに入射する光の光路長L_Yとの光路差（光路長L_Y－光路長L_X）が0となり明線が見られる位置を$x=x_0$とし，面Fに作られた明線の間隔を$\Delta x(>0)$とする。このとき，$x=x_0$からx軸正の向きに次の明線の位置は$x=x_0+\Delta x$なので，この$x=x_0+\Delta x$での経路Xを通り面Fに入射する光の光路長L_Xと経路Yを通り面Fに入射する光の光路長L_Yとの光路差（光路長L_Y－光路長L_X）は$\Delta x\sin\theta$となる。これは，$x=x_0$での光路差と$x=x_0+\Delta x$での光路差の差なのでλに等しい。したがって

$$\Delta x\sin\theta = \lambda \quad \therefore \quad \Delta x = \frac{\lambda}{\sin\theta}$$

参考1 面Fに作られる隣り合う明線を考えると，それぞれの明線の位置での光路差について，その差はλとなる。すなわち，面Fには，光路差の差がλとなる位置ごとに明線が生じる。

▶問3. このとき，経路Xを通り面Fに入射する光の光路長L_Xと経路Yを通り面Fに入射する光の光路長L_Yとの光路差（光路長L_Y－光路長L_X）が0となり明線が見られる位置は$x=x_0+\Delta x_1$となる。したがって，この位置での光路差について

$$\Delta x_1\sin\theta - 2D = 0 \quad \therefore \quad \Delta x_1 = \frac{2D}{\sin\theta}$$

▶問4. このとき，経路Xを通り面Fに入射する光の光路長L_Xと経路Yを通り面Fに入射する光の光路長L_Yとの光路差（光路長L_Y－光路長L_X）が0となり明線が見られる位置は$x=x_0+\Delta x_1+\Delta x_2$となる。したがって，この位置での光路差について

$$\Delta x_2\sin\theta - \{(1+\alpha)\cdot 2L - 2L\} = 0 \quad \Delta x_2\sin\theta - 2\alpha L = 0$$

$$\therefore \quad \Delta x_2 = \frac{2\alpha L}{\sin\theta}$$

参考2　長さ L の容器Aにガスを入れて屈折率を $(1+\alpha)$ とすると，経路Xを通り面Fに入射する光の光路長は，$(1+\alpha)\cdot 2L-2L$ だけ長くなる。

▶問5．経路Xから面F上の任意の位置 x に入射する光の電場は，$x=0$ での電場に比べて位相が $2\pi \times \dfrac{x\sin\theta}{\lambda}=\dfrac{2\pi x\sin\theta}{\lambda}$ だけ進むので

$$E_{\mathrm{X}} = E_0 \sin\left(\omega t + \frac{2\pi x\sin\theta}{\lambda}\right)$$

$$= E_0\left(\cos\frac{2\pi x\sin\theta}{\lambda}\cdot\sin\omega t + \sin\frac{2\pi x\sin\theta}{\lambda}\cdot\cos\omega t\right)$$

と表される。一方，経路Yから面Fに入射する光の電場は，位置 x によらず同じなので

$$E_{\mathrm{Y}} = E_0 \sin\omega t$$

である。これより，面F上の任意の位置 x において

$$(E_{\mathrm{X}}+E_{\mathrm{Y}})^2$$

$$= E_0{}^2\left\{\left(1+\cos\frac{2\pi x\sin\theta}{\lambda}\right)\sin\omega t + \sin\frac{2\pi x\sin\theta}{\lambda}\cdot\cos\omega t\right\}^2$$

$$= E_0{}^2\left\{\left(1+\cos\frac{2\pi x\sin\theta}{\lambda}\right)^2\sin^2\omega t\right.$$

$$\left. + \left(1+\cos\frac{2\pi x\sin\theta}{\lambda}\right)\sin\frac{2\pi x\sin\theta}{\lambda}\cdot\sin 2\omega t + \sin^2\frac{2\pi x\sin\theta}{\lambda}\cdot\cos^2\omega t\right\}$$

したがって，題意より

$$I(x) = E_0{}^2\left\{\left(1+\cos\frac{2\pi x\sin\theta}{\lambda}\right)^2\cdot\frac{1}{2}\right.$$

$$\left. + \left(1+\cos\frac{2\pi x\sin\theta}{\lambda}\right)\sin\frac{2\pi x\sin\theta}{\lambda}\cdot 0 + \sin^2\frac{2\pi x\sin\theta}{\lambda}\cdot\frac{1}{2}\right\}$$

$$= E_0{}^2\left(\frac{1}{2}+\cos\frac{2\pi x\sin\theta}{\lambda}+\frac{1}{2}\cos^2\frac{2\pi x\sin\theta}{\lambda}+\frac{1}{2}\sin^2\frac{2\pi x\sin\theta}{\lambda}\right)$$

$$= E_0{}^2\left(1+\cos\frac{2\pi x\sin\theta}{\lambda}\right)$$

参考3　$\sin^2\omega t=\dfrac{1-\cos 2\omega t}{2}$，$\cos^2\omega t=\dfrac{1+\cos 2\omega t}{2}$ なので，$\sin^2\omega t$ と $\cos^2\omega t$ の時間平均は $\dfrac{1}{2}$ である。また，$\sin 2\omega t$ の時間平均は 0 である。

　光の干渉条件は，一般に，干渉する2つの光の光路差と真空中での光の波長 λ との関係によって定まる。干渉する2つの光の位相が反射などによって相対的にずれていない場合には，次式が成り立つ。

　　強め合う条件（明線）：光路差 $= m\lambda$

　　弱め合う条件（暗線）：光路差 $= \left(m + \dfrac{1}{2}\right)\lambda$ 　$(m = 0,\ 1,\ 2 \cdots)$

干渉する2つの光の位相が相対的に π ずれている場合には，この干渉条件が入れ替わる。なお，光の位相は，光が屈折率の小さな媒質から屈折率の大きな媒質へ向かう境界面で反射する場合に π だけずれる。

　本問では，マイケルソン干渉計による光の干渉について考察する。平面波の干渉を扱うため，干渉面に入射する2つの経路を通る光の光路差が，干渉面の位置によってどのように変化するかに注意しなければならない。また，光は電磁波の一種であり，その電場の正弦波を扱った計算では，光路長の差を位相差に置き換えて計算すればよい。

42 ニュートンリング

(2013年度　第3問)

　図1のように，屈折率 n_1 の平面ガラスの上に，一方が平面で他方が半径 R の球面になっている屈折率 n_2 の平凸レンズをのせ，レンズの真上から波長 λ の単色光を入射させる。ここで $n_2 \geqq n_1 > 1.0$ である。これを真上から見ると，平凸レンズの下面で反射した光と平面ガラスの上面で反射した光が干渉して，接点Oを中心とする明暗の輪（リング）が同心円状に形成される。これをニュートンリングと呼ぶ。この現象について以下の問に答えよ。また，選択肢については正しいものを選択し，その番号を解答欄に記せ。

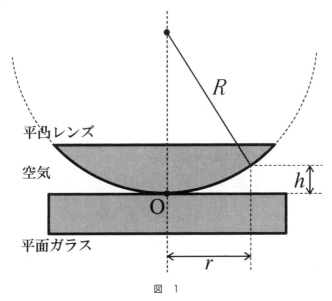

図　1

Ⅰ．平面ガラスと平凸レンズの間が空気の場合を考える。ただし，空気の屈折率は1.0である。ここで，光が，屈折率のより大きな媒質で反射するときは，位相が逆になることに注意せよ。

　問1　接点Oから平面ガラスに沿って距離 r だけ離れた点における，平面と球面の距離 h を，r と R を用いて表せ。ただし，h は R に比べて十分に小さいとし，絶対値が1より十分小さい x に対しては，$(1+x)^a \fallingdotseq 1 + ax$ の近似式を用いよ。

問2　接点O付近は，円状に ①明るく，②暗く 見える。その理由を解答欄に記せ。

問3　接点Oから m 番目（$m = 1, 2, 3, \cdots$）の明輪の半径 r_m を，m, R, λ のうちの必要なものを用いて表せ。

問4　このニュートンリングを真下から観測した場合，明暗の輪は真上から観測したときと比べてどう見えるか。次のうちの正しいものを選択せよ。

　　　①全く同じに見える。

　　　②輪の明暗が反転して見える。

　　　③ニュートンリングは見えない。

Ⅱ．平面ガラスと平凸レンズの間を，屈折率 n の液体で満たす場合を考える。

問5　液体の屈折率 n がある条件を満たす時に，ニュートンリングは観測できなくなる。その条件を表せ。

問6　ニュートンリングが観測される場合，リングの中心Oから m 番目の明輪の半径 r_m を，m, R, λ, n のうちの必要なものを用いて表せ。必要があれば，液体の屈折率 n の値によって場合分けをすること。

Ⅲ．液体が残ったまま，図2のように平面ガラスから平凸レンズをゆっくりと持ち上げていく場合を考える。ここで，屈折率は $n_1 = n_2$ であるとし，平凸レンズの平面ガラスからの高さを d とする。平凸レンズを持ち上げても平面ガラスとの間は常に液体で満たされており，空気は入らない。また，$d = 0$ でニュートンリングは観測されていた。

問7　平凸レンズをゆっくりと持ち上げ始めると，明暗の輪の半径は ①大きく，②小さく なってゆく。

　高さ d がある条件を満たす時に，ニュートンリングは，平凸レンズを持ち上げる前と同じ形状になる。最初に同じ形状になる高さを d_1，2回目に同じ形状になる高さを d_2 とする。

問8　d_1 を R, λ, n のうちの必要なものを用いて表せ。

問9　高さ d が $d_1 < d < d_2$ の時，リングの中心Oから m 番目の明輪の半径 r_m を，m, R, λ, n, d のうちの必要なものを用いて表せ。必要があれば，高さ d の値によって場合分けをすること。

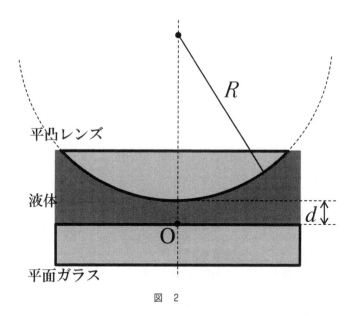

図 2

解 答

I．▶問1．右図より，三平方の定理を用いると

$$R^2 = (R-h)^2 + r^2$$

ここで

$$(R-h)^2 = R^2\left(1 - \frac{h}{R}\right)^2$$
$$\fallingdotseq R^2\left(1 - 2\frac{h}{R}\right) \quad \left(\because \quad \frac{h}{R} \ll 1\right)$$
$$= R^2 - 2Rh$$

したがって

$$R^2 = (R^2 - 2Rh) + r^2$$

$$\therefore \quad h = \frac{r^2}{2R}$$

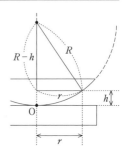

▶問2．接点O付近では，平凸レンズの下面で反射した光と平面ガラスの上面で反射した光との光路差がほぼ0であるが，これらの光の位相が反射によって逆位相となり，干渉により弱め合うので，円状に暗く見える。よって，正解は②。

▶問3．接点Oから距離 r の位置での，平凸レンズの下面で反射した光と平面ガラスの上面で反射した光との光路差は $2h$ なので，問1より

$$2h = \frac{r^2}{R}$$

と表される。また，平面ガラスの上面で反射した光の位相が逆になる（π だけずれる）ことから，2つの光が干渉により強め合って明輪となる条件式は

$$\frac{r_m{}^2}{R} = \left(m - \frac{1}{2}\right)\lambda \quad (m = 1, 2, 3, \cdots)$$

したがって

$$r_m = \sqrt{\left(m - \frac{1}{2}\right)R\lambda}$$

▶問4．このニュートンリングを真下から観測した場合，右図のように，平凸レンズの下面でも平面ガラスの上面でも反射しなかった透過光と，平面ガラスの上面で反射し，さらに平凸レンズの下面で反射して2回反射した光との干渉光を見ることになる。このとき，接点Oから距離 r の位置での2つの光の光路差は $2h$ なので，問1より $2h = \dfrac{r^2}{R}$

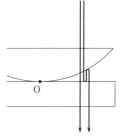

と表せ，真上から観測した場合のそれと同じになるが，2回反射した光は，この2回の反射によって2回位相が逆になり（2π だけずれる），反

射する前の位相と同じになる。したがって，この2つの光が干渉により強め合って明輪となる条件式は

$$\frac{r_m^2}{R} = m\lambda \quad (m = 1, 2, 3, \cdots)$$

となるので，真下から観測した場合は，真上から観測した場合と比べて，輪の明暗が反転して見えることになる。よって，正解は②。

参考1　このようにニュートンリングを真下から観測した場合，接点O付近は，条件式の $m=0$ のときを満たすので，円状に明るく見える。

II. ▶問5. $n=n_1$ の液体で満たすと平面ガラスの上面で反射する光がなくなり，$n=n_2$ の液体で満たすと平凸レンズの下面で反射する光がなくなるので，このとき，ニュートンリングは観測できなくなる。よって，**$n=n_1$ または $n=n_2$**。

▶問6. 屈折率 n の液体で満たした場合，接点Oから距離 r の位置での光路差は $2nh$ なので，問1より

$$2nh = n\frac{r^2}{R}$$

と表される。

$n<n_1$ の場合，平面ガラスの上面で反射した光の位相が逆となる（π だけずれる）。また，$n>n_2$ の場合，平凸レンズの下面で反射した光の位相が逆となる（π だけずれる）。したがって，これらの場合の明輪の条件式は

$$n\frac{r_m^2}{R} = \left(m - \frac{1}{2}\right)\lambda \quad (m = 1, 2, 3, \cdots)$$

$$\therefore \quad r_m = \sqrt{\left(m - \frac{1}{2}\right)\frac{R\lambda}{n}}$$

$n_1<n<n_2$ の場合，平凸レンズの下面で反射する光も平面ガラスの上面で反射する光も，どちらも位相が変化しない。したがって，この場合の明輪の条件式は

$$n\frac{r_m^2}{R} = m\lambda \quad (m = 1, 2, 3, \cdots)$$

$$\therefore \quad r_m = \sqrt{m\frac{R\lambda}{n}}$$

以上より

$n<n_1$ または $n>n_2$ のとき　　　$r_m = \sqrt{\left(m - \frac{1}{2}\right)\frac{R\lambda}{n}}$

$n_1<n<n_2$ のとき　　　$r_m = \sqrt{m\frac{R\lambda}{n}}$

III. $n_1=n_2$ で，$d=0$ のときにニュートンリングが観測されているので，n の条件は，$n<n_1=n_2$ または $n_1=n_2<n$ である。したがって，問6と同様に考えると，明輪の条

件は，光路差が $\left(m-\dfrac{1}{2}\right)\lambda$ （$m=1,2,3,\cdots$）を満たせばよいことがわかる。

▶問7．平凸レンズの平面ガラスからの高さが d になると，平凸レンズを持ち上げる前よりも光路差が $2nd$ だけ増すので，このときの明輪の条件式は

$$n\frac{r_m{}^2}{R}+2nd=\left(m-\frac{1}{2}\right)\lambda$$

$$\therefore\quad r_m=\sqrt{\left(m-\frac{1}{2}\right)\frac{R\lambda}{n}-2Rd}$$

したがって，d の増加に伴って r_m は小さくなるので，平凸レンズをゆっくりと持ち上げると，明暗の輪の半径は小さくなってゆく。よって，正解は②。

▶問8．光路差の増加分 $2nd$ について

$$2nd=k\lambda\quad(k=1,2,3,\cdots)$$

を満たすとき，ニュートンリングは平凸レンズを持ち上げる前と同じ形状になる。したがって，最初に同じ形状になるのは，$k=1$ のときなので

$$2nd_1=\lambda$$

$$\therefore\quad \boldsymbol{d_1=\frac{\lambda}{2n}}$$

参考2　問7より，$d=0$ のときの明輪の条件式は

$$n\frac{r_m{}^2}{R}=\left(m-\frac{1}{2}\right)\lambda$$

これを満たす半径 r_m の位置で，$d=d_1$ のときにも明輪が観測されるためには，次式が成り立たなければならない。

$$n\frac{r_m{}^2}{R}+2nd_1=\left(m+1-\frac{1}{2}\right)\lambda$$

したがって

$$2nd_1=\lambda$$

となる。

▶問9．まず，1番目の明輪の半径 r_1 について考える。

$d=0$ のとき，明輪の条件式より

$$n\frac{r_1{}^2}{R}=\left(1-\frac{1}{2}\right)\lambda=\frac{1}{2}\lambda$$

$$\therefore\quad r_1=\sqrt{\frac{R\lambda}{2n}}$$

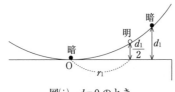

図(i)　$d=0$ のとき

$d=d_1$ になると，明輪が内側にずれて，$d=0$ のときの 1 番目の明輪が消滅し，$d=0$ のときの 2 番目の明輪が 1 番目の明輪となり，$r_1=\sqrt{\dfrac{R\lambda}{2n}}$ の位置に現れる。このとき，明輪の条件式より

$$n\frac{r_1{}^2}{R}+2nd_1=\left(2-\frac{1}{2}\right)\lambda=\frac{3}{2}\lambda$$

ここで，$2nd_1=\lambda$ なので

$$r_1=\sqrt{\frac{R\lambda}{2n}}$$

であることが確認できる。

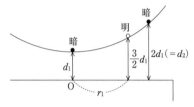

図(ⅱ)　$d=d_1$ のとき

この後，d を d_1 より少しずつ大きくしていくと，明輪の条件式より

$$n\frac{r_1{}^2}{R}+2nd=\left(2-\frac{1}{2}\right)\lambda=\frac{3}{2}\lambda$$

$$\therefore\quad r_1=\sqrt{\frac{3R\lambda}{2n}-2Rd}$$

となり，d の d_1 からの増加に伴って，r_1 が $\sqrt{\dfrac{R\lambda}{2n}}$ の位置から内側にずれていき

$$r_1=\sqrt{\frac{3R\lambda}{2n}-2Rd}=0$$

となるとき，すなわち

$$d=\frac{3}{4n}\lambda=\frac{3}{2}d_1$$

のときに，この明輪が消滅し，$d=0$ のときの 3 番目の明輪が 1 番目の明輪となる。このとき，明輪の条件式より

$$n\frac{r_1{}^2}{R}+2nd=\left(3-\frac{1}{2}\right)\lambda=\frac{5}{2}\lambda$$

$$\therefore\quad r_1=\sqrt{\frac{5R\lambda}{2n}-2Rd}$$

となる。

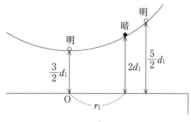

図(iii)　$d = \dfrac{3}{2}d_1$ のとき

そして，$d = d_2 = 2d_1$ になると，さらに明輪が内側にずれて，$d = 0$ のときの3番目の明輪が，$r_1 = \sqrt{\dfrac{R\lambda}{2n}}$ の位置に現れる。このとき，明輪の条件式より

$$n\frac{r_1{}^2}{R} + 2nd_2 = \left(3 - \frac{1}{2}\right)\lambda = \frac{5}{2}\lambda$$

ここで，$2nd_2 = 4nd_1 = 2\lambda$ なので

$$r_1 = \sqrt{\frac{R\lambda}{2n}}$$

であることが確認できる。

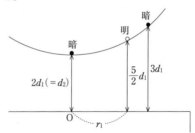

図(iv)　$d = 2d_1$ のとき

したがって，m 番目の明輪の半径 r_m については，

$d_1 < d < \dfrac{3}{2}d_1$ のとき，明輪の条件式より

$$n\frac{r_m{}^2}{R} + 2nd = \left\{(m + 1) - \frac{1}{2}\right\}\lambda$$

$$\therefore \quad r_m = \sqrt{\left(m + \frac{1}{2}\right)\frac{R\lambda}{n} - 2Rd}$$

$\dfrac{3}{2}d_1 \leqq d < d_2$ のとき，明輪の条件式より

$$n\frac{r_m{}^2}{R} + 2nd = \left\{(m + 2) - \frac{1}{2}\right\}\lambda$$

$$\therefore \quad r_m = \sqrt{\left(m + \frac{3}{2}\right)\frac{R\lambda}{n} - 2Rd}$$

　光の干渉についての代表的な例としては，「ヤングの実験」「回折格子」「薄膜による干渉」などが有名であるが，本問で扱う「ニュートンリング」もそのひとつである。

　平面ガラスの上に平凸レンズの凸面を下にして置き，平凸レンズの上から光を当てて，その反射光を観測すると，平凸レンズの下面で反射した光と平面ガラスの上面で反射した光とが干渉して，同心円状の明暗の縞模様が現れる。この環状の干渉縞をニュートンリングという。また，透過光を観測すると，環状の干渉縞の明暗が反射光の場合と逆になる。このとき，反射光でも透過光でも，2つの光の光路差は，本問のⅠのような近似計算により，$\dfrac{r^2}{R}$と求まるので（平面ガラスと平凸レンズとの間を屈折率 n の液体で満たした場合は $n\dfrac{r^2}{R}$ となる），これを用いて干渉の条件式を考えればよい。

　本問では，光の干渉の題材として，このニュートンリングについて，平凸レンズと平面ガラスとの間を液体で満たした場合や，平凸レンズを平面ガラスから持ち上げた場合などを考察する。このとき，屈折率の小さい媒質から屈折率の大きい媒質へ向かう境界面での光の反射では，位相が逆になる（π だけずれる）ことに注意して，干渉光が強め合って明輪となるときの条件などを考えればよい。

第4章 電磁気

第4章　電　磁　気

節	番号	内　　　容	年　　度
コンデンサー	43	電気振動，コンデンサーの極板にはたらく力	2019 年度〔2〕
	44	電気力線・電場と誘電体を挿入したコンデンサー	2010 年度〔2〕
	45	4 枚の金属板によるコンデンサー	2004 年度〔2〕
直流回路	46	コイル・ネオン管を含む直流回路における過渡現象	2018 年度〔2〕
	47	コンデンサーを含む直流回路	2016 年度〔2〕
電流と磁界 電磁誘導	48	コンデンサーを含む直流回路，LC 回路・LR 回路に流れる電流	2020 年度〔2〕
	49	抵抗・コンデンサー・コイルが接続された回路での電磁誘導	2017 年度〔2〕
	50	レール上を運動するおもりにつながれた導体棒による電磁誘導	2014 年度〔2〕
	51	コイルを含む直流回路と電気振動	2013 年度〔2〕
	52	コンデンサーの充電における過渡現象と電気振動	2011 年度〔2〕
	53	自己誘導・相互誘導とコイルを含む回路	2009 年度〔2〕
	54	金属レール上を移動する 2 本の金属棒による電磁誘導	2005 年度〔2〕
交流	55	非直線抵抗を含む直流電源によるブリッジ回路とコイルやコンデンサーを含む交流電源によるブリッジ回路	2022 年度〔2〕
	56	発電所からの送電をモデル化した交流回路	2021 年度〔2〕
	57	ゲルマニウムラジオをモデルとした RLC 並列回路の共振	2015 年度〔2〕
荷電粒子の 運動	58	直交する磁場と電場中での荷電粒子の運動	2012 年度〔2〕
	59	磁場中での電子のらせん運動	2008 年度〔2〕
	60	磁場中での重力のはたらく荷電粒子の運動	2007 年度〔2〕
	61	ソレノイドによる誘導電場・磁場中での荷電粒子の運動	2006 年度〔2〕
	62	2 重にしたソレノイドを用いたベータトロンの原理	2003 年度〔3〕

対策　①頻出項目

□　コンデンサー

　平行板コンデンサーの極板間に引かれる電気力線に着目して，極板間の電界や電位差，極板に蓄えられる電荷，静電エネルギー，極板間にはたらく引力などを考察する問題は必ず解いておきたい。また，コンデンサーの極板間に誘電体を挿入した場合についても理解しておきたい。

□　直流回路

　電圧・電流の過渡現象を理解しておくこと。コンデンサーを含む直流回路でスイッチの切り替えによる極板の電荷の移動を考察する際には，回路の電位差と電気量保存則に注意すればよい。また，電球やダイオードなどの非オーム抵抗を複数含む直流回路の問題では，電流—電圧特性曲線のグラフを利用したり，キルヒホッフの法則を適用して解答する。ダイオードには整流作用があることに注意する必要がある。

□　電磁誘導

　誘導起電力が発生する過程としては，磁界中での金属棒の移動によるものやコイルの自己誘導・相互誘導など，様々な状況が設定されている。ファラデーの電磁誘導の法則とレンツの法則を用い，誘導起電力や誘導電流の向きにも注意して解答にあたらなければならない。また，電磁誘導に関する物理現象には，力学などの他分野との関わりが深いものも多いので，いろいろな題材の問題に数多く取り組んでおこう。

□　交流

　交流は重要項目の一つである。交流の発生，抵抗・コンデンサー・コイルに流れる交流の電流・電圧，リアクタンス，RLC直列・並列回路，インピーダンス，共振回路，電気振動など，一通りの内容について演習を積んでおきたい。このとき，交流回路における抵抗・コンデンサー・コイルについて，流れる電流とかかる電圧との位相の関係や消費電力などの理解に努め，整理してまとめておきたい。

□　荷電粒子の運動

　磁界中を運動する荷電粒子は，その運動する向きと磁界の向きとの双方に垂直な方向にローレンツ力を受けて，磁界と垂直な面では等速円運動をする。これがベースとなり，さらに電界が加わるなどして発展していく問題が多い。サイクロトロンやベータトロン，らせん運動の問題なども含めて，いろいろな題材にふれておきたい。また，静止系から観測した荷電粒子の運動を扱う問題だけでなく，サイクロイドを描く運動をする荷電粒子を特定の条件が与えられた立場から観測するような問題も出題されているので，注意しておきたい。

対策　②解答の基礎として重要な項目

□　電界と電位

　コンデンサーや直流回路については当然のことながら，電磁気分野全般にわたっての基礎知識となる。力学と絡めた理解など，十分な学習が必要である。

□　磁界，電流が磁界から受ける力，ローレンツ力，誘導起電力

　電磁誘導や荷電粒子の運動の問題を解答する上で，これらの基礎知識は不可欠である。教科書や参考書を通じて，電流がつくる磁界から順を追って理解しておこう。

1　コンデンサー

43　電気振動，コンデンサーの極板にはたらく力
（2019年度　第2問）

以下のような，二種類の回路で起こる現象について考えよう。

Ⅰ．図1に示すように，3枚の平行極板A，B，Dが置かれている。極板Aと極板B
の位置は固定されており，極板Dは摩擦なく，平行を保ったまま極板に垂直な方向
に動く。極板Dは，スイッチS_1を介して電圧Vの直流電源，スイッチS_2を介し
て自己インダクタンスLのコイルとつながっている。

　　最初に極板Dは極板A-Bの中間に置かれており，極板D-Aと極板D-Bの間隔
はともにdで，極板間は真空になっている。このとき極板D-A，極板D-Bから
なるコンデンサーの静電容量は両方ともにCであった。スイッチS_1とスイッチS_2
はともに開いていて，どの極板にも電荷は蓄積していないものとする。極板Dの変
位をx（$|x|<d$），最初の位置を$x=0$とし，極板Bから極板Aへの向きをxの正の
向きとする。極板の面積Sは十分広く，極板の厚みはdに比べて十分薄いものと
する。極板の端の影響は無視できる。また導線及びコイルの抵抗は十分小さく，無
視できるとする。

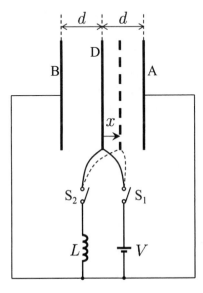

図　1

極板Dは$x=0$で固定されている。スイッチS_1を閉じて十分に時間が経過した後にスイッチS_1を開いて，スイッチS_2を閉じたところ，極板Dに蓄積する電荷（電気量）qが振動し，その振幅は減衰しなかった。スイッチS_2を閉じた時刻を$t=0$とする。

問1　このとき極板Dに蓄積する電荷qの振動の周期Tを，V, L, d, C, Sのうち必要なものを用いて表せ。

問2　極板Dに蓄積する電荷qの時間変化を，$t=0$から1周期の範囲（$0 \leq t \leq T$）で図示せよ。ただし図中に，電荷の最大値，最小値を，V, L, d, C, Sのうち必要なものを用いて記すこと。

〔解答欄〕

図1の回路で次の異なる実験を考える。スイッチS_1とスイッチS_2はともに開いていて，どの極板にも電荷が蓄積していないことを確認した。スイッチS_1を閉じて十分に時間が経過後にスイッチS_1を開いて，今度は極板Dの固定を外して，極板Aの向きにxだけ動かした。

問3　極板D-A，極板D-Bからなるコンデンサーの静電容量を，それぞれV, d, C, x, Sのうち必要なものを用いて表せ。

問4　極板A，Bに対する極板Dの電位V_Dを，V, d, C, x, Sのうち必要なものを用いて表せ。

問5　極板D-A間の電場E_A，極板D-B間の電場E_Bを，V, d, C, x, Sのうち必要なものを用いて表せ。ただし，極板Bから極板Aへの向きを正とする。

問6　極板Dに働く力F_Dを，V, d, C, x, Sのうち必要なものを用いて表せ。ただし，極板Bから極板Aへの向きを正とする。なお，一般に2枚の平行板コンデンサーの両極板に，正負等量の電荷Q，$-Q$を与え，極板間の電場の大きさがEのとき，$\dfrac{1}{2}QE$の大きさの力が各極板に働くことを用いてよい。

Ⅱ. 図2に示すように，図1と同じ3枚の極板A，B，DとスイッチS_1及び電圧Vの直流電源を考え，さらに極板D-A間，極板D-B間にそれぞれ同種の気体を漏れないように封入した場合を考える。

最初，極板Dは極板A-Bの中間に置かれており，極板D-A間と極板D-B間の気体の圧力はともにpであった。極板Dの変位をx，最初の位置を$x=0$とし，極板Bから極板Aへの向きをxの正の向きとする。スイッチS_1を閉じて十分に時間が経過した後にスイッチS_1を開いて，極板Dを極板Aの向きにxだけ動かした。極板Dには$x=0$に戻ろうとする復元力が働いた。気体の温度は常に一定で，理想気体の状態方程式に従うものとする。気体の比誘電率は1とする。

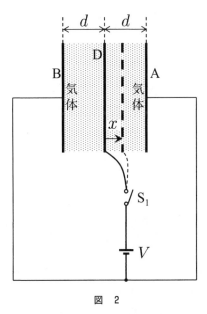

図 2

問7 極板Dをxだけ動かした後の状態では，極板Dは左右両方の気体から合力F'を受ける。F'を，V, d, C, x, S, pのうち必要なものを用いて表せ。ただし，極板Bから極板Aへの向きを正とする。

問8 平行板コンデンサーでは，問6にあるように，極板間に働く電気的な力F_Dも考慮する必要がある。あらゆるxの範囲（$|x|<d$）で極板Dに復元力が働くためのpの条件を，V, d, C, Sのうち必要なものを用いて，解答欄に合う形で記入せよ。

〔解答欄〕 $p >$

解　答

I．▶問1．スイッチ S_2 を閉じた後の回路は，下図のようにみなすことができる。

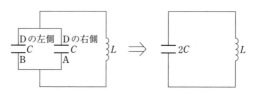

したがって，電気容量 $2C$ のコンデンサーと自己インダクタンス L のコイルとの間で起こる電気振動を考えればよいので

$$T = 2\pi\sqrt{L \times 2C} = 2\pi\sqrt{2LC}$$

参考1　この電気振動の角周波数を ω とし，電流の最大値を I_0，電圧の最大値を V_0 とすると

$$V_0 = \omega L I_0$$

$$V_0 = \frac{1}{\omega \cdot 2C} I_0 = \frac{1}{2\omega C} I_0$$

2式より

$$\omega = \frac{1}{\sqrt{2LC}}$$

したがって

$$T = \frac{2\pi}{\omega} = 2\pi\sqrt{2LC}$$

▶問2．極板Dに蓄積する電荷 q の最大値は，スイッチ S_2 を閉じた直後の極板Dの両側の電荷を考えると

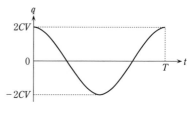

$$q = CV + CV = 2CV$$

したがって，q の最大値は $2CV$，最小値は $-2CV$ で，q はこの範囲で周期的に振動する。

よって，その時間変化を，$t=0$ から1周期の範囲で図示すると，上図のグラフのようになる。

参考2 極板Dからコイルへ流れる電流 i の最大値は，エネルギー保存則より

$$\frac{1}{2} \cdot 2CV^2 = \frac{1}{2}Li^2 \qquad \therefore \quad i = V\sqrt{\frac{2C}{L}}$$

したがって，i の最大値は $V\sqrt{\dfrac{2C}{L}}$，最小値は $-V\sqrt{\dfrac{2C}{L}}$ で，i はこの範囲で周期的に振動する。これより，i の時間変化を，$t=0$ から1周期の範囲で図示すると，下図のグラフのようになる。ただし，極板Dからコイルへ流れる電流を正としている。

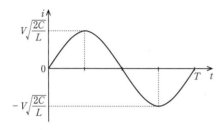

▶問3．真空の誘電率を ε_0 とすると，C は次式のように表される。

$$C = \varepsilon_0 \frac{S}{d}$$

したがって，極板D–A，極板D–Bからなるコンデンサーの静電容量を，それぞれ C_A，C_B とすると

$$C_A = \varepsilon_0 \frac{S}{d-x} = \frac{d}{d-x} C$$

$$C_B = \varepsilon_0 \frac{S}{d+x} = \frac{d}{d+x} C$$

▶問4．スイッチ S_1 を開いた後，極板Dを動かす前と極板Dを極板Aの向きに x だけ動かしたときとで，極板Dに蓄積されている電荷は保存されているので

$$CV + CV = C_A V_D + C_B V_D$$

$$\therefore \quad V_D = \frac{2C}{C_A + C_B} V = \frac{d^2 - x^2}{d^2} V$$

▶問5．極板D–A間には正の向きに，極板D–B間には負の向きに，それぞれ一様な電場が生じているので

$$V_D = E_A(d-x) \qquad \therefore \quad E_A = \frac{V_D}{d-x} = \frac{d+x}{d^2} V$$

$$V_D = -E_B(d+x) \qquad \therefore \quad E_B = -\frac{V_D}{d+x} = -\frac{d-x}{d^2} V$$

▶問6．極板D–A，極板D–Bからなるコンデンサーに，それぞれ蓄えられる電荷を Q_A，Q_B とすると

$$Q_A = C_A V_D = \frac{d+x}{d} CV$$

$$Q_B = C_B V_D = \frac{d-x}{d}CV$$

極板Dは，電場E_Aから正の向きに，電場E_Bから負の向きに，それぞれ力を受ける。この極板Dが電場E_A，E_Bから受ける力を，それぞれF_A，F_Bとすると，題意より

$$F_A = \frac{1}{2}Q_A E_A = \frac{(d+x)^2}{2d^3}CV^2$$

$$F_B = \frac{1}{2}Q_B E_B = -\frac{(d-x)^2}{2d^3}CV^2$$

したがって　　$F_D = F_A + F_B = \frac{2x}{d^2}CV^2$

> **参考3** 設問中に与えられたコンデンサーの極板間にはたらく引力の大きさ$\frac{1}{2}QE$については，〔テーマ〕を参照すること。

Ⅱ. ▶**問7.** 極板Dを極板Aの向きにxだけ動かしたときの，極板D-A間，極板D-B間の気体の圧力を，それぞれp_A，p_Bとする。極板D-A間，極板D-B間の気体それぞれについて，極板Dを動かす前と極板Dを極板Aの向きにxだけ動かしたときとで，ボイルの法則より

$$pSd = p_A S(d-x) \quad \therefore \quad p_A = \frac{d}{d-x}p$$

$$pSd = p_B S(d+x) \quad \therefore \quad p_B = \frac{d}{d+x}p$$

極板Dは，極板D-A間の気体から負の向きに，極板D-B間の気体から正の向きに，それぞれ力を受ける。したがって，合力F'は

$$F' = -p_A S + p_B S = -\frac{2dx}{d^2-x^2}pS$$

▶**問8.** 極板Dを極板Aの向きにxだけ動かしたときに，極板Dが受ける力をFとすると

$$F = F' + F_D$$
$$= -\left(\frac{2d}{d^2-x^2}pS - \frac{2}{d^2}CV^2\right)x$$

この式より，あらゆるxの範囲（$|x|<d$）で次式が成り立てば，極板Dには常に復元力がはたらく。

$$\frac{2d}{d^2-x^2}pS - \frac{2}{d^2}CV^2 > 0$$

$$\therefore \quad \frac{dpS}{d^2-x^2} > \frac{CV^2}{d^2} \quad \cdots\cdots①$$

ここで，$|x|<d$なので　　$d^2 \geqq d^2 - x^2 > 0$

これより　　$\frac{dpS}{d^2-x^2} \geqq \frac{dpS}{d^2}$

したがって，①が成り立つためには

$$\frac{dpS}{d^2} > \frac{CV^2}{d^2} \quad \therefore \quad p > \frac{CV^2}{dS}$$

参考4 x 軸上を運動する物体にはたらく力 F が定数 K（$K>0$）を用いて

$$F = -Kx$$

と表されるとする。この場合，$x>0$ のとき $F<0$，$x<0$ のとき $F>0$ となり，力 F は常に $x=0$ に向かってはたらき，物体を $x=0$ に戻そうとしている。このとき，物体は $x=0$ を振動の中心として単振動をしており，このようなはたらきをする力を復元力という。

テーマ

電気量 Q を蓄えた電気容量 C のコンデンサーの極板間にはたらく引力の大きさ F について，次の2つの方法で考えてみよう。

方法1 コンデンサーの極板間隔を d とする。極板間にはたらく引力に逆らって外力を加えて極板間隔を $d+x$ に広げた場合，コンデンサーの電気容量は極板間隔に反比例するので C から $\frac{d}{d+x}C$ に変化する。これより，コンデンサーに蓄えられるエネルギーは $\frac{Q^2}{2C}$ から $\frac{d+x}{d}\cdot\frac{Q^2}{2C}$ に変化するので，極板間隔を広げるのに外力のした仕事 Fx は

$$Fx = \frac{d+x}{d}\cdot\frac{Q^2}{2C} - \frac{Q^2}{2C} = \frac{x}{d}\cdot\frac{Q^2}{2C}$$

と表される。よって，F は

$$F = \frac{Q^2}{2Cd} \quad \cdots\cdots①$$

と求まる。また，コンデンサーの極板間の電位差を V，電場の強さを E とすると

$$Q = CV$$
$$V = Ed$$

が成り立つので，この2式より

$$Q = CEd \quad \cdots\cdots②$$

したがって，①，②より，F は

$$F = \frac{1}{2}QE$$

と表すこともできる。

方法2 コンデンサーの極板面積を S，極板間を満たす物質の誘電率を ε とする。正極板のみについて考えると，極板の両側に強さ $\frac{Q}{2\varepsilon S}$ の一様な電場が極板から遠ざかる向きにつくられており，負極板のみについて考えると，極板の両側に強さ $\frac{Q}{2\varepsilon S}$ の一様な電場が極板へ向かう向きにつくられている。よって，F は，正極板がつくる強さ $\frac{Q}{2\varepsilon S}$ の一様な電場から電荷 $-Q$ が帯電した負極板が受ける力の大きさ，または負極板がつ

くる強さ $\dfrac{Q}{2\varepsilon S}$ の一様な電場から電荷 $+Q$ が帯電した正極板が受ける力の大きさといえるので

$$F = Q \times \dfrac{Q}{2\varepsilon S} = \dfrac{Q^2}{2\varepsilon S} \quad \cdots\cdots ③$$

と求まる。また，コンデンサーの極板間の電場の強さを E とすると，両極板がそれぞれつくる電場の重ね合わせによって，極板間では強さ $\dfrac{Q}{\varepsilon S}$ の一様な電場が正極板から負極板へ向かう向きにつくられているといえるので

$$E = \dfrac{Q}{\varepsilon S} \quad \cdots\cdots ④$$

したがって，③，④より，F は

$$F = \dfrac{1}{2} QE$$

と表すこともできる。

　本問では，コンデンサーの極板間にはたらく引力の大きさが $\dfrac{1}{2}QE$ と表されることが，設問中に示されている。

44 電気力線・電場と誘電体を挿入したコンデンサー

(2010 年度　第 2 問)

　電気力線について考察しよう。真空中に置かれた電気量 Q 〔C〕 $(Q>0)$ の正の点電荷から発生する電気力線の総本数 N は Q に比例する。そこで，比例係数 A を用いて $N=AQ$ で与えられるとしよう。また，点電荷から発生する電気力線は，全ての方向に等しく放射状に広がる。このとき，電場（電界）の強さ E 〔N/C〕 は，電気力線に垂直な面を考え，それを通過する電気力線の単位面積当たりの本数 n に比例する。そこで，比例係数 B を用いて $E=Bn$ で与えられるとしよう。電場ベクトルの向きは電気力線の向きに等しい。一方，負の電気量の点電荷に対する電気力線は向きが逆になる。これらのことを踏まえて以下の問に答えよ。なお，解答には係数 A, B を用いてよいが，問題中で与えられていない記号を用いてはならない。

Ⅰ. 図1のように，原点Oに電気量 Q_1 〔C〕 $(Q_1>0)$ の点電荷を置いた。

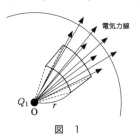

電気力線

図　1

問1　点電荷 Q_1 から距離 r 〔m〕 の点における電場ベクトルについて，動径方向（半径 r の球面に垂直で r が増す方向）の成分を示せ。

問2　図2(a)または(b)のように，$r=R$ のところに電気量 Q_2 〔C〕 のもうひとつの点電荷を置いた。このとき，ふたつの点電荷を通る直線上の点Pでの電場ベクトルについて，動径方向の成分を示せ。ただし，点電荷 Q_1 から点Pまでの距離を a とし，図2(a)の $0<a<R$ の場合と図2(b)の $R<a$ の場合について，それぞれ答えよ。

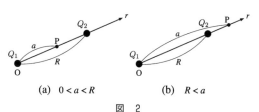

(a)　$0<a<R$　　　　　(b)　$R<a$

図　2

Ⅱ. 厚さが無視できる平板上に電荷を分布させた面電荷について考察しよう。図3のように，平板はz軸に垂直で$z=0$にあり，x軸方向とy軸方向にそれぞれ十分に広い幅L〔m〕とM〔m〕をもつ。この平板上に単位面積当たりの電気量がq_1〔C/m^2〕となるように電荷を一様に分布させた。なお，以下の問では面電荷のふちの効果は考えなくてよい。

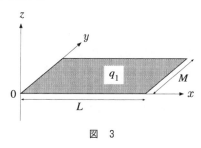

図　3

問3　図3に示した面電荷による$0<z$での電場ベクトルについて，z軸方向の成分を示せ。

問4　図3で与えた$z=0$の面電荷に加えて，図4のように，d〔m〕だけ離れた$z=d$のところに同様の面電荷を与えた。ただし，単位面積当たりの電気量をq_2〔C/m^2〕とした。このとき，$d<z$，$0<z<d$，$z<0$の3つの領域における電場ベクトルについて，z軸方向の成分をそれぞれ示せ。

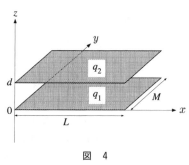

図　4

Ⅲ．図 4 において $q_1 = -q_2 = q$ $(q>0)$ とし，また，ふたつの平板は導体でできた極板とすると，ふたつの面電荷はコンデンサーのふたつの極板に蓄えられた電荷と等しくなる。

問5　ふたつの極板を互いに接触しない範囲で十分に接近させた状態から，面間隔 d の状態まで広げるのに必要なエネルギーを示せ。

問6　面間隔 d の状態において，ふたつの極板の間の電位差の大きさを示せ。また，この結果を用いて，コンデンサーとして考えたときの電気容量を示せ。

Ⅳ．図 4 において $q_1 = -q_2 = q$ $(q>0)$ とした状態で，導体でできた極板の間に誘電体を挿入した。誘電体の厚さは d，x 軸方向と y 軸方向の幅は極板のサイズと等しく，それぞれ L，M とする。

問7　極板の間を全て満たす位置に誘電体を挿入した。このとき，誘電分極（不導体の静電誘導）によって誘電体の上と下の面に見かけの面電荷が発生した。その結果，問 6 で求めた誘電体を挿入しない場合に比べて極板の間の電位差は，この面電荷によって f 倍になった。ここで f は誘電体の種類によって決まる 1 より小さな正の定数である。誘電分極によって誘電体の下の面に発生した見かけの面電荷について，単位面積当たりの電気量を示せ。さらに，極板をコンデンサーとして考えたときの電気容量を示せ。

問8　問 7 の状態から誘電体を部分的に引き抜き，図 5 のように，x 軸方向に深さ b〔m〕$(0<b<L)$ まで挿入した状態とした。誘電体が挿入されている領域と挿入されていない領域における下の極板（$z=0$）の面電荷について，単位面積当たりの電気量をそれぞれ示せ。

問9　問 8 の状態において，ふたつの極板の間の電位差の大きさと，コンデンサーとして蓄えられている静電エネルギーを示せ。

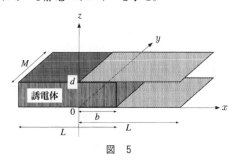

図　5

解 答

Ⅰ. ▶問1. 点電荷 Q_1 から生じる電気力線の総数 N_1 は，題意より

$$N_1 = AQ_1$$

半径 r の球面の面積 S は　　　$S = 4\pi r^2$

したがって，点電荷 Q_1 から距離 r の位置での，単位面積当たりの電気力線の本数 n_1 は

$$n_1 = \frac{N_1}{S} = \frac{AQ_1}{4\pi r^2}$$

このとき，電場ベクトルは動径方向を向いているので，その動径方向の成分 E_1 は，題意より

$$E_1 = Bn_1 = \frac{ABQ_1}{4\pi r^2}$$

$\boxed{参考1}$　真空中（誘電率 ε_0）で，電気量 $Q\,(>0)$ の点電荷から生じる電気力線の総数 N は

$$N = \frac{Q}{\varepsilon_0}$$

と表される。本問では，この式の $\dfrac{1}{\varepsilon_0}$ を A と表していたり，電場に垂直な面を貫く単位面積当たりの電気力線の本数を電場の強さとせず，その B 倍を電場の強さとしているなど，通常とは異なる物理量の表し方をしているので注意しなければならない。

▶問2. $0 < a < R$ の場合：問1と同様に考える。点Pでの，点電荷 Q_1，Q_2 による電場ベクトルの動径方向の成分を，それぞれ E_1，E_2 とすると

$$E_1 = \frac{ABQ_1}{4\pi a^2}, \quad E_2 = -\frac{ABQ_2}{4\pi (R-a)^2}$$

したがって，点Pでの，2つの点電荷による電場ベクトルの動径方向の成分は

$$E_1 + E_2 = \frac{AB}{4\pi}\left\{\frac{Q_1}{a^2} - \frac{Q_2}{(R-a)^2}\right\}$$

$R < a$ の場合：$0 < a < R$ の場合と同様に考えると

$$E_1 = \frac{ABQ_1}{4\pi a^2}, \quad E_2 = \frac{ABQ_2}{4\pi (a-R)^2}$$

したがって

$$E_1 + E_2 = \frac{AB}{4\pi}\left\{\frac{Q_1}{a^2} + \frac{Q_2}{(a-R)^2}\right\}$$

Ⅱ. ▶問3. 電気量 q_1 の面電荷から生じる電気力線の総数 N_1' は，題意より

$$N_1' = Aq_1$$

この電気力線は，一様に z 軸方向の正の向きと負の向きに生じているので，$0 < z$ での，電気力線の単位面積当たりの本数を n_1' とすると

$$n_1' = \frac{N_1'}{2} = \frac{Aq_1}{2}$$

したがって，$0<z$ での，電場ベクトルの z 軸方向の成分 E_1' は，題意より

$$E_1' = Bn_1' = \frac{ABq_1}{2}$$

▶問 4．$d<z$ の場合：問 3 と同様に考える。この領域での，単位面積当たりの電気量が q_1，q_2 の面電荷をもつ 2 つの平板それぞれによる電場ベクトルの z 軸方向の成分を E_1'，E_2' とすると

$$E_1' = \frac{ABq_1}{2}, \quad E_2' = \frac{ABq_2}{2}$$

したがって，この領域での，2 つの平板による電場ベクトルの z 軸方向の成分は

$$E_1' + E_2' = \frac{AB(q_1+q_2)}{2}$$

$0<z<d$ の場合：$d<z$ の場合と同様に考えると

$$E_1' = \frac{ABq_1}{2}, \quad E_2' = -\frac{ABq_2}{2}$$

したがって $\quad E_1' + E_2' = \frac{AB(q_1-q_2)}{2}$

$z<0$ の場合：$d<z$ の場合と同様に考えると

$$E_1' = -\frac{ABq_1}{2}, \quad E_2' = -\frac{ABq_2}{2}$$

したがって $\quad E_1' + E_2' = -\frac{AB(q_1+q_2)}{2}$

Ⅲ．▶問 5．$z=0$ にある極板を固定して考える。$z>0$ での，この極板の面電荷による電場ベクトルの z 軸方向の成分 E_1' は

$$E_1' = \frac{ABq_1}{2} = \frac{ABq}{2}$$

$z=d$ にある極板の面電荷の電気量 Q_2 は

$$Q_2 = LMq_2 = -LMq$$

これより，$z>0$ での，この極板が電場から受ける力の z 軸方向の成分 F は

$$F = Q_2 E_1' = -\frac{ABLMq^2}{2}$$

この極板を $z=0$ から $z=d$ まで，すなわち，面間隔 d の状態まで広げるとき，この力 F に抗する力 $-F$ を加えて，その力の向きに d だけ動かさなければならない。したがって，これに必要なエネルギーは

$$-Fd = \frac{ABLMq^2d}{2}$$

> 参考2　ここで求めたエネルギーは，面間隔 d の状態のコンデンサーに蓄えられている静
> 電エネルギーに一致する。したがって，コンデンサーとして考えたときに蓄えられてい
> る電気量や極板間の電位差（問6参照）から，静電エネルギーを求めてもよい。

▶問6．極板間の電場の強さ E は，問4より

$$E = \frac{AB\{q-(-q)\}}{2} = ABq$$

したがって，面間隔 d の状態での，極板間の電位差 V は

$$V = Ed = ABqd$$

また，コンデンサーとして考えたときに蓄えられている電気量 Q は

$$Q = LMq$$

したがって，電気容量 C は，$Q = CV$ より

$$C = \frac{Q}{V} = \frac{LM}{ABd}$$

Ⅳ．▶問7．誘電体を挿入した場合の極板間の電位差 V' は

$$V' = fV = fABqd$$

これより，極板間の電場の強さ E' は

$$E' = \frac{V'}{d} = fABq$$

この強さの電場を真空の極板間でつくる，極板の面電荷の単位面積当たりの電気量は

$$\frac{E'}{AB} = fq$$

したがって，誘電体の下の面に生じた見かけの面電荷の単位面積当たりの電気量 q'
と，$z=0$ の極板の面電荷の単位面積当たりの電気量 q との和が，fq と等しくなけれ
ばならないから

$$q' + q = fq \qquad \therefore \quad q' = fq - q = -(1-f)q$$

また，コンデンサーとして考えたときに蓄えられている電気量は，誘電体の挿入前と
同じ $Q = LMq$ なので，$Q = C'V'$ より，このときの電気容量 C' は

$$C' = \frac{Q}{V'} = \frac{LM}{fABd}$$

▶問8．部分的に誘電体が挿入されているコンデンサーは，下図のように，誘電体が
挿入されているコンデンサーと挿入されていないコンデンサーとが並列に接続されて
いる場合と同等である。

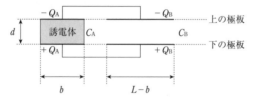

誘電体が挿入されているコンデンサーの電気容量を C_A，蓄えている電気量を Q_A とし，挿入されていないコンデンサーの電気容量を C_B，蓄えている電気量を Q_B とする。また，誘電体が挿入されている領域と挿入されていない領域における下の極板の面電荷の単位面積当たりの電気量を，それぞれ q_A，q_B とする。ここで，C_A，C_B は

$$C_A = \frac{b}{L} C' = \frac{bM}{fABd}, \quad C_B = \frac{L-b}{L} C = \frac{(L-b)M}{ABd}$$

と表され，Q_A，Q_B は

$$Q_A = bMq_A, \quad Q_B = (L-b)Mq_B$$

と表される。また，並列接続であることから，どちらのコンデンサーも極板間の電位差が等しく，これを V'' とすると，次式が成り立つ。

$$Q_A = C_A V'', \quad Q_B = C_B V''$$

さらに，下の極板の面電荷の電気量が LMq であることから，次式が成り立つ。

$$Q_A + Q_B = LMq$$

以上の式より

$$q_A = \frac{Lq}{b+f(L-b)}, \quad q_B = \frac{fLq}{b+f(L-b)}$$

▶問9．極板間の電位差 V'' は，問8の式より

$$V'' = \frac{fABLqd}{b+f(L-b)}$$

コンデンサーとして考えたときに蓄えられている電気量は $Q=LMq$ なので，蓄えられている静電エネルギー U は

$$U = \frac{1}{2} QV'' = \frac{fABL^2Mq^2d}{2\{b+f(L-b)\}}$$

45　4枚の金属板によるコンデンサー

(2004年度　第2問)

極板の面積が A，間隔が h で，極板間が真空の平行板コンデンサーの電気容量は，極板の端の影響を無視すると，$\dfrac{\varepsilon_0 A}{h}$ で与えられる。ここで ε_0 は真空の誘電率である。

図に示すように，面積が A の4枚の薄い金属板 K，L，M，N が，端をそろえて真空中にお互いに平行に置かれている。金属板 KN 間の距離を D，金属板 LM 間の距離を d $(d<D)$ とする。金属板には，抵抗，スイッチ S1，S2，および内部抵抗の無視できる電池 B1，B2 が図のように接続されている。電池 B1 の起電力は V $(V>0)$ である。最初の状態ではスイッチ S1，S2 は開いていた。そのとき，金属板 K，L，M，N 上の電気量はそれぞれ 0 で，すべての金属板の電位は等しかった。金属板の端の影響は無視できる。隣りあう金属板間に生じる電界（電場）はそれぞれ一様であるとして，以下の問いに答えよ。

スイッチ S1 を閉じると抵抗が発熱し，しばらくすると発熱はとまった。このとき，金属板 L にたくわえられた電気量は q，金属板 M にたくわえられた電気量は $-q$ となった。

問1　q を，V，A，D，d，ε_0 のうちの必要なものを用いて表せ。

問2　金属板 LM 間の電界の強さを，q，A，D，d，ε_0 のうちの必要なものを用いて表せ。

問3　金属板 LM 間にたくわえられたエネルギーを，V，A，D，d，ε_0 のうちの必要なものを用いて表せ。

問4　抵抗で発生した熱量を，V，A，D，d，ε_0 のうちの必要なものを用いて表せ。

次に，スイッチ S1 を開いてからスイッチ S2 を閉じたところ，金属板 K にたくわえられた電気量は Q $(Q>0)$ に，金属板 N にたくわえられた電気量は $-Q$ になった。

問5　このとき，金属板 KL 間，および金属板 LM 間の電界の強さを，Q，q，A，D，d，ε_0 のうちの必要なものを用いて，それぞれ表せ。

問6　電池 B2 の起電力を，Q，q，A，D，d，ε_0 のうちの必要なものを用いて表せ。

次に，スイッチ S2 を開いてからスイッチ S1 を閉じた。しばらくすると，金属板 L にたくわえられた電気量は q' に，金属板 M にたくわえられた電気量は $-q'$ になっ

た。

問7 q' を Q, q, A, D, d, ε_0 のうちの必要なものを用いて表せ。

最後に，スイッチ S1 を閉じたままスイッチ S2 を閉じた。しばらくすると，金属板 K にたくわえられた電気量は Q から $Q+\Delta Q$ になり，金属板 L にたくわえられた電気量は q' から $q'+\Delta q'$ になった。また，金属板 M にたくわえられた電気量は $-q'-\Delta q'$ に，金属板 N にたくわえられた電気量は $-Q-\Delta Q$ になった。

問8 ΔQ と $\Delta q'$ を，V, Q, A, D, d, ε_0 のうちの必要なものを用いて，それぞれ表せ。

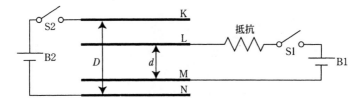

解 答

▶**問1.** 金属板 L，M によるコンデンサーの電気容量 C は

$$C = \frac{\varepsilon_0 A}{d}$$

したがって，このコンデンサーに蓄えられた電気量 q は

$$q = CV = \frac{\varepsilon_0 A V}{d}$$

▶**問2.** 金属板 LM 間には，一様な電界が生じている。この金属板間に引かれる電気力線の総数 N は

$$N = \frac{q}{\varepsilon_0}$$

したがって，電界の強さ E は $\qquad E = \frac{N}{A} = \frac{q}{\varepsilon_0 A}$

別解 問1の結果より $\qquad V = \frac{qd}{\varepsilon_0 A}$

したがって，電界の強さ E は $\qquad E = \frac{V}{d} = \frac{q}{\varepsilon_0 A}$

▶**問3.** 金属板 L，M によるコンデンサーに蓄えられたエネルギー U は

$$U = \frac{1}{2}CV^2 = \frac{\varepsilon_0 A V^2}{2d}$$

▶**問4.** 電池のした仕事 W は

$$W = qV = \frac{\varepsilon_0 A V^2}{d}$$

抵抗で発生した熱量 H と W，および問3で求めた U の間には，エネルギー保存則

$$W = U + H$$

が成り立つので，求める熱量 H は

$$H = W - U = \frac{\varepsilon_0 A V^2}{d} - \frac{\varepsilon_0 A V^2}{2d} = \frac{\varepsilon_0 A V^2}{2d}$$

▶**問5.** このとき，金属板 L，M にそれぞれ蓄えられている電気量 q，$-q$ は保存されている。したがって，金属板 K，N にそれぞれ蓄えられている電気量 Q，$-Q$ を考慮すると，金属板 L，M のそれぞれの両面に蓄えられている電気量は，図1のようになる。

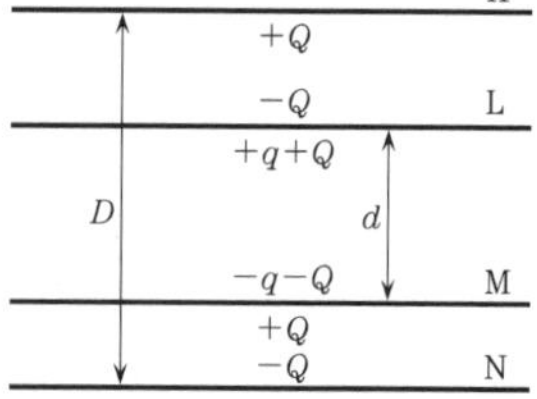

金属板 KL 間について，この金属板間に引かれる電気力線の総数 N_{KL} は

$$N_{KL} = \frac{Q}{\varepsilon_0}$$

図 1

したがって，電界の強さ E_{KL} は

$$E_{KL} = \frac{N_{KL}}{A} = \frac{Q}{\varepsilon_0 A}$$

金属板 LM 間について，この金属板間に引かれる電気力線の総数 N_{LM} は

$$N_{LM} = \frac{q+Q}{\varepsilon_0}$$

したがって，電界の強さ E_{LM} は

$$E_{LM} = \frac{N_{LM}}{A} = \frac{q+Q}{\varepsilon_0 A}$$

▶問6．電池 B2 の起電力は，金属板 KN 間の電位差と等しい。金属板 KL 間と MN 間に生じる電界は同じなので，それぞれの金属板間での電位差の和 $V_{KL} + V_{MN}$ は

$$V_{KL} + V_{MN} = E_{KL}(D-d) = \frac{Q}{\varepsilon_0 A}(D-d)$$

金属板 LM 間の電位差 V_{LM} は

$$V_{LM} = E_{LM}d = \frac{q+Q}{\varepsilon_0 A}d$$

したがって，金属板 KN 間の電位差 V_{KN} は

$$V_{KN} = V_{KL} + V_{LM} + V_{MN}$$

$$= \frac{Q}{\varepsilon_0 A}(D-d) + \frac{q+Q}{\varepsilon_0 A}d = \frac{qd+QD}{\varepsilon_0 A}$$

▶問7．このとき，金属板 K，N にそれぞれ蓄えられている電気量 Q，$-Q$ は保存されている。また，スイッチ S1 を閉じたことによって，金属板 L，M の内側の面にはそれぞれ電気量 q，$-q$ が蓄えられる。したがって，金属板 L，M のそれぞれの両面に蓄えられている電気量は図2のようになる。

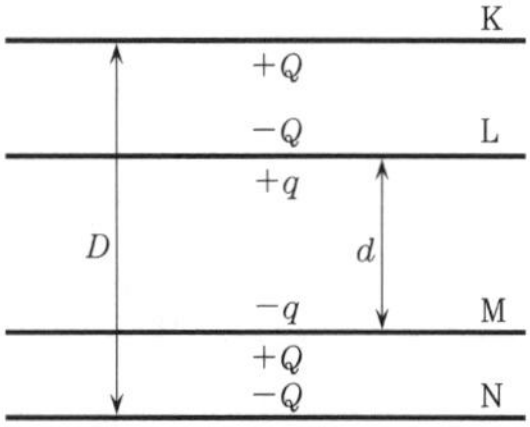

図　2

金属板 L について，金属板の両面にそれぞれ蓄えられた電気量の和が，その金属板に蓄えられた電気量となることから

$$q' = q - Q$$

▶問8．このとき，スイッチ S1 は閉じたままなので，金属板 L，M の内側の面にはそれぞれ電気量 q，$-q$ が蓄えられたままである。したがって，金属板 K，N にそれぞれ蓄えられている電気量 $Q+\varDelta Q$，$-Q-\varDelta Q$ を考慮すると，金属板 L，M のそれぞれの両面に蓄えられている電気量は，図3のようになる。

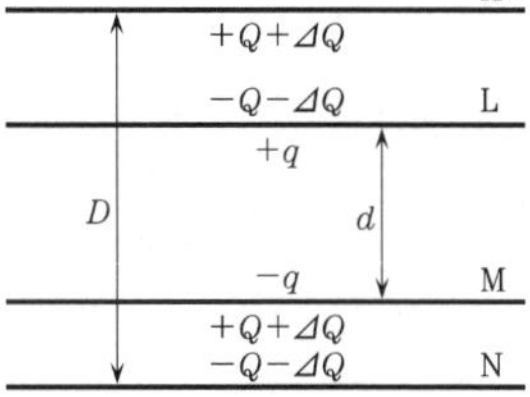

図　3

金属板 KL 間と MN 間に生じる電界は同じなので，その強さを E_{KL}' とし，問5と同様にして求めると

$$E_{KL}' = \frac{Q+\varDelta Q}{\varepsilon_0 A}$$

金属板 LM 間に生じる電界の強さを E_{LM}' とし，問5と同様にして求めると

$$E_{LM}' = \frac{q}{\varepsilon_0 A}$$

したがって，金属板 KN 間の電位差を V_{KN}' とし，問6と同様にして求めると

$$V_{KN}' = E_{KL}'(D-d) + E_{LM}'d = \frac{Q+\Delta Q}{\varepsilon_0 A}(D-d) + \frac{qd}{\varepsilon_0 A}$$

スイッチ S2 が閉じていることから，V_{KN}' は電池 B2 の起電力と等しいので
$V_{KN} = V_{KN}'$ より

$$\frac{qd+QD}{\varepsilon_0 A} = \frac{Q+\Delta Q}{\varepsilon_0 A}(D-d) + \frac{qd}{\varepsilon_0 A}$$

$$\therefore \quad \Delta Q = \frac{d}{D-d}Q$$

また，金属板 L に蓄えられている電気量 $q'+\Delta q'$ は，問7と同様にして求めると

$$q' + \Delta q' = q - Q - \Delta Q$$

この式と問7の結果より，q を消去すると

$$\Delta q' = -\Delta Q$$

したがって，この式に先に求めた ΔQ を代入すると

$$\Delta q' = -\frac{d}{D-d}Q$$

テーマ

　コンデンサーの極板間には，極板の端の影響を無視すると，一様な電界が生じているとみなすことができる。このとき，コンデンサーに蓄えられる電気量が Q の場合，誘電率を ε，極板間に引かれる電気力線の総数を N とすると

$$N = \frac{Q}{\varepsilon}$$

したがって，極板間に生じる一様な電界の強さを E，極板の面積を S とすると

$$E = \frac{N}{S} = \frac{Q}{\varepsilon S}$$

と表される。また，極板間の電位差 V は，極板間距離を d とすると

$$V = Ed = \frac{dQ}{\varepsilon S}$$

と表される。ここで，コンデンサーの電気容量を C とすると $Q=CV$ が成り立つので

$$C = \varepsilon \frac{S}{d}$$

と表される。
　コンデンサーの極板となる2枚の金属板の内側の面にはそれぞれ異符号で絶対値の等しい電気量が蓄えられており，この絶対値の値がコンデンサーに蓄えられる電気量を示す。また，金属板の両面にそれぞれ蓄えられた電気量の和が，その金属板に蓄えられた電気量となる。

2　直流回路

以下のような，二種類の回路で起こる現象について考えよう。

Ⅰ．起電力 E の直流電源，自己インダクタンス L のコイル，抵抗値がそれぞれ R_1，R_2 の抵抗1，抵抗2，およびスイッチSをつないだ，**図1**のような回路がある。抵抗1，抵抗2以外の電気抵抗は無視でき，回路を流れる電流は**図1**に示した矢印の向きを正とする。初期状態では，スイッチSは開いており，スイッチSを開いてからは十分に時間が経過しているとする。以下の問に答えよ。

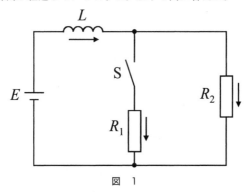

図　1

問1　初期状態において，コイルを流れる電流 I_0 を，E，L，R_1，R_2 のうち必要なものを用いて表せ。

次にスイッチSを閉じた。このとき，以下の問に答えよ。

問2　スイッチSを閉じた直後における，抵抗1を流れる電流 I_0'，および抵抗1と抵抗2における消費電力の総量 P_0 を，それぞれ E，L，R_1，R_2 のうち必要なものを用いて表せ。

問3　スイッチSを閉じた直後の微小時間 Δt の間に，コイルを流れる電流が ΔI_0 だけ変化し，コイルに蓄積されているエネルギーが ΔU_0 だけ変化したとする。

このとき，$\dfrac{\Delta I_0}{\Delta t}$ および $\dfrac{\Delta U_0}{\Delta t}$ を，それぞれ E, L, R_1, R_2 のうち必要なものを用いて表せ。

Ⅱ．図1における抵抗2をネオン管に置き換え，図2のような回路を作製した。このとき，ネオン管以外の素子はすべて置き換える前と同じ性質を持つものとする。ネオン管では，端子間の電圧が定数 V_N より低いときに電流は流れないが，端子間の電圧が上昇し，V_N に達すると電流が流れて発光し始める。ここでは簡単化するため，発光中の端子間の電圧は常に V_N であり，ひとたび発光を開始すると電流がゼロになるまで発光し続けるものとする。また，ネオン管の電気容量は無視できるほど小さいものとする。初期状態（時刻 $t=0$）ではスイッチSは開いており，$E<V_N$ のため回路に電流は流れていない。時刻 $t=T_0$（$T_0>0$）にスイッチSを閉じ，十分に時間が経過したところ，コイルを流れる電流は一定値 I_1 となった。電流は図2に示した矢印の向きを正とし，以下の問に答えよ。

問4　I_1 を求めよ。また，このときコイルに蓄積されているエネルギー U_1 を求めよ。ただし，解答には，E, L, R_1 のうち必要なものを用いよ。

　その後，時刻 $t=T_1$ においてスイッチSを開いたところ，ただちにネオン管が発光をはじめ，しばらく光り続けた後，時刻 $t=T_2$ において発光が停止した。

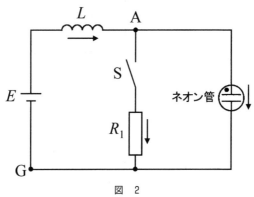

図　2

問5　発光中のネオン管を流れる電流が，微小時間 Δt の間に ΔI だけ変化したとする。$\dfrac{\Delta I}{\Delta t}$ を，E, L, R_1, V_N のうち必要なものを用いて表せ。

問6　$\dfrac{\Delta I}{\Delta t}=\alpha$（$\alpha$ は定数）と表されるとき，ネオン管を流れる電流は，$I=\alpha t+\beta$

（β は定数）となる。このことを用いて，時刻 t （$T_1 < t < T_2$）における I を，E，L，I_1，V_N，t，T_1 のうち必要なものを用いて表せ。

問7 ネオン管の発光が停止する時刻 T_2 を，E，L，I_1，V_N，T_1 のうち必要なものを用いて表せ。

問8 図3はコイルを流れる電流と，G点に対するA点の電位の時間変化を描いたグラフである。図の領域1，2，3それぞれにおいて，最も適切なグラフの概形を(あ)，(い)，(う)の中から選んで答えよ。

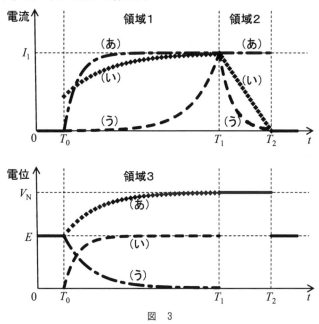

図 3

問9 次の文章中の空欄にふさわしいものを，下の選択肢(あ)〜(お)の中からそれぞれ一つずつ選べ。なお，選択肢は重複して使用してよい。

> ネオン管が発する光の明るさは，ネオン管を流れる電流に比例するものとする。コイルのインダクタンス L を2倍にしてネオン管を発光させたとき，元の場合と比べ，　(a)　明るさで光り始め，その発光時間は　(b)　長さであった。

選択肢
- (あ) 4倍の
- (い) 2倍の
- (う) 同じ
- (え) 2分の1の
- (お) 4分の1の

解　答

Ⅰ．▶問1．初期状態において，コイルの自己誘導による起電力は0なので，キルヒホッフの第二法則より

$$E = R_2 I_0 \qquad \therefore \quad I_0 = \frac{E}{R_2}$$

▶問2．スイッチSを閉じた直後において，コイルはその直前の状態の電流を維持しようとするから，コイルに流れる電流は $I_0 = \dfrac{E}{R_2}$ である。

このとき，抵抗2に流れる電流を I_0'' とすると，キルヒホッフの第一法則より

$$I_0 = I_0' + I_0''$$

また，抵抗1と抵抗2が並列であることから

$$R_1 I_0' = R_2 I_0''$$

これらの式より　　　$I_0' = \dfrac{R_2}{R_1 + R_2} I_0 = \dfrac{E}{R_1 + R_2}$

抵抗1と抵抗2の合成抵抗を R とすると

$$\frac{1}{R} = \frac{1}{R_1} + \frac{1}{R_2} \qquad \therefore \quad R = \frac{R_1 R_2}{R_1 + R_2}$$

したがって　　　$P_0 = R I_0{}^2 = \dfrac{R_1 E^2}{(R_1 + R_2) R_2}$

▶問3．このとき，正の向きに電流を流そうとするコイルの自己誘導による起電力は $-L \dfrac{\Delta I_0}{\Delta t}$ なので，キルヒホッフの第二法則より

$$E + \left(-L \frac{\Delta I_0}{\Delta t}\right) = R I_0 \qquad \therefore \quad \frac{\Delta I_0}{\Delta t} = \frac{E - R I_0}{L} = \frac{R_2 E}{(R_1 + R_2) L} \quad \cdots\cdots①$$

微小時間 Δt の間にコイルに運ばれる電気量は $I_0 \Delta t$ なので，このとき，コイルがされる仕事に着目すると

$$\Delta U_0 = I_0 \Delta t \times L \frac{\Delta I_0}{\Delta t} = L I_0 \Delta I_0 \qquad \therefore \quad \frac{\Delta U_0}{\Delta t} = \frac{L I_0 \Delta I_0}{\Delta t}$$

この式と①より　　　$\dfrac{\Delta U_0}{\Delta t} = L I_0 \cdot \dfrac{R_2 E}{(R_1 + R_2) L} = \dfrac{E^2}{R_1 + R_2}$

> **参考1**　微小時間 Δt の間にコイルがされる仕事，すなわち，この間にコイルの自己誘導による起電力 $-L \dfrac{\Delta I_0}{\Delta t}$ に逆らって電流 I_0 を流すのにした仕事 $L \dfrac{\Delta I_0}{\Delta t} \cdot I_0 \cdot \Delta t = L I_0 \Delta I_0$ が，この間にコイルに蓄積されるエネルギーの変化 ΔU_0 となる。

> **参考2**　$\Delta U_0 = L I_0 \Delta I_0$ については，次のように求めることもできる。
> 初期状態において，コイルに蓄積されているエネルギーを U_0 とすると
> $$U_0 = \frac{1}{2} L I_0{}^2$$

また，コイルを流れる電流が $I_0 + \Delta I_0$ になったとき，コイルに蓄積されているエネルギーは $U_0 + \Delta U_0$ なので

$$U_0 + \Delta U_0 = \frac{1}{2} L (I_0 + \Delta I_0)^2$$

2式より，U_0 を消去して整理すると

$$\Delta U_0 = L I_0 \Delta I_0 + \frac{1}{2} L \Delta I_0^2$$

ここで，ΔI_0 が微小量であることから，2次の微小量 $\Delta I_0^2 \fallingdotseq 0$ と近似できるので

$$\Delta U_0 \fallingdotseq L I_0 \Delta I_0$$

Ⅱ．▶問4．このとき，コイルの自己誘導による起電力は0であり，$E < V_N$ よりネオン管には電流が流れないので，キルヒホッフの第二法則より

$$E = R_1 I_1 \qquad \therefore \quad I_1 = \frac{E}{R_1}$$

これより　$\displaystyle U_1 = \frac{1}{2} L I_1^2 = \frac{L}{2} \left(\frac{E}{R_1} \right)^2$

▶問5．このとき，正の向きに電流を流そうとするコイルの自己誘導による起電力は $-L \dfrac{\Delta I}{\Delta t}$ であり，ネオン管が発光しているのでネオン管の端子間の電圧は V_N であるから，キルヒホッフの第二法則より

$$E + \left(-L \frac{\Delta I}{\Delta t} \right) = V_N \qquad \therefore \quad \frac{\Delta I}{\Delta t} = -\frac{V_N - E}{L}$$

▶問6．$\dfrac{\Delta I}{\Delta t} = \alpha$ と表されるとき，問5より

$$\alpha = -\frac{V_N - E}{L}$$

時刻 $t = T_1$ 直後において，コイルに流れる電流は I_1 なので，ネオン管に流れる電流も $I = I_1$ である。題意より，$I = \alpha t + \beta$ となることから

$$I_1 = \alpha T_1 + \beta = -\frac{V_N - E}{L} T_1 + \beta \qquad \therefore \quad \beta = \frac{V_N - E}{L} T_1 + I_1$$

したがって，α，β を $I = \alpha t + \beta$ に代入すると

$$I = -\frac{V_N - E}{L} t + \frac{V_N - E}{L} T_1 + I_1 = -\frac{V_N - E}{L} (t - T_1) + I_1$$

▶問7．時刻 $t = T_2$ のとき，$I = 0$ となるので，問6より

$$0 = -\frac{V_N - E}{L} (T_2 - T_1) + I_1 \qquad \therefore \quad T_2 = T_1 + \frac{L I_1}{V_N - E}$$

▶問8．コイルに流れる電流を i とする。

時刻 $t \leq T_0$ のとき，$i = 0$ である。その後，時刻 $t = T_1$ までの間，微小時間 Δt の間に電流が Δi だけ変化したとすると，このとき，正の向きに電流を流そうとするコイ

ルの自己誘導による起電力は$-L\dfrac{\Delta i}{\Delta t}$なので，キルヒホッフの第二法則より

$$E+\left(-L\dfrac{\Delta i}{\Delta t}\right)=R_1 i$$

を満たしながら，しだいにiは増加する。$\dfrac{\Delta i}{\Delta t}=-\dfrac{R_1}{L}i+\dfrac{E}{L}$であるから，$i$が増加する

とi-tグラフの傾き$\dfrac{\Delta i}{\Delta t}$は減少する。そして，十分時間が経過すると$i$は増加しなく

なり，$\Delta i=0$すなわち$-L\dfrac{\Delta i}{\Delta t}=0$となる。これより，時刻$t=T_1$において，$i=\dfrac{E}{R_1}=I_1$

となっている。したがって，領域1でのグラフの概形は(あ)。

　時刻が$T_1<t<T_2$においては，$i=I$となるので，問6で求めた式を満たしながら，一定の割合でiは減少する。そして，時刻$t=T_2$のとき，ネオン管の発光が停止することから，$i=0$となる。したがって，領域2でのグラフの概形は(い)。

　G点に対するA点の電位をVとする。

　時刻$t\leqq T_0$のとき，$V=E$であり，時刻$t=T_0$直後において，$-L\dfrac{\Delta i}{\Delta t}=-E$となる

ので，$V=0$となる。その後，時刻$t=T_1$までの間

$$E+\left(-L\dfrac{\Delta i}{\Delta t}\right)=V$$

を満たしながら，しだいにVは増加する。しかし，十分時間が経過すると$-L\dfrac{\Delta i}{\Delta t}=0$

となるので，時刻$t=T_1$において，$V=E$となっている。したがって，領域3でのグラフの概形は(い)。

> **参考3**　時刻が$T_1<t<T_2$において，問5より，$\dfrac{\Delta I}{\Delta t}=-\dfrac{V_N-E}{L}$なので，$\dfrac{\Delta I}{\Delta t}$は負の一定値である。したがって，このことからも，時刻が$T_1<t<T_2$において，$i=I$は一定の割合で減少することがわかる。

> **参考4**　時刻が$T_1<t<T_2$においては，ネオン管が発光し続けており，題意より，発光中のネオン管の端子間の電圧は常にV_Nであることから，このとき，$V=V_N$である。また，時刻$t=T_2$のとき，ネオン管の発光が停止することから，時刻$t\geqq T_2$では，$i=0$，$V=E$となる。

▶**問9.** (a)　コイルの自己インダクタンスを$2L$にしても，スイッチSを閉じて十分時間が経過したときにコイルに流れる電流は，コイルの自己インダクタンスがLの場合と同じ$I_1=\dfrac{E}{R_1}$である。これより，時刻$t=T_1$直後において，コイルに流れる電流，すなわちネオン管に流れる電流も同じ$I=I_1=\dfrac{E}{R_1}$である。したがって，同じ明るさで光り始める。よって，(a)の正解は(う)。

(b) ネオン管の発光時間 $T_2 - T_1$ は，問7より

$$T_2 - T_1 = \frac{LI_1}{V_N - E}$$

したがって，コイルの自己インダクタンスを $2L$ にすると，ネオン管の発光時間は，コイルの自己インダクタンスが L の場合の2倍の長さになる。よって，(b)の正解は(い)。

テーマ

　コイルに流れる電流は，コイルに起こる自己誘導によって変化が妨げられる。このことから，コイルには電流を変化させずに一定に保とうとする性質があるといえ，コイルはその直前の状態の電流を維持しようとする。このコイルの性質を用いて，次の回路について考えてみよう。

　図のように，自己インダクタンス L のコイル，抵抗値 R_1, R_2 の抵抗，起電力 E の電池，およびスイッチによる回路があり，はじめスイッチは開いているものとする。また，コイルに流れる電流を I，コイルに生じる誘導起電力を V とする。

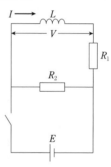

　スイッチを閉じた直後は，コイルの性質より，$I=0$ である。このとき，コイル，抵抗値 R_1 の抵抗，電池を含む回路において，キルヒホッフの第二法則より

$$E + V = R_1 I \quad \cdots\cdots ①$$

が成り立つので

$$V = -E$$

となる。

　スイッチを閉じて十分時間が経過すると，I は増加しなくなり，$\Delta I = 0$ となる。このとき，$V = -L\frac{\Delta I}{\Delta t}$ と表されることから

$$V = 0$$

となり，①より

$$I = \frac{E}{R_1}$$

となる。

　スイッチを閉じて十分時間が経過してからスイッチを開くと，その直後は，コイルの性質より，$I = \frac{E}{R_1}$ である。このとき，コイル，抵抗値 R_1, R_2 の抵抗を含む回路において，キルヒホッフの第二法則より

$$V = R_1 I + R_2 I$$

が成り立つので

$$V = \frac{R_1 + R_2}{R_1} E$$

となる。

　その後，十分時間が経過すると，I は減少して $I=0$ となり，さらに $V=0$ となる。

47 コンデンサーを含む直流回路

(2016年度　第2問)

　帯電していない電気容量 C のコンデンサーの極板間に電位差 V をかけたとき, コンデンサーに電気量 Q ($Q=CV$) が蓄えられる。これは, 2つの極板にそれぞれ電気量 $+Q$ と $-Q$ が蓄えられるという意味である。コンデンサーを含む回路に関する以下の問に答えよ。

Ⅰ. 以下の空欄(1)と(2)に入れるべき適切な数式を解答欄に記入せよ。

　　コンデンサーに蓄えられる静電エネルギーについて以下のように考える。小さい電気量 ΔQ を極板間で移動させると, コンデンサーに蓄えられる電気量は Q から $Q+\Delta Q$ になる。このとき, ΔQ は微小な量で, 極板間の電位差 V は一定とみなしてよい。ΔQ を極板間で移動させるために必要な仕事は Q, ΔQ, C を用いて $\boxed{(1)}$ と表され, これはコンデンサーに静電エネルギーとして蓄えられる。これをくり返すと, 図1のように電気量 Q が Q_1 から Q_2 に増加するとき, 電位差 V は増加し, 静電エネルギーは $\boxed{(2)}$ だけ増加する。

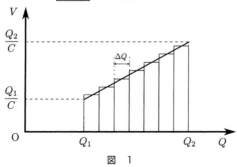

図　1

Ⅱ. 図2のように, 電気容量 C のコンデンサー及び抵抗値 R の抵抗からなる回路を考える。電源の正極を端子Aに, 負極を端子Bに接続すると, コンデンサーが充電されていく。以下の空欄(3)～(5)と(7)～(10)に入れるべき適切な数式を解答欄に記入せよ。また, (6)には適切なグラフを図示せよ。

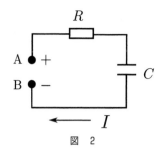

図 2

　まず，電源として一定の電圧 V_0 を供給する定電圧電源を接続する場合を考える。最初コンデンサーは帯電していなかった。回路に流れる電流 I は，図の矢印の向きを正とすると，電源を接続した直後は　(3)　である。その後の任意の時刻において，コンデンサーに蓄えられている電気量を Q とすると，V_0 は R, C, I, Q を用いて $V_0 =$　(4)　と表される。短い時間 Δt の間に，電気量 ΔQ が抵抗を通ってコンデンサーに流れこんだ。この間に発生したジュール熱は V_0, C, Q, ΔQ を用いて　(5)　となる。コンデンサーの充電を開始してから十分に時間がたつまでの間に，抵抗両端の電位差が電気量 Q の関数として変化する様子を図示すると　(6)　となる。この間に発生したジュール熱は　(7)　となり，したがって電源がした仕事は　(8)　である。

　次に，電源として一定の電流 I_0 を供給する定電流電源を接続する場合を考える。最初コンデンサーは帯電していなかった。時刻 $t=0$ に電源を回路に接続し，その後の時刻 t_1 にコンデンサーの極板間の電位差は V_0 になった。t_1 は I_0, V_0, C を用いて，$t_1 =$　(9)　と与えられる。また，コンデンサーの充電を開始してから時刻 t_1 までの間に抵抗で発生したジュール熱は，C, R, V_0, I_0 を用いて　(10)　と表される。

〔(6)の解答欄〕

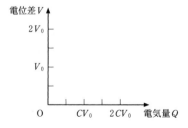

Ⅲ．異なるつなぎ方をした複数個のコンデンサーからなる素子に，同じ電圧をかけたとき同じ電気量が流れ込めば，これらの素子は等価とみなせる。ここでは図3(a)のように，電気容量 C_Y のコンデンサー3個をY型に接続した素子と，電気容量 C_Δ

のコンデンサー3個を Δ 型に接続した素子が，等価となる条件を調べる。このために図3(b)のような，電圧 V_A, V_B の定電圧電源と抵抗値 R の抵抗からなる回路の端子A，B，Dに，Y型素子または Δ 型素子の端子A，B，Dをそれぞれ接続する。どちらの素子のコンデンサーも接続する前は帯電していなかった。以下の問に答えよ。

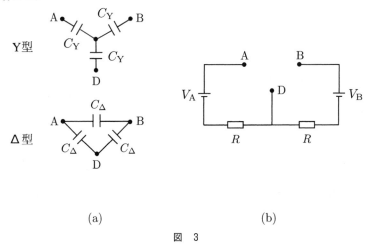

(a)　　　　　　　　　　　　　(b)

図　3

問1　Y型素子を図3(b)の回路に接続した。接続を始めてから十分に時間がたつまでの間に端子Aと端子Bを通って素子に流れ込んだ電気量は，それぞれ Q_A, Q_B であった。Q_A, Q_B を C_Y, V_A, V_B, R のなかから必要なものを用いて表せ。

問2　Δ 型素子を図3(b)の回路に接続した。接続を始めてから十分に時間がたつまでの間に端子Aと端子Bを通って素子に流れ込んだ電気量は，それぞれ Q_A', Q_B' であった。Q_A', Q_B' を C_Δ, V_A, V_B, R のなかから必要なものを用いて表せ。

問3　Y型素子と Δ 型素子が等価とみなせるとき，すなわち問1と問2で求めた Q_A と Q_A'，Q_B と Q_B' がそれぞれ等しいとき，C_Δ を用いて C_Y を表せ。さらに，3個のコンデンサーそれぞれにかかる電位差のうち最も大きいものをY型素子では V_Y，Δ 型素子では V_Δ としたとき，V_Δ を用いて V_Y を表せ。ただし，簡単のため，$V_A = V_B$ とする。

解 答

Ⅰ. ▶(1) コンデンサーの極板間の電位差 V は，$V=\dfrac{Q}{C}$ である。したがって，$\varDelta Q$ を極板間で移動させるために必要な仕事を $\varDelta w$ とすると

$$\varDelta w=\varDelta QV=\dfrac{Q}{C}\varDelta Q$$

▶(2) 電気量が Q_1，Q_2 のときにコンデンサーに蓄えられる静電エネルギーを，それぞれ u_1，u_2 とすると

$$u_1=\dfrac{Q_1{}^2}{2C},\ u_2=\dfrac{Q_2{}^2}{2C}$$

したがって，電気量が Q_1 から Q_2 に増加するときの静電エネルギーの増加量を $\varDelta u$ とすると

$$\varDelta u=u_2-u_1=\dfrac{Q_2{}^2-Q_1{}^2}{2C}$$

別解 電気量が Q_1 から Q_2 に増加するときの静電エネルギーの増加量 $\varDelta u$ は，図1の V-Q グラフのグラフと Q 軸とで挟まれた部分の面積に等しい。したがって，その面積が示す図形より

$$\varDelta u=\dfrac{1}{2}\left(\dfrac{Q_1}{C}+\dfrac{Q_2}{C}\right)(Q_2-Q_1)=\dfrac{Q_2{}^2-Q_1{}^2}{2C}$$

なお，積分を用いると，次のように求まる。

$$\varDelta u=\int_{Q_1}^{Q_2}\dfrac{Q}{C}dQ=\left[\dfrac{Q^2}{2C}\right]_{Q_1}^{Q_2}=\dfrac{Q_2{}^2-Q_1{}^2}{2C}$$

参考 帯電していない電気容量 C のコンデンサーの極板間に電圧 V をかけて，コンデンサーに電気量 Q（$=CV$）が蓄えられたときに，コンデンサーに蓄えられる静電エネルギー u は，極板間で微小な電荷を徐々に移動させて，コンデンサーに蓄えられる電気量を 0 から Q まで変化させるときに，微小な電荷を移動させるために必要な仕事の総和 W で表される。この仕事の総和 W は，コンデンサーの極板間の電位差とコンデンサーに蓄えられる電気量との関係を表したグラフの，グラフと電気量の軸との間に挟まれた部分の面積（右図の斜線部分）に等しい。したがって

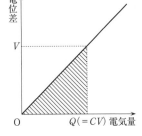

$$u=W=\dfrac{1}{2}QV=\dfrac{1}{2}CV^2=\dfrac{Q^2}{2C}$$

なお，問題文では，このことの考え方を，誘導によって説明している。

Ⅱ. ▶(3) 電源を接続した直後は，コンデンサーの極板間の電位差が 0 なので，キルヒホッフの第二法則より

$$V_0 = RI + 0 \qquad \therefore \quad I = \frac{V_0}{R}$$

▶(4)　コンデンサーに蓄えられている電気量が Q のときのコンデンサーの極板間の電位差を v とすると，$v = \frac{Q}{C}$ である。したがって，キルヒホッフの第二法則より

$$V_0 = RI + v = RI + \frac{Q}{C}$$

▶(5)　Δt は短い時間であり，この間に回路に流れる電流 I は一定とみなせるので，この間に発生したジュール熱を ΔE とすると

$$\Delta E = RI^2 \Delta t$$

ここで，(4)の結果より　　　$RI = V_0 - \frac{Q}{C}$

また，ΔQ について　　　$\Delta Q = I\Delta t$

したがって

$$\Delta E = RI \times I\Delta t = \left(V_0 - \frac{Q}{C} \right) \Delta Q$$

▶(6)　抵抗両端の電位差を V とすると，オームの法則より

$$V = RI$$

これと(4)の結果より

$$V_0 = V + \frac{Q}{C} \qquad \therefore \quad V = -\frac{Q}{C} + V_0$$

この式より，V が Q の1次関数として表される。求めるグラフは以下の通り。

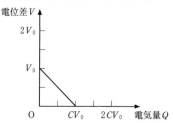

▶(7)　電気量 Q が抵抗を通ってコンデンサーに流れ込む間に，抵抗両端の電位差は，(6)のグラフのように V_0 から 0 へ変化する。したがって，この間に発生したジュール熱を E とすると，E は，(6)のグラフと V 軸，および Q 軸とで囲まれた部分の面積に等しいので

$$E = \frac{1}{2} CV_0^2$$

▶(8)　コンデンサーの充電を開始してから十分時間が経つまでの間に，コンデンサーに蓄えられた静電エネルギーを U とすると

$$U = \frac{1}{2}CV_0{}^2$$

したがって，この間に電源がした仕事を W とすると，エネルギー保存則より

$$W = E + U = CV_0{}^2$$

別解 この間に，電源は一定の電圧 V_0 で電気量 CV_0 を回路に流したので，電源がした仕事 W は

$$W = CV_0 \times V_0 = CV_0{}^2$$

▶(9) 時刻 $t=0$ から $t=t_1$ までの間に，コンデンサーに流れ込んだ電気量を q_1 とすると，V_0, C を用いて

$$q_1 = CV_0$$

一方，I_0 を用いると

$$q_1 = I_0 t_1$$

2式より $\quad CV_0 = I_0 t_1 \quad \therefore \quad t_1 = \dfrac{CV_0}{I_0}$

▶(10) 時刻 $t=0$ から $t=t_1$ までの間に，抵抗で発生したジュール熱を e_1 とすると

$$e_1 = RI_0{}^2 t_1$$

したがって，(9)の結果より

$$e_1 = RI_0{}^2 \times \frac{CV_0}{I_0} = CRI_0V_0$$

Ⅲ. ▶問1. 十分時間が経過すると，回路には電流が流れなくなる。このとき下図のように，AO 間，BO 間，OD 間の各コンデンサーに蓄えられている電気量は，それぞれ Q_A, Q_B, $Q_A + Q_B$ である。

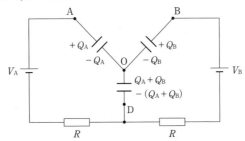

したがって，キルヒホッフの第二法則より，左側の閉回路について

$$V_A = \frac{Q_A}{C_Y} + \frac{Q_A + Q_B}{C_Y}$$

右側の閉回路について

$$V_B = \frac{Q_B}{C_Y} + \frac{Q_A + Q_B}{C_Y}$$

2式を連立させて解くと

$$Q_A = \frac{C_Y(2V_A - V_B)}{3}, \quad Q_B = \frac{C_Y(-V_A + 2V_B)}{3}$$

▶問2．十分時間が経過すると，回路には電流が流れなくなる。このとき下図のように，AD 間，BD 間，AB 間の各コンデンサー電位差は，それぞれ V_A，V_B，$V_A - V_B$ である。

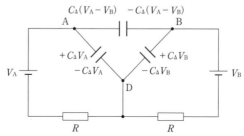

したがって，各コンデンサーに蓄えられている電気量に着目すると

$$Q_A' = C_\Delta V_A + C_\Delta(V_A - V_B) = C_\Delta(2V_A - V_B)$$

$$Q_B' = C_\Delta V_B - C_\Delta(V_A - V_B) = C_\Delta(-V_A + 2V_B)$$

▶問3．$Q_A = Q_A'$ のとき，問1と問2の結果より

$$\frac{C_Y(2V_A - V_B)}{3} = C_\Delta(2V_A - V_B)$$

$$\therefore \quad C_Y = 3C_\Delta$$

$V_A = V_B = V'$ とする。Y 型素子については，問1より，OD 間のコンデンサーにかかる電位差が最も大きいので

$$V_Y = \frac{Q_A + Q_B}{C_Y} = \frac{V_A + V_B}{3} = \frac{2}{3}V'$$

Δ 型素子については，問2より

$$V_\Delta = V_A = V_B = V'$$

2式より　　$V_Y = \frac{2}{3}V_\Delta$

テーマ

　右図のように，起電力 E の電池，抵抗値 R の抵抗，電気容量 C のコンデンサー，およびスイッチSからなる回路で，コンデンサーが充電される過程を考える。はじめ，コンデンサーは電気を蓄えていないものとする。

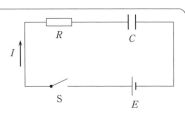

＜スイッチSを閉じた直後＞

　コンデンサーに蓄えられる電気量は 0 なので，コンデンサーの極板間の電位差 V_C は，$V_C=0$ である。したがって，抵抗にかかる電圧 V_R は，$V_R=E$ なので，回路に流れる電流 I は，$I=\dfrac{V_R}{R}=\dfrac{E}{R}$ である。

＜スイッチSを閉じてしばらく時間が経過したとき＞

　コンデンサーに蓄えられる電気量が q になったとき，$V_C=\dfrac{q}{C}$ である。したがって，$V_R=E-V_C=E-\dfrac{q}{C}$ なので，$I=\dfrac{V_R}{R}=\dfrac{E}{R}-\dfrac{q}{RC}$ となる。この過程では，時間の経過とともに q が大きくなり，これに伴って I は小さくなる。

＜スイッチSを閉じて十分時間が経過したとき＞

　$V_C=E$ になったとき，$V_R=0$ なので，$I=0$ となる。このとき，コンデンサーの充電は完了し，コンデンサーに蓄えられる電気量は CE となる。

　なお，V_C，V_R，I のそれぞれと，スイッチSを閉じてからの経過時間 t との関係を表したグラフは，次のようになる。

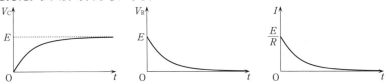

　本問では，コンデンサーの充電過程の特性を踏まえ，キルヒホッフの第二法則を用いて，コンデンサーを含む直流回路の起電力と電圧降下との関係を考察すればよい。また，複数個のコンデンサーからなる素子を含む直流回路では，前述と同様の考察をもとに，さらに各コンデンサーに蓄えられる電気量に着目して，素子に流れ込む電気量を考えればよい。

3　電流と磁界・電磁誘導

48　コンデンサーを含む直流回路，LC 回路・LR 回路に流れる電流

（2020 年度　第 2 問）

　コンデンサー，コイル，抵抗，ダイオード，スイッチ，起動力 E の直流電源などからなる電気回路を考える。回路中の導線やスイッチの電気抵抗は十分に小さいとする。コンデンサーは平行平板コンデンサーであり，極板間は，最初，真空とする。

Ⅰ．図1のような電気回路がある。コンデンサー1，2，3の静電容量を，それぞれ C_1, C_2, C_3 とする。最初，コンデンサーの電荷は全て0で，スイッチは全て開いていた。

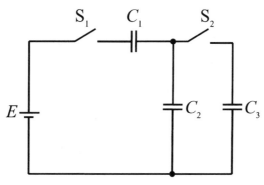

図　1

問1　まず，スイッチ S_1 を閉じた。十分に時間が経った後，コンデンサー2の極板間の電位差が V_1 になった。V_1 を，E, C_1, C_2 を用いて表せ。

問2　次に，スイッチ S_1 を開いて，スイッチ S_2 を閉じた。十分に時間が経った後，コンデンサー2の極板間の電位差が V_2 になった。V_2 を，E, C_1, C_2, C_3 を用いて表せ。

問3　その後，スイッチ S_2 を閉じたままスイッチ S_1 を閉じた。十分に時間が経った後，コンデンサー2の極板間の電位差が V_3 になった。V_3 を，E, C_1, C_2, C_3 を用いて表せ。

問4　この状態で，コンデンサー3の極板間を，比誘電率 ε_r の誘電体で満たした。

十分に時間が経った後，コンデンサー2の極板間の電位差が，コンデンサー1の極板間の電位差の2倍になった。このときの比誘電率 ε_r を，C_1，C_2，C_3 を用いて表せ。

Ⅱ. 次に，図2の電気回路について考える。コンデンサーの静電容量を C，コイルの自己インダクタンスを L，抵抗の抵抗値を R とする。ダイオードDは，順方向に電流が流れるとき電圧降下はなく抵抗は無視でき，逆方向には電流が流れないとする。最初にスイッチ S_4 を開いたままスイッチ S_3 を閉じ，十分に時間が経った後，スイッチ S_3 を開き，その後スイッチ S_4 を閉じた。

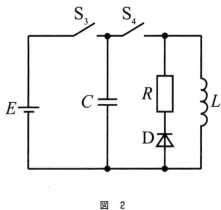

図 2

問5 コイルに流れる電流は時間とともに変化した。電流の大きさの最大値 I_0 を，E，C，L を用いて表せ。

問6 コイルは単位長さ当たりの巻き数が n のソレノイドであった。このソレノイドコイルの内部における磁場の大きさの最大値 H_0 を，n，I_0 を用いて表せ。

問7 スイッチ S_4 を閉じた時刻を $t=0$ とする。ダイオードDがあるために，時刻 $t=0$ の後で磁場の大きさが最大になるまでの間は，この電気回路はコンデンサーとコイルのみで構成されていると考えてよい。磁場の大きさが最大になる時刻 t_0 を，L，C を用いて表せ。

問8 コイルの電流の大きさが最大になった瞬間に，スイッチ S_4 を開いた。この後は，ダイオードDがあるために，電流は抵抗に流れた。時刻 t_0 の微小時間 Δt 後には，電流の大きさが I_0 から $I_0 + \Delta I$ に変化した。$\dfrac{\Delta I}{I_0 \Delta t}$ を，L と R で表せ。

問9 時刻 t_0 （$t \leqq t_0$）までとその後（$t > t_0$）の両方について，コイルに流れる電流の大きさの時間変化を表すものとして最も最適なグラフの概形を，図3中の(あ)〜(う)と(え)〜(か)からそれぞれ選び，解答欄(a), (b)に記入せよ。

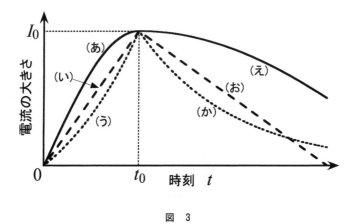

図　3

解 答

Ⅰ. ▶問1. このとき，コンデンサー1の極板間の電位差を v_1 とすると，回路の電位差について

$$E = v_1 + V_1$$

また，コンデンサー1の右側の極板とコンデンサー2の上側の極板との間での電気量保存則より

$$0 = -C_1 v_1 + C_2 V_1$$

したがって，2式より

$$V_1 = \frac{C_1}{C_1 + C_2} E$$

▶問2. このとき，コンデンサー3の極板間の電位差も V_2 なので，コンデンサー2の上側の極板とコンデンサー3の上側の極板との間での電気量保存則より

$$C_2 V_1 = C_2 V_2 + C_3 V_2$$

$$\therefore \quad V_2 = \frac{C_2}{C_2 + C_3} V_1 = \frac{C_1 C_2}{(C_1 + C_2)(C_2 + C_3)} E$$

▶問3. このとき，コンデンサー1の極板間の電位差を v_3 とすると，回路の電位差について

$$E = v_3 + V_3$$

また，コンデンサー3の極板間の電位差も V_3 なので，コンデンサー1の右側の極板とコンデンサー2の上側の極板，およびコンデンサー3の上側の極板との間での電気量保存則より

$$0 = -C_1 v_3 + C_2 V_3 + C_3 V_3$$

したがって，2式より

$$V_3 = \frac{C_1}{C_1 + C_2 + C_3} E$$

別解 コンデンサー1の右側の極板とコンデンサー2の上側の極板，およびコンデンサー3の上側の極板との間での電気量保存則より，この部分の電荷は0である。これより，このときの回路は，コンデンサー2とコンデンサー3との並列部分を合成した静電容量 $C_2 + C_3$ のコンデンサーと，コンデンサー1との直列回路とみなせる。したがって，問1と同様に考えると

$$V_3 = \frac{C_1}{C_1 + C_2 + C_3} E$$

▶問4. このとき，コンデンサー1の極板間の電位差を v_4 とすると，題意より，コンデンサー2の極板間の電位差は $2v_4$ であり，コンデンサー3の極板間の電位差も $2v_4$ である。また，コンデンサー3の静電容量が $\varepsilon_r C_3$ となったので，コンデンサー1

の右側の極板とコンデンサー2の上側の極板，およびコンデンサー3の上側の極板との間での電気量保存則より

$$0 = -C_1 v_4 + C_2 \cdot 2v_4 + \varepsilon_r C_3 \cdot 2v_4 \qquad \therefore \quad \varepsilon_r = \frac{C_1 - 2C_2}{2C_3}$$

別解　問3の〔別解〕と同様に，このときの回路は，コンデンサー2とコンデンサー3との並列部分を合成した静電容量 $C_2 + \varepsilon_r C_3$ のコンデンサーと，コンデンサー1との直列回路とみなせる。したがって，問1と同様に考えると

$$v_4 = \frac{C_2 + \varepsilon_r C_3}{C_1 + C_2 + \varepsilon_r C_3} E$$

$$2v_4 = \frac{C_1}{C_1 + C_2 + \varepsilon_r C_3} E$$

2式より

$$\varepsilon_r = \frac{C_1 - 2C_2}{2C_3}$$

Ⅱ．▶問5．コンデンサーの上側の極板に正電荷がある間は，ダイオードDには逆方向の電圧がかかるので，電流は流れない。したがって，コイルに流れる電流の大きさが最大になるまでの間は，右図のように，静電容量 C のコンデンサーと自己インダクタンス L のコイルとからなる回路でおこる電気振動を考えればよい。したがって，エネルギー保存則より

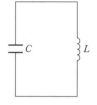

$$\frac{1}{2} C E^2 = \frac{1}{2} L I_0{}^2$$

$$\therefore \quad I_0 = E \sqrt{\frac{C}{L}}$$

▶問6．ソレノイドコイルの内部における磁場の大きさは，コイルに流れる電流の大きさに比例するので，電流の大きさが最大になるとき，磁場の大きさも最大となる。したがって

$$H_0 = n I_0$$

▶問7．時刻 $t=0$ からコイルの内部における磁場の大きさが最大になるまでの時間，すなわち時刻 $t=0$ からコイルに流れる電流の大きさが最大になるまでの時間は，静電容量 C のコンデンサーと自己インダクタンス L のコイルとの間でおこる電気振動の $\dfrac{1}{4}$ 周期なので

$$t_0 = \frac{1}{4} \cdot 2\pi \sqrt{LC} = \frac{\pi}{2} \sqrt{LC}$$

参考　静電容量 C のコンデンサーと自己インダクタンス L のコイルとの間でおこる電気振動の角周波数を ω とする。コンデンサーとコイルにかかる電圧の最大値，流れる電流の

最大値はそれぞれ等しいので，電圧の最大値と電流の最大値をそれぞれ V_0, I_0 とすると

$$V_0 = \frac{1}{\omega C} I_0$$

$$V_0 = \omega L I_0$$

2式より

$$\omega = \frac{1}{\sqrt{LC}}$$

したがって，電気振動の周期 T は

$$T = \frac{2\pi}{\omega} = 2\pi\sqrt{LC}$$

また，周波数 f は

$$f = \frac{\omega}{2\pi} = \frac{1}{2\pi\sqrt{LC}}$$

▶**問 8.** コイルに流れる電流の大きさが最大になりスイッチ S_4 を開いた後は，右図のように，抵抗値 R の抵抗と自己インダクタンス L のコイルとからなる回路で時計回りに流れて減少していく電流を考えればよい。時刻 t_0 から微小時間 Δt について，コイルに生じる誘導起電力は $-L\dfrac{\Delta I}{\Delta t}$ であり，この間の電流は I_0 とみなすことができるので，キルヒホッフの第二法則より

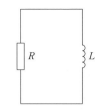

$$-L\frac{\Delta I}{\Delta t} = R I_0 \qquad \therefore \quad \frac{\Delta I}{I_0 \Delta t} = -\frac{R}{L}$$

▶**問 9.** (a)　$t \leqq t_0$ では，コンデンサーの電荷によってコイルに電圧がかかり電流が流れるが，コイルの自己誘導によって電流は急には増加せず，徐々に増加していく。そして，コンデンサーの電荷が0になるとコイルにかかる電圧も0になり，このとき電流の変化が0になるので電流の大きさは最大の I_0 となる。よって，正解は(あ)。

(b)　$t > t_0$ では，時刻 t_0 から微小時間 Δt について，問8より

$$\frac{\Delta I}{I_0 \Delta t} = -\frac{R}{L}$$

が成り立つので，次の微小時間 Δt 後に電流の大きさが $I_0 + \Delta I + \Delta I'$ に変化したとし，この微小時間 Δt について同様に考えると

$$\frac{\Delta I'}{(I_0 + \Delta I)\Delta t} = -\frac{R}{L}$$

が成り立つ。ここで，電流が減少していくことから，$\Delta I < 0$, $\Delta I' < 0$ であることに着目すると

$$\Delta I < \Delta I'$$

が成り立つ。これより，微小時間 Δt での電流の変化，すなわち電流の減少量は小さくなっていることがわかる。したがって，電流はこのように徐々に減少して0になる。よって，正解は(か)。

テーマ

　右図のように，抵抗値 R の抵抗と自己インダクタンス L のコイルとからなる回路で，コイルに流れる電流 i の時間変化について考える。この電流が微小時間 Δt 後に i から Δi だけ変化するとき，コイルに生じる誘導起電力は $-L\dfrac{\Delta i}{\Delta t}$ なので，キルヒホッフの第二法則より

$$-L\frac{\Delta i}{\Delta t}=Ri$$

が成り立つ。この式を変形すると

$$\frac{\Delta i}{i}=-\frac{R}{L}\Delta t$$

となるので，両辺を積分すると

$$\log_e i=-\frac{R}{L}t+C \quad （e：自然対数の底，\ C：定数）$$

となる。これより

$$i=e^{-\frac{R}{L}t+C}=e^C e^{-\frac{R}{L}t}$$

と表され，ここで，時刻 $t=0$ において $i=i_0$ とすると

$$i_0=e^C$$

なので

$$i=i_0 e^{-\frac{R}{L}t}$$

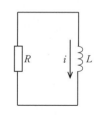

と表される。したがって，コイルに流れる電流 i の時間変化を表すグラフは，右図のようになる。

　本問では，コイルと抵抗とからなる回路での電流の大きさの時間変化を考察する際にこのような計算をする必要はなく，微小時間における電流の大きさの微小変化が減少であることに注意し，その減少幅の時間変化が小さくなっていくことに気づけばグラフの概形がわかる。

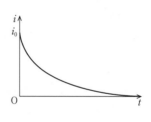

49 抵抗・コンデンサー・コイルが接続された回路での電磁誘導

(2017 年度　第 2 問)

図に示すように，十分に長い 2 本の平行な導体レールが，水平な床と角度 $\theta \left(0<\theta<\frac{\pi}{2}\right)$ で固定されている。2 本のレールが含まれる面も床と角度 θ をなし，その面と垂直な方向に，磁束密度の大きさが B の一様な磁場が，下から上に向かって加えられている。レールの間隔は l であり，一端には抵抗値 R の抵抗，静電容量 C のコンデンサー，自己インダクタンス L のコイルが並列に配置され，各々への接続はスイッチで切り替えられるようになっている。他端は開放されている。スイッチから十分離れた位置に，質量 m の導体棒がレールと直交して，初期状態では固定されている。重力加速度を g とし，レール，回路をつなぐ導線及び導体棒の抵抗は無視できるほど小さいとする。また，導体棒はレールと直交したままレールから離れることはなく，レール上を摩擦なしに動くことができる。レールに沿って下向きを x 軸の正の向きとし，最初に導体棒が静止している位置を $x=0$ とする。以下の問では，スイッチを抵抗，コンデンサー，コイルに入れた 3 つの場合について考える。それぞれの場合で，電流によって作られる磁場の影響は無視できるとする。

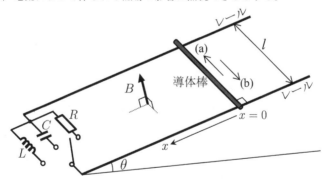

I．スイッチを抵抗側に入れて，導体棒の固定を静かにはずすと，導体棒はレール上を動き始める。導体棒の速さを v とし，導体棒，2 本のレール，抵抗で構成される閉回路に流れる電流を I とする。十分に時間が経過すると，v が一定の速さ v_0 になった。

問1　導体棒に流れる電流の向きは，図中の(a)，(b)いずれの向きか，記号で答えよ。その向きを I の正の向きとしたとき，$v < v_0$ で，導体棒に加わる x 軸と平行方向の力を θ, B, l, m, g, I のうち必要なものを用いて表せ。ただし力の符号は，x 軸の正の向きを正とせよ。

問2　$v < v_0$ のとき，導体棒，2本のレール，抵抗で構成される閉回路に生じた誘導起電力の大きさを θ, B, l, m, g, v のうち必要なものを用いて表せ。

問3　$v < v_0$ のとき，閉回路に流れる電流の大きさを θ, B, l, R, m, g, v のうち必要なものを用いて表せ。

問4　v_0 を θ, B, l, R, m, g のうち必要なものを用いて表せ。

Ⅱ．スイッチをコンデンサー側に入れる場合を考える。コンデンサーに電荷が蓄えられていないことを確認してから，スイッチを入れて，導体棒の固定を静かにはずすと，導体棒は等加速度運動をした。

問5　コンデンサーに流れる電流の大きさは，微小時間 Δt の間にコンデンサーに蓄えられた電荷の大きさ ΔQ を用いて，$\dfrac{\Delta Q}{\Delta t}$ と表せる。Δt の間に導体棒の速さが Δv だけ変化するとき，コンデンサーに流れる電流の大きさを θ, B, l, C, m, g, Δt, Δv のうち必要なものを用いて表せ。

問6　加速度の大きさは $\dfrac{\Delta v}{\Delta t}$ と表せることに注意して，加速度の大きさを θ, B, l, C, m, g のうち必要なものを用いて表せ。

問7　$x = 0$ の位置で導体棒の固定をはずしてから，t だけ時間が経過したときにコンデンサーに蓄えられたエネルギーを θ, B, l, C, m, g, t のうち必要なものを用いて表せ。

Ⅲ．スイッチをコイル側に入れる場合を考える。スイッチを入れて，コイルに流れる電流 I が 0 であることを確認してから，導体棒の固定を静かにはずすと，導体棒はレール上を動き始めた。

問8　微小時間 Δt の間に，導体棒は Δx だけ変位し，その際にコイルに流れる電流は ΔI だけ変化した。このとき，ΔI と Δx の関係を θ, B, l, L, m, g, Δx, ΔI のうち必要なものを用いて表せ。ただし，I の正の向きは問1と同じとする。

問9　$\dfrac{\Delta I}{\Delta x} = \alpha$ （α は定数）と表されるとき，$I = \alpha x + \beta$ （β は定数）となる。この関係式を用いて，導体棒が位置 x にあるときの電流 I を θ, B, l, L, m, g, x の

うち必要なものを用いて表せ。

問10　x軸の正の方向に沿った導体棒の加速度をaとしたとき，導体棒に関する運動方程式を解答欄に合う形で記入せよ。また，この運動の周期を求めよ。ただし解答にはθ，B，l，L，m，g，xのうち必要なものを用いよ。

〔解答欄〕

運動方程式　　$ma = \boxed{}$

解　答

Ⅰ.　▶問1.　レンズの法則より，導体棒に流れる電流の向きは，図中の(a)の向きである。

　導体棒が磁場から受ける力は，フレミングの左手の法則より，向きを考慮すると，x軸の負の向きにIBlである。この力以外に，導体棒に加わるx軸と平行方向の力は，重力の成分である。したがって，導体棒に加わるx軸と平行方向の力（合力）をFとし，力の符号を考慮すると

$$F = mg\sin\theta - IBl$$

参考1　このとき，導体棒にはたらく力は，次の図のようになる。

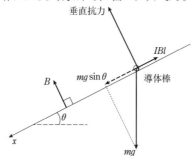

▶問2.　閉回路に生じた誘導起電力の大きさをVとすると，ファラデーの電磁誘導の法則より

$$V = vBl$$

▶問3.　このとき$I>0$なので，閉回路に流れる電流の大きさは，オームの法則より

$$I = \frac{V}{R} = \frac{vBl}{R}$$

▶問4.　導体棒の速さがv_0のとき，導体棒に流れる電流は，問3の結果より

$$I = \frac{v_0Bl}{R}$$

このとき，$F=0$となるので，問1の結果より

$$0 = mg\sin\theta - \frac{v_0Bl}{R}Bl \quad \therefore \quad v_0 = \frac{mgR\sin\theta}{B^2l^2}$$

Ⅱ.　▶問5.　スイッチをコンデンサー側に入れても，導体棒の速さがvのとき，閉回路に生じる誘導起電力の大きさは，$V=vBl$である。

導体棒の速さがvのとき，コンデンサーに蓄えられた電荷の大きさをQとすると

$$Q = CV = CvBl$$

このとき$I>0$なので，コンデンサーに流れる電流の大きさは，微小時間Δtの間の変化に着目すると

$$I = \frac{\Delta Q}{\Delta t} = CBl \frac{\Delta v}{\Delta t}$$

▶問6．導体棒の運動方程式は，題意と問1の結果より

$$m \frac{\Delta v}{\Delta t} = mg \sin \theta - IBl$$

この式と問5の結果より

$$m \frac{\Delta v}{\Delta t} = mg \sin \theta - CBl \frac{\Delta v}{\Delta t} \cdot Bl \qquad \therefore \quad \frac{\Delta v}{\Delta t} = \frac{mg \sin \theta}{m + CB^2 l^2}$$

参考2　問5では，上記の答えが，問題の趣旨に合った正解であろう。しかし，問6で示した導体棒の運動方程式 $m \frac{\Delta v}{\Delta t} = mg \sin \theta - IBl$ を I について解くと

$$I = \frac{1}{Bl} \left(mg \sin \theta - m \frac{\Delta v}{\Delta t} \right)$$

となり，これを問5の答えとしてもよいだろう。この場合，問6で I の式 $I = CBl \frac{\Delta v}{\Delta t}$ を求め，I を消去して整理し，$\frac{\Delta v}{\Delta t}$ を求めなければならない。

▶問7．t だけ時間が経過したときの導体棒の速さは，等加速度直線運動の式より

$$v = \frac{\Delta v}{\Delta t} t$$

導体棒の速さが v のとき，コンデンサーにかかる電圧は，閉回路に生じる誘導起電力の大きさ $V = vBl$ に等しいので，コンデンサーに蓄えられたエネルギーを U とすると

$$U = \frac{1}{2} CV^2 = \frac{C}{2} (vBl)^2 = \frac{C}{2} \left(\frac{\Delta v}{\Delta t} t \cdot Bl \right)^2$$

したがって，問6の結果より

$$U = \frac{C}{2} \left(\frac{mgBl \sin \theta}{m + CB^2 l^2} t \right)^2$$

Ⅲ．▶問8．スイッチをコイル側に入れても，導体棒の速さが v のとき，閉回路に生じる誘導起電力の大きさは，$V = vBl$ である。

微小時間 Δt の間に，導体棒が Δx だけ変位するとき，$v = \frac{\Delta x}{\Delta t}$ と表されるので，閉回路に生じる誘導起電力の大きさは

$$V = vBl = \frac{\Delta x}{\Delta t} Bl$$

このとき，コイルに生じる自己誘導の起電力を V' とし，起電力の生じる向きを考慮すると

$$V' = -L \frac{\Delta I}{\Delta t}$$

閉回路には抵抗がなく，電圧降下は0なので，キルヒホッフの第二法則より

$$V + V' = 0$$

したがって

$$\frac{\Delta x}{\Delta t}Bl - L\frac{\Delta I}{\Delta t} = 0 \qquad \therefore \quad Bl\Delta x = L\Delta I$$

▶問9．題意と問8の結果より

$$\alpha = \frac{\Delta I}{\Delta x} = \frac{Bl}{L}$$

これより

$$I = \frac{Bl}{L}x + \beta$$

ここで，$x=0$ のとき，$I=0$ なので，$\beta=0$ である。したがって

$$I = \frac{Bl}{L}x$$

▶問10．導体棒の運動方程式は，問1の結果より

$$ma = mg\sin\theta - IBl$$

問9の結果より

$$ma = mg\sin\theta - \frac{Bl}{L}x \cdot Bl \qquad \therefore \quad ma = -\frac{B^2l^2}{L}x + mg\sin\theta$$

ここで，運動方程式を整理すると

$$ma = -\frac{B^2l^2}{L}\left(x - \frac{mgL\sin\theta}{B^2l^2}\right) \qquad \therefore \quad a = -\frac{B^2l^2}{mL}\left(x - \frac{mgL\sin\theta}{B^2l^2}\right)$$

加速度がこのように表されるとき，導体棒は $x = \dfrac{mgL\sin\theta}{B^2l^2}$ を振動の中心とする単振動をしている。その単振動の角振動数を ω とすると

$$\omega^2 = \frac{B^2l^2}{mL} \qquad \therefore \quad \omega = \frac{Bl}{\sqrt{mL}}$$

したがって，その周期を T とすると

$$T = \frac{2\pi}{\omega} = 2\pi\frac{\sqrt{mL}}{Bl}$$

テーマ

　右図のように，磁束密度の大きさ B の一様な磁場を
垂直にかけた回路で，長さ l の導体棒 ab が速さ v で
動いている場合について考える。このとき，時間 Δt
の間に閉回路を貫く磁束の増加量を $\Delta\Phi$ とすると

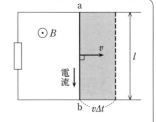

$$\Delta\Phi = Blv\Delta t$$

となる。したがって，閉回路に生じる誘導起電力の大
きさを V とすると，ファラデーの電磁誘導の法則よ
り

$$V = \frac{\Delta\Phi}{\Delta t} = vBl$$

となる。また，誘導起電力の向きは，レンツの法則より，導体棒 ab に a→b 向きに電
流を流そうとする向きである。このとき，導体棒 ab は端 a が負極，端 b が正極の電池
としてはたらく。これらのことは，導体棒 ab 内でローレンツ力を受けて移動する自由
電子に着目しても，説明することができる。このように，閉回路に誘導起電力が生じる
ことは，抵抗の部分にコンデンサーやコイルが接続されている場合でも成り立つ。

　本問では，導体棒に生じる誘導起電力を起電力とする，抵抗，コンデンサー，コイル
に接続された各回路を考察する。このとき，各回路について，誘導起電力とそれぞれの
回路における抵抗の電圧降下，コンデンサーの極板間の電位差，コイルに生じる自己誘
導の起電力との関係に注意し，誘導にしたがって，回路に流れる電流に着目して考察を
進めればよい。

50 レール上を運動するおもりにつながれた導体棒による電磁誘導

（2014年度　第2問）

　電流が磁場（磁界）から受ける力と重力を利用して，質量 M のおもりを引き上げる装置を考えよう。図のように，電気抵抗の無視できる平行な2本の金属製のレール ab，cd から構成された斜面を考える。レールの間隔を l とする。斜面は水平面と角度 $\theta \left(0 < \theta < \dfrac{\pi}{2}\right)$ をなしている。レールの下端 a，c は導線によって，起電力 E の電池と，電気抵抗 r を持つ抵抗体と，スイッチSにつながれている。レールの上には，電気抵抗の無視できる質量 m（$m < M$）の導体棒がレールに直交するようにおかれている。導体棒は，レールに直交したまま，レールから離れることなく，その上を摩擦なく動くことができる。導体棒は，伸び縮みしない質量の無視できる糸で，なめらかに回転できる質量の無視できる滑車を通して，おもりとつながれている。導体棒と滑車の間の糸は，常に斜面と平行に保たれている。

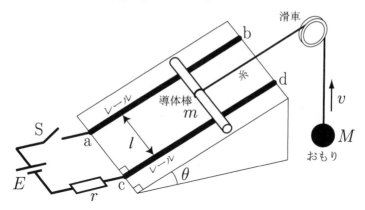

　斜面全体に磁束密度 B の一様な磁場を鉛直方向にかけ，スイッチSを入れたところ，回路に電流が流れ，おもりが上昇しはじめた。電流が流れれば，抵抗体においてジュール熱が発生する。この発熱は，おもりを引き上げるという装置本来の目的には寄与しないため，装置における損失と見なすことができる。この損失を最小にする角度 θ を求めてみよう。

　ただし，回路を流れる電流が作る磁場，レールと導体棒との間の接触抵抗，電池の内部抵抗は，無視できるものとする。また，糸もレールも十分に長く，導体棒がレールの下端 a，c に到達することはない。重力加速度の大きさを g とする。

問1 おもりが上昇するためには，磁場の向きは，鉛直方向の上向き，下向きのどちらであるべきか。

以下の問では，磁場の向きが問1で答えた方向であるとせよ。

問2 スイッチを入れた直後，導体棒に流れる電流の大きさを求めよ。

おもりを引き上げるための必要十分条件は，電池の起電力 E が $E > E_0$ を満たすことである。

問3 E_0 を求めよ。

以下の問では，$E > E_0$ であるとし，おもりの速さを v とする。

問4 回路に発生する誘導起電力の大きさと，導体棒を流れる電流の大きさを，それぞれ求めよ。

問5 斜面に平行な方向についての導体棒の運動方程式を，その方向の加速度を α として表せ。加速度は斜面を下る方向を正とする。

時間が十分に経過したとき，導体棒の速さは一定になった。

問6 その速さを求めよ。

電池の消費電力を P とし，抵抗体において単位時間あたり発生するジュール熱を Q とする。ジュール熱による損失係数 λ を $\dfrac{Q}{P}$ で定義する。

問7 損失係数 λ を v, P, Q を用いずに θ の関数として表せ。

問8 角度 θ を調整し，損失係数 λ を最小にする。そのときの $\sin\theta$ と λ の値を，それぞれ求めよ。なお，必要であれば，θ に関する以下の微分公式を用いてよい。

$$(\sin\theta)' = \cos\theta, \quad (\cos\theta)' = -\sin\theta$$

注意：医学部保健学科（看護学専攻）志願者のみ，問8を解答しなくてよい。

解 答

▶**問1.** おもりが上昇するためには，導体棒にはレールに沿って下向きに力がはたらかなければならない。導体棒に流れる電流の向きを考慮すると，フレミングの左手の法則より，磁場の向きが鉛直方向の上向きのとき，導体棒が磁場から受ける力の成分がレールに沿って下向きである。したがって，磁場の向きは鉛直方向の**上向き**でなければならない。

▶**問2.** スイッチを入れた直後は，回路に発生する誘導起電力の大きさが0である。したがって，スイッチを入れた直後，導体棒に流れる電流の大きさを i_0 とすると，キルヒホッフの第2法則より

$$E = r i_0 \qquad \therefore \quad i_0 = \frac{E}{r}$$

▶**問3.** スイッチを入れた直後，導体棒が磁場から受ける力の大きさを F とすると

$$F = i_0 B l = \frac{EBl}{r}$$

このとき，導体棒とおもりとをつなぐ糸の張力の大きさを T とすると，導体棒とおもりには，下図のように力がはたらく。

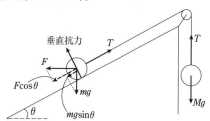

おもりを引き上げるための必要十分条件である $E > E_0$ を満たすためには，$E = E_0$ のとき，導体棒とおもりのそれぞれについて，力のつり合いより，次式が成り立たなければならない。

導体棒：$\dfrac{E_0 Bl}{r} \cos\theta + mg\sin\theta = T$

おもり：$T = Mg$

この2式より，T を消去して E_0 を求めると

$$E_0 = \frac{(M - m\sin\theta)\,gr}{Bl\cos\theta}$$

▶**問4.** 回路に発生する誘導起電力の大きさを V とすると，ファラデーの電磁誘導の法則より

$$V = vBl\cos\theta$$

導体棒を流れる電流の大きさを i とし，レンツの法則を用いて回路に発生する誘導起

電力の向きを考慮すると，キルヒホッフの第2法則より

$$E - V = ri \quad \therefore \quad i = \frac{E-V}{r} = \frac{E - vBl\cos\theta}{r}$$

▶問5．導体棒が磁場から受ける力の大きさを F' とすると

$$F' = iBl = \frac{(E - vBl\cos\theta)\,Bl}{r}$$

導体棒とおもりとをつなぐ糸の張力の大きさを T' とすると，導体棒の運動方程式は次式のように表される（問3の図を参考にする）。

$$m\alpha = F'\cos\theta + mg\sin\theta - T'$$

一方，おもりの運動方程式は

$$M\alpha = T' - Mg \quad \therefore \quad T' = M(\alpha + g)$$

したがって，導体棒の運動方程式は

$$m\alpha = \frac{(E - vBl\cos\theta)\,Bl\cos\theta}{r} + mg\sin\theta - M(\alpha + g)$$

参考1 この設問の場合，解答の T' のように，導体棒とおもりとをつなぐ糸の張力の大きさを定義していれば，これを用いて，導体棒の運動方程式を次のように表してもよいだろう。

$$m\alpha = \frac{(E - vBl\cos\theta)\,Bl\cos\theta}{r} + mg\sin\theta - T'$$

▶問6．導体棒の速さが一定になったとき，$\alpha = 0$ となるので，導体棒の運動方程式より

$$0 = \frac{(E - vBl\cos\theta)\,Bl\cos\theta}{r} + mg\sin\theta - Mg$$

$$\therefore \quad v = \frac{1}{Bl\cos\theta}\left\{ E - \frac{(M - m\sin\theta)\,gr}{Bl\cos\theta} \right\}$$

▶問7．時間が十分経過したときに流れる電流の大きさは，問4と問6の結果より，v を消去すると

$$i = \frac{(M - m\sin\theta)\,g}{Bl\cos\theta}$$

電池の消費電力 P（供給電力のことであると考える）は

$$P = Ei$$

また，抵抗体において単位時間あたりに発生するジュール熱 Q は

$$Q = ri^2$$

したがって，損失係数 λ は

$$\lambda = \frac{Q}{P} = \frac{ri}{E} = \frac{(M - m\sin\theta)\,gr}{EBl\cos\theta}$$

▶問8．λ を θ に関して微分すると

$$\lambda' = \frac{(M - m\sin\theta)\,gr\sin\theta}{EBl\cos^2\theta} - \frac{mgr}{EBl}$$

$\lambda' = 0$ のとき

$$\frac{(M - m\sin\theta)\,gr\sin\theta}{EBl\cos^2\theta} - \frac{mgr}{EBl} = 0 \qquad \therefore \quad \sin\theta = \frac{m}{M}$$

このとき，λ は最小値をとる。したがって

$$\lambda = \frac{(M - m\sin\theta)\,gr}{EBl\sqrt{1 - \sin^2\theta}} = \frac{gr\sqrt{M^2 - m^2}}{EBl}$$

参考2 λ' を整理すると

$$\lambda' = \frac{(M\sin\theta - m)\,gr}{EBl\cos^2\theta} = \frac{\left(\sin\theta - \dfrac{m}{M}\right)Mgr}{EBl\cos^2\theta}$$

となる。θ の範囲は $0 < \theta < \dfrac{\pi}{2}$ なので，$\sin\theta$ の範囲は $0 < \sin\theta < 1$ である。また，$m < M$ なので，$\lambda' = 0$ となるときの $\sin\theta$ の値 $\dfrac{m}{M}$ は $0 < \dfrac{m}{M} < 1$ となり，$\sin\theta$ の範囲内にある。これらより，$\sin\theta$ について場合分けをして考えると，$0 < \sin\theta < \dfrac{m}{M}$ のとき，$\lambda' < 0$ なので λ は減少し，$\dfrac{m}{M} < \sin\theta < 1$ のとき，$\lambda' > 0$ なので λ は増加する。したがって，$\sin\theta = \dfrac{m}{M}$ のとき，λ は最小値をとることがわかる。

右図のように，鉛直上向きに磁束密度の大きさ B の一様な磁場がかけられた水平面内で，起電力 E の電池と抵抗値 r の抵抗が，距離 l だけ隔てた平行な2本の金属レールに接続されている。このレールに直交するように置かれた質量 m の導体棒が，レールに直交したままレール上を摩擦なく

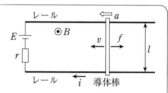

動き，左向きに速さ v になったときについて考える。このとき，導体棒には，右向きに大きさ f の外力がはたらいているものとする。導体棒に生じる誘導起電力の大きさ V は，ファラデーの電磁誘導の法則より

$$V = vBl$$

であり，レンツの法則を用いてその向きを考慮すると，回路に流れる電流の強さ i は，キルヒホッフの第2法則より

$$E - V = ri \qquad \therefore \quad i = \frac{E - V}{r} = \frac{E - vBl}{r}$$

となる。したがって，導体棒が磁場から受ける力は，フレミングの左手の法則より左向きであり，その大きさ F は

$$F = iBl = \frac{(E - vBl)\,Bl}{r}$$

である。これより，導体棒の左向きの加速度を a として運動方程式を立てると

$$ma = F - f = \frac{(E - vBl)\,Bl}{r} - f$$

となり，v が一定になるとき $a = 0$，すなわち $f = \dfrac{(E - vBl)\,Bl}{r}$ であり，このとき

$$v = \frac{1}{Bl}\Big(E - \frac{fr}{Bl}\Big)$$

になる。

本問では，レールが傾いていたり，導体棒が滑車を通して糸でおもりにつながれているなど条件が増えるが，前述の基本的な考え方を基に考察すればよい。

51 コイルを含む直流回路と電気振動

(2013 年度　第 2 問)

　直流電源にコイルとコンデンサーとスイッチが接続された図1のような電気回路を考える。コイルの自己インダクタンスを L，単位長さ当たりの巻き数を n とし，コイルに流れる電流は a の矢印の向きを正とする。直流電源の電圧は V，コンデンサーの静電容量は C であり，電源には抵抗値 r の内部抵抗がある。

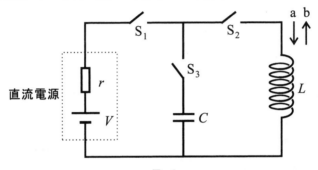

図　1

　I，IIの最初の状態ではともに，スイッチ S_1，S_2，S_3 は全て開いており，電気回路に電流は流れておらず，コンデンサーに電荷はなかった。以下の空欄 [　　] に入れるべき適切な式を，解答欄に記入せよ。ただし，(7)，(13)では，{ } から正しいものを1つ選択し，(16)，(17)では正しいものを全て選択し，解答欄に記入せよ。

I．最初の状態からスイッチ S_1 と S_2 を閉じると，コイルに電流が流れる。十分短い時間 Δt の間に電流が ΔI だけ変化した。この時，コイルに生ずる誘導起電力の大きさは，L，ΔI，Δt を用いると [(1)] と表せる。

　その後，十分時間が経過すると，電流の大きさは一定になった。この時，コイルに流れる電流の大きさは [(2)] であり，コイルで生じる磁場の強さ H_1 は，n，V，r を用いると [(3)] である。

II．最初の状態からスイッチ S_1 と S_3 を閉じると，コンデンサーに電荷が蓄えられはじめる。十分時間が経過した後に，コンデンサーに蓄えられる電荷量は [(4)] であり，静電エネルギーは [(5)] である。

　次に，S_1 を開いて S_2 を閉じると，コンデンサーが放電し始め，コイルに電流が図1の a の矢印の向きに流れ始める。S_2 を閉じた直後の短い時間 Δt における電流の変化率 $\dfrac{\Delta I}{\Delta t}$ は [(6)] である。コンデンサーの電荷がゼロになる時，コイルには

(7){a, b} の矢印の向きに電流が流れており，コンデンサーは，S_2 を閉じる前と正負が逆に充電されはじめる。しばらくすると再び放電が始まる。このように充電と放電が繰り返される結果，コンデンサーとコイルの間には振動電流が流れつづける。この振動電流の角周波数を ω とする。この ω を用いると，コンデンサーのリアクタンスは (8) であり，コイルのリアクタンスは (9) である。コンデンサーおよびコイルにかかる電圧の最大値は V なので，振動電流の最大値は，V，C，ω を用いると (10) であり，V，L，ω を用いると (11) と表せる。コイルとコンデンサーに流れる振動電流の最大値は等しいので，ω は (12) と求められる。S_2 を閉じた時点からのコイルに流れる電流 I の時間変化は，図 2 の (13){(a), (b), (c), (d)} である。コンデンサーとコイルに蓄えられるエネルギーの和は一定なので，コイルで発生する磁場の強さの最大値 H_2 は，n，V，C，L を用いると (14) である。

　次に，強い磁場を発生させることを考えよう。コイルの長さと断面積をそれぞれ l と A とする。コイルの半径に比べて l は十分に大きいので，コイル内部には一様な磁場ができている。真空の透磁率を μ_0 とし，n，l，A，μ_0 を用いると，コイルの自己インダクタンス L は，(15) である。一方，コンデンサーは平行平板コンデンサーであり，その極板の間隔と面積はそれぞれ d と W である。また，真空の誘電率を ε_0 とする。磁場の強さ H_2 を大きくするには，(16){n, l, A, d, W} の値を小さくし，(17){n, l, A, d, W} の値を大きくすればよい。

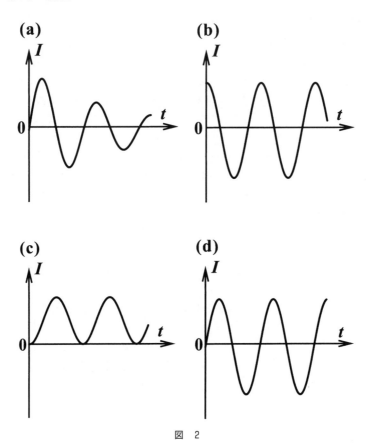

図　2

解　答

Ⅰ．▶(1)　このとき，$\Delta I>0$ なので，コイルに生じる誘導起電力の大きさ V' は

$$V'=L\frac{\Delta I}{\Delta t}$$

▶(2)　十分時間が経過し，電流の大きさが一定になると，$V'=0$ なので，このときの電流の大きさを I_1 とすると，キルヒホッフの第2法則より

$$V=rI_1$$

$$\therefore\quad I_1=\frac{V}{r}$$

▶(3)　コイルに生じる磁場の強さ H_1 は

$$H_1=nI_1=\frac{nV}{r}$$

Ⅱ．▶(4)・(5)　十分時間が経過すると，コンデンサーに流れ込む電流が0となり，コンデンサーの極板間の電位差が V となるので，コンデンサーに蓄えられる電気量 Q は

$$Q=CV$$

また，コンデンサーに蓄えられる静電エネルギー U は

$$U=\frac{1}{2}CV^2$$

▶(6)　S_2 を閉じた直後，コイルに生じる誘導起電力の大きさは V なので

$$V=L\frac{\Delta I}{\Delta t}$$

$$\therefore\quad \frac{\Delta I}{\Delta t}=\frac{V}{L}$$

参考1　コンデンサーの極板間の電位差を V_C，コイルに生じる誘導起電力を V_L とすると，この回路の抵抗が0なので，キルヒホッフの第2法則より

$$V_C+V_L=0$$

また，V_L は

$$V_L=-L\frac{\Delta I}{\Delta t}$$

と表されるので，この2式より

$$V_C=L\frac{\Delta I}{\Delta t}$$

S_2 を閉じた直後，$V_C=V$ なので

$$V=L\frac{\Delta I}{\Delta t}$$

となり，解答が確認できる。

▶(7)　コンデンサーの電荷がはじめて0になるとき，すなわち極板間の電位差がはじ

めて0になるとき，コイルにはaの矢印の向きに，最大の電流が流れている。

参考2 S_2を閉じたときからの，コンデンサーの極板間の電位差とコイルに流れる電流の時間変化は，右図のようになる。ただし，電位差はコンデンサーの上側の極板が正に帯電しているとき，電流はコイルにaの矢印の向きに流れているときを正としている。

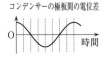

コンデンサーの極板間の電位差

コイルに流れる電流

▶(8)・(9)　角周波数がωの振動電流が流れるコンデンサーのリアクタンスは$\dfrac{1}{\omega C}$であり，コイルのリアクタンスはωLである。

▶(10)・(11)　振動電流の最大値をI_2とすると，オームの法則と同様の関係式として，次式が成り立つ。

$$V=\frac{1}{\omega C}I_2, \quad V=\omega L I_2$$

したがって

$$I_2=\omega C V, \quad I_2=\frac{V}{\omega L}$$

▶(12)　(10)，(11)より

$$\omega C V=\frac{V}{\omega L}$$

$$\therefore \quad \omega=\frac{1}{\sqrt{LC}}$$

▶(13)　S_2を閉じた瞬間の電流は0であり，その後，コンデンサーとコイルの間に，一定の周期で向きや強さの変化する振動電流が流れる。また，この回路の抵抗が0なので，ジュール熱の発生による電気エネルギーの損失はなく，振動電流の減衰もない。よって，正解は(d)。

▶(14)　コンデンサーとコイルに蓄えられるエネルギーの保存より

$$\frac{1}{2}CV^2=\frac{1}{2}LI_2{}^2$$

$$\therefore \quad I_2=V\sqrt{\frac{C}{L}}$$

したがって，コイルに生じる磁場の強さの最大値H_2は

$$H_2=nI_2=nV\sqrt{\frac{C}{L}}$$

参考3 I_2については，次のように求めてもよい。(10)〜(12)より

$$I_2=\omega C V=\frac{CV}{\sqrt{LC}}=V\sqrt{\frac{C}{L}}$$

$$I_2 = \frac{V}{\omega L} = \frac{\sqrt{LC}\,V}{L} = V\sqrt{\frac{C}{L}}$$

▶(15) コイルに電流 I が流れているとき，コイルの内部に生じる磁場の強さ H は

$$H = nI$$

と表されるので，コイルの内部の磁束密度 B は

$$B = \mu_0 H = \mu_0 nI$$

と表され，コイルを貫く磁束 Φ は

$$\Phi = BA = \mu_0 nAI$$

と表される。これより，コイルに流れる電流が時間 Δt の間に ΔI だけ変化したときの，コイルを貫く磁束の変化 $\Delta\Phi$ は

$$\Delta\Phi = \mu_0 nA\Delta I$$

と表されるので，ファラデーの電磁誘導の法則より，このときコイルに生じる誘導起電力 v は

$$v = -nl\frac{\Delta\Phi}{\Delta t} = -\mu_0 n^2 lA\frac{\Delta I}{\Delta t}$$

と表される。一方，コイルの自己インダクタンス L を用いると，v は

$$v = -L\frac{\Delta I}{\Delta t}$$

と表されるので，この2式より

$$L = \mu_0 n^2 lA$$

▶(16)・(17) コンデンサーの電気容量 C は

$$C = \varepsilon_0\frac{W}{d}$$

と表されるので，これと(15)の結果を，(14)の結果に代入すると

$$H_2 = nV\sqrt{\frac{\varepsilon_0\dfrac{W}{d}}{\mu_0 n^2 lA}} = V\sqrt{\frac{\varepsilon_0 W}{\mu_0 lAd}}$$

したがって，H_2 を大きくするには，l, A, d の値を小さくし，W の値を大きくすればよいことがわかる。

テーマ

　充電したコンデンサーをコイルに接続した回路では，回路の抵抗が無視できる場合，コイルの自己誘導に伴うコンデンサーの充放電の繰り返しによって，コンデンサーとコイルとの間に，一定の周期で向きや強さが変化する振動電流が流れる。このような現象を電気振動という。この回路では，コンデンサーとコイルに流れる電流が等しく，コンデンサーの極板間の電位差の大きさとコイルに生じる誘導起電力の大きさも等しい。

　コンデンサーの電気容量を C，コイルの自己インダクタンスを L とし，この電気振動の角周波数を ω とすると，コンデンサー，およびコイルにかかる電圧の最大値 V と振動電流の最大値 I との間には，次式が成り立つ。

$$V=\frac{1}{\omega C}I, \quad V=\omega LI$$

このことから，ω は次式のように表される。

$$\omega=\frac{1}{\sqrt{LC}}$$

したがって，電気振動の周波数 f は次式のように表される。

$$f=\frac{\omega}{2\pi}=\frac{1}{2\pi\sqrt{LC}}$$

この周波数 f を，回路の固有周波数という。

　また，電気振動では，コンデンサーに蓄えられるエネルギーとコイルに蓄えられるエネルギーとの和，すなわち回路に蓄えられる電気エネルギーが一定に保たれているので，ある瞬間におけるコンデンサーの極板間の電圧を v，コイルに流れる電流を i とすると，次式が成り立つ。

$$\frac{1}{2}CV^2=\frac{1}{2}Cv^2+\frac{1}{2}Li^2=\frac{1}{2}LI^2$$

52 コンデンサーの充電における過渡現象と電気振動

(2011年度 第2問)

電池を用いて、その電圧より高い電圧を発生する回路を考案しよう。この回路では、まず並列に接続した2個のコンデンサーを電池から充電した後に、これらを直列につなぎかえる。次に、コイルの誘導起電力を利用することにより、電池より高い電圧を発生することができる。次の文章の［　　　］に適切な式を、指定されたなかから必要なものを使って、解答欄に記入せよ。ただし、(3)については、適切なものを選択し、その記号を解答欄に記入せよ。

I. 図1の回路を考えよう。この回路では、起電力 V_0 の電池 V_0、抵抗値 R の抵抗 R、静電容量 C_1 の2個のコンデンサー C_1、静電容量 C_2 のコンデンサー C_2、自己インダクタンス L のコイル L が接続されている。点 E を電位の基準とし、この基準点に対する点 B、F、G の電位をそれぞれ V_B、V_F、V_G とする。スイッチ S_1 は電池の接続を開閉する。2個のスイッチ S_2 により、2個のコンデンサー C_1 は並列接続か直列接続かに切りかえることができる。

はじめ、スイッチ S_1 は開いていて、全てのコンデンサーにたくわえられている電気量は0である。2個のスイッチ S_2 は両方とも c-a 間をつなぐ位置にあるので、2個のコンデンサー C_1 は並列に接続されている。

まず、スイッチ S_1 を閉じて、電池を接続する。時間がたつにつれ、2個のコンデンサー C_1 は充電される。充電の途中で、2個のコンデンサー C_1 それぞれに電気量 Q がたくわえられた瞬間を考える。このとき、$V_B = \dfrac{Q}{C_1}$ に留意して、キルヒホッフの法則から、抵抗Rを流れる電流は、V_0、R、Q、C_1 を用いて、［　(1)　］のように表される。ただし、抵抗Rを流れる電流の向きは、AからBに流れる方向を正とする。この電流はコンデンサーにたくわえられる電気量を増加させるので、V_B は上昇する。微小時間 Δt の間に、V_B が $\dfrac{Q}{C_1}$ から $\dfrac{Q}{C_1} + \Delta V_B$ まで変化するとき、

V_B の変化率 $\dfrac{\Delta V_B}{\Delta t}$ は、V_0、R、Q、C_1 を用いて、［　(2)　］と表される。ただし、微小時間 Δt の間、電流は一定と見なすことができるものとする。これらを考慮すると、V_B の時間変化は、図2の［　(3)　[a], [b], [c]　］のようになる。充分に時間がたつと、$V_B = V_0$ となり、2個のコンデンサー C_1 には、1個あたり $C_1 V_0$ の電気量がたくわえられる。このように充電が完了した後、スイッチ S_1 を開く。

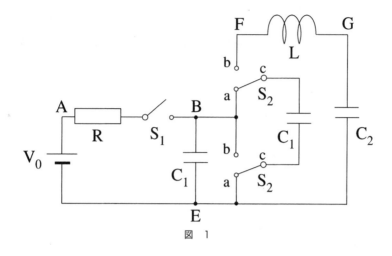

図 1

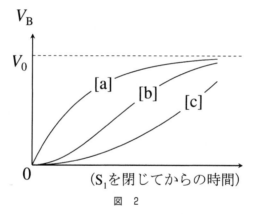

図 2

II. 次に，**図3**のように，2個のスイッチ S_2 を同時に切りかえ c–b 間をつなぐと，2個のコンデンサー C_1 は直列に接続され，$V_F = 2V_0$ となる。2個のコンデンサー C_1 にたくわえられていた電気量はコイル L を通してコンデンサー C_2 に移動するが，回路にたくわえられている電気エネルギーは一定に保たれるので，コンデンサーが失う電気エネルギーはコイルにたくわえられる。すなわち，電気エネルギーはコンデンサーとコイルの間で行き来し，それにともなってコイル L を流れる電流 I は，経過時間 t とともに**図4**のように振動する。ただし，2個のスイッチ S_2 を c–b 間をつなぐ位置に切りかえた時刻を $t=0$ とする。また，電流 I の向きは，F から G へ流れる方向を正とする。ここでは，この振動の様子を，**図4**を見ながら考察しよう。

時刻 $t=0$ には電流 I は 0 で，その後しだいに増加する。微小時間 Δt の間に，電流 I が 0 から ΔI まで変化するとき，I の変化率 $\dfrac{\Delta I}{\Delta t}$ は，V_0，L を用いて，$\dfrac{\Delta I}{\Delta t}$ = (4) と表される。ただし，$V_\mathrm{F}=2V_0$ に留意し，微小時間 Δt の間，コイルの誘導起電力は一定と見なすことができるものとする。

一方，この電流により，2 個のコンデンサー C_1 にたくわえられた電気量はコンデンサー C_2 に移動する。これにともなって，V_F は $2V_0$ から下降し，V_G は 0 から上昇して行き，時刻 $t=t_1$ に V_F と V_G は等しくなった。この時の V_G を V_1 とすると，時刻 $t=0$ から $t=t_1$ までにコンデンサー C_2 に流れてきた電気量 C_2V_1 に留意して，V_1 は，C_1，C_2，V_0 を用いて，$V_1=$ (5) と得られる。このとき，$V_\mathrm{G}=V_\mathrm{F}$ なので誘導起電力は 0 で，したがって電流の変化率も 0 であり，電流 I は最大値 I_max となった。$V_\mathrm{G}=V_\mathrm{F}=V_1$ のとき，コンデンサーにたくわえられている全電気エネルギーは，C_1，C_2，V_1 を用いて (6) となる。コイルにたくわえられる電気エネルギーが $\dfrac{1}{2}LI^2$ であることと，電気エネルギーが保存することから，最大電流 I_max は，C_1，C_2，L，V_0 を用いて，$I_\mathrm{max}=$ (7) と求められる。

このように時刻 $t=t_1$ には電流 I は最大であるから，コンデンサー C_2 の充電は，この時点ではまだ止まらず，この後も V_G は V_1 を超えて上昇し続ける。一方，電流 I はしだいに減少し，時刻 $t=t_2$ で 0 にもどった。このとき，コンデンサー間の電気量の移動はなくなり，V_G は最大となる。この V_G の最大値を V_2 とすると，時

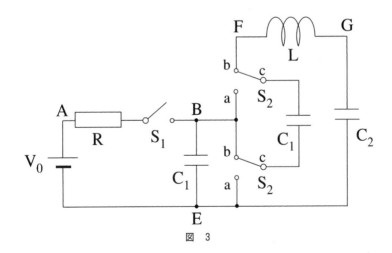

図　3

刻 $t=0$ から $t=t_2$ までにコンデンサー C_2 に流れてきた電気量 C_2V_2 に留意して，時刻 $t=t_2$ でコンデンサー C_1 1 個あたりにたくわえられる電気量は，V_0，V_2，C_1，C_2 を用いて $\boxed{(8)}$ である。電気エネルギーの保存則から，V_2 は，C_1，C_2，V_0 を用いて，$V_2 = \boxed{(9)}$ と得られる。この時刻で，スイッチ S_2 を c-a 間をつなぐ位置に切りかえてコンデンサー C_2 を切り離せば，V_G は最大値 V_2 を保持する。この場合，C_2 が C_1 よりも充分小さい条件では，$V_G \fallingdotseq 4V_0$ が得られることがわかる。

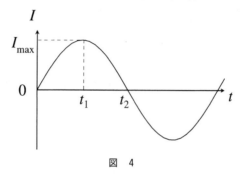

図　4

解 答

Ⅰ．このとき，回路は右図のようになっている。

▶(1) 抵抗RをA→Bの向きに流れる電流をiとすると，キルヒホッフの第2法則より

$$V_0 = Ri + \frac{Q}{C_1} \qquad \therefore \quad i = \frac{1}{R}\left(V_0 - \frac{Q}{C_1}\right)$$

▶(2) 微小時間Δtの間，電流は一定とみなすことができるので，並列に接続されている2個のコンデンサーC_1の一方に流れる電流は，点Bにおけるキルヒホッフの第1法則より，$\frac{1}{2}i$である。したがって，2個のコンデンサーC_1の一方に蓄えられる電気量の微小時間Δtの間での増加量に着目すると

$$\frac{1}{2}i\Delta t = C_1 \Delta V_B$$

$$\therefore \quad \frac{\Delta V_B}{\Delta t} = \frac{i}{2C_1} = \frac{1}{2C_1 R}\left(V_0 - \frac{Q}{C_1}\right) \quad \left(\because \text{ (1)より, } i = \frac{1}{R}\left(V_0 - \frac{Q}{C_1}\right)\right)$$

▶(3) V_Bは時間の経過とともに$0 \to V_0$に単調に増加するので，Qも時間の経過とともに$0 \to C_1 V_0$に単調に増加する。したがって，V_Bの変化率$\frac{\Delta V_B}{\Delta t}$，すなわち$V_B$-$t$グラフの傾きは，(2)より，時間の経過とともに$\frac{V_0}{2C_1 R} \to 0$に，単調に減少する。これらのことから，$V_B$の時間変化を表すグラフは，図2の[a]のようになることがわかる。

Ⅱ．このとき，回路は右図のようになっている。

▶(4) コイルには電流の変化を妨げる誘導起電力$-L\frac{\Delta I}{\Delta t}$が生じ，微小時間$\Delta t$の間，コイルのこの誘導起電力は一定とみなすことができるので，キルヒホッフの第2法則より

$$2V_0 + \left(-L\frac{\Delta I}{\Delta t}\right) = 0 \qquad \therefore \quad \frac{\Delta I}{\Delta t} = \frac{2V_0}{L}$$

▶(5) 直列に接続されている2個のコンデンサーC_1の極板間の電位差はともに$\frac{1}{2}V_1$になっているので，この2個のうち，上側のコンデンサーC_1に着目すると，このコンデンサーC_1の上側の極板からコンデンサーC_2の上側の極板に移動した電気量は$C_1\left(V_0 - \frac{1}{2}V_1\right)$と表される。また，コンデンサー$C_2$に着目すると，前述のコンデンサー$C_1$の上側の極板からコンデンサー$C_2$の上側の極板に移動した電気量は$C_2 V_1$と表されるので

$$C_1\left(V_0 - \frac{1}{2}V_1\right) = C_2 V_1 \qquad \therefore \quad V_1 = \frac{2C_1}{C_1 + 2C_2} V_0$$

参考1 直列に接続されている2個のコンデンサー C_1 のうち，上側のコンデンサー C_1 の上側の極板と，コンデンサー C_2 の上側の極板との間で電荷が保存されているので（電気量保存則），次のように立式して V_1 を求めてもよい。

$$C_1 V_0 + 0 = C_1 \cdot \frac{1}{2} V_1 + C_2 V_1$$

▶(6)　2個のコンデンサー C_1 とコンデンサー C_2 とに蓄えられているエネルギーの和，すなわちコンデンサーに蓄えられている全電気エネルギーは

$$\frac{1}{2} C_1 \left(\frac{1}{2} V_1\right)^2 \times 2 + \frac{1}{2} C_2 V_1{}^2 = \frac{C_1 + 2C_2}{4} V_1{}^2$$

▶(7)　はじめ，2個のコンデンサー C_1 に蓄えられていたエネルギーの和は

$$\frac{1}{2} C_1 V_0{}^2 \times 2 = C_1 V_0{}^2$$

したがって，エネルギー保存則と(6)より

$$C_1 V_0{}^2 = \frac{1}{2} L I_{\max}{}^2 + \frac{C_1 + 2C_2}{4} V_1{}^2$$

$$\therefore \quad I_{\max} = 2V_0 \sqrt{\frac{C_1 C_2}{L(C_1 + 2C_2)}} \quad \left(\because \quad (5) \text{より，} \quad V_1 = \frac{2C_1}{C_1 + 2C_2} V_0\right)$$

▶(8)　はじめ，直列に接続されている2個のコンデンサー C_1 に蓄えられていた電気量は，ともに $C_1 V_0$ である。この2個のうち，上側のコンデンサー C_1 に着目すると，時刻 $t=0$ から $t=t_2$ までにこのコンデンサー C_1 の上側の極板からコンデンサー C_2 の上側の極板に移動した電気量が $C_2 V_2$ なので，時刻 $t=t_2$ でコンデンサー C_1 1個あたりに蓄えられる電気量を q とすると

$$q = |C_1 V_0 - C_2 V_2|$$

なお，ここで $C_1 V_0$ と $C_2 V_2$ との大小関係が不明であり，$q > 0$ なので，答えには絶対値記号を付す必要がある。

参考2 (5)の〔参考1〕と同様に考えて立式し，q を求めてもよい。

▶(9)　時刻 $t=t_2$ で $I=0$ なので，このときコイルに蓄えられるエネルギーは0である。したがって，エネルギー保存則と(7)・(8)より

$$C_1 V_0{}^2 = \frac{1}{2} \cdot \frac{q^2}{C_1} \times 2 + \frac{1}{2} C_2 V_2{}^2 \qquad \therefore \quad V_2 = \frac{4C_1}{C_1 + 2C_2} V_0$$

　右図のような，回路の抵抗を無視できる LC 回路において，はじめにコンデンサーに電荷が蓄えられている場合や，コイルに電流が流れている場合には，回路に流れる電流が周期的に向きを変えて変化する電気振動がおこる。この電気振動では，エネルギー保存則により，回路に蓄えられる電気エネルギー，すなわちコンデンサーに蓄えられるエネルギーとコイルに蓄えられるエネルギーとの和が一定に保たれる。したがって，コンデンサーの電気容量を C，コイルの自己インダクタンスを L とし，任意の瞬間におけるコンデンサーの極板間の電位差を V，コイルに流れる電流を I とすると，次式が成り立つ。

$$\frac{1}{2}CV^2+\frac{1}{2}LI^2=\text{一定}$$

　本問では，少し複雑な回路での，平素扱ったことのないような電気振動が題材となっている。しかし，丁寧な誘導がなされているので，これに従って，コンデンサー間での電荷の移動と，回路に蓄えられる電気エネルギーの保存とに着目して考察すればよい。

53 自己誘導・相互誘導とコイルを含む回路

(2009年度　第2問)

ロの字型の鉄心に導線を巻き付けたコイルに関して考察しよう。

I．図1に示すような電気回路を考える。コイル1は鉄心に導線を n_1 回巻き付けて製作されている。コイル1の内部抵抗を r として，図1の電気回路ではわかりやすいようにコイル1のとなりに分けて描いてある。電池の起電力を E，コイル1と並列に接続した抵抗の抵抗値を R とする。

　　磁束が鉄心の外に漏れることはないとする。この場合，鉄心中をつらぬく磁束は鉄心に巻かれたすべてのコイルからの寄与の総和となる。磁場（磁界）は図1の矢印の向きを正とする。また，正の向きに磁場を発生させるためにコイルに流す電流の向きを正とする。

　　図1と同じ鉄心にコイルを1回だけ巻いて電流 I_0 を流すと，鉄心中に $L_0 I_0$ の磁束が生じた。ここで，L_0 はこの1巻きコイルの自己インダクタンスである。また，鉄心中の磁束が Δt の間に $\Delta \Phi$ だけ変化したときに，この1巻きコイルに生じる誘導起電力は $-\dfrac{\Delta \Phi}{\Delta t}$ であった。

　　電池の内部抵抗は無視できるとして，以下の問に答えよ。

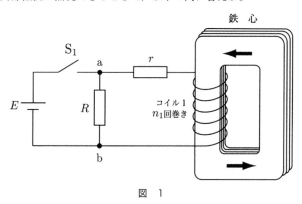

図　1

問1　コイル1に電流 I_1 を流したときに鉄心中に生じる磁束を，L_0, n_1, I_1 を用いて表せ。

問2　コイル1の自己インダクタンスを，L_0, n_1 を用いて表せ。

問3　最初スイッチ S_1 を開いておき，時刻 T_0 で S_1 を閉じた。S_1 を閉じた直後に

コイル1に生じる誘導起電力を，E，r，R，L_0，n_1 のうち必要なものを用いて表せ。

問4 時刻 T_0 から十分時間が経過した後に鉄心中をつらぬいている磁束を，E，r，R，L_0，n_1 のうち必要なものを用いて表せ。

問5 時刻 T_0 から十分時間が経過した時刻 T_1 に S_1 を再び開いた。S_1 を開いた直後の，図中 b を基準にした a の電位を，E，r，R，L_0，n_1 のうち必要なものを用いて表せ。

問6 図中 b を基準にした a の電位の時間変化のおおよそのようすを描け。ただし $R = 3r$ とせよ。解答用紙のグラフの横軸にはあらかじめ時刻 T_0 と T_1 を示してある。また，時刻 T_2 は十分大きく，この時刻では電圧はほぼ一定値に落ち着いているとせよ。

〔解答欄〕

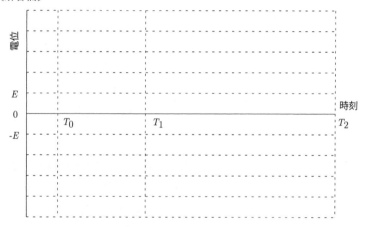

II．次に図2に示すように，図1の回路に加えて鉄心に導線を n_2 回巻き付けたコイル2と電流計，スイッチ S_2 を接続した。コイル2の導線や電流計の内部抵抗は無視できるほど小さいので以下ではゼロとする。以下の文章中の空欄に，各空欄中に指示した記号の中から必要なものを用いた適切な数式または数字を書き入れよ。

　コイル1の電流が時間 Δt の間に ΔI_1 だけ変化すると，それにともなって鉄心中の磁束が時間変化するためコイル2には誘導起電力 (7) $[L_0,\ n_1,\ n_2,\ \Delta I_1,\ \Delta t]$ が発生する。

　ところで，鉄心中をつらぬく磁束は鉄心に巻かれたすべてのコイルからの寄与の総和なので，コイル1に流れる電流 I_1 とコイル2に流れる電流 I_2 がともに変化する場合には，鉄心中の全磁束の変化量 $\Delta\Phi$ はコイル1に流れる電流 I_1 の変化によ

る磁束の変化量とコイル2に流れる電流 I_2 の変化 (ΔI_2) による磁束の変化量の和となる。このことから，コイル1に流れる電流 I_1 とコイル2に流れる電流 I_2 がともに変化する場合にコイル2に生じる誘導起電力は，$\boxed{(8)\ [L_0,\ n_1,\ n_2,\ \Delta I_1,\ \Delta I_2,\ \Delta t]}$ と表すことができる。同様にして，ΔI_1 と ΔI_2 によってコイル1に生じる誘導起電力は，$\boxed{(9)\ [L_0,\ n_1,\ n_2,\ \Delta I_1,\ \Delta I_2,\ \Delta t]}$ と表すことができる。

　さてここで，スイッチ S_2 を閉じた状態を考察してみよう。コイル2の回路の抵抗はゼロなので，キルヒホッフの第2法則よりコイル2に生じる誘導起電力はゼロでなければならない。このことと，式(8)，(9)を用いると，コイル1の誘導起電力は $\boxed{(10)\ [L_0,\ n_1,\ n_2,\ \Delta I_1,\ \Delta t]}$ となる。このときの磁束の変化は，
$\Delta \Phi = \boxed{(11)\ [L_0,\ n_1,\ n_2,\ \Delta I_1]}$ となっている。

　したがって，スイッチ S_2 を閉じた状態で，最初開いていたスイッチ S_1 を閉じた直後にコイル1に流れる電流は，$I_1 = \boxed{(12)\ [E,\ r,\ R,\ L_0,\ n_1,\ n_2]}$ となる。このとき，コイル2を流れる電流を電流計で測定すると，$I_2 = \boxed{(13)\ [n_1,\ n_2]} \times I_1$ となっている。ただし，スイッチ S_1 を閉じる直前のコイル2には電流は流れていなかったとする。

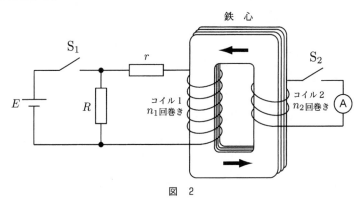

図　2

解 答

I. ▶問1. コイル1の1巻き当たりによって鉄心中に生じる磁束は $L_0 I_1$ なので，コイル1によって鉄心中に生じる磁束 Φ は

$$\Phi = L_0 I_1 \times n_1 = n_1 L_0 I_1$$

▶問2. 時間 Δt の間にコイル1に流れる電流が ΔI だけ変化するとき，鉄心中に生じる磁束の変化量 $\Delta\Phi$ は

$$\Delta\Phi = n_1 L_0 \Delta I$$

これより，このときコイル1に生じる誘導起電力を V とすると

$$V = -n_1 \frac{\Delta\Phi}{\Delta t} = -n_1{}^2 L_0 \frac{\Delta I}{\Delta t}$$

また，コイル1の自己インダクタンスを L_1 とすると

$$V = -L_1 \frac{\Delta I}{\Delta t} \qquad \therefore \quad L_1 = n_1{}^2 L_0$$

▶問3. スイッチ S_1 を閉じた直後は，コイル1に生じる誘導起電力によって，コイル1には電流が流れない。したがって，コイル1に生じる誘導起電力を V_1 とすると，キルヒホッフの第2法則より

$$E + V_1 = r \times 0 \qquad \therefore \quad V_1 = -E$$

▶問4. 時刻 T_0 から十分時間が経過すると，コイル1に生じる誘導起電力は0になる。このとき，コイル1に流れる電流 $I_1{}'$ は，キルヒホッフの第2法則より

$$E + 0 = rI_1{}' \qquad \therefore \quad I_1{}' = \frac{E}{r}$$

したがって，このときに鉄心中を貫いている磁束 Φ_1 は

$$\Phi_1 = n_1 L_0 I_1{}' = n_1 L_0 \frac{E}{r}$$

▶問5. スイッチ S_1 を開いた直後は，コイル1には誘導起電力によって S_1 を開く直前と同じ $\frac{E}{r}$ の電流が流れる。したがって，このとき抵抗値 R の抵抗にも $\frac{E}{r}$ の電流が b→a の向きに流れるので，bを基準としたaの電位 v は

$$v = -R \times \frac{E}{r} = -\frac{R}{r} E$$

▶問6. 抵抗値 R の抵抗にかかる電圧に着目して，時刻 T における b を基準とした a の電位 v について考察する。

$0 \leqq T < T_0$ のとき ：スイッチ S_1 が開いているので $v = 0$ である。

$T_0 \leqq T < T_1$ のとき：S_1 が閉じられており，抵抗値 R の抵抗には一定の電流が流れるので $v = E$ で一定である。

$T = T_1$ のとき ：S_1 が開かれるが，コイル1に生じる誘導起電力によって，抵

抗値 R の抵抗に電流が流れるので，問5の結果より

$$v = -\frac{3r}{r}E = -3E$$

となる。

$T > T_1$ のとき　　：コイル1に生じる誘導起電力が徐々に減少し0になることか
　　　　　　　　　　ら，抵抗値 R の抵抗に流れる電流も徐々に減少し0になる。
　　　　　　　　　　したがって，v も徐々に0に近づき，最終的に $v = 0$ となる。

以上のことから，求めるグラフは下図のようになる。

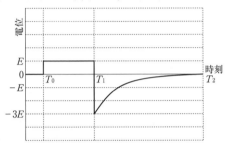

Ⅱ. ▶(7)　コイル1に流れる電流の変化 ΔI_1 に伴う鉄心中の磁束の変化量 $\Delta \Phi_1$ は

$$\Delta \Phi_1 = n_1 L_0 \Delta I_1$$

これより，このときコイル2に生じる誘導起電力 V_2 は

$$V_2 = -n_2 \frac{\Delta \Phi_1}{\Delta t} = -\boldsymbol{n_1 n_2 L_0 \frac{\Delta I_1}{\Delta t}}$$

▶(8)　コイル1に流れる電流の変化 ΔI_1 とコイル2に流れる電流の変化 ΔI_2 とに伴う
鉄心中の全磁束の変化量 $\Delta \Phi$ は

$$\Delta \Phi = n_1 L_0 \Delta I_1 + n_2 L_0 \Delta I_2$$

これより，このときコイル2に生じる誘導起電力 V_2' は

$$V_2' = -n_2 \frac{\Delta \Phi}{\Delta t} = -n_1 n_2 L_0 \frac{\Delta I_1}{\Delta t} - n_2{}^2 L_0 \frac{\Delta I_2}{\Delta t}$$

$$= -\boldsymbol{n_2 L_0 \left(n_1 \frac{\Delta I_1}{\Delta t} + n_2 \frac{\Delta I_2}{\Delta t} \right)}$$

▶(9)　(8)と同様に考えると，コイル1に生じる誘導起電力 V_1' は

$$V_1' = -n_1 \frac{\Delta \Phi}{\Delta t} = -n_1{}^2 L_0 \frac{\Delta I_1}{\Delta t} - n_1 n_2 L_0 \frac{\Delta I_2}{\Delta t}$$

$$= -\boldsymbol{n_1 L_0 \left(n_1 \frac{\Delta I_1}{\Delta t} + n_2 \frac{\Delta I_2}{\Delta t} \right)}$$

▶(10)　(8)・(9)の結果より

$$V_1' = \frac{n_1}{n_2} V_2'$$

したがって，$V_2'=0$ のとき　　　　$V_1'=0$

▶(11)　$V_1'=V_2'=0$ なので，(8)・(9)の結果より

$n_1\Delta I_1+n_2\Delta I_2=0$

したがって

$\Delta\Phi=n_1L_0\Delta I_1+n_2L_0\Delta I_2=L_0(n_1\Delta I_1+n_2\Delta I_2)=0$

▶(12)　$V_1'=0$ なので，キルヒホッフの第2法則より

$E+0=rI_1$　　　　$\therefore\ I_1=\dfrac{E}{r}$

▶(13)　(11)より，$n_1\Delta I_1+n_2\Delta I_2=0$ なので

$\Delta I_2=-\dfrac{n_1}{n_2}\Delta I_1$

したがって

$I_2=-\dfrac{n_1}{n_2}\times I_1$

テーマ

断面積 S，長さ l，透磁率 μ の鉄心を用いた n 回巻きのコイルについて，このコイルに電流 I を流す場合，このコイルをソレノイドと考えて単位長さ当たりの巻き数 $\dfrac{n}{l}$ に着目すると，鉄心に生じる磁束密度の大きさ B は

$B=\dfrac{\mu n}{l}I$

と表される。これより，鉄心を貫く磁束 Φ は

$\Phi=BS=\dfrac{\mu nS}{l}I$

と表される。したがって，時間 Δt の間にコイルに流れる電流が ΔI だけ変化するとき，コイルに生じる1巻き当たりの誘導起電力 v は

$v=-\dfrac{\Delta\Phi}{\Delta t}=-\dfrac{\mu nS}{l}\cdot\dfrac{\Delta I}{\Delta t}$

と表される。ここで，$n=1$ のとき

$v=-\dfrac{\mu S}{l}\cdot\dfrac{\Delta I}{\Delta t}$

と表せ，$\dfrac{\mu S}{l}$ が本問の1巻きコイルの自己インダクタンス L_0 に該当する。

なお，コイル全体に生じる誘導起電力 V は

$V=-n\dfrac{\Delta\Phi}{\Delta t}=-\dfrac{\mu n^2S}{l}\cdot\dfrac{\Delta I}{\Delta t}$

と表せ，$\dfrac{\mu n^2S}{l}$ がこのコイルの自己インダクタンス L となり，L_0 との間には

$L=n^2L_0$

という関係式が成り立つことがわかる。

54　金属レール上を移動する2本の金属棒による電磁誘導
(2005年度　第2問)

　図のように，磁束密度の大きさが B で鉛直上向きの一様な磁場（磁界）がかかった水平面に，十分に長い2本の金属レールが間隔 L で平行に置かれている。また，2本のレールの上をなめらかに移動できる，質量 m_1 の金属棒 A_1 と質量 m_2 の金属棒 A_2 がある。これらは太さが無視でき，レール上では，レールに対していつも垂直である。A_1 と A_2 は，どちらも抵抗値 R の電気抵抗をもっている。レールの電気抵抗とすべての接点の電気抵抗は無視できる。

　まず，A_1 だけがレール上にあり，レールに沿って速さ v_0 で右方向に運動している。この状態で，時刻 t_0 に，A_1 から距離 d だけ右側に離れたレール上に，A_2 をそっと置いた。その後の A_1 と A_2 の運動を観察したが，これらが接触することはなかった。レールや金属棒を流れる電流によって発生する磁場の影響は無視できる。速度や力は右向きを正として，以下の問いに答えよ。

問1　時刻 t_0 以降の任意の時刻における A_1，A_2 の速度を，それぞれ v_1，v_2 とする。このとき，A_1 の A_2 に対する相対速度 v_1-v_2 と，金属棒を流れる電流の大きさ I との間には，$I=\boxed{}\times(v_1-v_2)$ の関係が成り立つ。$\boxed{}$ に入る数式を，m_1，m_2，B，L，R のうちの必要なものを用いて表せ。なお，$v_1\geqq v_2$ が成り立っている。

問2　問1と同時刻に，A_1 および A_2 が磁場から受ける力 F_1，F_2 を，B，I，L，R のうちの必要なものを用いて，それぞれ符号を含めて表せ。

問3　A_1 と A_2 の運動量の和は保存する。この理由を，F_1，F_2 を用いて，30字程度で記せ。

問4　時刻 t_0 から十分に長い時間がたつと，A_1，A_2 は磁場から力を受けなくなる。このときの A_1，A_2 の速度を，m_1，m_2，v_0 を用いて，それぞれ符号を含めて表せ。

　導体を流れる電流は，単位時間あたりに，その導体の断面を通過した電気量である。そこで，問2で考察した電流と力の関係から，金属棒の断面を通過する電気量と金属棒が得た運動量の関係を考えてみる。

問5　時刻 t_0 以降の任意の時刻 t から $t+\Delta t$ までの短い時間 Δt の間に，A_2 の断面を電気量 ΔQ（$\Delta Q>0$）が通過したとする。その間の A_2 の運動量の変化量を ΔP_2 とするとき，$\dfrac{\Delta P_2}{\Delta Q}$ を，m_2，B，L，R のうちの必要なものを用いて，符号を含めて表

せ。

　ここで求めた $\dfrac{\Delta P_2}{\Delta Q}$ は，時間に依存しない定数である。それゆえ，時刻 t_0 以降の任意の時刻までに A_2 の断面を通過した電気量と，その間に A_2 が得た運動量の間には，比例関係が成り立つ。

問6　時刻 t_0 から十分に長い時間がたったとき，それまでに A_2 の断面を通過した総電気量 Q $(Q>0)$ を，m_1, m_2, v_0, B, L, R のうちの必要なものを用いて表せ。

　任意の時刻 t における A_1 の A_2 に対する相対速度 v_1-v_2 を考えると，時刻 t から $t+\Delta t$ までの短い時間 Δt の間に，A_1 と A_2 は，$(v_1-v_2)\Delta t$ だけ近づく。A_1 と A_2 が接触しないためには，d がある値 d_c より大きくなければならない。

問7　問1で求めた相対速度と電流の関係を利用し，d_c を，Q, B, L, R を用いて表せ。

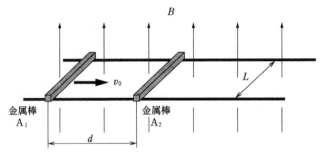

解 答

▶問1. A_1とA_2，およびレールからできた閉回路は，右図のようにみなすことができる。したがって，キルヒホッフの第2法則より

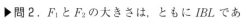

$$v_1BL - v_2BL = I \times 2R$$

$$\therefore\ I = \frac{BL}{2R}(v_1 - v_2) \quad (\because\ v_1 \geqq v_2)$$

▶問2. F_1とF_2の大きさは，ともにIBLである。したがって，フレミングの左手の法則より，向きを考慮すると

$$F_1 = -IBL \qquad F_2 = IBL$$

▶問3. $F_1 + F_2 = 0$ となるので，A_1とA_2に加わる外力による力積の和が0となるから。(30字程度)

▶問4. A_1とA_2がそれぞれ磁場から受ける力が0となるとき，問2よりA_1とA_2に流れる電流は0となっている。したがって，問1の結果より

$$0 = \frac{BL}{2R}(v_1 - v_2) \qquad \therefore\ v_1 = v_2$$

これより，このときA_1とA_2の速度が等しいことがわかる。この速度をvとすると，運動量保存則より

$$m_1 v_0 + m_2 \times 0 = (m_1 + m_2)v \qquad \therefore\ v = \frac{m_1}{m_1 + m_2}v_0$$

▶問5. 任意の時刻tにおける流れる電流の強さをiとする。短い時間Δtにおける電流の変化は無視できるので，iを用いると，ΔQとΔP_2はそれぞれ

$$\Delta Q = i\Delta t \qquad \Delta P_2 = F_2 \Delta t = iBL\Delta t$$

と表される。したがって

$$\frac{\Delta P_2}{\Delta Q} = \frac{iBL\Delta t}{i\Delta t} = BL$$

▶問6. 問5の結果より

$$\Delta Q = \frac{1}{BL}\Delta P_2$$

時刻t_0から十分に長い時間がたったときのA_2の運動量をPとすると，題意より

$$Q = \frac{1}{BL}P$$

また，問4の結果より $\qquad P = m_2 v = \frac{m_1 m_2}{m_1 + m_2}v_0$

したがって $\qquad Q = \frac{1}{BL}P = \frac{m_1 m_2 v_0}{(m_1 + m_2)BL}$

▶**問7.** 時刻 t_0 以降について，問 1 の結果より

$$I\varDelta t = \frac{BL}{2R}(v_1 - v_2)\varDelta t$$

したがって

$$\sum(I\varDelta t) = \sum\left\{\frac{BL}{2R}(v_1 - v_2)\varDelta t\right\}$$

$$= \frac{BL}{2R}\sum\{(v_1 - v_2)\varDelta t\} \quad \cdots\cdots①$$

ここで

$$\sum(I\varDelta t) = Q \quad \cdots\cdots②$$

$$\sum\{(v_1 - v_2)\varDelta t\} = d_c \quad \cdots\cdots③$$

となれば A_1 と A_2 は接触しないので，①に②，③を代入すると

$$Q = \frac{BL}{2R}d_c \qquad \therefore \quad \boldsymbol{d_c = \frac{2RQ}{BL}}$$

4　交　流

（2022 年度　第 2 問）

図 1 のような回路をブリッジ回路という。いくつかのブリッジ回路に関する問題を考える。ただし，導線の電気抵抗と電源の内部抵抗は，共に無視できるほど小さいものとする。

I. 図 1 の回路において，抵抗 1，2，3，4 の抵抗値が，それぞれ R_1〔Ω〕，R_2〔Ω〕，R_3〔Ω〕，R_4〔Ω〕であるとする。検流計 G に電流は流れていないものとする。直流電源の電圧の大きさを E〔V〕とする。このとき，以下の問に答えよ。

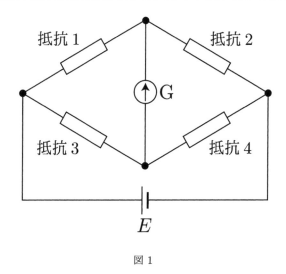

図 1

問 1 抵抗 1 に加わる電圧の大きさ V_1〔V〕と，抵抗 2 に加わる電圧の大きさ V_2〔V〕の比 $\dfrac{V_2}{V_1}$ を，E，R_1，R_2，R_3 のうち，必要なものを用いて表せ。

問 2 R_4〔Ω〕を，R_1，R_2，R_3 を用いて表せ。

II. 単一の抵抗に加わる電圧と流れる電流との間の関係を，電流–電圧特性という。

電流–電圧特性が直線で表せない抵抗のことを非直線抵抗という。図1の回路が非直線抵抗を含む場合について考える。

　図1の回路において，抵抗1は非直線抵抗X，抵抗2, 3はそれぞれ抵抗値がR_2〔Ω〕，R_3〔Ω〕の抵抗，抵抗4は非直線抵抗Yであるとする。非直線抵抗Xおよび非直線抵抗Yの電流–電圧特性は未知であるとする。検流計Gに電流は流れていないものとする。直流電源の電圧の大きさをE〔V〕とする。このとき，以下の問に答えよ。

問 3 抵抗1に加わる電圧の大きさをV_X〔V〕，抵抗1を流れる電流の大きさをI_X〔A〕とする。抵抗2にオームの法則を適用することによって，I_X〔A〕をV_X, E, R_2を用いて表せ。

問 4 $E = 4.0$ V, $R_2 = 1.0$ Ω, $R_3 = 2.0$ Ωとする。このとき，以下の (a), (b) の2つの場合について，それぞれ答えよ。

(a) 非直線抵抗Xとして，図2の（あ）に示される電流–電圧特性を持つ非直線抵抗を用いた場合を考える。このとき，V_X〔V〕，および，抵抗4に加わる電圧の大きさV_Y〔V〕を，それぞれ有効数字2桁で求めよ。

(b) 非直線抵抗Xと非直線抵抗Yとして，図2の（あ），（い），（う），（え）に示される電流–電圧特性を持つ非直線抵抗のいずれかを，それぞれ用いた場合を考える。非直線抵抗Xと非直線抵抗Yの電流–電圧特性として，最も適した組み合わせを答えよ。解答においては，それぞれを（あ），（い），（う），（え）から一つずつ選ぶこと（例：「X:（い），Y:（あ）」）。なお，「X:（い），Y:（い）」のように，XとYについて同じ選択肢を選んでもよい。

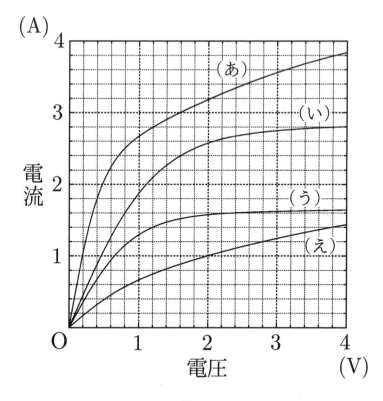

図2

III. さらに，図3の回路について考える。交流電源の電圧は，最大値が E_0 〔V〕，角周波数が ω 〔rad/s〕であり，点ウを基準とした点アの電位は，時刻 t 〔s〕において $E_0\cos(\omega t)$ となる。抵抗5, 6の抵抗値を R 〔Ω〕，コンデンサの電気容量を C 〔F〕，コイルの自己インダクタンスを L 〔H〕とする。交流電流計は，交流電流の大きさを測定できる装置である。測定の結果，あらゆる時刻において常に，点イと点エの間には電流が流れていないことがわかった。このとき，以下の問に答えよ。なお，図3における矢印の向きを電流の正の向きとする。また，実数 α, β, γ, θ に対して成り立つ，以下の公式を，必要に応じて用いてよい。

$$\alpha\cos\theta+\beta\sin\theta = \sqrt{\alpha^2+\beta^2}\cos(\theta+\gamma) \quad \left(\cos\gamma = \frac{\alpha}{\sqrt{\alpha^2+\beta^2}},\ \sin\gamma = -\frac{\beta}{\sqrt{\alpha^2+\beta^2}}\right)$$

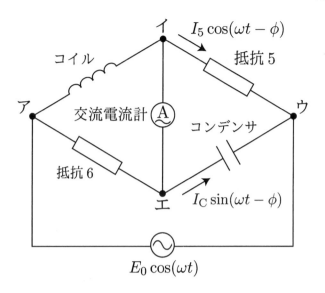

$$\boldsymbol{\boxtimes} \ 3$$

問 5 抵抗 5 を流れる電流を，その最大値 I_5 〔A〕と，交流電源の電圧との位相差 ϕ を用いて，$I_5 \cos(\omega t - \phi)$ と表す。このとき，以下の文中の空欄 (a)〜(d) に入るべき数式を解答欄に記入せよ。ただし，(a), (b) については I_5, ω, R, L のうち必要なものを用いて表し，(c), (d) については E_0, ω, R, L のうち必要なものを用いて表せ。

点ウを基準とした点イの電位は $\boxed{\text{(a)}}$ $\cos(\omega t - \phi)$ と表され，点イ を基準とした点アの電位は $\boxed{\text{(b)}}$ $\sin(\omega t - \phi)$ と表される。これら の和が，交流電源の電圧 $E_0 \cos(\omega t)$ と等しい。よって，$I_5 = \boxed{\text{(c)}}$ 〔A〕，$\tan\phi = \boxed{\text{(d)}}$ であることがわかる。

問 6 コンデンサを流れる電流は $I_C \sin(\omega t - \phi)$ と表せる。I_C 〔A〕を，I_5, ω, R, C のうち必要なものを用いて表せ。

問 7 C 〔F〕を ω, R, L のうち必要なものを用いて表せ。

解 答

Ⅰ. ▶問1. 検流計Gに電流が流れていないので，抵抗1，抵抗2に流れる電流は等しく，その大きさを I_1〔A〕とすると，オームの法則より

$$V_1 = R_1 I_1$$
$$V_2 = R_2 I_1$$

2式より

$$\frac{V_2}{V_1} = \frac{R_2}{R_1}$$

▶問2. 抵抗3に加わる電圧の大きさを V_3〔V〕，抵抗4に加わる電圧の大きさを V_4〔V〕とする。検流計Gに電流が流れていないので，抵抗3，抵抗4に流れる電流は等しく，その大きさを I_2〔A〕とすると，オームの法則より

$$V_3 = R_3 I_2$$
$$V_4 = R_4 I_2$$

また，検流計Gに電流が流れていないので

$$V_1 = V_3$$
$$V_2 = V_4$$

したがって

$$R_1 I_1 = R_3 I_2$$
$$R_2 I_1 = R_4 I_2$$

2式より

$$\frac{R_1}{R_2} = \frac{R_3}{R_4} \quad \therefore \quad R_4 = \frac{R_2 R_3}{R_1} 〔\Omega〕$$

参考1 抵抗1，抵抗3，検流計Gを含む閉回路において，キルヒホッフの第二法則より
$$0 = R_1 I_1 - R_3 I_2$$
抵抗2，抵抗4，検流計Gを含む閉回路において，キルヒホッフの第二法則より
$$0 = R_2 I_1 - R_4 I_2$$
この2式より，R_4 を求めてもよい。

Ⅱ. ▶問3. 直流電源，抵抗1，抵抗2を含む閉回路において，キルヒホッフの第二法則より

$$E = V_X + R_2 I_X \quad \therefore \quad I_X = \frac{E - V_X}{R_2} 〔A〕$$

▶問4. (a) 問3の結果に，$E = 4.0$〔V〕，$R_2 = 1.0$〔Ω〕を代入すると

$$I_X = \frac{4.0 - V_X}{1.0} = -V_X + 4.0$$

この I_X の式を表す直線を図2に描くと，下図のようになる。

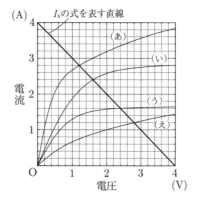

したがって，I_X の式を表す直線と(あ)に示される電流-電圧特性を表す曲線との交点の座標より

$$V_X = 1.2〔V〕$$

$$I_X = 2.8〔A〕$$

これより，抵抗2に加わる電圧の大きさ $V_2〔V〕$ は

$$V_2 = R_2 I_X = 1.0 \times 2.8 = 2.8〔V〕$$

したがって，検流計Gに電流が流れていないので

$$V_Y = V_2 = 2.8〔V〕$$

(b) 抵抗4を流れる電流の大きさを $I_Y〔A〕$ とする。直流電源，抵抗3，抵抗4を含む閉回路において，キルヒホッフの第二法則より

$$E = R_3 I_Y + V_Y$$

$$\therefore\ I_Y = \frac{E - V_Y}{R_3} = \frac{4.0 - V_Y}{2.0} = -\frac{1}{2.0} V_Y + 2.0$$

この I_Y の式を表す直線を図2に描くと，下図のようになる。

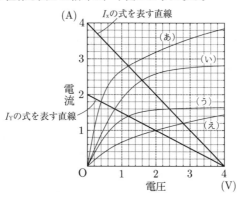

ここで，(a)より

$$V_Y = V_2 = R_2 I_X = 1.0 \times I_X = I_X$$

したがって，I_X，I_Y の式をそれぞれ表す直線と(あ)〜(え)に示される電流-電圧特性をそれぞれ表す曲線との交点の座標より，$V_Y = I_X$ の関係を満たす電流-電圧特性を表す曲線の組み合わせは，非直線抵抗Xが(え)，非直線抵抗Yが(う)に示される電流-電圧特性となるときである。なお，このとき

$$V_Y = I_X = 1.2$$

である。

Ⅲ. ▶問5. (a) 点ウを基準とした点イの電位を V_5〔V〕とすると，抵抗5にかかる電圧の位相は流れる電流の位相と一致しているので

$$V_5 = R I_5 \cos(\omega t - \phi) \, \text{〔V〕}$$

(b) 点イを基準とした点アの電位を V_L〔V〕とすると，コイルのリアクタンスは ωL〔Ω〕であり，コイルにかかる電圧の位相は流れる電流の位相より $\frac{\pi}{2}$ だけ進んでいるので

$$V_L = \omega L I_5 \cos\left(\omega t - \phi + \frac{\pi}{2}\right)$$

$$= -\omega L I_5 \sin(\omega t - \phi) \, \text{〔V〕}$$

(c)・(d) 与えられた式を用いると

$$E_0 \cos \omega t = R I_5 \cos(\omega t - \phi) - \omega L I_5 \sin(\omega t - \phi)$$

$$= \sqrt{(R I_5)^2 + (-\omega L I_5)^2} \cos(\omega t - \phi + \gamma)$$

$$= \sqrt{R^2 + (\omega L)^2} I_5 \cos(\omega t - \phi + \gamma)$$

ここで

$$\tan \gamma = \frac{\sin \gamma}{\cos \gamma} = \frac{\omega L I_5}{R I_5} = \frac{\omega L}{R}$$

したがって

$$E_0 = \sqrt{R^2 + (\omega L)^2} I_5 \qquad \therefore \quad I_5 = \frac{E_0}{\sqrt{R^2 + (\omega L)^2}} \, \text{〔A〕}$$

また

$$\omega t = \omega t - \phi + \gamma \qquad \therefore \quad \phi = \gamma$$

したがって

$$\tan \phi = \tan \gamma = \frac{\omega L}{R}$$

参考2 交流回路において，抵抗にかかる電圧の位相は，流れる電流の位相に一致している。また，コイルにかかる電圧の位相は，流れる電流の位相より $\frac{\pi}{2}$ だけ進んでいる。これは，コイルに流れる電流の位相は，かかる電圧の位相より $\frac{\pi}{2}$ だけ遅れているといいか

えることもできる。

▶問6. 点ウを基準とした点エの電位を V_C〔V〕とすると，コンデンサのリアクタンスは $\frac{1}{\omega C}$〔Ω〕であり，コンデンサにかかる電圧の位相は流れる電流の位相より $\frac{\pi}{2}$ だけ遅れているので

$$V_C = \frac{1}{\omega C} I_C \sin\left(\omega t - \phi - \frac{\pi}{2}\right)$$

$$= -\frac{1}{\omega C} I_C \cos(\omega t - \phi)〔V〕$$

点イと点エの間には電流が流れていないので

$$V_5 = V_C$$

すなわち

$$R I_5 \cos(\omega t - \phi) = -\frac{1}{\omega C} I_C \cos(\omega t - \phi)$$

したがって

$$R I_5 = -\frac{1}{\omega C} I_C \quad \therefore \quad I_C = -\omega C R I_5〔A〕$$

参考3 交流回路において，コンデンサにかかる電圧の位相は，流れる電流の位相より $\frac{\pi}{2}$ だけ遅れている。これは，コンデンサに流れる電流の位相は，かかる電圧の位相より $\frac{\pi}{2}$ だけ進んでいるといいかえることもできる。

▶問7. 点エを基準とした点アの電位を V_6〔V〕とすると，抵抗にかかる電圧の位相は流れる電流の位相と一致しているので

$$V_6 = R I_C \sin(\omega t - \phi)$$

$$= -\omega C R^2 I_5 \sin(\omega t - \phi)〔V〕$$

点イと点エの間には電流が流れていないので

$$V_L = V_6$$

すなわち

$$-\omega L I_5 \sin(\omega t - \phi) = -\omega C R^2 I_5 \sin(\omega t - \phi)$$

したがって

$$-\omega L I_5 = -\omega C R^2 I_5 \quad \therefore \quad C = \frac{L}{R^2}〔F〕$$

テーマ

　右図のように，直流電源，抵抗，検流計からなる
ブリッジ回路において，ブリッジ部分（検流計）に
電流が流れていない場合，ブリッジ部分の両端の点
Bと点Cの電位差は0である。すなわち，点Bと点
Cの電位は等しい。したがって，点A，B間の電位
差と点A，C間の電位差，および点B，D間の電位
差と点C，D間の電位差はそれぞれ等しい。

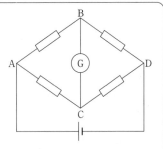

　このようなブリッジ回路においては，抵抗の代わ
りにコンデンサやコイルが接続されていても，また
直流電源の代わりに交流電源が接続されていても，ブリッジ部分に電流が流れていない
場合には，同様のことがいえる。すなわち，点Bと点Cの電位は等しいので，点A，B
間の電位差と点A，C間の電位差，および点B，D間の電位差と点C，D間の電位差は
それぞれ等しい。

　本問では，非直線抵抗を含む直流電源によるブリッジ回路とコイルやコンデンサを含
む交流電源によるブリッジ回路について考察する。

56 発電所からの送電をモデル化した交流回路

(2021年度　第2問)

　図1のように，発電所から遠方の電力の消費地へ，2本の送電線を用いて電力を送る場合を考える。送電線には長さに比例した電気抵抗（以降，抵抗という）がある。また，送電線を電極と考えると，平板電極の場合と同様に，並んだ2本の送電線はコンデンサーとして考えることができ，長さに比例した電気容量がある。これらの抵抗と電気容量は送電線に一様に分布している。この電気容量があるため，送電線での消費電力は，送電線の抵抗だけでは決まらない。

　そこで，この送電線での消費電力量を考えるため，図2に示すように，抵抗は直列に合成して電線あたりに1個の抵抗とし，電気容量は並列に合成して送電線の消費地側の端に置かれた1つのコンデンサーとして近似する。これは，抵抗と電気容量が一様に分布している実際の場合をよく近似している。合成した抵抗値をそれぞれ $R\,(\Omega)$，コンデンサーの電気容量を $C\,(\mathrm{F})$ とし，消費地では抵抗値 $r\,(\Omega)$ の抵抗で電力を消費しているものとする。発電所から角周波数 $\omega\,(\mathrm{rad/s})$ の正弦波の交流で送電する。ただし，$\omega > 0$ とする。消費地での電圧の最大値を $V\,(\mathrm{V})$，1周期で時間平均した消費電力（以降，時間平均消費電力という）を $\overline{P_{\mathrm{A}}}\,(\mathrm{W})$ とする。なお，$\sin^2 \omega t$ や $\cos^2 \omega t$ の時間平均は $\dfrac{1}{2}$ であることを用いてよい。以下の問に答えよ。

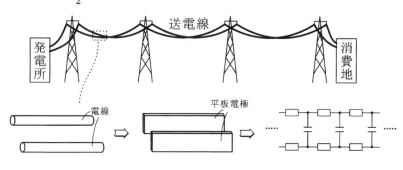

図1

問 1　消費地での時刻 t での電圧を $v(t) = V \sin \omega t$ とする場合，時刻 t に消費地で消費する電力 $P_{\mathrm{A}}(t)$ を，V，r，ω，t を用いて表せ。

問 2　図2の消費地の抵抗を流れる電流の最大値 I_r を，r を用いずに，V と，消費地

での消費電力 $P_A(t)$ の時間平均消費電力 $\overline{P_A}$ を用いて求めよ。

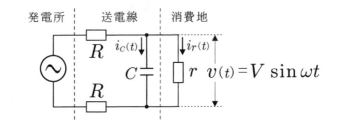

図 2

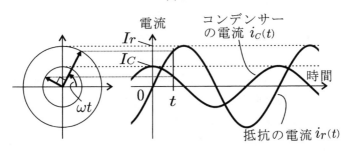

図 3

問 3 図2のコンデンサーを流れる電流の最大値 I_C を，ω，C，V を用いて求めよ。

問 4 図2の消費地の抵抗を流れる電流とコンデンサーを流れる電流の位相は，図3のように $\dfrac{\pi}{2}$ 異なっている。これらを合成した電流が送電線を流れる。送電線を流れる電流の最大値 I_R を，ω，C，V，$\overline{P_A}$ を用いて求めよ。

問 5 2本の送電線全体で消費する時間平均消費電力 $\overline{P_B}$ を，ω，C，V，$\overline{P_A}$，R を用いて求めよ。

問 6 $\overline{P_A}$ と ω と C を固定した場合に，送電線で消費する 時間平均消費電力 $\overline{P_B}$ を最小にする V の値 $V_{\min}$ と，そのときの $\overline{P_B}$ を，ω，C，$\overline{P_A}$，R のうち，必要なものを用いて表せ。ただし，相加相乗平均の不等式を用いてもよい。

問 7 発電所から $100\,\mathrm{km}$ 離れた消費地での交流電圧の最大値が $500\,\mathrm{kV}$ になるように，$60\,\mathrm{Hz}$ の正弦波の交流を送電する。送電線の抵抗は $1\,\mathrm{km}$ あたり $0.10\,\Omega$ とする。送電線間の電気容量は $1\,\mathrm{km}$ あたりに $0.10\,\mu\mathrm{F}$ とし，図2のように $100\,\mathrm{km}$ 分合成して消費地側に集めて考えよう。消費地で 100 万 kW の時間平均消費電力を消

費しているときの，2本の送電線全体での時間平均消費電力に最も近いものを，
以下の選択肢から選び，**(あ)**〜**(け)** の記号で答えよ。

(あ)	5万kW	**(い)**	10万kW	**(う)**	15万kW
(え)	20万kW	**(お)**	25万kW	**(か)**	30万kW
(き)	35万kW	**(く)**	40万kW	**(け)**	45万kW

解　答

▶問1．消費地の抵抗を流れる時刻 t での電流 $i_r(t)$〔A〕は

$$i_r(t) = \frac{v(t)}{r} = \frac{V}{r}\sin\omega t \text{〔A〕}$$

したがって，消費地での時刻 t での消費電力 $P_A(t)$〔W〕は

$$\boldsymbol{P_A(t) = v(t)\,i_r(t) = \frac{V^2}{r}\sin^2\omega t \text{〔W〕}}$$

▶問2．問1の $i_r(t)$ より

$$I_r = \frac{V}{r} \text{〔A〕}$$

また，問1の $P_A(t)$ について，$\sin^2\omega t$ の時間平均が $\frac{1}{2}$ であることから

$$\overline{P_A} = \frac{V^2}{r}\times\frac{1}{2} = \frac{V^2}{2r} \text{〔W〕}$$

2式より

$$\boldsymbol{I_r = \frac{2\overline{P_A}}{V} \text{〔A〕}}$$

参考 $\sin^2\omega t$ の時間平均について考えてみよう。

$$y = \sin^2\omega t = \frac{1}{2}(1 - \cos 2\omega t)$$

と表されるので，これを表すグラフは次のようになる。

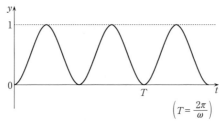

$$\left(T = \frac{2\pi}{\omega}\right)$$

したがって，$\sin^2\omega t$ の時間平均は $\frac{1}{2}$ となる。

別解 消費地の抵抗にかかる電圧の実効値 v_e〔V〕と流れる電流の実効値 i_{re}〔A〕は

$$v_e = \frac{V}{\sqrt{2}} \text{〔V〕}$$

$$i_{re} = \frac{I_r}{\sqrt{2}} \text{〔A〕}$$

したがって

$$\overline{P_A} = v_e i_{re} = \frac{V}{\sqrt{2}}\times\frac{I_r}{\sqrt{2}} = \frac{VI_r}{2} \text{〔W〕}$$

$$\therefore \quad I_r = \frac{2\overline{P_\mathrm{A}}}{V}\ \mathrm{[A]}$$

▶問3. コンデンサーのリアクタンスは $\frac{1}{\omega C}$ 〔Ω〕なので

$$V = \frac{1}{\omega C} I_C \quad \therefore \quad \boldsymbol{I_C = \omega C V}\ \mathrm{[A]}$$

別解 コンデンサーを流れる時刻 t での電流 $i_C(t)$ 〔A〕は

$$i_C(t) = \omega C V \sin\!\left(\omega t + \frac{\pi}{2}\right) = \omega C V \cos \omega t\ \mathrm{[A]}$$

したがって

$$I_C = \omega C V\ \mathrm{[A]}$$

▶問4. キルヒホッフの第1法則より，送電線を流れる電流は，消費地の抵抗を流れる電流とコンデンサーを流れる電流の和である。また，消費地の抵抗を流れる電流とコンデンサーを流れる電流の位相が $\frac{\pi}{2}$ だけずれているので

$$I_R = \sqrt{I_r{}^2 + I_C{}^2} = \sqrt{\left(\frac{2\overline{P_\mathrm{A}}}{V}\right)^2 + (\omega C V)^2}\ \mathrm{[A]}$$

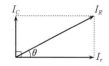

なお，右図の θ は，送電線を流れる電流の消費地の抵抗を流れる電流からの位相のずれを表している。

別解 送電線を流れる時刻 t での電流 $i_R(t)$ 〔A〕は

$$i_R(t) = i_r(t) + i_C(t) = \frac{V}{r}\sin \omega t + \omega C V \cos \omega t = \sqrt{\left(\frac{V}{r}\right)^2 + (\omega C V)^2}\ \sin(\omega t + \theta)\ \mathrm{[A]}$$

$$\left(\text{ただし，}\ \tan\theta = \frac{\omega C}{\dfrac{1}{r}} = \omega C r\right)$$

したがって

$$I_R = \sqrt{\left(\frac{V}{r}\right)^2 + (\omega C V)^2}\ \mathrm{[A]}$$

問2より，$\overline{P_\mathrm{A}} = \dfrac{V^2}{2r}$ なので，r を消去すると

$$I_R = \sqrt{\left(\frac{2\overline{P_\mathrm{A}}}{V}\right)^2 + (\omega C V)^2}\ \mathrm{[A]}$$

▶問5. 送電線を流れる時刻 t での電流 $i_R(t)$ 〔A〕は，問4の図より，位相のずれを考慮すると

$$i_R(t) = I_R \sin(\omega t + \theta)\ \mathrm{[A]}$$

したがって，2本の送電線全体での時刻 t での消費電力 $P_\mathrm{B}(t)$ 〔W〕は

$$P_\mathrm{B}(t) = 2R i_R(t)^2 = 2R I_R{}^2 \sin^2(\omega t + \theta)$$

$\sin^2(\omega t + \theta)$ の時間平均が $\dfrac{1}{2}$ であることから

$$\overline{P_{\mathrm{B}}} = 2RI_R{}^2 \times \frac{1}{2} = R\left\{\left(\frac{2\overline{P_{\mathrm{A}}}}{V}\right)^2 + (\omega CV)^2\right\}\,(\mathrm{W})$$

別解　送電線を流れる電流の実効値 i_{Re}〔A〕は

$$i_{Re} = \frac{I_R}{\sqrt{2}}\,(\mathrm{A})$$

したがって

$$\overline{P_{\mathrm{B}}} = 2Ri_{Re}{}^2 = RI_R{}^2 = R\left\{\left(\frac{2\overline{P_{\mathrm{A}}}}{V}\right)^2 + (\omega CV)^2\right\}\,(\mathrm{W})$$

▶問6. 問5の $\overline{P_{\mathrm{B}}}$ より，$\left(\dfrac{2\overline{P_{\mathrm{A}}}}{V}\right)^2 > 0$，$(\omega CV)^2 > 0$ なので，相加・相乗平均の関係より

$$\frac{\left(\dfrac{2\overline{P_{\mathrm{A}}}}{V}\right)^2 + (\omega CV)^2}{2} \geqq \sqrt{\left(\frac{2\overline{P_{\mathrm{A}}}}{V}\right)^2 (\omega CV)^2}$$

$$\left(\frac{2\overline{P_{\mathrm{A}}}}{V}\right)^2 + (\omega CV)^2 \geqq 4\omega C\overline{P_{\mathrm{A}}}$$

等号が成立するとき

$$\left(\frac{2\overline{P_{\mathrm{A}}}}{V}\right)^2 = (\omega CV)^2 \qquad \therefore \quad V = \sqrt{\frac{2\overline{P_{\mathrm{A}}}}{\omega C}}$$

このとき，$\left(\dfrac{2\overline{P_{\mathrm{A}}}}{V}\right)^2 + (\omega CV)^2$ は，最小値 $4\omega C\overline{P_{\mathrm{A}}}$ をとる。したがって，$V_{\min} = \sqrt{\dfrac{2\overline{P_{\mathrm{A}}}}{\omega C}}$

〔V〕のとき，$\overline{P_{\mathrm{B}}}$ は最小値となり

$$\overline{P_{\mathrm{B}}} = R \times 4\omega C\overline{P_{\mathrm{A}}} = 4R\omega C\overline{P_{\mathrm{A}}}\,(\mathrm{W})$$

▶問7. 与えられた数値より

$$V = 5.0 \times 10^5\,(\mathrm{V})$$

$$\omega = 2 \times 3.14 \times 60 \fallingdotseq 3.8 \times 10^2\,(\mathrm{rad/s})$$

$$R = 0.10 \times 100 = 1.0 \times 10\,(\Omega)$$

$$C = 0.10 \times 10^{-6} \times 100 = 1.0 \times 10^{-5}\,(\mathrm{F})$$

$$\overline{P_{\mathrm{A}}} = 1.0 \times 10^9\,(\mathrm{W})$$

これらを問5の $\overline{P_{\mathrm{B}}}$ に代入して計算すると

$$\overline{P_{\mathrm{B}}} \fallingdotseq 2.0 \times 10^8\,(\mathrm{W}) = 20\,(\text{万 kW})$$

よって，正解は(え)。

テーマ

右図のように，抵抗値 R の抵抗と電気容量 C のコンデンサーが並列に接続され，交流電源（角周波数 ω，電圧の最大値 V_0）につながれた回路がある。この交流電源の時刻 t での電圧 V が

$$V = V_0 \sin \omega t$$

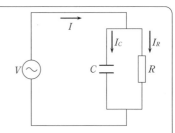

と表されるとき，抵抗を流れる電流 I_R とコンデンサーを流れる電流 I_C は

$$I_R = \frac{V_0}{R} \sin \omega t$$

$$I_C = \omega C V_0 \sin\left(\omega t + \frac{\pi}{2}\right) = \omega C V_0 \cos \omega t$$

と表される。これより，抵抗での消費電力 P_R とコンデンサーでの消費電力 P_C は

$$P_R = V I_R = (V_0 \sin \omega t)\left(\frac{V_0}{R} \sin \omega t\right) = \frac{V_0{}^2}{R} \sin^2 \omega t = \frac{V_0{}^2}{2R}(1 - \cos 2\omega t)$$

$$P_C = V I_C = (V_0 \sin \omega t)(\omega C V_0 \cos \omega t) = \omega C V_0{}^2 \sin \omega t \cdot \cos \omega t = \frac{\omega C V_0{}^2}{2} \sin 2\omega t$$

と表されるので，抵抗での消費電力の時間平均 $\overline{P_R}$ とコンデンサーでの消費電力の時間平均 $\overline{P_C}$ は

$$\overline{P_R} = \frac{V_0{}^2}{2R}$$

$$\overline{P_C} = 0$$

となる。また，交流電源を流れる電流 I は

$$I = I_R + I_C = \frac{V_0}{R} \sin \omega t + \omega C V_0 \cos \omega t = V_0 \sqrt{\left(\frac{1}{R}\right)^2 + (\omega C)^2}\, \sin(\omega t + \theta)$$

$$\left(\text{ただし，} \quad \tan\theta = \frac{\omega C}{\dfrac{1}{R}} = \omega C R\right)$$

と表されるので，交流電源を流れる電流の最大値 I_0 は

$$I_0 = V_0 \sqrt{\left(\frac{1}{R}\right)^2 + (\omega C)^2}$$

となる。

本問は，発電所からの送電を題材とした問題であるが，モデル化した交流回路に置き換えて考察すればよい。モデル化した交流回路では，コンデンサーに並列に接続された消費地の抵抗にかかる電圧が与えられているので，上記の抵抗とコンデンサーが並列に接続され，交流電源につながれた回路と同等に考えればよい。このとき，抵抗を流れる電流とコンデンサーを流れる電流の位相が $\dfrac{\pi}{2}$ だけずれていることに注意する。

57 ゲルマニウムラジオをモデルとしたRLC並列回路の共振
（2015年度　第2問）

　図1に示すラジオ（ゲルマニウムラジオ）を製作することを考えよう。このラジオは電波を受信するアンテナ，コイル，電気容量を変えることができるコンデンサー，ダイオード（ゲルマニウムダイオード），電圧の変動を音に変換するイヤホン（クリスタルイヤホン）などから構成されている。以下の問に答えよ。ただし，問5および問8の{　　}では，(a)または(b)の正しい方を解答欄に記入せよ。

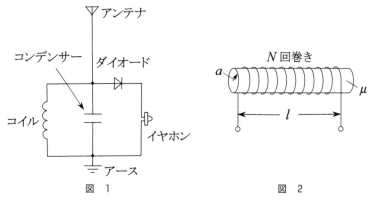

図 1　　　　　　　　　　　　図 2

　まず，図2に示すコイルを自作しよう。半径 a〔m〕，透磁率 μ〔N/A^2〕の十分に長い円柱状の物質に，導線を一様に N 回巻いてコイルを製作する。導線が巻いてある部分の長さは l〔m〕とする。ただし，導線の太さおよびその抵抗は無視する。

問1　このコイルの自己インダクタンス L〔H〕を，μ, N, l, a を用いて表せ。

　次に，コンデンサーを自作しよう。断面図を図3に示すように，一辺 b〔m〕の正方形の極板 M 枚を，間隔 $2d$〔m〕で平行に並べて接続した櫛（くし）形の電極を，2つ用意する。それらをお互いの極板間の距離が d で等間隔となるように，紙面の左右方向から差し込んで，重なる部分が x〔m〕となるようなコンデンサーを製作する。紙面奥行き方向には極板のずれはないものとする。この x を変えることによって，電気容量を変えることができる。全ての極板間は誘電率 ε〔F/m〕の空気で満たされている。d は b および x に比べて十分小さい。極板の厚さおよびその抵抗は無視する。

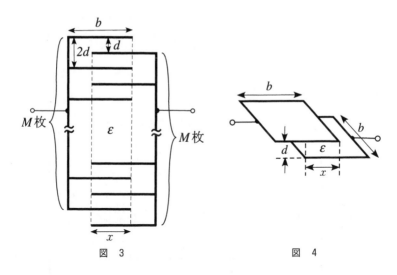

図 3   図 4

問2 図3に示すコンデンサーのうち，図4のように，2枚の極板がdだけ隔てて重なっている部分を取り出したコンデンサーについて考える。上下の極板が重なっている部分の幅はxである。このコンデンサーの電気容量$C_1〔F〕$を，ε，b，x，dを用いて表せ。

問3 図3に示すコンデンサー全体の電気容量$C〔F〕$を，C_1とMを用いて表せ。

聴きたい放送局の周波数の電波のみを選択的に受信できる仕組みについて考える。簡単のために，図1の回路で電波を受信している状態を図5の回路に置き換える。ここで，図1のダイオードとイヤホンをあわせた部分を抵抗値$R〔\Omega〕$の抵抗で置き換えた。また，ある放送局からアンテナに届く角周波数$\omega_1〔rad/s〕$の電波によってラジオに電力が供給される。これを，適切な抵抗値$r〔\Omega〕$の抵抗が直列接続された交流電源で置き換えた。このとき，交流電源の交流電圧の最大値を$V_1〔V〕$，角周波数をω_1とする。図5のように，破線で囲まれたRLC並列回路にかかる交流電圧の最大値を$V_2〔V〕$とし，流れ込む交流電流の最大値を$I_2〔A〕$とする。図5の回路において，Cを変えるとV_2が変化する。特定のCでV_2が最大となり，対応する図1の回路では，ω_1で放送している局の番組がイヤホンから聞こえる。以下では，このことについて考えてみよう。

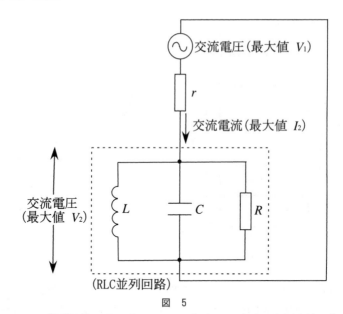

図　5

　一般に，RLC 並列回路のインピーダンス Z〔Ω〕は，交流の角周波数 ω〔rad/s〕を
用いて，以下のように表される。

$$Z=\frac{1}{\sqrt{\dfrac{1}{R^2}+\left(\omega C-\dfrac{1}{\omega L}\right)^2}}$$

問4　図5に示す RLC 並列回路の抵抗，コイル，コンデンサーそれぞれを流れる交
　　　流電流の最大値を，ω_1, L, C, R, V_2 のうち，必要なものを用いて表せ。

問5　図5に示す RLC 並列回路では，C を変えると Z が変化し，Z が $\{$(a)最大，(b)
　　　最小$\}$ のとき，V_2 が最大となる。そのときの Z と I_2 の値を，ω_1, L, C, R, V_2
　　　のうち，必要なものを用いて表せ。

問6　ω_1 で送信している放送局の番組を聴きたい。最適な C の値を，ω_1, L, R の
　　　うち，必要なものを用いて表せ。

　　受信したい放送局と別の放送局の電波の周波数の差が小さい場合，2つの放送局の
番組が同時に聞こえてくることがあり，これを混信という。混信を避けるためには，
どのような回路がよいかを考えよう。ω_1 で $\dfrac{V_2}{I_2}$ が最大となるように C の値を固定す
る。交流電源の角周波数を ω_1 から大きくしていったところ，ω_2 で $\dfrac{V_2}{I_2}$ が ω_1 での値の

半分になった。逆に，ω_1 から小さくしていったところ，ω_3 で $\dfrac{V_2}{I_2}$ が ω_1 での値の半分になった。ω_2 と ω_3 との差を $\Delta\omega = \omega_2 - \omega_3$ とする。

問7 $\Delta\omega$ を，L，C，R のうち，必要なものを用いて表せ。その際，ω は正の値であることに注意せよ。

　ヒント：ω についての2次方程式の形にすると，解きやすくなる。

問8 混信を避けるためには，前問で求めた $\Delta\omega$ が ｛(a)大きい方がよい，(b)小さい方がよい｝。

解　答

▶問1. 時間 Δt〔s〕の間にコイルに流れる電流が ΔI〔A〕だけ変化すると，これに伴って，コイル内部の磁場が ΔH〔A/m〕，磁束密度が ΔB〔T〕，磁束が $\Delta\Phi$〔Wb〕だけ変化するものとする。このとき，コイルに生じる誘導起電力を V〔V〕とすると，ファラデーの電磁誘導の法則より

$$V = -N\frac{\Delta\Phi}{\Delta t} = -N\frac{\pi a^2 \Delta B}{\Delta t}$$

$$= -\pi a^2 N\frac{\mu\Delta H}{\Delta t} = -\pi\mu a^2 N\frac{\dfrac{N}{l}\Delta I}{\Delta t}$$

$$= -\frac{\pi\mu a^2 N^2}{l}\cdot\frac{\Delta I}{\Delta t}$$

一方，V は自己インダクタンス L を用いると

$$V = -L\frac{\Delta I}{\Delta t}$$

したがって

$$L = \frac{\pi\mu a^2 N^2}{l}〔H〕$$

▶問2. このコンデンサーの極板面積は bx〔m²〕なので，その電気容量 C_1〔F〕は

$$C_1 = \frac{\varepsilon bx}{d}〔F〕$$

▶問3. 図3に示すコンデンサー全体の電気容量 C〔F〕は，問2で求めた電気容量 C_1〔F〕のコンデンサーを，$2M-1$ 個だけ並列に接続したときの合成容量に等しいので

$$C = (2M-1)C_1〔F〕$$

▶問4. 抵抗，コイル，コンデンサーを流れる交流電流の最大値を，それぞれ I_{R_0}〔A〕，I_{L_0}〔A〕，I_{C_0}〔A〕とする。抵抗，コイル，コンデンサーにかかる交流電圧の最大値は V_2〔V〕であり，抵抗の抵抗値が R〔Ω〕，コイル，コンデンサーのリアクタンスがそれぞれ $\omega_1 L$〔Ω〕，$\dfrac{1}{\omega_1 C}$〔Ω〕なので

$$V_2 = RI_{R_0} \qquad \therefore \quad I_{R_0} = \frac{V_2}{R}〔A〕$$

$$V_2 = \omega_1 LI_{L_0} \qquad \therefore \quad I_{L_0} = \frac{V_2}{\omega_1 L}〔A〕$$

$$V_2 = \frac{1}{\omega_1 C}I_{C_0} \qquad \therefore \quad I_{C_0} = \omega_1 CV_2〔A〕$$

▶問5. 図5の回路において

$$V_1 = rI_2 + V_2$$

$$V_2 = ZI_2$$

の2式が成り立つので，Z が最大のとき，V_2 が最大となる。よって，(a)が正解。
与えられた Z の式より，Z が最大になるのは

$$\omega_1 C - \frac{1}{\omega_1 L} = 0$$

となるときであり，このとき

$$Z = \frac{1}{\sqrt{\dfrac{1}{R^2}}} = R \,(\Omega)$$

したがって

$$V_2 = RI_2 \quad \therefore \quad I_2 = \frac{V_2}{R} \,(A)$$

▶問6．問5より

$$\omega_1 C - \frac{1}{\omega_1 L} = 0$$

となるとき，V_2 が最大となり，ω_1 で送信している放送局の番組を聴くことができる。
したがって

$$C = \frac{1}{\omega_1{}^2 L} \,(F)$$

参考1　角周波数 ω が ω_1 の場合に，$C = \dfrac{1}{\omega_1{}^2 L}$ となるとき，Z が最大値 R となる。このとき，I_2 が最小値 $\dfrac{1}{r+R} V_1$ となり，V_2 が最大値 $\dfrac{R}{r+R} V_1$ となる。$C = \dfrac{1}{\omega_1{}^2 L}$ のときの，I_2，V_2 のそれぞれと ω との関係を表したグラフは，下図のようになる。

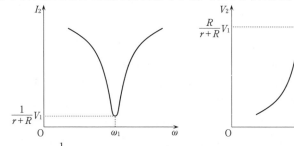

なお，$C = \dfrac{1}{\omega_1{}^2 L}$ で V_2 が最大となるとき，図1の回路では，図5の回路の抵抗値 R の抵抗に対応するダイオードとイヤホンをあわせた部分に電流が流れ，これによって音声信号を得て，ω_1 で放送している局の番組がイヤホンから聞こえることになる。

▶問7．問5より，ω_1 で $\dfrac{V_2}{I_2}$ が最大となるとき，すなわち Z が最大となるとき，

$Z=R$ である。したがって，題意より，交流電源の角周波数 ω が ω_2，ω_3 のとき，$Z=\dfrac{R}{2}$ なので，ω_2，ω_3 は次式を満たす。

$$\frac{R}{2}=\frac{1}{\sqrt{\dfrac{1}{R^2}+\left(\omega C-\dfrac{1}{\omega L}\right)^2}}$$

これより

$$\left(\omega C-\frac{1}{\omega L}\right)^2=\frac{3}{R^2}$$

$$\omega C-\frac{1}{\omega L}=\pm\frac{\sqrt{3}}{R}$$

$$RLC\omega^2\pm\sqrt{3}\,L\omega-R=0$$

この式を ω について解くと

$$\omega=\frac{\sqrt{3}\,L\pm\sqrt{3L^2+4R^2LC}}{2RLC}$$

または

$$\omega=\frac{-\sqrt{3}\,L\pm\sqrt{3L^2+4R^2LC}}{2RLC}$$

ここで，$\omega>0$，$\omega_2>\omega_3$ なので

$$\omega_2=\frac{\sqrt{3}\,L+\sqrt{3L^2+4R^2LC}}{2RLC}$$

$$\omega_3=\frac{-\sqrt{3}\,L+\sqrt{3L^2+4R^2LC}}{2RLC}$$

したがって

$$\varDelta\omega=\omega_2-\omega_3=\frac{\sqrt{3}}{RC}\,(\text{rad/s})$$

▶問8．ω_1 のときに V_2 が最大となり，このとき ω_1 で送信している放送局の番組を聴くことができる。$\varDelta\omega$ が大きい場合，ω_1 からの ω の変化に伴う V_2 の変化は，ゆるやかになる。一方，$\varDelta\omega$ が小さい場合，ω_1 からの ω の変化に伴う V_2 の変化は大きく，前述の場合に比べて，より速く V_2 は小さくなる。したがって，混信を避け，ω_1 付近でよりはっきりと受信するためには，$\varDelta\omega$ が小さい方がよい。よって，(b)が正解。

参考2　$\omega=\omega_1$ のとき，すなわち $Z=R$ のとき，$I_2=\dfrac{1}{r+R}V_1$ なので，$V_2=\dfrac{R}{r+R}V_1$ である。一方，$\omega=\omega_2$，ω_3 のとき，すなわち $Z=\dfrac{R}{2}$ のとき，$I_2=\dfrac{1}{r+\dfrac{R}{2}}V_1$ なので，

$V_2=\dfrac{R}{2r+R}V_1$ である。したがって，ω が ω_1 から ω_2，ω_3 に変化すると，V_2 は $\dfrac{R}{r+R}V_1$

から $\dfrac{R}{2r+R}V_1$ へと小さくなる。このとき，下図の V_2 と ω との関係を表したグラフの
ように，$\Delta\omega=\omega_2-\omega_3$ の大小によって，ω_1 からの ω の変化に伴う V_2 の変化に差が生じ
る。これより，混信を避けるためには，すなわち ω_1 以外の角周波数の電波の受信を避
けるためには，$\Delta\omega$ が小さい方がよいことがわかる。

$\Delta\omega$ が小さい場合

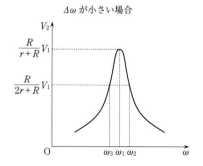

$\Delta\omega$ が大きい場合

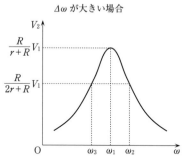

テーマ

　右図のように，抵抗値 R の抵抗，自己インダクタンス L の
コイル，電気容量 C のコンデンサーが並列に接続され，交流
電源につながれた回路がある（RLC 並列回路）。この交流電源
の電圧 V が

$$V = V_0 \sin \omega t$$

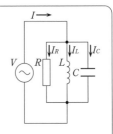

（V_0：電圧の最大値，ω：角周波数，t：時刻）

と表される場合，抵抗，コイル，コンデンサーに流れる電流を，
それぞれ I_R, I_L, I_C とすると

$$I_R = \frac{V_0}{R} \sin \omega t$$

$$I_L = \frac{V_0}{\omega L} \sin \left(\omega t - \frac{\pi}{2}\right) = -\frac{V_0}{\omega L} \cos \omega t$$

$$I_C = \omega C V_0 \sin \left(\omega t + \frac{\pi}{2}\right) = \omega C V_0 \cos \omega t$$

と表されるので，交流電源を流れる電流 I は

$$I = I_R + I_L + I_C = \frac{V_0}{R} \sin \omega t + \left(\omega C - \frac{1}{\omega L}\right) V_0 \cos \omega t$$

$$= V_0 \sqrt{\left(\frac{1}{R}\right)^2 + \left(\omega C - \frac{1}{\omega L}\right)^2} \sin(\omega t + \theta) \quad \left(\text{ただし，} \tan \theta = \frac{\omega C - \dfrac{1}{\omega L}}{\dfrac{1}{R}}\right)$$

と表される。ここで，I の最大値を I_0 とすると

$$I_0 = V_0 \sqrt{\left(\frac{1}{R}\right)^2 + \left(\omega C - \frac{1}{\omega L}\right)^2}$$

と表され，RLC 並列回路のインピーダンスを Z とすると

$$Z = \frac{V_0}{I_0} = \frac{1}{\sqrt{\left(\dfrac{1}{R}\right)^2 + \left(\omega C - \dfrac{1}{\omega L}\right)^2}}$$

と表される。この回路で，$\omega C - \dfrac{1}{\omega L} = 0$ となるとき，すなわち $\omega = \dfrac{1}{\sqrt{LC}}$ となるとき，
交流電源に流れる電流は最小になる。このときの周波数 f は

$$f = \frac{\omega}{2\pi} = \frac{1}{2\pi\sqrt{LC}}$$

となり，この周波数を RLC 並列回路の共振周波数という。

　本問の回路でも，共振周波数において，RLC 並列回路に流れ込む交流電流は最小と
なる。しかし，RLC 並列回路にかかる交流電圧は最大となり，対応するゲルマニウム
ラジオの回路ではイヤホン部分に電流が流れるので，その周波数で放送している放送局
の番組を受信できることになる。

5 荷電粒子の運動

58 直交する磁場と電場中での荷電粒子の運動

(2012 年度 第 2 問)

電磁場（界）中における単一の荷電粒子の運動に関する以下の問に答えよ。ただし，荷電粒子の質量と電荷を問 1 から問 8 では m, q $(q>0)$，問 9 では m', $-q$ $(q>0)$ として，空欄(1)～(11)には適切な式を，(ア)～(ウ)には選択した数字を解答欄に記入せよ。

Ⅰ. 図 1 のように，真空中に原点を O とする直交座標系 x, y, z をとる。xy 平面は紙面に一致しており，z 軸は紙面の裏から表の方向に向いている。十分な広さを持つ金属平板 P_1, P_2 は $y=0$, $y=d$ で y 軸と直交しており，導線で等電位に保たれている。また，z 軸正の方向に磁束密度 B の一様な磁場（磁界）がかかっており，荷電粒子の運動は xy 平面に限定される。

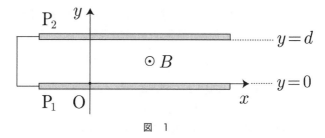

図 1

問1 原点 O から $y≧0$ の領域に v_0 の速さで飛び出した荷電粒子が $0≦y≦d$ の空間で円運動の軌跡（の一部）を描いた。回転の向きは，紙面に向かって(ア){①時計回り，②反時計回り} である。円運動の半径を表す式を m, v_0, q, B を用いて示せ。

問2 原点 O からどの向きに速さ v_0 で荷電粒子が飛び出しても金属平板 P_2 に衝突しないためには，磁束密度の大きさが $B≧$ ☐(1) を満たす必要がある。(1)を m, v_0, q, d を用いて表せ。

問3 xy 平面における荷電粒子の速度と加速度の成分をそれぞれ (v_x, v_y)，(a_x, a_y) と表記する。荷電粒子が磁場から受ける力の成分を考えると，q, B, v_x, v_y のうち必要なものを用いて運動方程式は $ma_x=$ ☐(2) ，$ma_y=$ ☐(3) と表せる。

Ⅱ. 次に，図2のように導線の間に起電力 V の電池を挿入した。すると，原点Oから初速度0の荷電粒子が動き始め，金属平板に衝突することなく xy 平面内で運動を続けた。

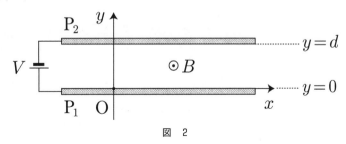

図　2

問4　荷電粒子が電場（電界）から受ける力は（0，　(4)　）である。一方，磁場から受ける力は前問のとおり（　(2)　，　(3)　）であることから，図2の場合における荷電粒子の運動方程式は，$ma_x =$ (2) ，$ma_y =$ (5) と表せる。(4)と(5)を q，d，V，B，v_x，v_y のうち必要なものを用いて示せ。

(i)　x 軸の正方向に一定の速さで移動する観測者の視点で図2の場合における荷電粒子の動きを調べた。その結果，観測者の移動する速さが v_1 になると円運動に見えることがわかった。

問5　速さ v_1 で移動する観測者から見た荷電粒子の速度と加速度を $(v_x{}', v_y{}')$，$(a_x{}', a_y{}')$ とすると，v_1 と速度 (v_x, v_y) を用いて $v_x{}' =$ (6) ，$v_y{}' = v_y$ と表せる。また，観測者が一定の速度で動いているので，$a_x{}' = a_x$，$a_y{}' = a_y$ が成立する。これらを問4で求めた運動方程式に代入し，電場の寄与がない問3の場合と比較することにより，円運動になる条件 $v_1 =$ (7) を求めることができる。(7)を d，V，B を用いて示せ。

問6　問5で求めた条件のもとで円運動する荷電粒子の速さが (7) に等しいことに注意して，円運動の半径を m，q，d，B，V，周期 T を m，q，B を用いて表せ。

(ii)　以上の考察を踏まえ，静止した観測者から見た荷電粒子の軌跡と力学的エネルギーを考える。

問7　原点Oから出発した荷電粒子が再び x 軸上に戻ってくる点の座標 x_1 は (8) ，y 軸正方向の最大到達距離 y_1 は (9) である。(8)と(9)を m，q，d，V，

B を用いて表せ。また，xy 座標上で荷電粒子が描く軌跡の概形を解答欄に示せ。

〔解答欄〕

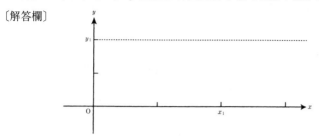

問8 原点 O を出発した荷電粒子が半周期 $\left(=\dfrac{T}{2}\right)$ 後に到達する点 $\left(\dfrac{x_1}{2},\ y_1\right)$ における速度は，v_1 を用いて $(v_x,\ v_y)=(\ \boxed{\text{(10)}}\ ,\ 0\ )$ と表せる。この点における荷電粒子の運動エネルギーと静電気力による位置エネルギーを m，v_1 を用いて表せ。ただし，$y=0$ を静電気力による位置エネルギーの基準とする。

これより，出発点と比較して点 $\left(\dfrac{x_1}{2},\ y_1\right)$ における力学的エネルギーは(イ){① 大きい，②小さい，③等しい} ことがわかる。

問9 質量 m'，電荷 $-q$ $(q>0)$ の荷電粒子が問7の場合と同じ軌跡を描くようにするには磁場の方向と電池の向きを図2と(ウ){①同じ，②逆} にし，磁束密度と電圧の大きさを $\boxed{\text{(11)}}$ 倍にする必要がある。(11)を m と m' を用いて示せ。

解 答

Ⅰ. ▶問1. (ア) 磁場中で荷電粒子が受けるローレンツ力の向きは,フレミングの左手の法則より,xy 平面内で運動する向きから紙面に向かって時計回りに $90°$ の向きである。この力が向心力となって荷電粒子は等速円運動をすることから,回転の向きは,紙面に向かって時計回りである。よって,正解は①。

円運動の半径:この円運動の半径を r_0 とすると,円運動の中心方向の運動方程式は

$$m\frac{v_0{}^2}{r_0} = qv_0 B \quad \therefore \quad r_0 = \frac{mv_0}{qB}$$

▶問2. (1) 原点Oからいろいろな向きに飛び出した場合の荷電粒子の円運動の軌跡を考察すると,x 軸の負の向きに飛び出したときに到達する y 座標が最大となり,$2r_0$ であることがわかる。したがって,荷電粒子が金属平板 P_2 に衝突しないためには

$$2r_0 \leqq d$$

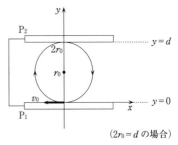

$(2r_0 = d \text{ の場合})$

を満たせばよいので,問1より

$$2\frac{mv_0}{qB} \leqq d \quad \therefore \quad B \geqq \frac{2mv_0}{qd}$$

▶問3. (2)・(3) 荷電粒子が受ける力の x 成分,y 成分は,ローレンツ力の x 成分,y 成分を考えると,それぞれ $qv_y B$,$-qv_x B$ となる。したがって,x 方向,y 方向の運動方程式は

x 方向:$ma_x = qv_y B$

y 方向:$ma_y = -qv_x B$

Ⅱ. ▶問4. (4) 金属平板 P_1 と P_2 の間に生じる電場の向きは y 軸の正の向きで,強さは $\dfrac{V}{d}$ である。したがって,荷電粒子が電場から受ける力の x 成分,y 成分は,それぞれ 0,$\dfrac{qV}{d}$ となる。

(5) 荷電粒子が受ける力の x 成分,y 成分は,磁場から受ける力(ローレンツ力)と電場から受ける力の x 成分,y 成分を考えると,(2)～(4)より,それぞれ $qv_y B$,$-qv_x B + \dfrac{qV}{d}$ となる。したがって,x 方向,y 方向の運動方程式は

x 方向:$ma_x = qv_y B$

y 方向:$ma_y = -qv_x B + \dfrac{qV}{d}$

▶問5. (6) x 軸の正の向きに速さ v_1 で移動する観測者から見た荷電粒子の速度の x

成分 v_x', y 成分 v_y' は

$$v_x' = \boldsymbol{v}_x - \boldsymbol{v}_1$$

$$v_y' = v_y$$

(7) x 軸の正の向きに速さ v_1 で移動する観測者から見た荷電粒子の加速度の x 成分 a_x', y 成分 a_y' は

$$a_x' = a_x$$

$$a_y' = a_y$$

なので,これらと(6)の結果を問 4 で求めた x 方向,y 方向の運動方程式に代入すると,移動する観測者から見た場合の x 方向,y 方向の運動方程式は

x 方向:$ma_x' = qv_y'B$

y 方向:$ma_y' = -q\,(v_x' + v_1)\,B + \dfrac{qV}{d}$

$$= -qv_x'B - qv_1B + \dfrac{qV}{d}$$

この 2 式と問 3 で求めた x 方向,y 方向の運動方程式とを比較すると

$$-qv_1B + \dfrac{qV}{d} = 0$$

となるとき,この 2 式は問 3 で求めた x 方向,y 方向の運動方程式と同じ形の式となり,移動する観測者から見た荷電粒子の運動が等速円運動となることがわかる。したがって,求める条件は

$$v_1 = \dfrac{V}{Bd}$$

参考1 問 5 より,問 4 で求めた y 方向の運動方程式において,その合力が 0 となるときの v_x が v_1 であることがわかる。これは,IIの条件下において,x 軸の正の向きに速さ v_1 で打ち出された荷電粒子が等速度運動をするということである。そして,この荷電粒子と同じ運動をする観測者が原点 O から動きはじめた荷電粒子を見ると,その荷電粒子が等速円運動をするということを意味している。これと同様の考察をする問題が,2007年度〔2〕でも出題されている。

▶問 6. 移動する観測者から見た荷電粒子は,速さ $\dfrac{V}{Bd}$ で等速円運動をしており,

移動する観測者から見た荷電粒子には,この速さに対するローレンツ力が向心力としてはたらいているとみなせる。したがって,この円運動の半径を r_1 とすると,円運動の中心方向の運動方程式は

$$m\dfrac{\left(\dfrac{V}{Bd}\right)^2}{r_1} = q\dfrac{V}{Bd}B \qquad \therefore \quad r_1 = \dfrac{mV}{qB^2d}$$

また,周期 T は

$$T = \frac{2\pi r_1}{\dfrac{V}{Bd}} = \frac{2\pi m}{qB}$$

参考2 はじめ，荷電粒子は静止しているので，荷電粒子が動きはじめた瞬間の移動する
観測者から見た荷電粒子の速度の x 成分 v_x' は

$$v_x' = 0 - v_1 = -v_1 = -\frac{V}{Bd}$$

となり，x 軸の負の向きに速さ $\dfrac{V}{Bd}$ となる。したがって，移動する観測者から見た荷電

粒子は，速さ $\dfrac{V}{Bd}$ で等速円運動をすることになる。（荷電粒子が動きはじめた瞬間の移

動する観測者から見た荷電粒子の速度の y 成分 v_y' は，$v_y' = 0$ である。）

▶問7．(8)・(9) (i)の考察より，荷電粒子は x 軸の正の向きに速さ v_1 で等速直線運
動をする点を中心に，その周りで速さ v_1 の等速円運動をしていることになる。また，
荷電粒子が原点Oから動きはじめることから，座標 x_1 に到達するのは原点Oを出発
してから時間 T 後であり，このとき座標 x_1 は円運動の中心の x 座標に等しいので

$$x_1 = v_1 T = \frac{V}{Bd} \cdot \frac{2\pi m}{qB} = \frac{2\pi m V}{qB^2 d}$$

また，最大到達距離 y_1 は

$$y_1 = 2r_1 = \frac{2mV}{qB^2 d}$$

荷電粒子が描く軌跡の概形：(8)・(9)と，静止した観測者から見ると荷電粒子は原点O
から y 軸の正の向きに動きはじめることから，静止した観測者から見た荷電粒子が描
く軌跡の概形は，下図のようになる。

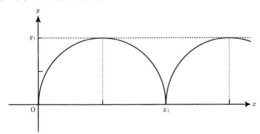

▶問8．(10) 荷電粒子が点 $\left(\dfrac{x_1}{2},\ y_1\right)$ に到達したとき，x 軸の正の向きに速さ v_1 で等

速直線運動をする観測者から見た荷電粒子の速度は，x 軸の正の向きに速さ v_1 なの
で

$$v_1 = v_x - v_1 \qquad \therefore \quad v_x = 2v_1$$

運動エネルギー：(10)より

$$\frac{1}{2} m v_x^2 = \frac{1}{2} m (2v_1)^2 = 2m v_1^2$$

静電気力による位置エネルギー：$y=0$ を静電気力による位置エネルギーの基準とすると，$y=0$ を電位 0 として，$y=y_1$ の電位は $-\dfrac{y_1}{d}V$ となることから

$$q\left(-\dfrac{y_1}{d}V\right)=-2m\left(\dfrac{V}{Bd}\right)^2=-2mv_1{}^2 \quad\left(\because\ y_1=\dfrac{2mV}{qB^2d},\ v_1=\dfrac{V}{Bd}\right)$$

別解　運動エネルギーの変化と仕事の関係より，静電気力のした仕事 W に着目すると

$$2mv_1{}^2-0=W \qquad\therefore\quad W=2mv_1{}^2$$

静電気力のした仕事 W だけその位置エネルギーは減少するので，$y=0$ を静電気力による位置エネルギーの基準とすると，$y=y_1$ における静電気力による位置エネルギーは

$$0-W=-2mv_1{}^2$$

なお，荷電粒子にはローレンツ力もはたらくが，ローレンツ力は常に荷電粒子の運動する向きに垂直にはたらくので，この力は荷電粒子に仕事をしない。

(イ)　荷電粒子の出発点における力学的エネルギーは 0 である。また，点 $\left(\dfrac{x_1}{2},\ y_1\right)$ における力学的エネルギーは，先に求めた結果より

$$2mv_1{}^2+(-2mv_1{}^2)=0$$

したがって，出発点と比較して点 $\left(\dfrac{x_1}{2},\ y_1\right)$ における力学的エネルギーは等しい。よって，正解は③。

> **参考3**　ローレンツ力は荷電粒子に仕事をしないので，このとき荷電粒子に仕事をする力は，保存力である静電気力のみである。したがって，この運動では力学的エネルギーが保存されている。

▶問9．(ウ)　電荷の符号に着目する。荷電粒子の電荷が負になると，電場から受ける力が電荷が正のときと逆向きになる。したがって，電荷が負の荷電粒子が問7の場合と同じ向きに原点Oから動きはじめるためには，電池の向き（電場の向き）を逆にする必要がある。また，電荷が負の荷電粒子が磁場から問7の場合と同じ向きに力を受けるためには，フレミングの左手の法則より，磁場の向きも逆にする必要がある。よって，正解は②。

(11)　電荷の絶対値は同じなので，質量に着目する。質量 m' の荷電粒子が問7の場合と同じ軌跡を描くためには，問5・問6で求めた v_1，T に変化がなければよい。したがって，質量 m' に対する磁束密度の大きさを B'，電圧を V' とすると

$$v_1=\dfrac{V}{Bd}=\dfrac{V'}{B'd}$$
$$T=\dfrac{2\pi m}{qB}=\dfrac{2\pi m'}{qB'}$$

2式より

$$\frac{B'}{B} = \frac{V'}{V} = \frac{m'}{m}$$

これより，質量 m' の荷電粒子が問7の場合と同じ軌跡を描くためには，磁束密度と電圧の大きさを $\dfrac{m'}{m}$ 倍にする必要があることがわかる。

　なお，v_1 の代わりに r_1 などを用いてもよい。

テーマ

　磁場からローレンツ力を受け，これを向心力としてある平面内で等速円運動をする荷電粒子に，その平面内で一定の力を常にはたらかせた場合，静止している観測者から見ると，荷電粒子の運動は等速円運動ではなくなる。しかし，平面内でその力と垂直な向きに，ある条件を満たす一定の速さで移動する観測者から見ると，荷電粒子は等速円運動をしているように見える。このことを考慮して考察すると，静止している観測者から見た荷電粒子の軌跡を描くこともできる。

　本問では，Ⅱでこのことについて考察する。このとき，常にはたらく一定の力が電場から受ける力，すなわち静電気力であり，この2通りの観測者から見た荷電粒子の運動について，丁寧な誘導によって理解が促されている。

　なお，2007年度〔2〕でも，このような荷電粒子の運動を扱っているので，参照してほしい。

59 磁場中での電子のらせん運動

(2008 年度 第 2 問)

真空中における電子の運動を考える。電子の質量を m,電荷を $-e$（$e>0$）とする。重力の影響は無視できるものとする。

Ⅰ. 電子源から電子を発生させた。この電子を,電位差 V（$V>0$）で加速した。ただし,電子の初速度は無視できるものとする。

問1 加速後の電子の速さを求めよ。

Ⅱ. 図1および図2のように,一様な磁束密度 B の磁場（磁界）が $y>0$ の領域にある。磁場の向きは,紙面裏から表向きである。磁場に対して垂直な xy 平面内で,速さ v の電子を原点 O から磁場中に入射したところ,大きさ evB のローレンツ力を受けて運動した。電子を磁場中に入射したときの時刻を 0 とする。

問2 図1のように,速さ v の電子を x 軸に対して垂直に入射したところ,円運動をはじめたが,半円を描いたところで,磁場のある領域から外に飛び出した。電子が磁場のある領域から飛び出すときの時刻と x 座標を求めよ。

問3 次に,図2のように,速さ v の電子を x 軸に対して角度 ϕ〔rad〕$\left(0<\phi<\dfrac{\pi}{2}\right)$ で入射した。磁場中と,磁場のある領域から飛び出した後の電子の軌跡を図示せよ。また,磁場のある領域から外に飛び出すときの時刻と x 座標も求めよ。

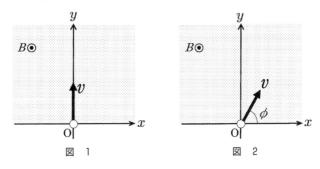

図 1 　　　　　 図 2

〔解答欄〕

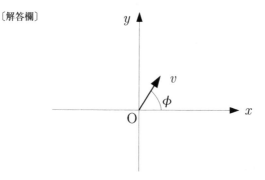

Ⅲ. 一様な磁束密度 B の磁場が全空間にある。磁場の向きは z 軸の正の向きである。

問4　電子を原点Oから磁場の向きに入射した。電子はどのような運動をするか。理由とともに述べよ。

次に，図3のように，速さ v_0 の電子を磁場の向きと角度 θ〔rad〕$\left(0<\theta<\dfrac{\pi}{2}\right)$ で原点Oから入射した。なお，電子の原点における速度ベクトルの xy 平面成分は，図3のように x 軸の正の向きと角度 ϕ〔rad〕$(0\leqq\phi<2\pi)$ をなしている。すると，電子はらせん運動をした。つまり，電子は，z 軸の方向からみたときは等速円運動，z 軸方向には等速度運動をした。

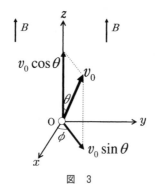

図　3

問5　この電子の等速円運動の半径と周期を求めよ。

問6　電子がこの等速円運動により一周する間に，z 軸方向に進む距離 L を求めよ。

問7　z 軸上の $z=3L$ の位置に，大きさの無視できる電子検出器を置いた。入射角度は変えずに，入射する電子の速さを，はじめの速さ v_0 から連続的に大きくし

ていった。すると、電子は、速さ v_0 のときに検出されていたが、v_0 より大きくなると検出されなくなり、ある速さで再び検出された。この時の電子の速さは、はじめの速さ v_0 の何倍であるかを求めよ。

Ⅳ. Ⅲと同じ磁場中に、z 軸を中心軸とし、z 軸方向に十分長くのびた半径 R の円筒を置いた。この円筒に電子が接触すると、電子は吸収される。また、円筒は磁場の大きさや向きに影響を与えないものとする。速さ v の電子を磁場の向きと角度 θ 〔rad〕で原点Oから入射した。

問8　角度 $\theta \left(0 < \theta < \dfrac{\pi}{2} \right)$ で入射した電子が、円筒の壁に吸収されないための、電子の速さ v の条件を求めよ。

問9　円筒の半径を $R = \dfrac{4\sqrt{2}\,mv}{3eB}$ とする。z 軸上の $z = \pi R$ の位置に、大きさの無視できる電子検出器を置き、速さ v の電子を入射した。入射角度 $\theta = 0$ のとき、電子は検出されていた。しかし、θ が 0 より大きくなると電子は検出されなくなり、ある角度で再び検出された。さらに、θ を大きくすると電子は検出されなくなった。このように、入射角度 θ を 0 から大きくするにつれて、電子は検出されたり、検出されなかったりを繰り返す。電子が検出されたときの $\cos\theta$ をすべて求めよ。

解 答

Ⅰ. ▶問1. 加速後の電子の速さを v_1 とすると,エネルギー保存則より

$$eV = \frac{1}{2}mv_1{}^2 \qquad \therefore \quad v_1 = \sqrt{\frac{2eV}{m}}$$

Ⅱ. ▶問2. 電子は磁場から大きさ evB のローレンツ力を受け,xy 平面内を反時計回りに等速円運動をする。この半径を r とすると,等速円運動の中心方向の運動方程式は

$$m\frac{v^2}{r} = evB \qquad \therefore \quad r = \frac{mv}{eB}$$

求める時刻は半円の軌道の長さ πr だけ電子が等速円運動をしたときの時刻なので,この時刻を t とすると

$$t = \frac{\pi r}{v} = \frac{\pi m}{eB}$$

また,求める x 座標を x とすると

$$x = -2r = -\frac{2mv}{eB}$$

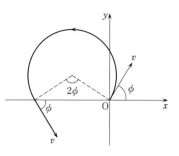

▶問3. 電子を x 軸に対して角度 ϕ〔rad〕で入射した場合,電子は中心角 $2\pi - 2\phi = 2(\pi - \phi)$〔rad〕だけ xy 平面内を反時計回りに等速円運動をし,x 軸に対して角度 ϕ〔rad〕の向きに,磁場のある領域から飛び出して,その後,速さ v で等速直線運動をする。したがって,電子の軌跡は右図のようになる。また,求める時刻は円運動の軌道の長さ $2(\pi - \phi)r$ だけ電子が等速円運動をしたときの時刻なので,この時刻を t' とすると

$$t' = \frac{2(\pi - \phi)r}{v} = \frac{2(\pi - \phi)m}{eB} \qquad \left(\because \quad 問2より,\ r = \frac{mv}{eB} \right)$$

また,求める x 座標を x' とすると,図示した電子の軌跡より

$$x' = -2r\sin\phi = -\frac{2mv\sin\phi}{eB}$$

Ⅲ. ▶問4. 磁場の向きと平行な方向に運動するので,電子は磁場からローレンツ力を受けず,z 軸上で正の向きに等速直線運動をする。

▶問5. z 軸の方向から電子の運動をみた場合,電子は磁場から大きさ

$$e \times v_0\sin\theta \times B = ev_0B\sin\theta$$

のローレンツ力を受け,等速円運動をする。この半径を r_0 とすると,等速円運動の中心方向の運動方程式は

$$m \frac{(v_0 \sin\theta)^2}{r_0} = ev_0 B \sin\theta \qquad \therefore \quad r_0 = \frac{mv_0 \sin\theta}{eB}$$

等速円運動の周期を T とすると

$$T = \frac{2\pi r_0}{v_0 \sin\theta} = \frac{2\pi m}{eB}$$

▶問6．z 軸方向には速さ $v_0 \cos\theta$ で等速直線運動をするので

$$L = v_0 \cos\theta \times T = \frac{2\pi m v_0 \cos\theta}{eB}$$

▶問7．$z = 3L$ の位置に電子検出器が置かれているので，入射する電子の速さが v_0 のとき，電子は z 軸の方向からみて等速円運動を3周して検出される。電子の速さを v_0 から連続的に大きくしていくと，次に検出されるのは，電子が z 軸の方向からみて等速円運動を2周するときである。このとき，電子は等速円運動により1周する間に，z 軸方向に距離 $\frac{3}{2}L$ 進むので，電子の速さは $\frac{3}{2}v_0$ になっている。

したがって，$\frac{3}{2}$ 倍。

Ⅳ．▶問8．下図は，z 軸の方向からみた電子の等速円運動の軌跡である。

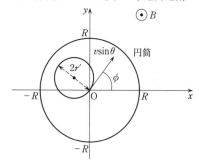

これより，電子が円筒の壁に吸収されないための条件は，等速円運動の半径を r' とすると

$$2r' < R$$

また，問5の結果より $\qquad r' = \frac{mv\sin\theta}{eB}$

したがって

$$\frac{2mv\sin\theta}{eB} < R \qquad \therefore \quad v < \frac{eBR}{2m\sin\theta}$$

▶問9．電子が電子検出器で検出されるためには，円筒の壁に吸収されないことが第1条件である。したがって，問8より

$$2r' < R$$

$$\frac{2mv\sin\theta}{eB} < \frac{4\sqrt{2}\,mv}{3eB}$$

$$\sin\theta < \frac{2\sqrt{2}}{3}$$

$$\therefore\quad \cos\theta > \frac{1}{3} \quad \cdots\cdots ①$$

次に，電子が z 軸の方向からみて等速円運動を1周する間に，z 軸方向に進む距離を L' とすると，問6の結果より

$$L' = \frac{2\pi mv\cos\theta}{eB}$$

なので，電子が電子検出器で検出されるための第2条件は

$$z = \pi R = nL' \quad (n = 1,\ 2,\ 3,\ \cdots)$$

である。したがって

$$\frac{4\sqrt{2}\pi mv}{3eB} = \frac{2n\pi mv\cos\theta}{eB}$$

$$\therefore\quad \cos\theta = \frac{2\sqrt{2}}{3n} \quad \cdots\cdots②$$

①，②をともに満たすとき，電子は検出される。これらを満たす n の値は

$$n = 1,\ 2$$

なので，求める $\cos\theta$ の値は

$$\boldsymbol{\cos\theta = \frac{2\sqrt{2}}{3},\ \frac{\sqrt{2}}{3}}$$

テーマ

　　磁束密度の大きさが B の一様な磁場中で，磁場の向きと角度 θ〔rad〕をなす向きに，質量 m，電気量 $q\,(>0)$ の荷電粒子を速さ v で入射する。このとき，荷電粒子は，磁場の向きに速度 $v\cos\theta$ で等速直線運動をし，磁場に垂直な向きに速さ $v\sin\theta$ で等速円運動をする。この結果，荷電粒子はらせん運動をすることがわかる。また，この等速円運動の半径を r とすると，等速円運動の中心方向の運動方程式より

$$m\frac{(v\sin\theta)^2}{r} = qv\sin\theta\cdot B \qquad \therefore\quad r = \frac{mv\sin\theta}{qB}$$

周期を T とすると $\qquad T = \dfrac{2\pi r}{v\sin\theta} = \dfrac{2\pi m}{qB}$

と表される。

　　本問では，らせん運動をする電子について，等速円運動の周期を考慮し，等速円運動を1周する間に磁場の向きにどれだけ電子が進むかを考えることによって，電子の検出を考察する。

磁場中での重力のはたらく荷電粒子の運動

(2007年度　第2問)

磁束密度の大きさ B の一様な磁場（磁界）が，鉛直下向きにかけられている。重力加速度を g として，以下の問に答えよ。

図1のように，十分に広いなめらかな水平面上に (x, y) 座標が設定されている。z 軸は平面に垂直上向きとする。この水平面上では，質量 m で電荷 e（$e>0$）の質点（小物体）は，磁場によるローレンツ力を受けて周期 $\dfrac{2\pi m}{eB}$ の等速円運動をする。

問1　質点の速度の x 成分，y 成分がそれぞれ v_x, v_y，加速度の x 成分，y 成分がそれぞれ a_x, a_y であるとき，ma_x, ma_y をそれぞれ求めよ。速度と加速度は，x, y の正の向きをそれぞれ正の向きとする。

次に，図2のように，この平面を y 軸が水平面と角度 θ をなすように傾けた。x 軸は水平をたもち，y 軸は斜め上方を向いている。z 軸は平面に垂直上向きとする。磁場の大きさ，方向は変わらないので，磁場の y 成分は $-B\sin\theta$，z 成分は $-B\cos\theta$ となる。

この質点が斜面から離れずに運動するときについて考える。斜面上を運動する質点の速度の x 成分，y 成分をそれぞれ v_x, v_y，質点の加速度の x 成分，y 成分をそれぞれ a_x, a_y とする。速度と加速度は，x, y の正の向きをそれぞれ正の向きとする。

問2　この質点に斜面から働く垂直抗力を求めよ。

問3　ma_x, ma_y をそれぞれ求めよ。

問4　質点を原点から，x の正の向きにある速さ v_0 で打ち出すと，質点は等速直線運動をおこなった。v_0 を求めよ。

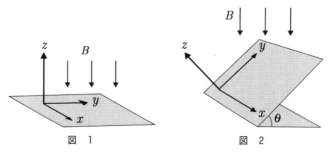

図　1　　　　　　　　　　　図　2

　問4で得られた一定値v_0を用いて，質点の速度のx成分，y成分をそれぞれ $v_x = v_0 + w_x$, $v_y = w_y$ と書き表そう。これを問3で得られた運動方程式に代入して得られる，w_x と w_y が満たす方程式と，問1で得られた運動方程式を比べてみよう。w_x, w_y の時間に対する変化の仕方は，v_x, v_y の時間に対する変化の仕方と同様であることから，w_x, w_y は等速円運動をする質点の速度と同じふるまい（時間変化）をするであろう。これにより，この斜面上の質点の運動は，「速さv_0で等速直線運動をする中心」の周りの等速円運動であることがわかる。したがって，$\sqrt{w_x{}^2 + w_y{}^2}$ は一定である。以下の問ではv_0を用いて答えてもよい。

　質点を原点から，xの正の向きにある速さv_1で打ち出した。すると，質点は斜面を離れずに原点よりも高い位置（$y \geqq 0$）を運動した。

問5　質点が最も高い位置（y座標が最大となる位置）に来た時の速度のx成分v_xの値を求めよ。

問6　原点から打ち出した質点が最初に到達する最も高い位置のx座標，y座標を，導出方法の概略を記して求めよ。また，原点からその位置に達する間に，磁場によるローレンツ力が質点にした仕事，重力が質点にした仕事をそれぞれ求めよ。

解 答

▶問1. 質点にはたらく力の x 成分を F_x とし,ローレンツ力の x 成分の向きを考えると

$$F_x = -ev_yB$$

したがって $\qquad ma_x = -ev_yB$

質点にはたらく力の y 成分を F_y とし,ローレンツ力の y 成分の向きを考えると

$$F_y = ev_xB$$

したがって $\qquad ma_y = ev_xB$

▶問2. y-z 平面内について考える。質点にはたらく垂直抗力を N とすると,質点にはたらく力は右図のようになる。質点は x-y 平面内を運動するので,z 軸方向では力のつりあいが成り立つ。したがって

$$N = ev_xB\sin\theta + mg\cos\theta$$

▶問3. 質点にはたらく力の x 成分 F_x は,ローレンツ力の x 成分の向きを考えると

$$F_x = -e \times v_y \times B\cos\theta = -ev_yB\cos\theta$$

したがって $\qquad ma_x = -ev_yB\cos\theta$

質点にはたらく力の y 成分 F_y は,問2の図より,ローレンツ力の y 成分の向きを考え,重力の y 成分と合成すると

$$F_y = ev_xB\cos\theta - mg\sin\theta$$

したがって

$$ma_y = ev_xB\cos\theta - mg\sin\theta$$

▶問4. 質点が x 軸方向に等速直線運動をするとき $\qquad F_y = 0$

したがって,問3の結果より

$$ev_0B\cos\theta - mg\sin\theta = 0$$

$$\therefore \quad v_0 = \frac{mg\sin\theta}{eB\cos\theta} = \frac{mg}{eB}\tan\theta$$

▶問5. 質点は,x 軸の正の向きに速さ v_0 で等速直線運動をする中心のまわりを等速円運動しているので,中心から見た質点の速さは $v_1 - v_0$ である。質点が最も高い位置に来たときには,質点の速さは中心から見ると x 軸の負の向きに $v_1 - v_0$ なので,このときの質点の速度の x 成分 v_x は

$$v_x = v_0 + \{-(v_1 - v_0)\} = 2v_0 - v_1$$

▶問6. 最も高い位置の x 座標,y 座標:中心から見た質点の速さは $v_1 - v_0$ である。この等速円運動の周期を T とすると

$$T = \frac{2\pi m}{eB\cos\theta}$$

となるので，その半径を r とすると

$$r = \frac{(v_1 - v_0)\,T}{2\pi} = \frac{m\,(v_1 - v_0)}{eB\cos\theta}$$

質点が最初に最も高い位置に到達するのは，原点から質点を打ち出してから時間 $\dfrac{T}{2}$

後で，このときの質点の x 座標は等速円運動の中心の x 座標に等しいことから

$$x = v_0 \times \frac{T}{2} = \frac{\pi m v_0}{eB\cos\theta}$$

また，このときの質点の y 座標は

$$y = 2r = \frac{2m\,(v_1 - v_0)}{eB\cos\theta}$$

ローレンツ力が質点にした仕事：磁場によるローレンツ力は，常に質点の運動する向きに垂直にはたらくので，題意の間にこの力が質点にした仕事は 0 である。

重力が質点にした仕事：題意の間に質点が鉛直方向に上昇する距離を l とすると

$$l = 2r\sin\theta = \frac{2m\,(v_1 - v_0)\tan\theta}{eB}$$

したがって，題意の間に重力が質点にした仕事を W とすると

$$W = -mgl = -\frac{2m^2 g\,(v_1 - v_0)\tan\theta}{eB}$$

別解　重力が質点にした仕事：求める仕事を W とすると，原点から最高点に達する間での運動エネルギーの変化は，ローレンツ力がした仕事と W の和に等しい。したがって

$$\frac{1}{2}m\,(2v_0 - v_1)^2 - \frac{1}{2}mv_1{}^2 = 0 + W$$

$$\therefore\quad W = \frac{1}{2}m\,(4v_0{}^2 - 4v_0 v_1) = -2mv_0\,(v_1 - v_0)$$

なお，この結果の式中の v_0 のうち，前に位置する v_0 に問4で求めた $v_0 = \dfrac{mg}{eB}\tan\theta$ を代入すると，本解と同じ結果となる。

参考　問題文の説明どおりに $v_x = v_0 + w_x = \dfrac{mg}{eB}\tan\theta + w_x$，$v_y = w_y$ を問3で得られた運動方程式に代入すると

$$ma_x = -ew_y B\cos\theta \qquad ma_y = ew_x B\cos\theta$$

となり，問題文の説明が正しいことがわかる。

61 ソレノイドによる誘導電場・磁場中での荷電粒子の運動

(2006 年度 第 2 問)

以下の文中の ____ にふさわしい式または語句を解答欄に記入せよ。

補足説明：重力の影響は考えなくてよい。

図のように，厚さの無視できる十分広い平らな板が平面 $y=0$ に固定され，z 軸の正の向き（この紙面に垂直で裏から表に向かう向き）に，磁束密度 B の時間的に変化しない一様な磁場（磁界）が全空間に存在している。さらに，半径 b の無限に長い円筒状のソレノイドが，その中心軸が z 軸に一致するように設置されている。ソレノイドに電流を流すことにより，その外部の磁場を変えずに，内部に一様な磁場を加えることができる。

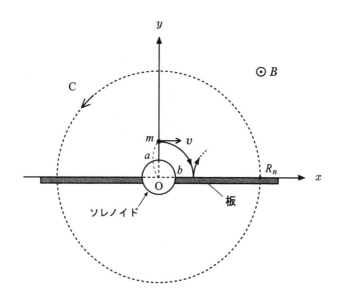

最初，ソレノイドには一定の電流が流れていて，ソレノイドの内部の磁束密度の z 成分は $B+B_1$ に保たれている。板からの距離が a $(a>b)$ の点 $(x, y, z) = (0, a, 0)$ から，質量 m，電荷 q の小球を x 軸の正の向きに速さ v で射出したところ，小球は板に垂直に入射して弾性衝突をした。このことから，電荷 q の符号は ___(1)___ で，$v=$ ___(2)___ であることがわかる。その後も小球は，板と 2 回目以降の弾性衝突をくり返しながら，運動を続けた。n 回目の衝突の起こる位置の x 座標を $x = R_n$ とすると，

$R_n =$ ☐(3) （n, a を用いて表せ）であり，その衝突の直前の小球の運動量の x 成分と y 成分はそれぞれ ☐(4) , ☐(5) （v を用いて解答してよい）である。ただし，衝突の前後で小球の電荷は変わらないとする。以下では，R_n を用いて解答してよい。

　ソレノイドの磁束密度を時間的に変化させると，周囲の空間に電場（電界）が誘導され，ソレノイドを中心とした同心円状の電気力線が発生する。この電場によって，板との n 回目の衝突の直前に小球を静止させることを考えよう。

　n 回目の衝突の直前の非常に短い時間 Δt の間，ソレノイドがその内部につくる磁束密度を B_1 から $B_1 + \Delta B_1$ まで一定の割合 $\dfrac{\Delta B_1}{\Delta t}$ で変化させて，その後は一定の値 $B_1 + \Delta B_1$ に保つ。この過程で誘導される電場は，小球の軌道とは無関係に決まる。今の場合，平面 $z=0$ 内で，原点Oを中心とする半径 R_n の円C（図参照）を考えると，C上の各点において同じ強さの電場がCに沿って（接線方向に）誘導されることが知られている。Cを仮想的な回路と見たとき，それを貫く磁束の時間変化から，Cの一周にわたる誘導起電力は，$V =$ ☐(6) と求まる。ただし，誘導起電力の向きは，Cの反時計まわり（図のCに描かれた矢印の向き）を正の向きとして，(6)は符号も含めて答えよ。板上の点 $(x, y, z) = (R_n, 0, 0)$ での誘導電場の y 成分を E とすると，E と V との間に ☐(7) という関係式が成り立つので，時間 Δt の間に小球がこの誘導電場から受ける力積の y 成分は，☐(8) （ΔB_1 を含む式で表せ）で与えられる。(7), (8)は符号も含めて答えよ。

　Δt は十分短く，誘導電場による力は撃力として扱えるとすると，n 回目の衝突の直前で小球を静止させるには，$\Delta B_1 =$ ☐(9) （B を含む式で，符号も含めて答えよ）とすればよいことがわかる。

解 答

▶(1) 小球には原点Oに向けてローレンツ力がはたらいているので,フレミングの左手の法則より,小球は正の電荷をもつことがわかる。したがって,電荷 q の符号は**正**である。

▶(2) 板に垂直に入射したことから,小球はローレンツ力を向心力として半径 a の等速円運動をしていることがわかる。したがって,小球の円運動の中心方向の運動方程式は

$$m\frac{v^2}{a}=qvB \qquad \therefore \quad v=\frac{qBa}{m}$$

▶(3) 小球は板と弾性衝突を繰り返すため,半径 a の等速円運動の半円分の運動を繰り返す。これより

$n=1$ のとき $\qquad R_1=a$

$n=2$ のとき $\qquad R_2=a+2a=3a$

$n=3$ のとき $\qquad R_3=a+2\times 2a=5a$

$$\vdots$$

となることから

$$R_n=a+(n-1)\times 2a=(2n-1)\,a$$

▶(4)・(5) 小球は板と衝突するたびに,板に垂直に入射して弾性衝突を繰り返す。これより,衝突直前の小球の速度の x 成分は 0 なので,運動量の x 成分は **0** である。また,衝突直前の小球の速度の y 成分は $-v$ なので,運動量の y 成分は **$-mv$** である。

▶(6) 磁束密度の変化は,ソレノイドの内部(断面積 πb^2)で生じているので,Cの一周にわたる誘導起電力は,レンツの法則を用いて誘導起電力の向きを考慮すると

$$V=-\frac{\Delta B_1\times\pi b^2}{\Delta t}=-\pi b^2\frac{\varDelta B_1}{\varDelta t}$$

▶(7) 点 $(x,\ y,\ z)=(R_n,\ 0,\ 0)$ での誘導電場の向きは y 方向である。したがって,Cの円周の長さが $2\pi R_n$ であることから

$$E\times 2\pi R_n=V \qquad \therefore \quad E=\frac{V}{2\pi R_n}$$

▶(8) 小球が誘導電場から受ける力の y 成分を F とすると

$$F=qE$$

したがって,時間 Δt の間に小球が誘導電場から受ける力積の y 成分は

$$F\Delta t=qE\Delta t=\frac{qV\Delta t}{2\pi R_n}$$

V の値を代入すると $\qquad F\Delta t=-\frac{qb^2\varDelta B_1}{2R_n}$

▶(9)　n 回目の衝突直前に，瞬間的に y 方向に $-\dfrac{qb^2 \Delta B_1}{2R_n}$ だけ力積を与えて小球を静止させるので，y 方向についての小球の運動量変化と力積の関係より

$$0 - (-mv) = -\frac{qb^2 \Delta B_1}{2R_n} \qquad \therefore \quad \Delta B_1 = -\frac{2mvR_n}{qb^2}$$

v の値を代入すると　　$\Delta B_1 = -\dfrac{2BaR_n}{b^2}$

62 2重にしたソレノイドを用いたベータトロンの原理

(2003 年度　第 3 問)

　単位長さあたりの巻き数が n の無限に長いソレノイドに強さ I の電流を流すと，ソレノイドの内側には，磁束密度 $B = \mu_0 n I$ の一様な磁場（磁界）がソレノイドの軸に沿った方向に生じ，ソレノイドの外側には磁場は生じない。ここで，μ_0 は真空の透磁率である。以下の文中の　　　に適切な数式を書き入れよ。ただし，(9)については，正しい語句の記号を○で囲め。

　図のように，2 つの無限に長いソレノイドが，それらの軸が一致するように置かれている。内側のソレノイド S1 の半径は R_1，外側のソレノイド S2 の半径は R_2 であり，ソレノイドの単位長さあたりの巻き数はどちらも n である。S1 に強さ I_1 の電流を，S2 に強さ I_2 の電流を，図に示した向きに流す。図のように座標軸をとると，磁束密度の z 成分は，符号を含めて，S2 の外側では　(1)　，S1 と S2 の間では　(2)　，S1 の内側では　(3)　となる。

　この状態で，図のように，$z = 0$ 面内の S1 と S2 の間で，ソレノイドの軸を中心とした半径 R_0 の円周上を，電子が等速円運動をしている。電子の電荷を $-e$，質量を m とする。電子が $x = R_0$，$y = 0$，$z = 0$ の位置に来たときの，電子の運動量の x, y, z 成分は，それぞれ，$p_x =$　(4)　，$p_y =$　(5)　，$p_z = 0$ である。また，この電子の円軌道で囲まれた領域を z 軸の正の向きに貫く，ソレノイドによる磁束 Φ は，$\Phi =$　(6)　で与えられる。以下では，$z = 0$ 面内の電子の円運動によって生じる磁束は考えなくてよい。

　次に，時間 Δt をかけて，S1 の電流値を $I_1 - \Delta I_1$ $(\Delta I_1 > 0)$ にまで一定の割合で減少させ，また同時に，S2 の電流値を $I_2 + \Delta I_2$ $(\Delta I_2 > 0)$ にまで一定の割合で増加させた。その後，S1 と S2 の電流値を，それぞれ $I_1 - \Delta I_1$ および $I_2 + \Delta I_2$ に保った。電流が変化している間，電子の運動量は電磁誘導による力を受けて変化し，電子にはたらく遠心力は変化した。他方，電子には磁場によるローレンツ力もはたらいている。ここで，ΔI_1 と ΔI_2 を調整したところ，電流を変化させている間も変化させた後も，電子は電流を変化させる前と同じ円軌道上を運動した。このときの，ΔI_1 と ΔI_2 の間の関係を求めよう。ただし，ソレノイドの自己誘導やソレノイド間の相互誘導の影響は考えなくてよい。

　時間 Δt の間の電流の変化にともなう磁束 Φ の変化 $\Delta \Phi$ を ΔI_1 および ΔI_2 を含んだ式で表すと，$\Delta \Phi =$　(7)　となる。磁束が変化している間に生じる，電子の軌道一周にわたる誘導起電力は，$-\dfrac{\Delta \Phi}{\Delta t}$ で与えられる。この起電力に対応して，電子の軌道に

沿って一定の強さの電場（電界）が生じると考えられる。その電場の強さは，$\Delta\Phi$ を含んだ式で，　(8)　と表され，電場の向きは，電子の運動方向と　(9)　(a)同じ向き　(b)反対向き　である。この電場による力を受け，電子の運動量の大きさは，時間 Δt の間に，p から p' に変化した。運動量の大きさの変化 $\Delta p = p' - p$ は，$\Delta\Phi$ を含んだ式で，$\Delta p =$　(10)　と表される。ソレノイドの電流の変化にともなって，電子の位置での磁束密度の z 成分 B_z は B_z' に変化したが，電子が電流の変化前と同じ円軌道上を運動するためには，電流の変化後の磁束密度 B_z' と電子の運動量の大きさ p' の間に $p' =$　(11)　という関係式がなりたてばよい。ところで，B_z' を μ_0, n, I_2, ΔI_2 を用いて表すと，$B_z' =$　(12)　である。以上より，ΔI_1 と ΔI_2 の間には，$\dfrac{\Delta I_2}{\Delta I_1} =$　(13)　という関係が必要なことがわかる。なお，(13)では，計算の過程も示すこと。

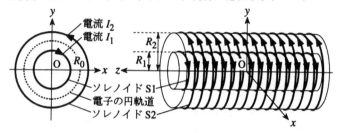

解 答

▶(1)～(3)　ソレノイド S1 に流れる電流はその内側で z 軸の負の向きに，ソレノイド S2 に流れる電流はその内側で z 軸の正の向きに磁場を生じさせる。

各領域での磁束密度の z 成分 B_z は，これらの磁場の重ね合わせより

S2 の外側　　　：$B_z = 0 + 0 = \boldsymbol{0}$

S1 と S2 の間：$B_z = 0 + \mu_0 n I_2 = \boldsymbol{\mu_0 n I_2}$

S1 の内側　　　：$B_z = -\mu_0 n I_1 + \mu_0 n I_2 = \boldsymbol{\mu_0 n (I_2 - I_1)}$

▶(4)・(5)　S1 と S2 の間で等速円運動をしている電子は，磁場から受けるローレンツ力を向心力としているので，フレミングの左手の法則より，電子は電流 I_2 と同じ向きに円運動していることがわかる。その速さを v とすると，(2)の結果より，電子の円運動の中心方向の運動方程式は

$$m\frac{v^2}{R_0} = evB_z = \mu_0 nevI_2 \qquad \therefore \quad mv = \mu_0 neR_0 I_2$$

したがって，電子が $x = R_0$，$y = 0$，$z = 0$ の位置にきたときの運動量の各成分は

$$\begin{cases} p_x = \boldsymbol{0} \\ p_y = mv = \boldsymbol{\mu_0 neR_0 I_2} \\ p_z = \boldsymbol{0} \end{cases}$$

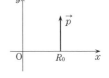

▶(6)　電子の円軌道で囲まれた領域を z 軸の正の向きに貫く磁束 Φ は，(2)・(3)の結果より

$$\Phi = \mu_0 n I_2 \times (\pi R_0^2 - \pi R_1^2) + \mu_0 n (I_2 - I_1) \times \pi R_1^2$$

$$= \pi\mu_0 n (R_0^2 I_2 - R_1^2 I_1)$$

▶(7)　時間 Δt 後，S1 の電流値が $I_1 - \Delta I_1$ に，S2 の電流値が $I_2 + \Delta I_2$ になったときの磁束 $\Phi + \Delta\Phi$ は，(6)と同様に考えると

$$\Phi + \Delta\Phi = \pi\mu_0 n \{R_0^2(I_2 + \Delta I_2) - R_1^2(I_1 - \Delta I_1)\}$$

したがって，(6)の結果より

$$\Delta\Phi = \pi\mu_0 n \{R_0^2(I_2 + \Delta I_2) - R_1^2(I_1 - \Delta I_1)\} - \pi\mu_0 n (R_0^2 I_2 - R_1^2 I_1)$$

$$= \pi\mu_0 n (R_0^2 \boldsymbol{\Delta I_2} + R_1^2 \boldsymbol{\Delta I_1})$$

▶(8)　誘導起電力に対応して生じる電場の強さを E とすると，これは半径 R_0 の円軌道上での単位長さ当たりの電位差に等しいから

$$\frac{\Delta\Phi}{\Delta t} = E \times 2\pi R_0 \qquad \therefore \quad E = \frac{\boldsymbol{\Delta\Phi}}{\boldsymbol{2\pi R_0 \Delta t}}$$

▶(9)　レンツの法則より，この誘導電場は磁束の変化 $\Delta\Phi$ を妨げる向きに，すなわち，誘導電流が z 軸の負の向きに磁場を作るように生じるので，電場の向きは電子の運動する向きと(b)反対向きである。

▶(10) (9)より, この電場から受ける電子の運動する向きの力は

$$-e \times (-E) = eE$$

運動量の変化はこの力による力積に等しいから

$$\Delta p = eE \times \Delta t = \frac{e\Delta\Phi}{2\pi R_0}$$

▶(11) 電子が電流の変化前と同じ半径 R_0 の円軌道上を運動するとき, その速さを v' とすると, 電子の円運動の中心方向の運動方程式は

$$m\frac{v'^2}{R_0} = ev'B_z' \qquad \therefore \quad p' = mv' = eR_0B_z'$$

▶(12) 電子は S1 と S2 の間で等速円運動をしているから, (2)と同様に考えると

$$B_z' = \mu_0 n (I_2 + \Delta I_2)$$

▶(13) (11)の結果より

$$\Delta p = p' - p = eR_0(B_z' - B_z)$$

この式と, (2)・(12)の結果より

$$\Delta p = eR_0\{\mu_0 n (I_2 + \Delta I_2) - \mu_0 n I_2\}$$
$$= \mu_0 n e R_0 \Delta I_2$$

また, (7)・(10)の結果より

$$\Delta p = \frac{e \times \pi \mu_0 n (R_0{}^2 \Delta I_2 + R_1{}^2 \Delta I_1)}{2\pi R_0} = \frac{\mu_0 n e (R_0{}^2 \Delta I_2 + R_1{}^2 \Delta I_1)}{2R_0}$$

この2式より

$$\mu_0 n e R_0 \Delta I_2 = \frac{\mu_0 n e (R_0{}^2 \Delta I_2 + R_1{}^2 \Delta I_1)}{2R_0}$$

$$2R_0{}^2 \Delta I_2 = R_0{}^2 \Delta I_2 + R_1{}^2 \Delta I_1$$

$$\therefore \quad R_0{}^2 \Delta I_2 = R_1{}^2 \Delta I_1$$

したがって

$$\frac{\Delta I_2}{\Delta I_1} = \left(\frac{R_1}{R_0}\right)^2$$

ベータトロンは，電磁石による磁場の変化によって生じる誘導電場を利用して，電子を加速させる装置である。

右図のような装置で，ベータトロンの原理を考えてみる。コイルに電流を流し，これを増加させるとき，ドーナツ管内の電子は，電流の増加に伴う磁場の変化により生じる誘導電場によって加速される。この装置では，電子の回転軌道内部の磁場が一様にならない構造をとっており，電子の回転半径が一定となるように，電子の加速に応じて電子の回転軌道上の磁場も強くなるように，コイルに電流を流すことができる。したがって，電子はこのドーナツ管内で加速され，高速回転する。

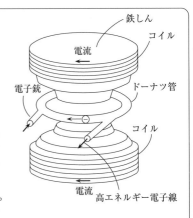

このように加速された高エネルギー電子線を用いて，原子核の研究などが行われている。

なお，本問(13)の結果をベータトロン条件といい，これが満たされるとき，電子は一定の回転半径の円運動をしながら加速される。

第5章　原　子

第5章　原　子

節	番号	内　　容	年　度
原子 原子核	63	原子番号が Z の原子モデルから放出される固有X線	2022 年度〔3〕B
	64	量子条件と振動数条件を課した荷電粒子の円運動	2021 年度〔3〕B
	65	陽子と重陽子の衝突による核融合反応	2019 年度〔3〕B
	66	ボーアの水素原子モデル	2018 年度〔3〕A

対策

　原子分野は，現代における科学技術の発展の礎となっている重要な分野で，興味深い内容のものが多い。また，原子分野の内容は，原子分野特有の基礎知識さえ与えられると，前出の4分野で学んできた物理法則を用いることで理解できるものも多い。すなわち，前出の4分野の発展的内容として位置づけることができる。

　原子分野は，過去にはよく出題されていたが，2006 年度から 2014 年度までは出題範囲外となっていた。しかし，2015 年度からの教育課程での入試では，再び出題範囲に含まれている。2015 年度以降ではすでに出題されており，今後も十分な対策が必要である。

対策　①頻出項目

□　原子モデル

　ボーアの水素原子モデルに関する問題がよく出題される。まず，水素原子中の電子について，量子条件や振動数条件を十分に理解したい。その上で，水素原子から放出される光子が水素原子のスペクトルを示すという結論までの一連の理論を，教科書や参考書を通じて十分に理解しておきたい。この理論では，ボーア半径やリュードベリ定数の導出など，煩雑な計算を行うことが多いので，計算力も養っておきたい。また，この理論を応用して考察させるような問題も出題されているので，注意が必要である。

□　光・X線の粒子性，電子の波動性

　粒子と波動の二重性についての問題は，過去には頻出であった。光やX線の粒子性としては，原子からの光の放出やコンプトン効果などについて，電子の波動性としては，電子線の回折などについて理解を深めておきたい。これらの問題では，力学や波動分野の知識を利用して考察するものが多いので注意しておきたい。なお，光子とし

てのエネルギーや運動量の式，電子波としての波長の式は覚えておかなければならない。

対策　②注意の必要な項目

□　トムソンの実験，ミリカンの実験

　電子の存在を突き止めるに至る過程での重要な実験で，これらの実験そのものがそのまま問題になることが多い。トムソンの実験からは陰極線粒子（電子）の比電荷が，ミリカンの実験からは電気素量が求まり，これらの結果から電子の質量も求まる。いずれの実験でも電磁場中での荷電粒子（電子）の運動を考察する必要があり，荷電粒子（電子）が電磁場から受ける力を正しく理解しておかなければならない。これらの実験については，教科書や参考書を通じてその原理などの理解に努めておきたい。

□　光電効果

　光の粒子性を示す代表的な物理現象である。光電管を用いた回路に光電流が流れる実験を扱った問題がよく出題される。光量子仮説によって現象を十分に理解をした上で，限界振動数や仕事関数，阻止電圧などの関係について理解を深めておきたい。また，照射する光の強さと光電流の強さとの関係などについても，グラフを交えて問われることが多いので，注意が必要である。

□　原子核

　ウラン原子核の崩壊・核分裂についてや，水素原子核の核融合についての出題がみられる。崩壊の半減期や核分裂・核融合による核エネルギーの放出などについては，必ず理解しておかなければならない。また，質量とエネルギーの等価性・質量欠損に関する計算や，エネルギーの単位として電子ボルト〔eV〕を用いた計算などにも慣れておきたい。

1 原子・原子核

63 原子番号が Z の原子モデルから放出される固有X線
(2022年度 第3問B)

X線は可視光や紫外線よりも波長の短い光であり, 加速した電子を物質の表面に照射すると発生する。

I. 図1のような装置を使用して, X線を発生させる場合について考える。ただし, フィラメントの電源の電圧 V_0 は, 高圧電源の電圧 V に対して十分に小さい。

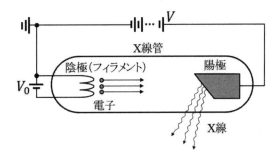

図 1

陰極・陽極間に高電圧 V を加えるとX線が発生し, 発生するX線の波長とその強度の関係（X線波長スペクトル）は, 図2のようになる。連続X線と, 特定の波長に強い強度をもつ固有X線（特性X線）が発生することがわかる。電子の質量を m, 電子の電荷を $-e$, プランク定数を h, 光の速さを c として, 以下の問に答えよ。

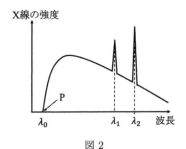

図 2

問 1 図2に示されている点Pの波長（最短波長）λ_0 を h, c, m, e および V の
うち必要なものを用いて表せ。

II. 図3のような原子モデルを使って，原子番号が Z $(10 < Z \leqq 18)$ の原子が放出
する固有X線を考える。中心に電荷 $+Ze$ を持つ原子核があり，そのまわりを電
子が等速円運動している。

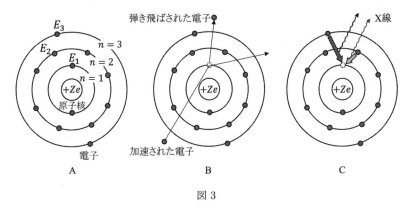

図 3

軌道上の電子は，次の量子条件にしたがう。

| 量子条件 | 原子内の電子は，円軌道の周の長さが物質波の波長の n 倍（n は正の
整数）であるときに，定常状態として安定に存在できる。

円軌道上の電子は，図3Aのように，定まった個数（$n = 1$ の軌道には2個，$n = 2$
の軌道には8個，…）だけ，低いエネルギー準位から状態を占めていく。同一
（n 番目）の軌道にある電子は，同じエネルギー準位 E_n をもつとする（$E_n < 0$）。
円軌道にある電子には，原子核との間にクーロン力がはたらき，他の電子から力
は受けないとする。ただし，$n \geqq 2$ の軌道にある電子からは，より内側の軌道に
ある電子の数の分だけ，原子核の電荷を打ち消すように見えるため，クーロン力
は補正を受ける（例えば，図3Aの $n = 2$ の軌道にある電子からは，原子核の電
荷が $+(Z-2)e$ に見える）。

固有X線は，次の振動数条件にしたがって放出される。

| 振動数条件 | 図3Bのように，加速された電子が原子内の電子を弾き飛ばしたと
き，図3Cのように，外側の軌道の電子がより内側の軌道に移って，エネル
ギー準位差に対応する振動数のX線が放出される。

軌道上の電子の速さは，光の速さ c より十分に遅いとして，以下の問に答えよ。

問 2 図3Aの $n=3$ の軌道の半径を r_3 としたとき，クーロン力と遠心力のつり合いの関係から，r_3 を，h，m，e，Z，真空中のクーロンの法則の比例定数 k_0 を用いて表せ。

問 3 図3Aのエネルギー準位 E_2，E_3 を，水素原子（$Z=1$）の基底状態の電子のエネルギー準位 E_H と Z のみを使ってそれぞれ表せ。ただし，クーロン力による位置エネルギーは無限遠をゼロ（基準）とする。

問 4 図2に示されている固有X線の2つのピークは，図3Cのように，電子が $n=2$ から $n=1$ と，$n=3$ から $n=1$ の軌道へ移るときに放出されるX線に対応する。固有X線が放出される直前には，$n=1$ の軌道にある電子の数は1個であることに注意して，固有X線の波長 λ_2 を，E_H，Z，h，c を使って表せ。

解　答

I．▶問1．λ_0 は，陽極に入射する電子の運動エネルギーのすべてが，1個のX線光子のエネルギーになるときの波長なので

$$eV = \frac{hc}{\lambda_0} \qquad \therefore \quad \lambda_0 = \frac{hc}{eV}$$

参考1 連続X線の最短波長 λ_0 は，陽極の物質によらず，高圧電源の電圧 V によって決まる。

II．▶問2．図3Aの $n=3$ の軌道の電子について，速さを v_3 とする。量子条件より

$$2\pi r_3 = 3\frac{h}{mv_3}$$

クーロン力と遠心力とのつり合いの関係より

$$k_0 \frac{(Z-10)\,e \cdot e}{r_3{}^2} = m\frac{v_3{}^2}{r_3}$$

2式より，v_3 を消去すると

$$r_3 = \frac{9h^2}{4\pi^2 k_0 m\,(Z-10)\,e^2}$$

参考2 図3Aの $n=3$ の軌道にある電子からは，内側の軌道にある電子の数が10個なので，原子核の電荷が $+(Z-10)\,e$ に見える。

▶問3．水素原子の基底状態の電子について，軌道半径を r，速さを v とする。問2と同様に考えると

$$r = \frac{h^2}{4\pi^2 k_0 m e^2}$$

これより，E_H について

$$E_H = \frac{1}{2}mv^2 - k_0\frac{e^2}{r} = -\frac{k_0 e^2}{2r} \qquad \left(\because \quad k_0\frac{e^2}{r^2} = m\frac{v^2}{r} \right)$$

$$= -\frac{2\pi^2 k_0{}^2 m e^4}{h^2} \quad \cdots\cdots①$$

図3Aの $n=2$ の軌道の電子について，軌道半径を r_2，速さを v_2 とする。問2と同様に考えると

$$r_2 = \frac{h^2}{\pi^2 k_0 m\,(Z-2)\,e^2}$$

これより，E_2 について

$$E_2 = \frac{1}{2}mv_2{}^2 - k_0\frac{(Z-2)\,e^2}{r_2}$$

$$= -\frac{k_0(Z-2)\,e^2}{2r_2} \qquad \left(\because \quad k_0\frac{(Z-2)\,e^2}{r_2{}^2} = m\frac{v_2{}^2}{r_2} \right)$$

$$= -\frac{\pi^2 k_0{}^2 m\,(Z-2)^2 e^4}{2h^2}$$

したがって，①より

$$E_2 = \left(\frac{Z-2}{2}\right)^2 E_{\mathrm{H}}$$

E_3 について，問 2 の結果より

$$E_3 = \frac{1}{2}mv_3{}^2 - k_0\frac{(Z-10)\,e^2}{r_3}$$

$$= -\frac{k_0(Z-10)\,e^2}{2r_3} \qquad \left(\because \quad k_0\frac{(Z-10)\,e^2}{r_3{}^2} = m\frac{v_3{}^2}{r_3}\right)$$

$$= -\frac{2\pi^2 k_0{}^2 m\,(Z-10)^2 e^4}{9h^2}$$

したがって，①より

$$E_3 = \left(\frac{Z-10}{3}\right)^2 E_{\mathrm{H}}$$

▶問 4．固有 X 線の波長が図 2 の λ_1，λ_2 の場合の 1 個の X 線光子のエネルギーは，それぞれ $\dfrac{hc}{\lambda_1}$，$\dfrac{hc}{\lambda_2}$ である。また，$\lambda_1 < \lambda_2$ なので

$$\frac{hc}{\lambda_1} > \frac{hc}{\lambda_2}$$

一方，電子が $n=2$ から $n=1$ の軌道へ移るときに放出される 1 個の X 線光子のエネルギーの方が，$n=3$ から $n=1$ の軌道へ移るときに放出される 1 個の X 線光子のエネルギーより小さい。したがって，電子が $n=2$ から $n=1$ の軌道へ移るときに放出される X 線に対応する固有 X 線のピークの波長が λ_2 である。

図 3 Ｃのエネルギー準位 E_1 について，問 3 と同様に考えると

$$E_1 = -\frac{2\pi^2 k_0{}^2 m Z^2 e^4}{h^2} = Z^2 E_{\mathrm{H}}$$

図 3 Ｃのエネルギー準位 E_2' について，固有 X 線が放出される直前には，$n=2$ の軌道にある電子からは，原子核の電荷が $+(Z-1)e$ に見えることを考慮すると，問 3 より

$$E_2' = \left(\frac{Z-1}{2}\right)^2 E_{\mathrm{H}}$$

振動数条件より

$$\frac{hc}{\lambda_2} = E_2' - E_1$$

$$\therefore \quad \lambda_2 = \frac{hc}{E_2' - E_1} = \frac{hc}{\left\{\left(\dfrac{Z-1}{2}\right)^2 - Z^2\right\} E_{\mathrm{H}}}$$

参考3　固有X線が放出される直前には，$n=2$ の軌道にある電子からは，内側の軌道にある電子の数が1個なので，原子核の電荷が $+(Z-1)e$ に見える。

テーマ

　X線管の陰極のフィラメントを加熱して飛び出させた電子を，陽極と陰極との間に加えた高電圧によって加速させて陽極に衝突させると，陽極よりX線が発生する。そのX線スペクトルには，連続的なスペクトルの連続X線と，特定の波長にだけ強く現れるスペクトルの固有X線とが見られる。連続X線は，電子が陽極に衝突して急激に減速して静止するときに失った運動エネルギーの一部，または全部がX線光子として放出されたもので，X線光子のエネルギーの値がいろいろであるためにこのX線は連続的となる。したがって，連続X線の最短波長は，陽極の金属の種類によらず，電子の加速電圧によって決まる。一方，固有X線は，加速された電子が陽極の金属原子の原子核に近い内側の軌道の電子を原子の外へ弾き飛ばし，その外側の軌道の電子がそこへ落ち込むことで，そのときのエネルギー準位の差に相当するエネルギーがX線光子として放出されたものである。このエネルギー準位の差は金属の種類によって決まるとびとびの値なので，このX線は特定の波長にだけ強く現れる。したがって，固有X線の波長は，電子の加速電圧によらず，陽極の金属の種類によって決まる。

　本問では，原子番号が Z の原子モデルから放出される固有X線について考察する。原子番号が Z の原子について，量子条件などからエネルギー準位を求め，さらに振動数条件から固有X線の波長を求める。固有X線の発生についての理解がポイントになるが，設定や条件を把握し，誘導に沿ってボーアの水素原子モデルと同様に解き進めればよい。

64 量子条件と振動数条件を課した荷電粒子の円運動

(2021 年度　第 3 問 B)

図 1 のように，電気的に中性の粒子 A と，それと比較して十分に軽い質量 M の荷電粒子 B があり，それらの間に，ある引力がはたらいている物理系を考える。この引力によって，荷電粒子 B は中性粒子 A の周りを半径 r，速さ v で等速円運動しているとする。その引力の大きさ F は，互いの距離に比例し

$$F = kr \quad (k > 0)$$

で表される。中性粒子 A は原点に静止しているとしてよい。重力の効果は無視する。

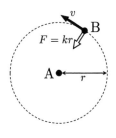

図 1

問 1　以下の文章の空欄 (a)〜(h) に入るべき数式を解答欄に記入せよ。

この引力による荷電粒子 B の位置エネルギー U は，原点を基準点にとったとき，

$$U = \boxed{\quad \text{(a)} \quad}$$

と与えられる。一方，荷電粒子 B の回転の中心方向の運動方程式が，

$$\frac{Mv^2}{r} = \boxed{\quad \text{(b)} \quad}$$

と与えられることから，荷電粒子 B の運動エネルギー K も求まる。よって，この荷電粒子 B の力学的エネルギー $E = K + U$ は，k と r を用いて

$$E = \boxed{\quad \text{(c)} \quad}$$

と表すことができる。

ド・ブロイによると，ミクロな世界では，粒子には波としての性質が現れ，そ

の波長は粒子の運動量の大きさの逆数に比例する。今考えている物理系が原子と同程度に小さいとすると，荷電粒子 B にも波としての性質が現れてくる。この波の波長 λ_B は，プランク定数を h とおくと，M, k, h, r を用いて

$$\lambda_B = \boxed{\quad \text{(d)} \quad}$$

で与えられる。

さて，ボーアの水素原子の理論の場合にならって，この物理系に量子条件と振動数条件を課すことを考えよう。

まず，次の量子条件を課す。

「荷電粒子 B の軌道の一周の長さが，波長 λ_B の自然数倍 (n 倍) である場合にのみ，定常状態（定常波）が実現する」

この場合に，許される軌道の半径は，n に対応した，とびとびの値をとる。これを r_n として，M, k, h, n を用いて表すと，

$$r_n = \boxed{\quad \text{(e)} \quad} \quad (n = 1, 2, 3, \ldots)$$

となる。結局，n 番目の軌道を回る荷電粒子 B のもつ全エネルギー E_n は，M, k, h, n を用いて，

$$E_n = \boxed{\quad \text{(f)} \quad} \quad (n = 1, 2, 3, \ldots)$$

と与えられる。

さらに，この物理系において，次の振動数条件を課すとしよう。

「荷電粒子 B が ℓ 番目の定常状態から，エネルギーがより低い n 番目の定常状態に移る時に，光子 1 個が放出される」

この場合に，ℓ と n の 2 つの定常状態の間のエネルギー差 $\Delta E_{\ell n} = E_\ell - E_n$ は，M, k, h, n, ℓ を用いて，

$$\Delta E_{\ell n} = \boxed{\quad \text{(g)} \quad} \quad (\ell > n)$$

となるから，真空中での光の速さを c とすると，放出される光の波長 $\lambda_{\ell n}$ は，M, k, n, ℓ, c を用いて

$$\lambda_{\ell n} = \boxed{\quad \text{(h)} \quad} \quad (\ell > n)$$

と与えられる。

解　答

▶問1．(a)　原点を基準点とした半径 r で等速円運動している荷電粒子Bの引力による位置エネルギー U は，原点から半径 r の位置まで荷電粒子Bをゆっくりと運ぶのに引力に抗してした仕事で表されるので

$$U=\frac{1}{2}kr^2$$

参考　荷電粒子Bにはたらく引力の大きさは，原点に静止する中性粒子Aからの距離に比例しているので，引力の大きさと距離との関係を表すグラフは次図のようになる。

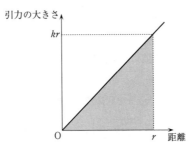

このグラフの網かけ部分の面積が，原点から半径 r の位置まで荷電粒子Bをゆっくりと運ぶのに引力に抗してした仕事，すなわち原点を基準点とした半径 r で等速円運動している荷電粒子Bの引力による位置エネルギー U に相当する。したがって

$$U=\frac{1}{2}\cdot kr\cdot r=\frac{1}{2}kr^2$$

(b)　荷電粒子Bの回転の中心方向の運動方程式は

$$\frac{Mv^2}{r}=kr$$

(c)　(b)より

$$K=\frac{1}{2}Mv^2=\frac{1}{2}kr^2$$

この式と(a)より

$$E=K+U=kr^2$$

(d)　(b)より

$$v=r\sqrt{\frac{k}{M}}$$

したがって，物質波の波長の式より

$$\lambda_{\mathrm{B}}=\frac{h}{Mv}=\frac{h}{r\sqrt{kM}}$$

(e)　量子条件より

$$2\pi r_n=n\lambda_{\mathrm{B}}$$

この式と(d)より

$$2\pi r_n = n\frac{h}{r_n\sqrt{kM}} \qquad \therefore \quad r_n = \sqrt{\frac{nh}{2\pi\sqrt{kM}}}$$

(f)　(c)，(e)より

$$E_n = kr_n{}^2 = \frac{nh}{2\pi}\sqrt{\frac{k}{M}}$$

(g)　(f)より

$$\Delta E_{ln} = E_l - E_n = \frac{lh}{2\pi}\sqrt{\frac{k}{M}} - \frac{nh}{2\pi}\sqrt{\frac{k}{M}} = \frac{(l-n)h}{2\pi}\sqrt{\frac{k}{M}}$$

(h)　振動数条件より

$$\Delta E_{ln} = \frac{hc}{\lambda_{ln}}$$

$$\therefore \quad \lambda_{ln} = \frac{hc}{\Delta E_{ln}} = \frac{2\pi c}{l-n}\sqrt{\frac{M}{k}}$$

テーマ

　ボーアの水素原子モデルによって，水素原子のスペクトルの光の波長を求めてみよう。
　n 番目（$n = 1, 2, 3, \cdots$）の定常状態の電子について，電子の質量を m，速さを v_n，軌道半径を r_n，プランク定数を h とすると，量子条件より

$$mv_nr_n = n\frac{h}{2\pi} \quad \cdots\cdots①$$

電気素量を e，真空中のクーロンの法則の比例定数を k_0 とすると，電子の円運動の運動方程式は

$$m\frac{v_n{}^2}{r_n} = k_0\frac{e^2}{r_n{}^2} \quad \cdots\cdots②$$

電子のエネルギー（エネルギー準位）を E_n とすると

$$E_n = \frac{1}{2}mv_n{}^2 - k_0\frac{e^2}{r_n} \quad \cdots\cdots③$$

①，②より

$$r_n = \frac{h^2}{4\pi^2 k_0 me^2} \cdot n^2 \quad \cdots\cdots④$$

②，③より

$$E_n = -k_0\frac{e^2}{2r_n} \quad \cdots\cdots⑤$$

④，⑤より

$$E_n = -\frac{2\pi^2 k_0{}^2 me^4}{h^2} \cdot \frac{1}{n^2} \quad \cdots\cdots⑥$$

　ここで，電子が量子数 n の状態（エネルギー準位 E_n）から量子数 n'（$< n$）の状態（エネルギー準位 $E_{n'}$）へ移るとき，放出される光子の波長を λ とし，光速を c とすると，振動数条件より

$$\frac{hc}{\lambda} = E_n - E_{n'} \quad \cdots\cdots⑦$$

⑥，⑦より

$$\frac{1}{\lambda} = \frac{2\pi^2 k_0{}^2 me^4}{ch^3}\left(\frac{1}{n'^2} - \frac{1}{n^2}\right)$$

　この λ が，水素原子のスペクトルの光の波長を表す。このとき，$n'=1$ に対応するスペクトルをライマン系列（紫外線領域），$n'=2$ に対応するスペクトルをバルマー系列（可視光線領域），$n'=3$ に対応するスペクトルをパッシェン系列（赤外線領域）という。また，実験によって得られる水素原子のスペクトルの波長の式と比較すると，リュードベリ定数 R は次式で表される。

$$R = \frac{2\pi^2 k_0{}^2 me^4}{ch^3}$$

　本問では，量子条件と振動数条件を課した荷電粒子の円運動について考察する。上記のボーアの水素原子モデルの電子と同じように扱って考察すればよいが，荷電粒子にはたらく力が水素原子モデルの電子の場合とは異なることに注意する。

65 陽子と重陽子の衝突による核融合反応

(2019 年度　第 3 問 B)

　太陽の中心部では，陽子（水素原子核）などの軽い原子核が起こす様々な核融合反応によって莫大なエネルギーが発生している。そこで，陽子（${}_1^1\mathrm{H}$）と重陽子（重水素原子核，${}_1^2\mathrm{H}$）が衝突して核融合反応し，ヘリウム 3 原子核（${}_2^3\mathrm{He}$）とガンマ線になる過程を考える。

　陽子と重陽子はともに正電荷を持っているため，粒子間には静電気力による斥力が生じている。核融合が起こるためには，この斥力に打ち勝って原子核同士が核融合を起こす距離まで接近することが必要である。陽子の質量を m_p，重陽子の質量を m_d，ヘリウム 3 原子核の質量を M とし，素電荷を e，光速を c として，以下の問に答えよ。ただし，陽子や重陽子，ヘリウム 3 原子核の速さは光速 c に比べて十分に小さいものとする。なお，電荷 q_1 と q_2 が距離 r 離れて位置している場合の位置エネルギーは，静電気力の比例係数を k_0 として $\dfrac{k_0 q_1 q_2}{r}$ である。

　まず，陽子が初期運動エネルギー E_p を持ち，十分に離れた位置に静止している重陽子に正面から接近する場合を考える。ただし，核融合反応は起こらないとし，陽子と重陽子はある同一直線上を運動するものとする。両粒子は互いに静電気力を及ぼしながら接近し，陽子は減速され，重陽子は加速される。両粒子が向き，大きさともに同じ速度になった時に最接近する。

問 1　最接近した瞬間の両粒子の速度の大きさを，m_p，m_d，E_p を用いて表せ。

問 2　両粒子の間の最接近距離を，m_p，m_d，E_p，k_0，e を用いて表せ。

　次に，逆に，陽子が静止していて，重陽子が初期運動エネルギー E_d で接近する場合を考える。

問 3　このとき，最近接距離が問 2 の場合と同じになるための E_d の大きさは，先の場合の E_p の何倍か。次の選択肢の中から最も近いものを選び記号で答えよ。

選択肢

　(あ)　0.5 倍　　(い)　$\dfrac{1}{\sqrt{2}}$ 倍　　(う)　1 倍　　(え)　$\sqrt{2}$ 倍　　(お)　2 倍

次に，陽子と重陽子が互いに十分に離れた位置で逆向きに同じ大きさの初期運動量で出発し，同一直線上を運動し正面衝突して核融合反応を起こし，速さ V_h のヘリウム3原子核とエネルギー E_G のガンマ線（光子1個）になる反応を考える。

問4　この核融合反応による質量欠損で発生するエネルギーを，M, m_p, m_d, c を用いて表せ。ただし，光子には質量は無い。

問5　運動量保存の法則を用いることにより，E_G を，V_h, M, c を用いて表せ。

問6　ヘリウム3原子核の運動エネルギーの，ガンマ線のエネルギーに対する比を V_h と c を用いて表せ。（これにより，核融合で放出されるエネルギーのほぼ全てはガンマ線のエネルギーであることがわかる。）

〔解答欄〕

$$\frac{\text{ヘリウム3原子核の運動エネルギー}}{\text{ガンマ線のエネルギー}} =$$

問7　一般の原子核において，核子の間の距離はおよそ 10^{-15} m である。陽子と重陽子が核融合を起こす距離を 10^{-15} m としたとき，その距離での位置エネルギー E_S を，電子ボルトの単位で，有効数字1桁で求めよ。ただし $k_0 = 9.0 \times 10^9$ N·m²/C²，素電荷の値を $e = 1.6 \times 10^{-19}$ C とする。

問8　陽子と重陽子が気体としてふるまうと考える。気体の温度が，粒子の熱運動の平均エネルギーが問7の E_S と等しくなる温度 T_S 以上であれば，核融合反応はひんぱんに起こると考えられる。この温度 T_S〔K〕を有効数字1桁で求めよ。ただしボルツマン定数の値を 1.4×10^{-23} J/K とし，粒子の熱運動の平均エネルギーについては，理想気体の場合を仮定した式を用いよ。（T_S に比べて，太陽の中心部の推定温度は非常に低い。しかし，トンネル効果という現象により，この反応が起きていると考えられる。）

解 答

▶問1. 初期運動エネルギー E_p をもつ陽子の速度の大きさを v_p とすると

$$E_p = \frac{1}{2} m_p v_p{}^2$$

∴ $m_p v_p = \sqrt{2 m_p E_p}$ （∵ 負の値は不適）

最接近した瞬間の両粒子の速度の大きさを v_1 とすると，両粒子は同じ向きに運動するので，陽子と重陽子の運動について，運動量保存則より

$$m_p v_p = m_p v_1 + m_d v_1$$

したがって $\sqrt{2 m_p E_p} = m_p v_1 + m_d v_1$

∴ $v_1 = \dfrac{\sqrt{2 m_p E_p}}{m_p + m_d}$

▶問2. 両粒子の間の最接近距離を L_1 とすると，力学的エネルギー保存則より

$$E_p = \frac{1}{2} m_p v_1{}^2 + \frac{1}{2} m_d v_1{}^2 + \frac{k_0 e^2}{L_1}$$

この式と問1の結果より

$$L_1 = \frac{k_0 e^2 (m_p + m_d)}{m_d E_p}$$

> **参考1** 電荷 q_1 と q_2 （q_1，$q_2 > 0$）が距離 x だけ離れて位置している場合，これらの電荷が互いに及ぼし合う静電気力の大きさ F は，クーロンの法則の比例定数を k_0 として
>
> $$F = k_0 \frac{q_1 q_2}{x^2}$$
>
> と表される。いま，電荷 q_1 から距離 r だけ離れた位置に電荷 q_2 がある場合，この電荷 q_2 が無限遠点（基準点）まで動くときに静電気力がする仕事が，距離 r だけ離れた位置での静電気力による位置エネルギー U である。この仕事は，このときの静電気力が斥力なので正の仕事となり，U は
>
> $$U = \int_r^\infty k_0 \frac{q_1 q_2}{x^2} dx = \left[-k_0 \frac{q_1 q_2}{x} \right]_r^\infty = k_0 \frac{q_1 q_2}{r}$$
>
> と求まる。なお，電荷 q_1 と q_2 が異符号の場合，静電気力が引力なので負の仕事となり，静電気力による位置エネルギーは負となる。

▶問3. 問1と同様に考えると，このときの最接近した瞬間の両粒子の速度の大きさを v_2 としたとき

$$v_2 = \frac{\sqrt{2 m_d E_d}}{m_p + m_d}$$

したがって，問2と同様に考えると，このときの両粒子の間の最接近距離を L_2 としたとき

$$E_d = \frac{1}{2} m_p v_2{}^2 + \frac{1}{2} m_d v_2{}^2 + \frac{k_0 e^2}{L_2}$$

$$\therefore \quad L_2 = \frac{k_0 e^2 (m_p + m_d)}{m_p E_d}$$

ここで，$L_1 = L_2$ とすると

$$\frac{k_0 e^2 (m_p + m_d)}{m_d E_p} = \frac{k_0 e^2 (m_p + m_d)}{m_p E_d}$$

$$\therefore \quad \frac{E_d}{E_p} = \frac{m_d}{m_p} \fallingdotseq 2$$

よって，E_d の大きさは E_p の㋐ **2 倍**。

> **参考2**　質量の単位に統一原子質量単位〔u〕を用いると，陽子（水素原子核）の質量は 1.0073u，重陽子（重水素原子核）の質量は 2.0136u である。中性子の質量は 1.0087u なので，陽子 1 個と中性子 1 個の質量の和は 2.0160u になるが，陽子 1 個と中性子 1 個からなる重陽子の質量がこれより小さいのは，その差 0.0024u の質量欠損によるものである。

▶**問4**．この核融合反応による質量欠損を Δm とすると

$$\Delta m = m_p + m_d - M$$

したがって，この質量欠損で発生するエネルギーは

$$\Delta m c^2 = (m_p + m_d - M)\, c^2$$

▶**問5**．この核融合反応で放出されるガンマ線の運動量の大きさは $\dfrac{E_G}{c}$ なので，運動量保存則より，向きを考慮すると

$$0 = M V_h - \frac{E_G}{c} \quad \therefore \quad E_G = M c V_h$$

> **参考3**　ガンマ線の振動数を ν，波長を λ，速さを c とし，プランク定数を h とすると，ガンマ線光子のエネルギー E は
>
> $$E = h\nu = \frac{hc}{\lambda}$$
>
> と表され，運動量 P は
>
> $$P = \frac{h\nu}{c} = \frac{h}{\lambda}$$
>
> と表される。したがって，P と E との間には
>
> $$P = \frac{E}{c}$$
>
> の関係が成り立つ。

▶**問6**．ヘリウム 3 原子核の運動エネルギーは $\dfrac{1}{2} M V_h^2$ なので，問5の結果より

$$\frac{\text{ヘリウム 3 原子核の運動エネルギー}}{\text{ガンマ線のエネルギー}} = \frac{\frac{1}{2} M V_h^2}{E_G} = \frac{V_h}{2c}$$

なお　　$c \gg V_h$

であることから　　$E_G \gg \dfrac{1}{2} M V_h^2$

であり，この核融合反応で放出されるエネルギーのほぼ全てはガンマ線のエネルギーであることがわかる。

▶問7．E_Sを電子ボルトの単位で求めると

$$E_S = \frac{9.0\times10^9\times(1.6\times10^{-19})^2}{10^{-15}}\times\frac{1}{1.6\times10^{-19}}$$

$$= 1.4\times10^6 \fallingdotseq 1\times10^6 \text{(eV)}$$

参考4 1eV は，1 個の電子が真空中で 1V の電圧によって加速されたときに得るエネルギーであり，1eV＝1.60×10^{-19}J である。

▶問8．エネルギーを電子ボルトの単位で考えると，題意より

$$E_S = \frac{3}{2}\times1.4\times10^{-23}\times T_S\times\frac{1}{1.6\times10^{-19}}$$

$$\therefore \quad T_S = \frac{2\times1.6\times10^{-19}\times E_S}{3\times1.4\times10^{-23}}$$

$$= \frac{2\times1.6\times10^{-19}\times1.4\times10^6}{3\times1.4\times10^{-23}}$$

$$= 1.0\times10^{10} \fallingdotseq 1\times10^{10} \text{(K)}$$

参考5 単原子分子理想気体の分子の熱運動による平均の運動エネルギー E〔J〕は，気体の温度が T〔K〕のとき，ボルツマン定数を k〔J/K〕とすると

$$E = \frac{3}{2}kT$$

と表される。

参考6 気体の温度が T_S 以上であれば，陽子と重陽子の熱運動の平均の運動エネルギーが，問7のE_S以上となる。すなわち，陽子と重陽子の熱運動の平均の運動エネルギーが，陽子と重陽子が核融合反応を起こすとした距離 10^{-15}m での位置エネルギー以上となる。したがって，気体の温度が T_S 以上であれば，陽子と重陽子が距離 10^{-15}m に近づけることになるので，核融合反応がひんぱんに起こると考えられる。

参考7 太陽の中心部の推定温度は約 1.5×10^7℃であり，この核融合反応がひんぱんに起こると考えられる温度1×10^{10}℃（≒問8の解答）に比べて非常に低い。

参考8 量子力学におけるトンネル効果とは，通常超えることのできないエネルギーの障壁を，一定の確率で粒子が通り抜けてしまう現象のことである。

テーマ

[質量欠損と結合エネルギー]

　原子核の質量は，原子核を構成する個々の核子の質量の和より小さい。この質量の差 Δm を質量欠損という。質量とエネルギーの等価性より，この質量欠損に相当するエネルギー Δmc^2（c：光速）だけ，核子がばらばらで存在するときよりも結合して原子核を構成しているときの方がエネルギーが小さい。したがって，原子核をばらばらの核子にするためには，Δmc^2 だけエネルギーを与えなければならない。このエネルギー Δmc^2 を原子核の結合エネルギーという。

[核融合]

　核子1個あたりの結合エネルギーは，質量数が 56 の鉄付近の原子核で最も大きくなる。したがって，水素原子核などの質量数の小さい原子核どうしが核融合反応を起こして質量数のより大きな原子核になると，結合エネルギーが反応前に比べて増加するので，その差に相当するエネルギーが放出される。

　本問では，陽子（水素原子核）と重陽子（重水素原子核）による核融合反応でのエネルギーの放出を考察する。電子ボルトの単位でのエネルギーの計算についてや，熱力学の範囲である単原子分子理想気体の分子の熱運動による平均の運動エネルギーについての理解も必要である。

66　ボーアの水素原子モデル

（2018 年度　第 3 問 A）

　水素原子の線スペクトルは，電子と原子核（陽子）の間に働く力に関する基礎的な情報を与える。この力の性質を詳しく調べるため，以下では一つの水素原子内にある電子と原子核の間にはたらく力のみを考え，ボーアの仮説に従って，電子が原子核の位置を中心とした円運動をすると考えよう。プランク定数を h，電子の質量を m，原子核の質量を M，電子の電荷の大きさ（電気素量）を e，真空中のクーロンの法則の比例定数を k_0，万有引力定数を G とする。

　ボーアの量子条件とは，電子が原子核を中心として半径 r の円運動をしていると仮定した際に，電子の軌道の一周の長さが電子のド・ブロイ波長の自然数倍であるという条件のことである。速さ v で運動している電子のド・ブロイ波長は $\lambda = \dfrac{h}{mv}$ で与えられる。以下の問に答えよ。

問 1　ボーアの量子条件から，電子の速さ v を，h，m，r，および自然数 n を用いて表せ。

問 2　水素原子内で，電子は原子核からクーロン力を受ける。円運動の運動方程式とボーアの量子条件から，電子の軌道半径 r が求まる。最小の軌道半径（ボーアの半径）を，k_0，m，e，h を用いて表せ。

問 3　電子と水素原子核の間には，万有引力も働いているはずである。ニュートンの万有引力とクーロン力の大きさの比 s は，$s = \dfrac{GMm}{k_0 e^2}$ と与えられる。クーロン力に加えてニュートンの万有引力も考慮したとき，最小の軌道半径は，万有引力を考慮しないときに比べて何倍になるか。s を用いて表せ。

　実は，物体間の距離がおよそ 0.1 ミリメートルよりも短い場合には，ニュートンの万有引力の法則は実験的に確認されていない。そこで，万有引力の法則に修正が必要な可能性を探ってみよう。力の大きさ F が式(1)のように距離 r の 3 乗に反比例する仮想的な修正万有引力の法則を考える。

$$F = G' \frac{Mm}{r^3} \qquad (1)$$

力は常に引力であるとし，修正万有引力定数 G' は正であるとする。ただし，問 2 のボーア半径において，修正万有引力の大きさはクーロン力の大きさに比べて十分小さいものとする。

問4　このとき，ボーアの量子条件を用いて最小の軌道半径を求めると，問2の結果に比べて $(1-\delta)$ 倍になった。正の定数 δ を，h，m，M，G'，k_0，e のうち必要なものを用いて表せ。

問5　式(1)で表される修正万有引力の法則は，通常のニュートンの万有引力の法則とは異なっている。（この違いは空間次元数の変化に対応していることが知られている。）そこで，ある距離 R を境に，長距離 $(r>R)$ では通常の万有引力の法則であるが，近距離 $(r<R)$ では修正万有引力の法則(1)になっていると考えよう。これらの法則の間に矛盾がないためには，距離 $r=R$ においてそれぞれの法則が同じ大きさの力を与える必要があるため，次の式が成立するとしよう。

$$G\frac{Mm}{R^2} = G'\frac{Mm}{R^3}$$

例として $R=1\times10^{-4}$ メートルと仮定する場合に，問3で導入した s の観測値が $s \fallingdotseq 4\times10^{-40}$ であることと，問2の最小軌道半径がおよそ 5×10^{-11} メートルであることを用いて，問4の δ の値を有効数字1桁で求めよ。

解 答

▶問1．ボーアの量子条件より

$$2\pi r = n\frac{h}{mv} \qquad \therefore \quad v = \frac{nh}{2\pi mr}$$

▶問2．電子の円運動の運動方程式は

$$m\frac{v^2}{r} = k_0\frac{e^2}{r^2}$$

この式に問1で求めた v を代入して整理すると

$$r = \frac{n^2h^2}{4\pi^2 k_0 me^2}$$

したがって，最小の軌道半径を r_0 とすると，$n=1$ のときを考え

$$r_0 = \frac{h^2}{4\pi^2 k_0 me^2}$$

▶問3．クーロン力に加えてニュートンの万有引力も考慮した場合の電子の円運動の運動方程式は

$$m\frac{v^2}{r} = k_0\frac{e^2}{r^2} + G\frac{Mm}{r^2} = k_0\frac{e^2}{r^2}(1+s)$$

この式に問1で求めた v を代入して整理すると

$$r = \frac{n^2h^2}{4\pi^2 k_0 me^2(1+s)}$$

したがって，このときの最小の軌道半径を r_0' とすると，$n=1$ のときを考え

$$r_0' = \frac{h^2}{4\pi^2 k_0 me^2(1+s)} = \frac{1}{1+s}r_0$$

▶問4．クーロン力に加えて仮想的な修正万有引力を考慮した場合の電子の円運動の運動方程式は

$$m\frac{v^2}{r} = k_0\frac{e^2}{r^2} + G'\frac{Mm}{r^3}$$

この式に問1で求めた v を代入して整理すると

$$r = \frac{n^2h^2}{4\pi^2 k_0 me^2} - \frac{G'Mm}{k_0 e^2}$$

したがって，このときの最小の軌道半径を r_0'' とすると，$n=1$ のときを考え

$$r_0'' = \frac{h^2}{4\pi^2 k_0 me^2} - \frac{G'Mm}{k_0 e^2} = \frac{h^2}{4\pi^2 k_0 me^2}\left(1 - \frac{4\pi^2 G'Mm^2}{h^2}\right)$$

$$= \left(1 - \frac{4\pi^2 G'Mm^2}{h^2}\right)r_0 = (1-\delta)\,r_0$$

$$\therefore\quad \delta = \frac{4\pi^2 G'Mm^2}{h^2}$$

▶問5. $r=R$ のとき，題意より

$$G\frac{Mm}{R^2} = G'\frac{Mm}{R^3} \quad \therefore\quad G' = GR$$

したがって，問4より

$$\delta = \frac{4\pi^2 G'Mm^2}{h^2} = \frac{4\pi^2 GRMm^2}{h^2} = \frac{4\pi^2 k_0 me^2}{h^2}\cdot\frac{GMm}{k_0 e^2}\cdot R$$

$$= \frac{sR}{r_0}$$

この式に数値を代入すると

$$\delta = \frac{4\times10^{-40}\times1\times10^{-4}}{5\times10^{-11}} = 8\times10^{-34}$$

テーマ

　デンマークの理論物理学者のボーアは，水素原子について量子条件と振動数条件という2つの仮説を設けて理論体系をまとめ，水素原子のスペクトルの説明をした。

　本問では，量子条件を用いて，定常状態（基底状態）にある電子の円軌道の半径を求めなければならない。

　量子条件は，電子の質量を m，速さを v，軌道半径を r とし，プランク定数を h とすると，次式で表される。

$$mvr = n\frac{h}{2\pi} \quad (n=1,\ 2,\ 3,\ \cdots)$$

この式は，電子波の波長を λ とすると，$\lambda = \frac{h}{mv}$ と表されることから

$$2\pi r = n\frac{h}{mv} = n\lambda \quad (n=1,\ 2,\ 3,\ \cdots)$$

と変形できる（この式は，定常状態では，電子の円軌道1周の長さが，電子波の波長の整数倍であることを表している）。この式に加えて，クーロン力やニュートンの万有引力，仮想的な修正万有引力により円運動する電子にはたらく向心力を求めて運動方程式をたてると，これらの式を連立することによって，定常状態にある電子の円軌道の半径を求めることができる。

　なお，本問では，これらのことからさらに，物体間の距離がおよそ $0.1\,\mathrm{mm}$ よりも短い場合では，通常のニュートンの万有引力の法則が成り立たないので，この式を修正しなければならないという，高校生には少し難解な理論について，丁寧な誘導により簡潔に考察させている。

年度別出題リスト